みんなが欲しかった!

電験三種 法規の実践問題集

尾上建夫 著

JN073112

TAC出版
TAC PUBLISHING Group

はじめに

電験とは？

電験（正式名称：電気主任技術者試験）とは，電気事業法に基づく国家試験で，使用可能な電圧区分により一種～三種まであり，電験三種の免状を取得すれば電圧50,000 V未満の電気施設（出力5,000 kW以上の発電所を除く。）の保安監督にあたることができます。

また，近年の電気主任技術者の高齢化や電力自由化等に伴い，電気主任技術者のニーズはますます増加しており，今後もさらに増加すると考えられます。

しかしながら，試験の難易度は毎年合格率10％以下の難関であり，その問題は基礎問題の割合は極めて少なく，テキストを学習したばかりの初学者がいきなり挑んでもなかなか解けないため，挫折してしまうこともあります。

4つのステップで試験問題が解ける！

電験三種ではさまざまな参考書が出ていますが，テキストを読み終えた後の適切な問題集がなく，テキストを理解できてもいきなり過去問を解くことはできず，解法を覚えるだけでは，試験問題は解けず…という事態に陥る可能性があります。

本書は，テキストと過去問の橋渡しをし，テキストの内容を確認する確認問題から，本試験対策となる応用問題までステップを踏んで力を養うことができます。

- STEP 1　POINT
- STEP 2　確認問題
- STEP 3　基本問題
- STEP 4　応用問題

本書の特長と使い方

本問題集は，さまざまなテキストで学習された方が，過去問を解く前に必要な力を無理なくつけることができるよう次の4つのステップで構成されています。また，「みんなが欲しかった！電験三種の教科書＆問題集」と同じ構成をしているため「みんなが欲しかった！電験三種の教科書＆問題集」とあわせて使うことで効率よく学習を行うことができます。

本書に掲載されている問題は，すべて過去問を研究し出題分野を把握した上でつくられたオリジナル問題で構成されていますので，過去問を学習した受験生の腕試しにも効果的です。

STEP 1 POINT

テキストに記載のある重要事項，公式等を整理し説明しています。内容を見ても分からない場合やもう少し詳しく勉強したい場合は，テキストに戻るのも良い方法です。

法令などをまとめています

ポイントや覚え方もバッチリ

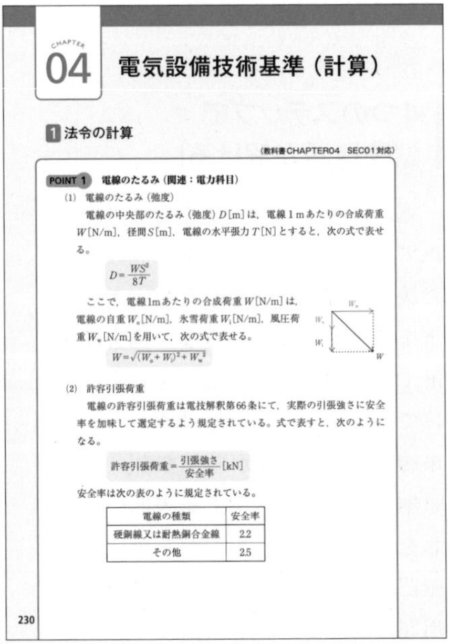
CHAPTER 04 電気設備技術基準（計算）

1 法令の計算

（教科書CHAPTER04　SEC01対応）

POINT 1 電線のたるみ（関連：電力科目）

(1) 電線のたるみ（弛度）

電線の中央部のたるみ（弛度）D[m]は，電線1mあたりの合成荷重W[N/m]，径間S[m]，電線の水平張力T[N]とすると，次の式で表せる。

$$D=\frac{WS^2}{8T}$$

ここで，電線1mあたりの合成荷重W[N/m]は，電線の自重W_o[N/m]，氷雪荷重W_i[N/m]，風圧荷重W_w[N/m]を用いて，次の式で表せる。

$$W=\sqrt{(W_o+W_i)^2+W_w{}^2}$$

(2) 許容引張荷重

電線の許容引張荷重は電技解釈第66条にて，実際の引張強さに安全率を加味して選定するよう規定されている。式で表すと，次のようになる。

$$許容引張荷重=\frac{引張強さ}{安全率}[kN]$$

安全率は次の表のように規定されている。

電線の種類	安全率
硬銅線又は耐熱銅合金線	2.2
その他	2.5

230

STEP2 確認問題

POINTの内容について，テキストでも例題とされているような問題を設定しています。知識が定着しているかを確認することができます。

穴埋め問題や簡単な計算問題を掲載

POINTへのリンクもつけています

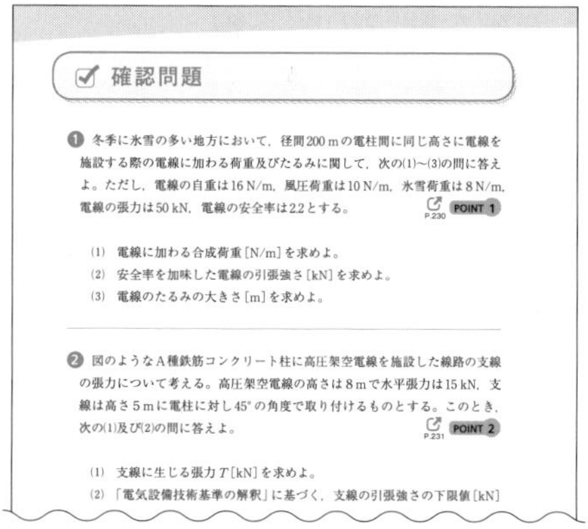

確認問題

❶ 冬季に氷雪の多い地方において，径間200 mの電柱間に同じ高さに電線を施設する際の電線に加わる荷重及びたるみに関して，次の(1)～(3)の問に答えよ。ただし，電線の自重は16 N/m，風圧荷重は10 N/m，氷雪荷重は8 N/m，電線の張力は50 kN，電線の安全率は2.2とする。 P.230 POINT 1

(1) 電線に加わる合成荷重[N/m]を求めよ。
(2) 安全率を加味した電線の引張強さ[kN]を求めよ。
(3) 電線のたるみの大きさ[m]を求めよ。

❷ 図のようなA種鉄筋コンクリート柱に高圧架空電線を施設した線路の支線の張力について考える。高圧架空電線の高さは8 mで水平張力は15 kN，支線は高さ5 mに電柱に対し45°の角度で取り付けるものとする。このとき，次の(1)及び(2)の問に答えよ。 P.231 POINT 2

(1) 支線に生じる張力T[kN]を求めよ。
(2) 「電気設備技術基準の解釈」に基づく，支線の引張強さの下限値[kN]

STEP3 基本問題

重要事項の内容を基本として，電験で出題されるような形式の問題を設定しています。問題慣れができるようになると良いでしょう。

本試験に沿った択一式の問題です

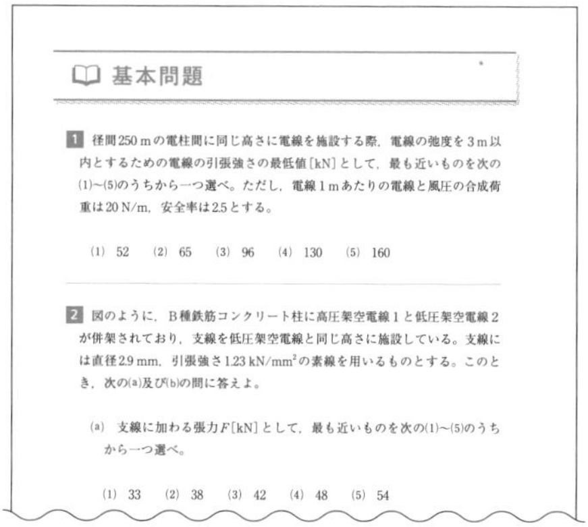

基本問題

1 径間250 mの電柱間に同じ高さに電線を施設する際，電線の弛度を3 m以内とするための電線の引張強さの最低値[kN]として，最も近いものを次の(1)～(5)のうちから一つ選べ。ただし，電線1 mあたりの電線と風圧の合成荷重は20 N/m，安全率は2.5とする。

(1) 52 (2) 65 (3) 96 (4) 130 (5) 160

2 図のように，B種鉄筋コンクリート柱に高圧架空電線1と低圧架空電線2が併架されており，支線を低圧架空電線と同じ高さに施設している。支線には直径2.9 mm，引張強さ1.23 kN/mm²の素線を用いるものとする。このとき，次の(a)及び(b)の問に答えよ。

(a) 支線に加わる張力F[kN]として，最も近いものを次の(1)～(5)のうちから一つ選べ。

(1) 33 (2) 38 (3) 42 (4) 48 (5) 54

STEP4 応用問題

電験の準備のために，本試験で出題される内容と同等のレベルの問題を設定しています。応用問題を十分に理解していれば，合格に必要な能力は十分についているものと考えて構いません。

本試験レベルのオリジナル問題です

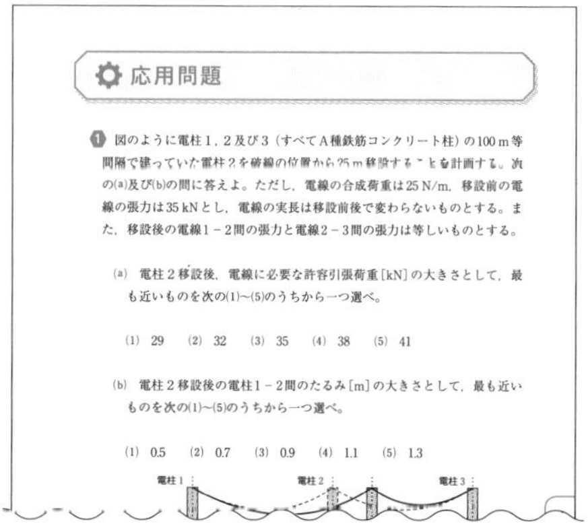

応用問題

❶ 図のように電柱1，2及び3（すべてA種鉄筋コンクリート柱）の100 m等間隔で建っていた電柱2を破線の位置から25 m移設することを計画する。次の(a)及び(b)の問に答えよ。ただし，電線の合成荷重は25 N/m，移設前の電線の張力は35 kNとし，電線の実長は移設前後で変わらないものとする。また，移設後の電線1－2間の張力と電線2－3間の張力は等しいものとする。

(a) 電柱2移設後，電線に必要な許容引張荷重[kN]の大きさとして，最も近いものを次の(1)～(5)のうちから一つ選べ。

(1) 29 (2) 32 (3) 35 (4) 38 (5) 41

(b) 電柱2移設後の電柱1－2間のたるみ[m]の大きさとして，最も近いものを次の(1)～(5)のうちから一つ選べ。

(1) 0.5 (2) 0.7 (3) 0.9 (4) 1.1 (5) 1.3

詳細な解説の解答編

本書で解答編を別冊にしており，紙面の許す限り丁寧に解説してます。

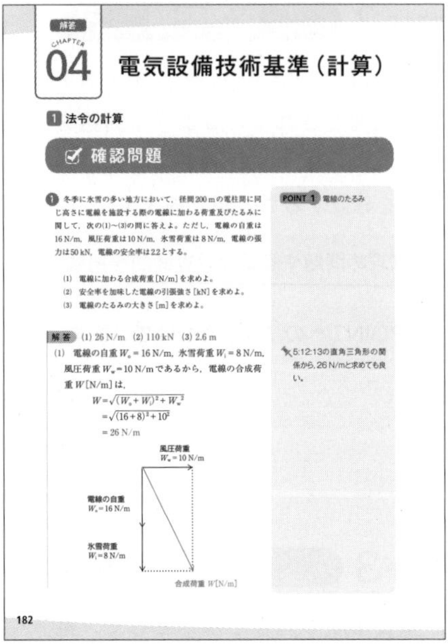

解答

CHAPTER 04 電気設備技術基準（計算）

1 法令の計算

確認問題

1 冬季に氷雪の多い地方において，径間200 mの電柱間に同じ高さに電線を施設する際の電線に加わる荷重及びたるみに関して，次の(1)～(3)の問に答えよ。ただし，電線の自重は16 N/m，風圧荷重は10 N/m，氷雪荷重は8 N/m，電線の張力は50 kN，電線の安全率は2.2とする。

(1) 電線に加わる合成荷重[N/m]を求めよ。
(2) 安全率を加味した電線の引張強さ[kN]を求めよ。
(3) 電線のたるみの大きさ[m]を求めよ。

解答 (1) 26 N/m (2) 110 kN (3) 2.6 m

(1) 電線の自重 $W_o = 16$ N/m，氷雪荷重 $W_i = 8$ N/m，風圧荷重 $W_w = 10$ N/mであるから，電線の合成荷重 W[N/m]は，

$$W = \sqrt{(W_o + W_i)^2 + W_w^2} = \sqrt{(16+8)^2 + 10^2} = 26\ \text{N/m}$$

POINT 1 電線のたるみ

5:12:13の直角三角形の関係から，26 N/mと求めても良い。

182

POINT 1　POINTへのリンクを施しています。公式などを忘れている場合は戻って確認しましょう。

解答する際のポイントをまとめました。

注目　問題文で注意すべきところや，学習上のワンポイントアドバイスを掲載しています。

本書を使った効果的な学習法

STEP 1 **POINT** で公式をおさらい

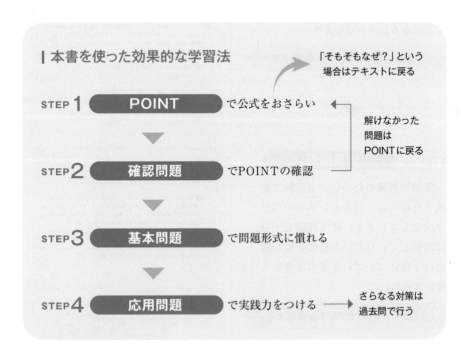

「そもそもなぜ？」という場合はテキストに戻る

STEP 2 **確認問題** でPOINTの確認

解けなかった問題はPOINTに戻る

STEP 3 **基本問題** で問題形式に慣れる

STEP 4 **応用問題** で実践力をつける → さらなる対策は過去問で行う

教科書との対応

本書は『みんなが欲しかった！電験三種 法規の教科書&問題集 第2版』と同じ構成をしています。本書との対応は以下の通りです。

CHAPTER	本書	電験三種法規の教科書&問題集（第2版）
CHAPTER 01 **電気事業法**	1 電気事業法	SEC01 電気事業法
CHAPTER 02 **その他の電気関係法規**	1 その他の電気関係法規	SEC01 電気用品安全法
		SEC02 電気工事士法
		SEC03 電気工事業法
CHAPTER 03 **電気設備の技術基準・解釈**	1 電気設備技術基準の総則	SEC01 電気設備技術基準の概要
		SEC02 総則（電技第1～19条）
	2 電気供給のための電気設備の施設	SEC03 電気供給のための電気設備の施設（電技20～55条）
	3 電気使用場所の施設	SEC04 電気使用場所の施設（電技第56～78条）
	4 分散型電源の系統連系設備	SEC05 分散型電源の系統連系設備
CHAPTER 04 **電気設備技術基準（計算）**	1 法令の計算	SEC01 法令の計算
CHAPTER 05 **発電用風力設備の技術基準**	1 発電用風力設備の技術基準	SEC01 発電用風力設備の技術基準
CHAPTER 06 **電気施設管理**	1 電気施設管理	SEC01 電気施設管理
	2 高圧受電設備の管理	SEC02 高圧受電設備の管理

Index

CHAPTER 06 電気施設管理

別冊解答編

CHAPTER 01

電気事業法

毎年 2 問程度，条文の空欄穴埋問題が中心となり，一部誤答選択問題が出題されます。本問題集では重要な条文を多く扱っているので，本問題集の空欄を選択肢を見ずに埋められるようになれば，十分に合格圏内に入ると言えるでしょう。

CHAPTER 01

電気事業法

1 電気事業法

（教科書CHAPTER01対応）

POINT 1 電気事業法の概要

(1) 電気事業法の目的

〈電気事業法第1条〉

この法律は，電気事業の運営を適正かつ合理的ならしめることによって，電気の使用者の利益を保護し，及び電気事業の健全な発達を図るとともに，電気工作物の工事，維持及び運用を規制することによって，公共の安全を確保し，及び環境の保全を図ることを目的とする。

(2) 電圧及び周波数

〈電気事業法第26条第1項〉

一般送配電事業者は，その供給する電気の電圧及び周波数の値を経済産業省令で定める値に維持するように努めなければならない。

〈電気事業法施行規則第38条〉

法第26条第1項（法第27条の26第1項において準用する場合を含む。次項において同じ。）の経済産業省令で定める電圧の値は，その電気を供給する場所において次の表の上欄に掲げる標準電圧に応じて，それぞれ同表の下欄に掲げるとおりとする。

標準電圧	維持すべき値
100 V	101 Vの上下6 Vを超えない値
200 V	202 Vの上下20 Vを超えない値

2　法第26条第1項の経済産業省令で定める周波数の値は，その者が供給する電気の標準周波数に等しい値とする。

※東日本：50 Hz，西日本：60 Hz

(3) 電気の使用制限等

〈電気事業法第34条の2第1項〉

経済産業大臣は，電気の需給の調整を行わなければ電気の供給の不足が国民経済及び国民生活に悪影響を及ぼし，公共の利益を阻害するおそれがあると認められるときは，その事態を克服するため必要な限度において，政令で定めるところにより，使用電力量の限度，使用最大電力の限度，用途若しくは使用を停止すべき日時を定めて，小売電気事業者，一般送配電事業者若しくは登録特定送配電事業者（以下この条において「小売電気事業者等」という。）から電気の供給を受ける者に対し，小売電気事業者等の供給する電気の使用を制限すべきこと又は受電電力の容量の限度を定めて，小売電気事業者等から電気の供給を受ける者に対し，小売電気事業者等からの受電を制限すべきことを命じ，又は勧告することができる。

POINT 2 電気工作物

(1) 電気工作物とは

〈電気事業法第2条第1項18号〉

電気工作物　発電，変電，送電若しくは配電又は電気の使用のために設置する機械，器具，ダム，水路，貯水池，電線路その他の工作物（船舶，車両又は航空機に設置されるものその他の政令で定めるものを除く。）をいう。

〈電気事業法施工令第1条〉

電気事業法（以下「法」という。）第2条第1項第18号の政令で定める工作物は，次のとおりとする。

一　鉄道営業法，軌道法若しくは鉄道事業法が適用され若しくは準用される車両若しくは搬器，船舶安全法が適用される船舶，陸上自衛隊の使用する船舶若しくは海上自衛隊の使用する船舶又は道路運送車両法第2条第2項に規定する自動車に設置される工作物であって，これらの車両，搬器，船舶及び自動車以外の場所に設置される電気的設備に電気を供給するためのもの以外のもの

二　航空法第2条第1項に規定する航空機に設置される工作物

三　前二号に掲げるもののほか，電圧30 V未満の電気的設備であって，電圧30 V以上の電気的設備と電気的に接続されていないもの

(2) 一般用電気工作物（電気事業法第38条，電気事業法施行規則第48条）

受電電圧600V以下かつ，受電のための電線路以外の電線路によって構外の電気工作物と電気的に接続されていないもの。ただし，以下のものを除く。

・小出力発電設備でない発電用の電気工作物と同一の構内に設置するもの

・爆発性若しくは引火性の物が存在するため電気工作物による事故が発生するおそれが多い場所であって，「火薬類取締法に規定する火薬類（煙火を除く。）を製造する事業場」と「鉱山保安法施行規則が適用される石炭坑」に設置するもの

小出力発電設備（電気事業法施行規則第48条）

発電設備の種類	設備の出力
太陽電池発電設備	50 kW未満
風力発電設備	20 kW未満
水力発電設備	
内燃力発電設備	10 kW未満
燃料電池発電設備	
スターリングエンジン発電設備	
上記設備の組合せ	50 kW未満

※ただし，発電電圧は600 V以下。

(3) 事業用電気工作物

① 電気事業の用に供する電気工作物

一般送配電事業，送電事業，特定送配電事業，発電事業の用に供する電気工作物

② 自家用電気工作物

電気事業の用に供する電気工作物以外の事業用電気工作物

(4) 事業用電気工作物の技術基準への適合

〈電気事業法第39条〉

1 事業用電気工作物を設置する者は，事業用電気工作物を主務省令で定める技術基準に適合するように維持しなければならない。

2 前項の主務省令は，次に掲げるところによらなければならない。

一 事業用電気工作物は，人体に危害を及ぼし，又は物件に損傷を与えないようにすること。

二 事業用電気工作物は，他の電気的設備その他の物件の機能に電気的又は磁気的な障害を与えないようにすること。

三 事業用電気工作物の損壊により一般送配電事業者の電気の供給に著しい支障を及ぼさないようにすること。

四 事業用電気工作物が一般送配電事業の用に供される場合にあっては，その事業用電気工作物の損壊によりその一般送配電事業に係る電気の供給に著しい支障を生じないようにすること。

〈電気事業法第40条〉

主務大臣は，事業用電気工作物が前条第１項の主務省令で定める技術基準に適合していないと認めるときは，事業用電気工作物を設置する者に対し，その技術基準に適合するように事業用電気工作物を修理し，改造し，若しくは移転し，若しくはその使用を一時停止すべきことを命じ，又はその使用を制限することができる。

(5) 保安規程

〈電気事業法第42条〉

1 事業用電気工作物を設置する者は，事業用電気工作物の工事，維持及び運用に関する保安を確保するため，主務省令で定めるところにより，保安を一体的に確保することが必要な事業用電気工作物の組織ごとに保安規程を定め，当該組織における事業用電気工作物の使用（第51条第１項の自主検査又は第52条第１項の事業者検査を伴うものにあっては，その工事）の開始前に，主務大臣に届け出なければならない。

2 事業用電気工作物を設置する者は，保安規程を変更したときは，遅滞なく，変更した事項を主務大臣に届け出なければならない。

3　主務大臣は，事業用電気工作物の工事，維持及び運用に関する保安を確保するため必要があると認めるときは，事業用電気工作物を設置する者に対し，保安規程を変更すべきことを命ずることができる。

4　事業用電気工作物を設置する者及びその従業者は，保安規程を守らなければならない。

POINT 3　主任技術者

(1)　主任技術者の選任

〈電気事業法第43条〉

1　事業用電気工作物を設置する者は，事業用電気工作物の工事，維持及び運用に関する保安の監督をさせるため，主務省令で定めるところにより，主任技術者免状の交付を受けている者のうちから，主任技術者を選任しなければならない。

2　自家用電気工作物を設置する者は，前項の規定にかかわらず，主務大臣の許可を受けて，主任技術者免状の交付を受けていない者を主任技術者として選任することができる。

3　事業用電気工作物を設置する者は，主任技術者を選任したとき（前項の許可を受けて選任した場合を除く。）は，遅滞なく，その旨を主務大臣に届け出なければならない。これを解任したときも，同様とする。

4　主任技術者は，事業用電気工作物の工事，維持及び運用に関する保安の監督の職務を誠実に行わなければならない。

5　事業用電気工作物の工事，維持又は運用に従事する者は，主任技術者がその保安のためにする指示に従わなければならない。

(2)　電気主任技術者の免状の種類と範囲

第一種	全ての事業用電気工作物（水力設備，火力設備，原子力設備及び燃料電池設備を除く）
第二種	電圧170000 V未満の事業用電気工作物（水力設備，火力設備，原子力設備及び燃料電池設備を除く）
第三種	電圧50000 V未満（出力5000 kW以上の発電所を除く）の事業用電気工作物（水力設備，火力設備，原子力設備及び燃料電池設備を除く）

POINT 4　工事計画の事前届出

事前届出が必要な工事（電気事業法施行規則第65条，別表第２）

事前届出を要する規模	工事の内容
受電電圧10000 V以上の需要設備	設置
遮断器（電圧10000 V以上） （受電電圧10000 V以上の需要設備に使用）	設置，取替え，20%以上の遮断電流の変更
電力貯蔵装置（容量80000 kW・h以上） （受電電圧10000 V以上の需要設備に使用）	設置，20%以上の容量の変更
遮断器・電力貯蔵装置・計器用変成器以外の機器 （電圧10000 V以上かつ，容量10000 kV・A以上または出力10000 kW以上）	設置，取替え，20％以上の電圧又は容量もしくは出力の変更

POINT 5　一般用電気工作物の調査の義務

〈電気事業法第57条（抜粋）〉

1　一般用電気工作物と直接に電気的に接続する電線路を維持し，及び運用する者（以下この条，次条及び第89条において「電線路維持運用者」という。）は，経済産業省令で定める場合を除き，経済産業省令で定めるところにより，その一般用電気工作物が前条第１項の経済産業省令で定める技術基準に適合しているかどうかを調査しなければならない。ただし，その一般用電気工作物の設置の場所に立ち入ることにつき，その所有者又は占有者の承諾を得ることができないときは，この限りでない。

2　電線路維持運用者は，前項の規定による調査の結果，一般用電気工作物が前条第１項の経済産業省令で定める技術基準に適合していないと認めるときは，遅滞なく，その技術基準に適合するようにするためとるべき措置及びその措置をとらなかった場合に生ずべき結果をその所有者又は占有者に通知しなければならない。

POINT 6　立入検査

〈電気事業法第107条〉

1　主務大臣は，第39条，第40条，第47条，第49条及び第50条の規定の施行に必要な限度において，その職員に，原子力発電工作物を設置する者又はボイラー等（原子力発電工作物に係るものに限る。）の溶接をする者の工場又は営業所，事務所その他の事業場に立ち入り，原子力発電工作物，帳簿，書類その他の物件を検査させることができる。

9　前各項の規定により立入検査をする職員は，その身分を示す証明書を携帯し，関係人の請求があったときは，これを提示しなければならない。

16　第1項から第8項までの規定による権限は，犯罪捜査のために認められたものと解釈してはならない。

POINT 7　電気関係報告規則

〈電気関係報告規則第3条〉

1　電気事業者又は自家用電気工作物を設置する者は，電気事業者にあっては電気事業の用に供する電気工作物に関して，自家用電気工作物を設置する者にあっては自家用電気工作物に関して，次の表の事故の欄に掲げる事故が発生したときは，それぞれ同表の報告先の欄に掲げる者に報告しなければならない。

報告が必要な事故	報告先
感電又は電気工作物の破損若しくは電気工作物の誤操作若しくは電気工作物を操作しないことにより人が死傷した事故（死亡又は病院若しくは診療所に入院した場合に限る。）	電気工作物の設置の場所を管轄する産業保安監督部長
電気火災事故（工作物にあっては，その半焼以上の場合に限る。）	
電気工作物の破損又は電気工作物の誤操作若しくは電気工作物を操作しないことにより，他の物件に損傷を与え，又はその機能の全部又は一部を損なわせた事故	
一般送配電事業者の一般送配電事業の用に供する電気工作物又は特定送配電事業者の特定送配電事業の用に供する電気工作物と電気的に接続されている電圧3000 V以上の自家用電気工作物の破損又は自家用電気工作物の誤操作若しくは自家用電気工作物を操作しないことにより一般送配電事業者又は特定送配電事業者に供給支障を発生させた事故	

2　前項の規定による報告は，事故の発生を知った時から24時間以内可能な限り速やかに事故の発生の日時及び場所，事故が発生した電気工作物並びに事故の概要について，電話等の方法により行うとともに，事故の発生を知った日から起算して30日以内に様式第13の報告書を提出して行わなければならない。（以下省略）

確認問題

❶ 次の文章は電気事業法の目的に関する記述である。（ア）～（エ）にあてはまる語句を解答群から選択して答えよ。 P.2 POINT 1

この法律は，電気事業の運営を適正かつ［（ア）］ならしめることによって，電気の使用者の［（イ）］を保護し，及び電気事業の健全な発達を図るとともに，電気工作物の工事，維持及び運用を［（ウ）］することによって，公共の［（エ）］を確保し，及び環境の保全を図ることを目的とする。

【解答群】

(1) 建設的	(2) 安全	(3) 点検	(4) 禁止
(5) 利益	(6) 健全化	(7) 権利	(8) 発展
(9) 合理的	(10) 規程	(11) 健康	(12) 規制

---

❷ 次の文章は電気の使用制限等に関する記述である。（ア）～（ウ）にあてはまる語句を解答群から選択して答えよ。 P.2 POINT 1

経済産業大臣は，電気の［（ア）］を行わなければ電気の供給の不足が国民経済及び国民生活に悪影響を及ぼし，公共の利益を阻害するおそれがあると認められるときは，その事態を克服するため必要な限度において，政令で定めるところにより，使用電力量の限度，［（イ）］の限度，用途若しくは使用を停止すべき日時を定めて，小売電気事業者，一般送配電事業者若しくは登録特定送配電事業者（以下この条において「小売電気事業者等」という。）から電気の供給を受ける者に対し，小売電気事業者等の供給する電気の使用を制限すべきこと又は受電電力の容量の限度を定めて，小売電気事業者等から電気の供給を受ける者に対し，小売電気事業者等からの受電を［（ウ）］すべきことを命じ，又は勧告することができる。

【解答群】

(1) 使用最大電力	(2) 計画的な停電	(3) 需給の調整	(4) 禁止
(5) 停止	(6) 使用制限	(7) 受電電力	(8) 制限

❸ 次の文章は電気事業法及び電気事業法施行規則における電圧及び周波数に関する記述である。（ア）～（オ）にあてはまる語句を解答群から選択して答えよ。

P.2 POINT 1

（ア）は，その供給する電気の電圧及び周波数の値を経済産業省令で定める値に維持するように努めなければならない。

経済産業省令で定める電圧の値は，その電気を供給する場所において次の表の左欄に掲げる標準電圧に応じて，それぞれ同表の右欄に掲げるとおりとする。

標準電圧	維持すべき値
100 V	（イ）Vの上下（ウ）Vを超えない値
200 V	（エ）Vの上下（オ）Vを超えない値

【解答群】

(1) 特定送配電事業者	(2) 一般送配電事業者	(3) 発電事業者
(4) 3	(5) 6	(6) 10
(7) 20	(8) 25	(9) 100
(10) 101	(11) 200	(12) 202

---

❹ 次の文章は電気工作物に関する記述である。（ア）～（エ）にあてはまる語句を解答群から選択して答えよ。

P.3 POINT 2

電気工作物とは，発電，変電，送電若しくは配電又は（ア）のために設置する機械，器具，ダム，水路，貯水池，電線路その他の（イ）をいう。ただし，（ウ），車両又は航空機に設置されるものや電圧（エ）V未満の電気的設備であって，電圧（エ）V以上の電気的設備と電気的に接続されていないものは除く。

【解答群】

(1) 運転	(2) 電気の使用	(3) 工作物	(4) 保全
(5) 船舶	(6) 30	(7) 鉄道	(8) 60
(9) 構造物	(10) 重機	(11) 建設物	(12) 600

5 次の文章は保安規程に関する記述である。（ア）～（エ）にあてはまる語句を解答群から選択して答えよ。

P.3 POINT 2

a　事業用電気工作物を設置する者は，事業用電気工作物の工事，維持及び運用に関する保安を確保するため，主務省令で定めるところにより，保安を一体的に確保することが必要な事業用電気工作物の［（ア）］ごとに保安規程を定め，当該［（ア）］における事業用電気工作物の使用の［（イ）］，主務大臣に届け出なければならない。

b　事業用電気工作物を設置する者は，保安規程を変更したときは，［（ウ）］，変更した事項を主務大臣に届け出なければならない。

c　主務大臣は，事業用電気工作物の工事，維持及び運用に関する保安を確保するため必要があると認めるときは，事業用電気工作物を設置する者に対し，保安規程を［（エ）］すべきことを命ずることができる。

【解答群】

(1)　30日以内に	(2)　開始前に	(3)　設備	(4)　変更
(5)　開始後に	(6)　届け出	(7)　事業者	(8)　組織
(9)　30日前までに	(10)　遅滞なく	(11)　修正	
(12)　軽微なものを除き			

❻ 次の文章は主任技術者及び主任技術者免状に関する記述である。（ア）～（ウ）にあてはまる語句を解答群から選択して答えよ。

P.6 POINT 3

事業用電気工作物を設置する者は，事業用電気工作物の工事，維持及び運用に関する［（ア）］をさせるため，主務省令で定めるところにより，主任技術者免状の交付を受けている者のうちから，主任技術者を選任しなければならない。電気主任技術者免状の種類と範囲は以下の通りである。

免状の種類	監督できる範囲
第一種電気主任技術者免状	全ての事業用電気工作物
第二種電気主任技術者免状	電圧［（イ）］V未満の事業用電気工作物
第三種電気主任技術者免状	電圧［（ウ）］V未満（出力5000 kW以上の発電所を除く）の事業用電気工作物

【解答群】

(1) 保安の監督　(2) 技術指導　(3) 作業及び保守　(4) 7000
(5) 10000　(6) 50000　(7) 100000　(8) 170000

---

❼ 次の事業用電気工作物の設置又は変更の工事計画において，主務大臣に事前届出の対象となるものに○，ならないものに×をつけなさい。

P.7 POINT 4

(1) 受電電圧22000 Vで最大電力が6000 kWの需要設備を設置する工事
(2) 受電電圧6600 Vで最大電力が5000 kWの需要設備を設置する工事
(3) 受電電圧6600 Vの遮断器を設置する工事
(4) 受電電圧22000 Vで変圧器の容量を10%変更する工事
(5) 受電電圧22000 Vの需要設備に属する容量が60000 kW·hの電力貯蔵装置を設置する工事
(6) 受電電圧22000 Vで遮断器の遮断電流を20%変更する工事

❽ 次の文章は一般用電気工作物の調査の義務に関する記述である。（ア）～（ウ）にあてはまる語句を解答群から選択して答えよ。 P.7 POINT 5

a　一般用電気工作物と直接に電気的に接続する電線路を維持し，及び運用する者（以下「電線路維持運用者」という。）は，経済産業省令で定める場合を除き，経済産業省令で定めるところにより，その一般用電気工作物が技術基準に適合しているかどうかを（ア）しなければならない。ただし，その一般用電気工作物の設置の場所に立ち入ることにつき，その（イ）の承諾を得ることができないときは，この限りでない。

b　電線路維持運用者は，前項の規定による調査の結果，一般用電気工作物が経済産業省令で定める技術基準に適合していないと認めるときは，（ウ），その技術基準に適合するようにするためとるべき措置及びその措置をとらなかった場合に生ずべき結果をその（イ）に通知しなければならない。

【解答群】

(1) 審査	(2) 開始前に	(3) 事業者
(4) 点検	(5) 30日以内に	(6) 所有者又は占有者
(7) 24時間以内に	(8) 管理者又は請負者	(9) 調査
(10) 遅滞なく	(11) 7日以内に	

❾ 次の文章は電気関係報告規則に関する記述である。（ア）～（オ）にあてはまる語句を解答群から選択して答えよ。 P.8 POINT 7

電気事業者又は自家用電気工作物を設置する者は，電気事業者にあっては電気事業の用に供する電気工作物に関して，自家用電気工作物を設置する者にあっては自家用電気工作物に関して，次の表の事故の欄に掲げる事故が発生したときは，事故の発生を知った時から［（ア）］以内可能な限り速やかに事故の発生の日時及び場所，事故が発生した電気工作物並びに事故の概要について，電話等の方法により行うとともに，事故の発生を知った日から起算して［（イ）］以内に報告書を提出して行わなければならない。

報告が必要な事故
感電又は電気工作物の破損若しくは電気工作物の誤操作若しくは電気工作物を操作しないことにより人が死傷した事故（死亡又は病院若しくは診療所に［（ウ）］した場合に限る。）
電気火災事故（工作物にあっては，その［（エ）］の場合に限る。）
電気工作物の破損又は電気工作物の誤操作若しくは電気工作物を操作しないことにより，他の物件に損傷を与え，又はその機能の全部又は一部を損なわせた事故
一般送配電事業者の一般送配電事業の用に供する電気工作物又は特定送配電事業者の特定送配電事業の用に供する電気工作物と電気的に接続されている電圧［（オ）］V以上の自家用電気工作物の破損又は自家用電気工作物の誤操作若しくは自家用電気工作物を操作しないことにより一般送配電事業者又は特定送配電事業者に供給支障を発生させた事故

【解答群】

(1) 600	(2) 7日	(3) 半焼以上	(4) 入院
(5) 30日	(6) 48時間	(7) 24時間	(8) 修理不能
(9) 7000	(10) 3000	(11) 全焼以上	(12) 通院

基本問題

1 次の文章は，電気事業法の目的に関する記述である。

この法律は，電気事業の運営を適正かつ合理的ならしめることによって，電気の［（ア）］の利益を保護し，及び電気事業の［（イ）］を図るとともに，電気工作物の工事，維持及び運用を規制することによって，公共の安全を確保し，及び［（ウ）］の保全を図ることを目的とする。

上記の記述中の空白箇所（ア），（イ）及び（ウ）に当てはまる組合せとして，正しいものを次の(1)～(5)のうちから一つ選べ。

	（ア）	（イ）	（ウ）
(1)	消費者	健全な発達	設備
(2)	使用者	健全な発達	環境
(3)	使用者	技術的発展	環境
(4)	使用者	技術的発展	設備
(5)	消費者	技術的発展	設備

2 次の文章は，「電気事業法」及び「電気事業法施行規則」に規定される電圧と周波数に関する記述である。

a （ア） は，その供給する電気の電圧及び周波数の値を経済産業省令で定める値に維持するように努めなければならない。

b 経済産業省令で定める電圧の値は，その電気を供給する場所において次の表の左欄に掲げる標準電圧に応じて，それぞれ同表の右欄に掲げるとおりとする。

標準電圧	維持すべき値
100 V	（イ）
200 V	（ウ） ± 20 V

上記の記述中の空白箇所（ア），（イ）及び（ウ）に当てはまる組合せとして，正しいものを次の(1)〜(5)のうちから一つ選べ。

	（ア）	（イ）	（ウ）
(1)	発電事業者	102 ± 5 V	204
(2)	一般送配電事業者	102 ± 5 V	204
(3)	一般送配電事業者	101 ± 6 V	202
(4)	一般送配電事業者	101 ± 6 V	204
(5)	発電事業者	101 ± 6 V	202

3 次の文章は，電気事業法に規定される電気の使用制限等に関する記述である。

[　(ア)　]は，電気の需給の調整を行わなければ電気の供給の不足が国民経済及び国民生活に悪影響を及ぼし，公共の利益を阻害するおそれがあると認められるときは，その事態を克服するため必要な限度において，政令で定めるところにより，[　(イ)　]の限度，使用最大電力の限度，用途若しくは使用を停止すべき[　(ウ)　]を定めて，小売電気事業者等から電気の供給を受ける者に対し，小売電気事業者等の供給する電気の使用を制限すべきこと又は受電電力の容量の限度を定めて，小売電気事業者等から電気の供給を受ける者に対し，小売電気事業者等からの受電を制限すべきことを命じ，又は勧告することができる。

上記の記述中の空白箇所(ア)，(イ)及び(ウ)に当てはまる組合せとして，正しいものを次の(1)～(5)のうちから一つ選べ。

	(ア)	(イ)	(ウ)
(1)	経済産業大臣	使用電力量	日時
(2)	経済産業大臣	使用電力量	場所
(3)	経済産業大臣	供給電力	場所
(4)	一般送配電事業者	使用電力量	日時
(5)	一般送配電事業者	供給電力	場所

4 次の文章は,「電気事業法」及び「電気事業法施行規則」に基づく一般用電気工作物に該当する小出力発電設備の定義に関する記述の一部である。

一般用電気工作物に該当する小出力発電設備は，以下の発電用電気工作物であって電圧が600 V以下のものをいう。ただし，以下の設備であって，同一の構内に設置する以下の他の設備と電気的に接続され，それらの設備の出力の合計が50 kW以上となるものを除く。

a　太陽電池発電設備であって出力50 kW未満のもの

b　風力発電設備であって出力 (ア) kW未満のもの

c　水力発電設備であって出力 (イ) kW未満及び最大使用水量1 m^3/s未満のもの（ダムを伴うものを除く）

d　内燃力を原動力とする火力発電設備であって出力10 kW未満のもの

e　燃料電池発電設備であって出力 (ウ) kW未満のもの

上記の記述中の空白箇所（ア），（イ）及び（ウ）に当てはまる組合せとして，正しいものを次の(1)~(5)のうちから一つ選べ。

	（ア）	（イ）	（ウ）
(1)	20	20	20
(2)	20	20	10
(3)	20	10	20
(4)	30	20	10
(5)	30	10	20

5 次の文章は，「電気事業法」に規定される自家用電気工作物に関する記述である。

自家用電気工作物とは，一般送配電事業，送電事業，特定送配電事業および発電事業の用に供する電気工作物及び一般用電気工作物以外の電気工作物であって，次のものが該当する。

a　他の者から［（ア）］電圧で受電するもの

b　［（イ）］以外の発電用の電気工作物と同一の構内（これに準ずる区域内を含む。以下同じ。）に設置するもの

c　［（ウ）］にわたる電線路を有するものであって，受電するための電線路以外の電線路により［（ウ）］の電気工作物と電気的に接続されているもの

d　火薬類取締法に規定される火薬類（煙火を除く。）を製造する事業場に設置するもの

e　鉱山保安法施行規則が適用される石炭坑に設置するもの

上記の記述中の空白箇所（ア），（イ）及び（ウ）に当てはまる組合せとして，正しいものを次の(1)～(5)のうちから一つ選べ。

	（ア）	（イ）	（ウ）
(1)	600 V以上の	小出力発電設備	構内
(2)	600 Vを超える	低圧発電設備	構内
(3)	600 V以上の	小出力発電設備	構外
(4)	600 Vを超える	小出力発電設備	構外
(5)	600 V以上の	低圧発電設備	構内

6 次の文章は，「電気事業法」に規定される事業用電気工作物の維持に関する記述の一部である。

a　事業用電気工作物は，人体に（ア）を及ぼし，又は物件に（イ）を与えないようにすること。

b　事業用電気工作物は，他の電気的設備その他の物件の機能に電気的又は磁気的な（ウ）を与えないようにすること。

c　事業用電気工作物の損壊により一般送配電事業者の電気の供給に著しい支障を及ぼさないようにすること。

d　事業用電気工作物が一般送配電事業の用に供される場合にあっては，その事業用電気工作物の損壊によりその一般送配電事業に係る電気の供給に著しい支障を生じないようにすること。

上記の記述中の空白箇所（ア），（イ）及び（ウ）に当てはまる組合せとして，正しいものを次の(1)～(5)のうちから一つ選べ。

	（ア）	（イ）	（ウ）
(1)	障害	損傷	被害
(2)	障害	損害	被害
(3)	被害	損傷	障害
(4)	危害	損害	被害
(5)	危害	損傷	障害

7 次の文章は，「電気事業法」に基づく保安規程に関する記述である。

a　事業用電気工作物を設置する者は，事業用電気工作物の工事，維持及び運用に関する［（ア）］するため，主務省令で定めるところにより，保安を一体的に確保することが必要な事業用電気工作物の組織ごとに保安規程を定め，当該組織における事業用電気工作物の使用の開始前に，主務大臣に［（イ）］なければならない。

b　事業用電気工作物を設置する者は，保安規程を［（ウ）］したときは，［（エ）］，［（ウ）］した事項を主務大臣に［（イ）］なければならない。

c　主務大臣は，事業用電気工作物の工事，維持及び運用に関する［（ア）］するため必要があると認めるときは，事業用電気工作物を設置する者に対し，保安規程を［（ウ）］すべきことを命ずることができる。

d　事業用電気工作物を設置する者及びその従業者は，保安規程を守らなければならない。

上記の記述中の空白箇所（ア），（イ），（ウ）及び（エ）に当てはまる組合せとして，正しいものを次の(1)～(5)のうちから一つ選べ。

	（ア）	（イ）	（ウ）	（エ）
(1)	保安を確保	届け出	変更	30日以内に
(2)	安全を保持	申請し	変更	30日以内に
(3)	安全を保持	申請し	改訂	30日以内に
(4)	保安を確保	届け出	変更	遅滞なく
(5)	保安を確保	申請し	改訂	遅滞なく

8 次の文章は「電気事業法」に基づく主任技術者の選任に関する記述の一部である。

a [(ア)]電気工作物を設置する者は，[(ア)]電気工作物の工事，維持及び運用に関する保安の[(イ)]をさせるため，主務省令で定めるところにより，主任技術者免状の交付を受けている者のうちから，主任技術者を選任しなければならない。

b [(ウ)]電気工作物を設置する者は，前項の規定にかかわらず，主務大臣の許可を受けて，主任技術者免状の交付を受けていない者を主任技術者として選任することができる。

c 主任技術者は，事業用電気工作物の工事，維持及び運用に関する保安の[(イ)]の職務を誠実に行わなければならない。

上記の記述中の空白箇所（ア），（イ）及び（ウ）に当てはまる組合せとして，正しいものを次の(1)～(5)のうちから一つ選べ。

	（ア）	（イ）	（ウ）
(1)	自家用	確保	一般用
(2)	事業用	監督	自家用
(3)	自家用	監督	一般用
(4)	事業用	確保	自家用
(5)	事業用	監督	自家用

9 次の文章は，「電気事業法」に基づく立入検査に関する記述の一部である。

a　主務大臣は，電気事業法の［（ア）］に必要な限度において，その職員に，原子力発電工作物を設置する者又はボイラー等（原子力発電工作物に係るものに限る。）の溶接をする者の工場又は営業所，事務所その他の事業場に立ち入り，原子力発電工作物，帳簿，書類その他の物件を検査させることができる。

b　立入検査をする職員は，その身分を示す［（イ）］し，関係人の請求があったときは，これを提示しなければならない。

c　立入検査の権限は，［（ウ）］のために認められたものと解釈してはならない。

上記の記述中の空白箇所（ア），（イ）及び（ウ）に当てはまる組合せとして，正しいものを次の(1)～(5)のうちから一つ選べ。

	（ア）	（イ）	（ウ）
(1)	施行	免許証を所持	行政処分
(2)	遵守	免許証を所持	行政処分
(3)	施行	証明書を携帯	犯罪捜査
(4)	遵守	証明書を携帯	犯罪捜査
(5)	施行	証明書を携帯	行政処分

応用問題

1 次の文章は，電気事業法及び電気事業法施行規則における電圧及び周波数の維持に関する記述の一部である。

a [（ア）] は，その供給する電気の電圧及び周波数の値を経済産業省令で定める値に維持するように努めなければならない。

b [（ア）] は，経済産業省令で定めるところにより，その供給する電気の電圧及び周波数を測定し，その結果を [（イ）] し，これを保存しなければならない。

c 経済産業省令で定める電圧の値は，その電気を供給する場所において次の表の掲げるとおりとする。

標準電圧	維持すべき値
100 V	101 Vの上下 6 Vを超えない値
200 V	202 Vの上下 [（ウ）] Vを超えない値

d 経済産業省令で定める周波数の値は，その者が供給する電気の [（エ）] に等しい値とする。

上記の記述中の空白箇所（ア），（イ），（ウ）及び（エ）に当てはまる組合せとして，正しいものを次の(1)～(5)のうちから一つ選べ。

	（ア）	（イ）	（ウ）	（エ）
(1)	小売電気事業者	記録	10	定格周波数
(2)	一般送配電事業者	記録	20	標準周波数
(3)	小売電気事業者	報告	10	定格周波数
(4)	一般送配電事業者	報告	20	標準周波数
(5)	小売電気事業者	記録	20	標準周波数

2 次の文章は「電気事業法」に基づく電気工作物に関する記述である。その記述内容として，一般用電気工作物に該当するものの組合せとして正しいものを次の(1)～(5)のうちから一つ選べ。なお，a ～ dの電気工作物は，その受電のための電線路以外の電線路により，その構内以外の場所にある電気工作物と電気的に接続されていないものとする。

a　受電電圧6.6 kV，受電電力20 kWの店舗の電気工作物

b　受電電圧200 V，出力15 kWの内燃力の非常用発電設備を持つ病院の電気工作物

c　受電電圧200 V，受電電力30 kWで別に出力5 kWの太陽電池発電設備を有する建物内の電気工作物

d　受電電圧200 V，受電電力50 kWで別に出力19 kWの風力発電設備と25 kWの太陽電池発電設備を有する事業所の電気工作物

(1)　a，b　(2)　a，c　(3)　b，c　(4)　b，d　(5)　c，d

---

3 次の文章は「電気事業法」に基づく電気工作物に関する記述である。その記述内容として，自家用電気工作物に該当するものを次の(1)～(5)のうちから一つ選べ。なお，(2)～(4)についてはその受電のための電線路以外の電線路により，その構内以外の場所にある電気工作物と電気的に接続されていないものとする。

(1)　受電電圧6.6 kVで出力30 kW太陽電池発電設備を持つ事業場における送電事業の用に供する電気工作物

(2)　受電電圧200 V，受電電力30 kWで別に出力5 kWの内燃力発電設備と10 kWの太陽電池発電設備を有する病院の電気工作物

(3)　受電電圧200 V，受電電力100 kWで，別に出力30 kWの太陽電池発電設備と出力15 kWの風力発電設備とを有する事業場の電気工作物

(4)　受電電圧100 V，受電電力10 kWで引火性の物を取り扱う施設であるが，「火薬類取締法に規定する火薬類（煙火を除く。）を製造する事業場」には該当しない場所に設置する電気工作物

(5)　受電電圧200 V，受電電力100 kWで，別に出力15 kWの太陽電池発電設備と出力15 kWの風力発電設備と出力10 kWの燃料電池発電設備を有する事業場の電気工作物

4 次の文章は,「電気事業法」に規定される使用前安全管理検査に関する記述である。

a　事業用電気工作物の工事計画の届出をして設置又は変更の工事をする事業用電気工作物であって,主務省令で定めるものを設置する者は,主務省令で定めるところにより,その［（ア）］に,当該事業用電気工作物について自主検査を行い,その結果を記録し,これを保存しなければならない。

b　aの検査においては,その事業用電気工作物が次の各号のいずれにも適合していることを確認しなければならない。

一　その工事が届出をした工事の計画に従って行われたものであること。

二　主務省令で定める［（イ）］に適合するものであること。

c　aの検査を行う事業用電気工作物を設置する者は,検査の実施に係る［（ウ）］について,主務省令で定める時期に,原子力を原動力とする発電用の事業用電気工作物以外の事業用電気工作物であって経済産業省令で定めるものを設置する者にあっては経済産業大臣の登録を受けた者が,その他の者にあっては主務大臣が行う審査を受けなければならない。

上記の記述中の空白箇所（ア）,（イ）及び（ウ）に当てはまる組合せとして,正しいものを次の(1)～(5)のうちから一つ選べ。

	（ア）	（イ）	（ウ）
(1)	使用の開始前	技術基準	体制
(2)	使用の開始前	技術基準	日時
(3)	運用開始後すぐ	保安規程	日時
(4)	使用の開始前	保安規程	日時
(5)	運用開始後すぐ	技術基準	体制

5 「電気事業法」に基づく工事計画の事前届出に関し，事前届出が必要な工事として，適切なものと不適切なものの組合せとして，正しいものを次の(1)～(5)のうちから一つ選べ。

a　受電電圧 22000 V の需要設備の取替え工事

b　出力 3000 kW の太陽電池発電設備の設置工事

c　電圧 22000 V の遮断器の 10% の遮断電流の変更工事

d　出力 10000 kW の汽力発電設備の設置工事

	a	b	c	d
(1)	不適切	不適切	適切	適切
(2)	適切	不適切	不適切	不適切
(3)	不適切	適切	不適切	適切
(4)	適切	適切	不適切	不適切
(5)	不適切	適切	適切	適切

---

6 「電気関係報告規則」に関する記述として，事故報告が必要な事故の組合せとして，正しいものを次の(1)～(5)のうちから一つ選べ。

a　感電負傷により，病院に搬送され入院せずに通院を続けた事故

b　電気工作物の電気火災により，工作物の一部分が損壊した事故

c　電気工作物の破損により，他の物件の機能の一部を損なわせた事故

d　出力 50 万 kW の汽力発電設備の 3 日間の発電支障事故

(1)　a　(2)　a，b　(3)　c　(4)　d　(5)　c，d

CHAPTER 02

その他の電気関係法規

毎年1問出題されるか年によっては出題されない分野です。電気用品安全法や電気工事士法，電気工事業法等から幅広く出題され，内容を絞りにくい分野ですが，本問題集の内容を基本としてしっかりと対策するようにしましょう。

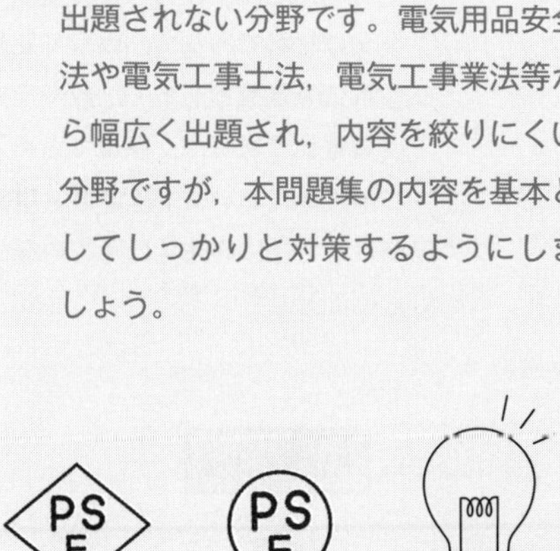

CHAPTER 02 その他の電気関係法規

1 その他の電気関係法規

（教科書CHAPTER02対応）

POINT 1 電気用品安全法の概要

(1) 電気用品安全法の目的

〈電気用品安全法第１条〉

この法律は，電気用品の製造，販売等を規制するとともに，電気用品の安全性の確保につき民間事業者の自主的な活動を促進することにより，電気用品による危険及び障害の発生を防止することを目的とする。

(2) 電気用品の分類

〈電気用品安全法第２条（抜粋）〉

1　この法律において「電気用品」とは，次に掲げる物をいう。

一　一般用電気工作物の部分となり，又はこれに接続して用いられる機械，器具又は材料であって，政令で定めるもの

二　携帯発電機であって，政令で定めるもの

三　蓄電池であって，政令で定めるもの

2　この法律において「特定電気用品」とは，構造又は使用方法その他の使用状況からみて特に危険又は障害の発生するおそれが多い電気用品であって，政令で定めるものをいう。

特定電気用品

特定電気用品以外の電気用品

(3) 事業の届出

〈電気用品安全法第３条〉

電気用品の製造又は輸入の事業を行う者は，経済産業省令で定める電気用品の区分に従い，事業開始の日から30日以内に，次の事項を経済産業大臣に届け出なければならない。

一　氏名又は名称及び住所並びに法人にあっては，その代表者の氏名

二　経済産業省令で定める電気用品の型式の区分

三　当該電気用品を製造する工場又は事業場の名称及び所在地（電気用品の輸入の事業を行う者にあっては，当該電気用品の製造事業者の氏名又は名称及び住所）

(4) 検査と表示，使用の制限

第８条	1 届出事業者は，電気用品を製造し，又は輸入する場合においては，経済産業省令で定める技術基準に適合するようにしなければならない。 2 届出事業者は，経済産業省令で定めるところにより，その製造又は輸入に係る前項の電気用品について検査を行い，その検査記録を作成し，これを保存しなければならない。
第９条	届出事業者は，その製造又は輸入に係る前条第一項の電気用品が特定電気用品である場合には，当該特定電気用品を販売する時までに，経済産業大臣の登録を受けた者の適合性検査を受け，かつ，同項の証明書の交付を受け，これを保存しなければならない。
第10条	届出事業者は，その届出に係る型式の電気用品の技術基準に対する適合性について，規定による義務を履行したときは，当該電気用品に経済産業省令で定める方式（PSEマーク）による表示を付することができる。
第27条	電気用品の製造，輸入又は販売の事業を行う者は，経済産業省令で定める方式（PSEマーク）の表示が付されているものでなければ，電気用品を販売し，又は販売の目的で陳列してはならない。
第28条	電気事業者，自家用電気工作物を設置する者，電気工事士等は，経済産業省令で定める方式（PSEマーク）の表示が付されているものでなければ，電気用品を電気工作物の設置又は変更の工事に使用してはならない。

POINT 2 電気工事士法

(1) 電気工事士法の目的

〈電気工事士法第１条〉

この法律は，電気工事の作業に従事する者の資格及び義務を定め，もって電気工事の欠陥による災害の発生の防止に寄与することを目的とする。

(2) 電気工事の資格と作業範囲

電気工事を行う資格には，第一種電気工事士，第二種電気工事士，認定電気工事従事者，特種電気工事資格者（ネオン工事資格者及び非常用予備発電装置工事資格者）があり，資格に応じてできる作業範囲が異なる。

また，電気工事士法における自家用電気工作物は最大電力500 kW未満である。

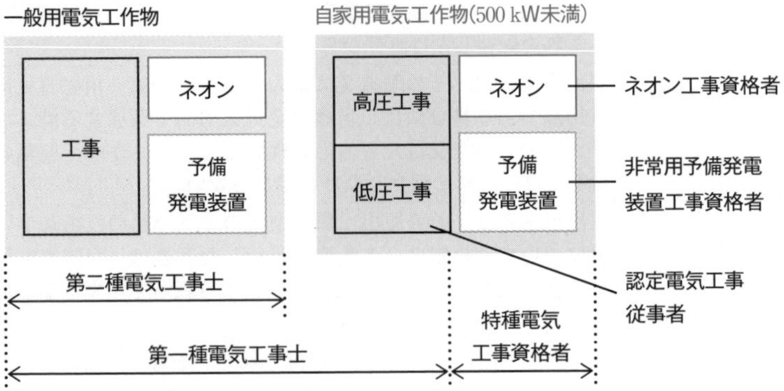

(3) 電気工事士等の義務

第５条	１電気工事士，特種電気工事資格者又は認定電気工事従事者は，電気工作物に係る電気工事の作業に従事するときは経済産業省令で定める技術基準に適合するようにその作業をしなければならない。 ２電気工事士，特種電気工事資格者又は認定電気工事従事者は，前項の電気工事の作業に従事するときは，電気工事士免状，特種電気工事資格者認定証又は認定電気工事従事者認定証を携帯していなければならない。
第９条	都道府県知事は，この法律の施行に必要な限度において，政令で定めるところにより，電気工事士，特種電気工事資格者又は認定電気工事従事者に対し，電気工事の業務に関して報告をさせることができる。

POINT 3　電気工事業法

(1)　電気工事業法の目的

〈電気工事業法第１条〉

この法律は，電気工事業を営む者の登録等及びその業務の規制を行うことにより，その業務の適正な実施を確保し，もって一般用電気工作物及び自家用電気工作物の保安の確保に資することを目的とする。

(2)　電気工事業者の分類

電気工事業者の種類	必要事項	登録もしくは通知先
登録電気工事業者 (一般用電気工作物を含む電気工事業を営む)	登録 (有効期限５年)	２つ以上の都道府県に営業所を設置 →経済産業大臣 １つの都道府県にのみ営業所を設置 →都道府県知事
通知電気工事業者 (自家用電気工作物のみの電気工事業を営む)	事業を開始する日の10日前までに通知	

(3)　電気工事業者の業務

第19条	登録電気工事業者は，その一般用電気工作物に係る電気工事業務を行う営業所ごとに，当該業務に係る一般用電気工事の作業を管理させるため，第一種電気工事士又は第二種電気工事士免状の交付を受けた後電気工事に関し３年以上の実務の経験を有するものを，主任電気工事士として，置かなければならない。
第20条	主任電気工事士は，一般用電気工事の作業の管理の職務を誠実に行わなければならない。
第21条	電気工事業者は，資格のない者を電気工事の作業に従事させてはならない。
第22条	電気工事業者は，請け負った電気工事を電気工事業者でない者に請け負わせてはならない。
第23条	電気工事業者は，電気用品安全法に適合している電気用品でなければ，電気工事に使用してはならない。
第24条	営業所ごとに絶縁抵抗計その他の経済産業省令で定める器具を備えなければならない。
第25条	営業所および電気工事の施工場所ごとに，氏名又は名称，登録番号，その他経済産業省令で定める事項を記載した標識を掲げなければならない。
第26条	営業所ごとに帳簿を備え，経済産業省令で定める事項を記載し，保存しなければならない。

確認問題

1 次の文章は電気用品安全法の目的に関する記述である。(ア)～(ウ)にあてはまる語句を解答群から選択して答えよ。 P.30 POINT 1

この法律は，電気用品の［(ア)］等を規制するとともに，電気用品の安全性の確保につき民間事業者の自主的な活動を［(イ)］することにより，電気用品による危険及び障害の発生を［(ウ)］することを目的とする。

【解答群】

(1) 製造，販売　(2) 抑制　(3) 流通，販売　(4) 防止
(5) 規制　(6) 製造，流通　(7) 促進　(8) 制限

---

2 次の文章は電気用品安全法の定義及び事業の届出に関する記述である。(ア)～(オ)にあてはまる語句を解答群から選択して答えよ。 P.30 POINT 1

a　この法律において「電気用品」とは，次に掲げる物をいう。
　① ［(ア)］電気工作物の部分となり，又はこれに接続して用いられる機械，器具又は材料であって，政令で定めるもの
　② 携帯発電機であって，政令で定めるもの
　③ ［(イ)］であって，政令で定めるもの

b　この法律において「［(ウ)］」とは，構造又は使用方法その他の使用状況からみて特に危険又は障害の発生するおそれが多い電気用品であって，政令で定めるものをいう。

c　電気用品の製造又は輸入の事業を行う者は，経済産業省令で定める電気用品の区分に従い，事業開始［(エ)］，次の事項を経済産業大臣に［(オ)］なければならない。

【解答群】

(1) 事業用　(2) 特定電気用品　(3) の30日前までに
(4) 指定電気用品　(5) 蓄電池　(6) 後遅滞なく

(7) 申請し　(8) 照明器具　(9) の日から30日以内に
(10) 特別電気用品　(11) 一般用　(12) 届け出

---

3 次の文章は電気用品安全法における検査，表示及び使用に関する記述である。(ア)～(エ)にあてはまる語句を解答群から選択して答えよ。

P.30 POINT 1

a　届出事業者は，電気用品を製造し，又は輸入する場合においては，経済産業省令で定める (ア) に適合するようにしなければならない。

b　届出事業者は，その製造又は輸入に係る電気用品について (イ) を行い，その記録を作成し，これを保存しなければならない。

c　届出事業者は，その製造又は輸入に係る電気用品が (ウ) である場合には，当該 (ウ) を販売する時までに， (エ) の登録を受けた者の適合性検査を受け，かつ，同項の証明書の交付を受け，これを保存しなければならない。

d　経済産業省令で定める表示が付されているものでなければ，電気用品を販売及び設置又は変更の工事に使用してはならない。

【解答群】

(1) 経済産業大臣　(2) 未登録　(3) 高電圧
(4) 届出　(5) 検査　(6) 技術基準
(7) 都道府県知事　(8) 一般用電気工作物　(9) 電圧及び周波数
(10) 産業保安監督部長　(11) 登録　(12) 特定電気用品

---

4 次の文章は電気工事士法における目的及び義務に関する記述である。(ア)～(エ)にあてはまる語句を解答群から選択して答えよ。

P.32 POINT 2

a　この法律は，電気工事の作業に従事する者の資格及び義務を定め，もって電気工事の (ア) による災害の発生の防止に寄与することを目的とする。

b　電気工事士，特種電気工事資格者又は認定電気工事従事者は，電気工

作物に係る電気工事の作業に従事するときは経済産業省令で定める（イ）に適合するようにその作業をしなければならない。

c　電気工事士，特種電気工事資格者又は認定電気工事従事者は，前項の電気工事の作業に従事するときは，電気工事士免状，特種電気工事資格者認定証又は認定電気工事従事者認定証を（ウ）していなければならない。

d　都道府県知事は，この法律の施行に必要な限度において，政令で定めるところにより，電気工事士，特種電気工事資格者又は認定電気工事従事者に対し，電気工事の業務に関して（エ）をさせることができる。

【解答群】

(1) 欠陥	(2) 設置者に提示	(3) 携帯	(4) 感電
(5) 立入検査	(6) 保安規程	(7) 一時停止	(8) 技術基準
(9) 保管	(10) 報告	(11) 作業基準	(12) 不具合

---

5 次の各文は電気工事士の資格と作業の範囲に関する記述である。正しいものには○，誤っているものには×をつけよ。

P.32 POINT 2

(1) 電気工事を行う資格には，第一種電気工事士，第二種電気工事士，認定電気工事従事者，特種電気工事資格者の4つがある。

(2) 特殊電気工事にはネオン工事と非常用予備発電装置工事がある。

(3) 第二種電気工事士は，電気工作物のうち電圧が600 V以下の工事の作業に従事することができる。

(4) 第一種電気工事士は，電気事業法で規定される電気工作物のうち，特殊電気工事以外の全ての電気工作物の作業に従事することができる。

(5) 自家用電気工作物の作業において，第一種電気工事士を取得していれば，認定電気工事従事者の取得は必要ない。

(6) 自家用電気工作物の非常用予備電源装置に関する工事において，第一種電気工事士を取得していれば，非常用予備発電装置工事資格者の取得は必要ない。

(7) 電圧6.6 kVで受電するビルの工事に第二種電気工事士が従事する場

合，認定電気工事従事者の資格を取得すれば作業可能範囲を限定せずに作業をすることができる。

(8) 小出力発電設備に該当する200 Vの非常用予備発電装置の工事は，第二種電気工事士が作業をすることができる。

---

6 次の文章は電気工事業法における目的及び義務に関する記述である。(ア)～(オ)にあてはまる語句を解答群から選択して答えよ。 P.33 POINT 3

a　この法律は，電気工事業を営む者の登録等及びその (ア) を行うことにより，その業務の適正な実施を確保し，もって一般用電気工作物及び自家用電気工作物の保安の確保に資することを目的とする。

b　電気工事業を営もうとする者は，二以上の都道府県の区域内に営業所を設置してその事業を営もうとするときは (イ) の，一の都道府県の区域内にのみ営業所を設置してその事業を営もうとするときは当該営業所の所在地を管轄する (ウ) の登録を受けなければならない。登録電気工事業者の登録の有効期間は (エ) 年とする。

c　登録電気工事業者は，当該業務に係る一般用電気工事の作業を管理させるため，第一種電気工事士又は免状の交付を受けた後電気工事に関し (オ) 年以上の実務の経験を有する第二種電気工事士であるものを，主任電気工事士として，置かなければならない。

【解答群】

(1) 1	(2) 3	(3) 5
(4) 10	(5) 市町村長	(6) 経済産業大臣
(7) 技術基準の設定	(8) 産業保安監督部	(9) 認定証の発行
(10) 業務の規制	(11) 都道府県知事	(12) 保安教育

基本問題

1 次の文章は，電気用品安全法の目的及び分類に関する記述である。

a　この法律は，電気用品の製造，販売等を規制するとともに，電気用品の安全性の確保につき民間事業者の（ア）を促進することにより，電気用品による危険及び障害の発生を防止することを目的とする。

b　この法律において「特定電気用品」とは，構造又は使用方法その他の使用状況からみて特に（イ）の発生するおそれが多い電気用品であって，政令で定めるものをいう。

c　「特定電気用品」である旨を示すマークは（ウ）である。

上記の記述中の空白箇所（ア），（イ）及び（ウ）に当てはまる組合せとして，正しいものを次の(1)～(5)のうちから一つ選べ。

	（ア）	（イ）	（ウ）
(1)	自主的な活動	危険又は障害	 ◇PSE
(2)	製品の向上	危険又は障害	 ○PSE
(3)	自主的な活動	災害	 ○PSE
(4)	自主的な活動	災害	 ◇PSE
(5)	製品の向上	危険又は障害	 ◇PSE

---

2 電気用品安全法に関する記述として，誤っているものを次の(1)～(5)のうちから一つ選べ。

(1)　電気用品の製造又は輸入の事業を行う者は，電気用品の区分に従い，事業開始の日から30日以内に経済産業大臣に届け出なければならない。

(2)　電気用品安全法で規制されるものは事業用電気工作物であり，一般用電気工作物は規制対象とならない。

(3) 届出事業者は，電気用品を製造し，又は輸入する場合においては，経済産業省令で定める技術基準に適合するようにしなければならない。

(4) 特定電気用品の製造，輸入又は販売の事業を行う者は，〈PS〉Eの表示が付されているものでなければ，電気用品を販売し，又は販売の目的で陳列してはならない。

(5) 携帯発電機や蓄電池には電気用品となるものがある。

---

3 次の文章は，電気工事士法に基づく電気工事士の資格に関する記述である。

a 電気工事士免状の種類は，第一種電気工事士免状及び第二種電気工事士免状があり，免状は［（ア）］が交付する。特種電気工事資格者認定証及び認定電気工事従事者認定証は，［（イ）］が交付する。

b 第一種電気工事士，第二種電気工事士，特種電気工事資格者及び認定電気工事従事者は電気用品を電気工事に使用する場合，［（ウ）］に適合する用品を使用しなければならない。また，第一種電気工事士は，最大電力［（エ）］以上の需要設備の電気工事を行うことはできない。

上記の記述中の空白箇所（ア），（イ），（ウ）及び（エ）に当てはまる組合せとして，正しいものを次の(1)～(5)のうちから一つ選べ。

	（ア）	（イ）	（ウ）	（エ）
(1)	都道府県知事	都道府県知事	技術基準	2000 kW
(2)	都道府県知事	経済産業大臣	技術基準	500 kW
(3)	経済産業大臣	都道府県知事	技術基準	500 kW
(4)	都道府県知事	経済産業大臣	電気用品安全法	500 kW
(5)	経済産業大臣	都道府県知事	電気用品安全法	2000 kW

4 電気工事における資格と作業範囲について，誤っているものを次の(1)～(5)のうちから一つ選べ。

(1) 第二種電気工事士は一般用電気工作物に設置する40 kWの太陽光発電設備の設置工事の作業に従事できる。

(2) 第二種電気工事士は一般用電気工作物に設置する非常用予備発電設備にかかる工事に従事することができる。

(3) 第一種電気工事士は，6.6 kVで受電する最大電力400 kWの需要設備の電気工事に従事することができる。

(4) 第一種電気工事士は，自家用電気工作物に設置される出力100 kWの非常用予備発電装置の電気工事の作業に従事することができない。

(5) 認定電気工事従事者とネオン工事に係る特種電気工事資格者及び非常用予備発電装置工事に係る特種電気工事資格者の資格があれば，第一種電気工事士が作業可能なすべての電気工事に従事することができる。

---

5 次の文章は，「電気工事業の業務の適正化に関する法律」に関する記述の一部である。空白箇所に当てはまる組合わせとして正しいものを一つ選べ。

自家用電気工作物のみの電気工事業を営む者を［（ア）］電気工事業者といい，事業を開始する［（イ）］日前までに［（ア）］しなければならない。この電気工事業者が２つ以上の都道府県に営業所を設置する場合には，［（ウ）］に［（ア）］しなければならず，それぞれの営業所に［（エ）］その他の経済産業省令に定める物を備えなければならない。

	（ア）	（イ）	（ウ）	（エ）
(1)	登録	7	各都道府県知事	絶縁抵抗計
(2)	登録	10	経済産業大臣	絶縁抵抗計
(3)	登録	7	経済産業大臣	クランプメーター
(4)	通知	10	各都道府県知事	クランプメーター
(5)	通知	10	経済産業大臣	絶縁抵抗計

応用問題

1 電気用品安全法に関する記述として，正しいものを次の(1)〜(5)のうちから一つ選べ。

(1) 電気用品の製造の事業を行う者は，事業開始の日の30日前までに，電気用品の型式の区分や当該電気用品を製造する工場又は事業場の名称及び所在地を経済産業大臣に届け出なければならない。

(2) 電気用品の製造の事業を行う者は，届出事項に変更があったとき，もしくは事業を廃止するときは，遅滞なく，その旨を経済産業大臣に届け出なければならない。

(3) 電線のうち，絶縁電線は特定電気用品になるものがあるが，ケーブルには特定電気用品になるものがない。

(4) 特定電気用品は，構造又は使用方法その他の使用状況からみて特に危険又は障害の発生するおそれが多い電気用品であって，表示は「(PS) E」とする。

(5) 電気用品に該当する電線を製造又は販売するものは，その電線が経済産業省令で定める技術基準に適合しているか検査を行い，その検査記録を作成し，保存しなければならない。

---

2 受電電力6.6 kV，最大電力400 kWの建物があり，この建物には出力30 kWの非常用予備発電装置も設置されている。この建物内における「電気工事士法」に基づく以下の記述について，誤っているものを次の(1)〜(5)のうちから一つ選べ。

(1) 第二種電気工事士は，この建物内における電線相互を接続する作業に従事することができない。

(2) 第一種電気工事士は，この建物内の非常用予備発電装置に係る工事に従事することができない。

(3) 第二種電気工事士は，電圧600 V以下で使用する電気機器に電線をねじ止めする作業についても，従事することはできない。

(4) 認定電気工事従事者は，600 V以下の機器に接地線を取り付けもしくは取り外しする作業に従事することができる。

(5) 非常用予備発電装置工事資格者は，第一種電気工事士を取得していない場合は，非常用予備発電装置以外の作業に従事することができない。

---

3 「電気工事業の業務の適正化に関する法律」に関する記述として，誤っているものを次の(1)〜(5)のうちから一つ選べ。

(1) この法律は，電気工事業を営む者の登録等及びその業務の規制を行うことにより，その業務の適正な実施を確保し，もって一般用電気工作物及び自家用電気工作物の保安の確保に資することを目的としている。

(2) 登録電気工事業者の登録をする者は二以上の都道府県の区域内に営業所を設置して事業を営もうとするときは経済産業大臣の登録を受けなければならず，その有効期間は5年である。また，有効期間の満了後引き続き電気工事業を営もうとする者は，更新の登録を受けなければならない。

(3) 登録電気工事業者は，その登録が効力を失ったときは，その日から30日以内に，その登録をした経済産業大臣又は都道府県知事にその登録証を返納しなければならない。

(4) 二以上の都道府県の区域内に営業所を設置して自家用電気工作物に係る電気工事のみに係る電気工事業を営もうとする者は，経済産業省令で定めるところにより，その事業を開始しようとする日の10日前までに，経済産業大臣に届出しなければならない。

(5) 登録電気工事業者は，その一般用電気工作物に係る電気工事の業務を行う営業所に主任電気工事士として第二種電気工事士免状の交付を受けた者を置く場合は，3年以上の実務経験を有する者を置かなければならない。

CHAPTER **03**

電気設備の技術基準・解釈

CH04の計算問題を別として毎年6～7問出題（さらに多い年もあります）される分野です。合否をわける非常に重要な章であり，出題範囲も非常に幅広く，内容も細かいので，計画的に繰り返し学習することが求められます。近年は毎年のように分散型電源に関する条文が出題されているので，確実に得点できるように準備しておきましょう。

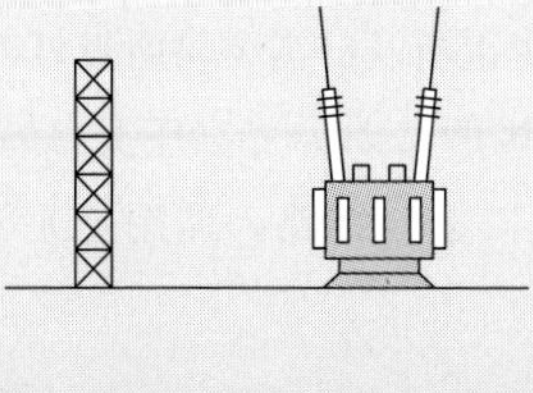

CHAPTER 03

電気設備の技術基準・解釈

1 電気設備技術基準の総則

（教科書CHAPTER03　SEC01～02対応）

POINT 1　用語の定義

⑴　電路

「電路」とは，通常の使用状態で電気が通じているところをいう。

⑵　電気機械器具

「電気機械器具」とは，電路を構成する機械器具をいう。

⑶　発電所

「発電所」とは，発電機，原動機，燃料電池，太陽電池その他の機械器具（電気事業法第38条第１項に規定する小出力発電設備，非常用予備電源を得る目的で施設するもの及び電気用品安全法の適用を受ける携帯用発電機を除く。）を施設して電気を発生させる所をいう。

⑷　変電所

「変電所」とは，構外から伝送される電気を構内に施設した変圧器，回転変流機，整流器その他の電気機械器具により変成する所であって，変成した電気をさらに構外に伝送するものをいう。

変電所に準ずる場所　需要場所において高圧又は特別高圧の電気を受電し，変圧器その他の電気機械器具により電気を変成する場所

⑸　開閉所

「開閉所」とは，構内に施設した開閉器その他の装置により電路を開閉する所であって，発電所，変電所及び需要場所以外のものをいう。

開閉所に準ずる場所　需要場所において高圧又は特別高圧の電気を受電し，開閉器その他の装置により電路の開閉をする場所であって，変電所に準ずる場所以外のもの

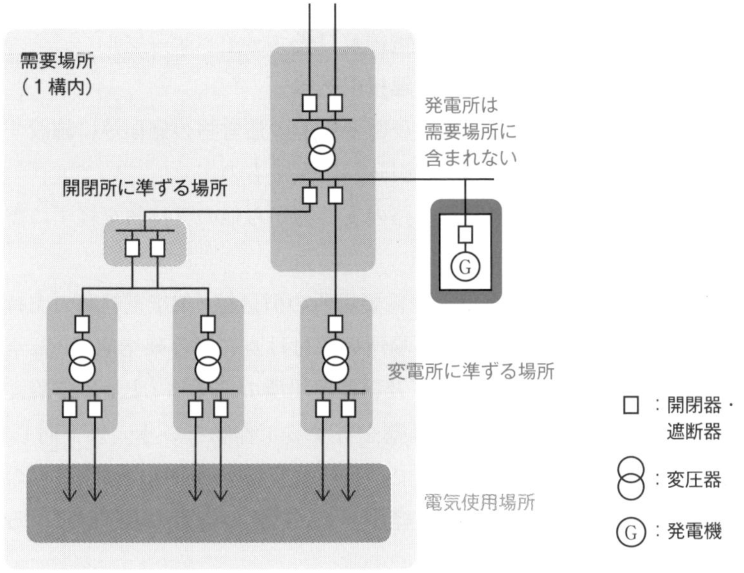

(6)　電気使用場所，需要場所

電気使用場所　電気を使用するための電気設備を施設した，1の建物又は1の単位をなす場所

需要場所　電気使用場所を含む1の構内又はこれに準ずる区域であって，発電所，変電所及び開閉所以外のもの

(7)　電線

「電線」とは，強電流電気の伝送に使用する電気導体，絶縁物で被覆した電気導体又は絶縁物で被覆した上を保護被覆で保護した電気導体をいう。

(8)　電線路

「電線路」とは，発電所，変電所，開閉所及びこれらに類する場所並びに電気使用場所相互間の電線（電車線を除く。）並びにこれを支持し，又は保蔵する工作物をいう。

(9)　弱電流電線

「弱電流電線」とは，弱電流電気の伝送に使用する電気導体，絶縁物で被覆した電気導体又は絶縁物で被覆した上を保護被覆で保護した電気導体をいう。

弱電流電線等　弱電流電線及び光ファイバケーブル

⑽　引込線，架空引込線，連接引込線

引込線　架空引込線及び需要場所の造営物の側面等に施設する電線であって，当該需要場所の引込口に至るもの

架空引込線　架空電線路の支持物から他の支持物を経ずに需要場所の取付け点に至る架空電線

「連接引込線」とは，一需要場所の引込線（架空電線路の支持物から他の支持物を経ないで需要場所の取付け点に至る架空電線（架空電線路の電線をいう。以下同じ。）及び需要場所の造営物（土地に定着する工作物のうち，屋根及び柱又は壁を有する工作物をいう。以下同じ。）の側面等に施設する電線であって，当該需要場所の引込口に至るものをいう。）から分岐して，支持物を経ないで他の需要場所の引込口に至る部分の電線をいう。

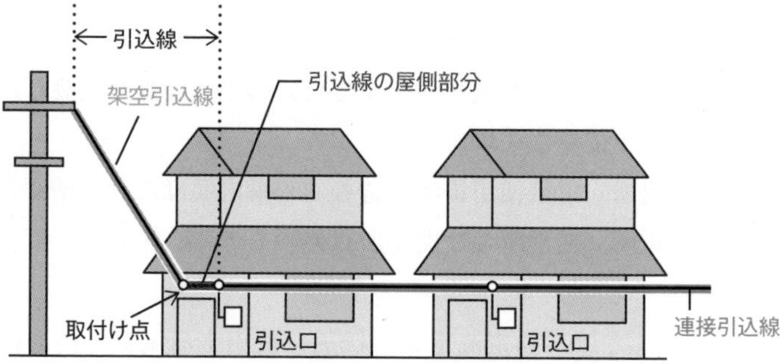

⑾　配線

「配線」とは，電気使用場所において施設する電線（電気機械器具内の電線及び電線路の電線を除く。）をいう。

⑿　接触防護措置

接触防護措置　次のいずれかに適合するように施設することをいう。

イ　設備を，屋内にあっては床上2.3 m以上，屋外にあっては地表上2.5 m以上の高さに，かつ，人が通る場所から手を伸ばしても触れることのない範囲に施設すること。

ロ　設備に人が接近又は接触しないよう，さく，へい等を設け，又は設備を金属管に収める等の防護措置を施すこと。

⒀　簡易接触防護措置

簡易接触防護措置　次のいずれかに適合するように施設することをいう。

イ　設備を，屋内にあっては床上1.8 m以上，屋外にあっては地表上2 m以上の高さに，かつ，人が通る場所から容易に触れることのない範囲に施設すること。

ロ　設備に人が接近又は接触しないよう，さく，へい等を設け，又は設備を金属管に収める等の防護措置を施すこと。

POINT 2　電圧の種別等

(1)　電圧の種別

〈電気設備に関する技術基準を定める省令第2条第1項〉

電圧は，次の区分により低圧，高圧及び特別高圧の三種とする。

一　低圧　直流にあっては750 V以下，交流にあっては600 V以下のもの

二　高圧　直流にあっては750 Vを，交流にあっては600 Vを超え，7000 V以下のもの

三　特別高圧　7000 Vを超えるもの

(2)　使用電圧と最大使用電圧

〈電気設備の技術基準の解釈第1条1号〉

使用電圧（公称電圧）　電路を代表する線間電圧

〈電気設備の技術基準の解釈第1条2号（抜粋）〉

最大使用電圧　次のいずれかの方法により求めた，通常の使用状態において電路に加わる最大の線間電圧

イ　使用電圧（公称電圧）に，1－1表に規定する係数を乗じた電圧

1－1表

使用電圧の区分	係数
1000 Vを超え500000 V未満	1.15
	1.1

(3)　中性線を有する多線式電路の使用電圧

〈電気設備に関する技術基準を定める省令第２条第２項〉

高圧又は特別高圧の多線式電路（中性線を有するものに限る。）の中性線と他の一線とに電気的に接続して施設する電気設備については，その使用電圧又は最大使用電圧がその多線式電路の使用電圧又は最大使用電圧に等しいものとして，この省令の規定を適用する。

POINT 3　電気設備における感電，火災等の防止

〈電気設備に関する技術基準を定める省令第４条〉

電気設備は，感電，火災その他人体に危害を及ぼし，又は物件に損傷を与えるおそれがないように施設しなければならない。

POINT 4　電路の絶縁

(1)　電路の絶縁

〈電気設備に関する技術基準を定める省令第５条〉

1　電路は，大地から絶縁しなければならない。ただし，構造上やむを得ない場合であって通常予見される使用形態を考慮し危険のおそれがない場合，又は混触による高電圧の侵入等の異常が発生した際の危険を回避するための接地その他の保安上必要な措置を講ずる場合は，この限りでない。

2　前項の場合にあっては，その絶縁性能は，第22条及び第58条の規定を除き，事故時に想定される異常電圧を考慮し，絶縁破壊による危険のおそれがないものでなければならない。

3　変成器内の巻線と当該変成器内の他の巻線との間の絶縁性能は，事故時に想定される異常電圧を考慮し，絶縁破壊による危険のおそれがないものでなければならない。

(2) 電路の絶縁の例外

〈電気設備の技術基準の解釈第13条〉

電路は，次の各号に掲げる部分を除き大地から絶縁すること。

一 この解釈の規定により接地工事を施す場合の接地点

二 次に掲げるものの絶縁できないことがやむを得ない部分

イ 第173条第7項第三号ただし書の規定により施設する接触電線，第194条に規定するエックス線発生装置，試験用変圧器，電力線搬送用結合リアクトル，電気さく用電源装置，電気防食用の陽極，単線式電気鉄道の帰線（第201条第六号に規定するものをいう。），電極式液面リレーの電極等，電路の一部を大地から絶縁せずに電気を使用することがやむを得ないもの

ロ 電気浴器，電気炉，電気ボイラー，電解槽等，大地から絶縁することが技術上困難なもの

POINT 5 電線等の断線の防止

〈電気設備に関する技術基準を定める省令第6条〉

電線，支線，架空地線，弱電流電線等（弱電流電線及び光ファイバケーブルをいう。以下同じ。）その他の電気設備の保安のために施設する線は，通常の使用状態において断線のおそれがないように施設しなければならない。

POINT 6 電線の接続

〈電気設備に関する技術基準を定める省令第7条〉

電線を接続する場合は，接続部分において電線の電気抵抗を増加させないように接続するほか，絶縁性能の低下（裸電線を除く。）及び通常の使用状態において断線のおそれがないようにしなければならない。

〈電気設備の技術基準の解釈第12条（まとめ）〉

電線の種類	接続する電線	接続時の注意
裸電線	裸電線 絶縁電線 キャブタイヤケーブル ケーブル	・電気抵抗を増加させない ・引張強さを20%以上減少させない ・接続部分には接続管その他の器具を使用またはろう付け
絶縁電線	絶縁電線 コード キャブタイヤケーブル ケーブル	・電気抵抗を増加させない ・引張強さを20%以上減少させない ・接続部分には接続管その他の器具を使用またはろう付け ・接続部分に絶縁電線の絶縁物と同等以上の絶縁効力のある接続器を使用または被覆
コード キャブタイヤケーブル ケーブル	コード キャブタイヤケーブル ケーブル	・電気抵抗を増加させない ・コード接続器，接続箱その他の器具を使用

POINT 7　電気機械器具の熱的強度

〈電気設備に関する技術基準を定める省令第８条〉

　電路に施設する電気機械器具は，通常の使用状態においてその電気機械器具に発生する熱に耐えるものでなければならない。

POINT 8　高圧又は特別高圧の電気機械器具の危険の防止

(1)　高圧又は特別高圧の電気機械器具の接触防止

〈電気設備に関する技術基準を定める省令第９条第１項〉

　高圧又は特別高圧の電気機械器具は，取扱者以外の者が容易に触れるおそれがないように施設しなければならない。ただし，接触による危険のおそれがない場合は，この限りでない。

〈電気設備の技術基準の解釈第21条〉

高圧の機械器具（これに附属する高圧電線であってケーブル以外のものを含む。以下この条において同じ。）は，次の各号のいずれかにより施設すること。ただし，発電所又は変電所，開閉所若しくはこれらに準ずる場所に施設する場合はこの限りでない。

一　屋内であって，取扱者以外の者が出入りできないように措置した場所に施設すること。

二　次により施設すること。ただし，工場等の構内においては，ロ及びハの規定によらないことができる。

イ　人が触れるおそれがないように，機械器具の周囲に適当なさく，へい等を設けること。

ロ　イの規定により施設するさく，へい等の高さと，当該さく，へい等から機械器具の充電部分までの距離との和を5 m以上とすること。

ハ　危険である旨の表示をすること。

三　機械器具に附属する高圧電線にケーブル又は引下げ用高圧絶縁電線を使用し，機械器具を人が触れるおそれがないように地表上4.5 m（市街地外においては4 m）以上の高さに施設すること。

四　機械器具をコンクリート製の箱又はD種接地工事を施した金属製の箱に収め，かつ，充電部分が露出しないように施設すること。

五　充電部分が露出しない機械器具を，次のいずれかにより施設すること。

イ　簡易接触防護措置を施すこと。

ロ　温度上昇により，又は故障の際に，その近傍の大地との間に生じる電位差により，人若しくは家畜又は他の工作物に危険のおそれがないように施設すること。

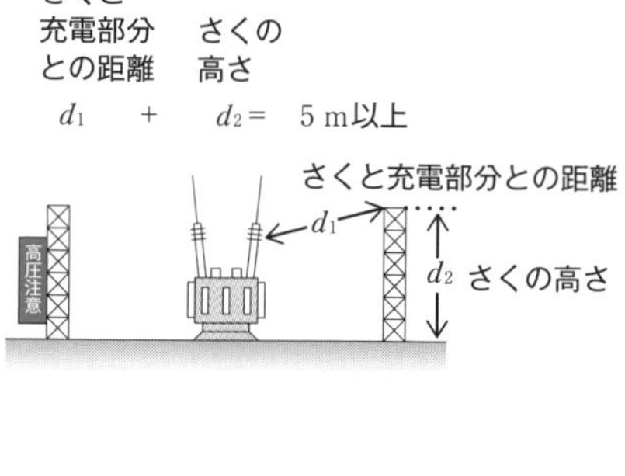

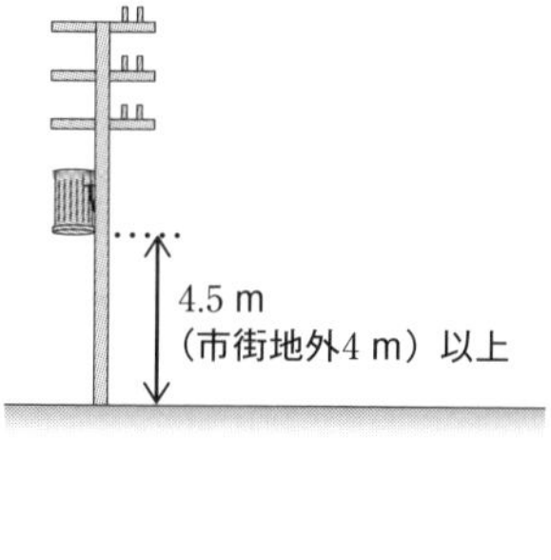

〈電気設備の技術基準の解釈第22条第１項（抜粋）〉

二　次により施設すること。

イ　人が触れるおそれがないように，機械器具の周囲に適当なさくを設けること。

ロ　イの規定により施設するさくの高さと，当該さくから機械器具の充電部分までの距離との和を，22－1表に規定する値以上とすること。

ハ　危険である旨の表示をすること。

22－1表

使用電圧の区分	さくの高さとさくから充電部分までの距離との和又は地表上の高さ
35000 V以下	5 m
35000 Vを超え 160000 V以下	6 m
160000 V超過	$(6 + c)$ m

（備考）cは，使用電圧と160000 Vの差を10000 Vで除した値（小数点以下を切り上げる。）に0.12を乗じたもの

(2)　高圧又は特別高圧のアークを生じる器具の施設

〈電気設備に関する技術基準を定める省令第９条第２項〉

高圧又は特別高圧の開閉器，遮断器，避雷器その他これらに類する器具であって，動作時にアークを生ずるものは，火災のおそれがないよう，木製の壁又は天井その他の可燃性の物から離して施設しなければならない。ただし，耐火性の物で両者の間を隔離した場合は，この限りでない。

〈電気設備の技術基準の解釈第23条〉

高圧用又は特別高圧用の開閉器，遮断器又は避雷器その他これらに類する器具（以下この条において「開閉器等」という。）であって，動作時にアークを生じるものは，次の各号のいずれかにより施設すること。

一　耐火性のものでアークを生じる部分を囲むことにより，木製の壁又は天井その他の可燃性のものから隔離すること。

二　木製の壁又は天井その他の可燃性のものとの離隔距離を，23－1表に規定する値以上とすること。

23－1表

開閉器等の使用電圧の区分		離隔距離
高圧		1 m
特別高圧	35000 V以下	2 m（動作時に生じるアークの方向及び長さを火災が発生するおそれがないように制限した場合にあっては，1 m）
	35000 V超過	2 m

POINT 9 電気設備の接地

(1) 電気設備の接地

〈電気設備に関する技術基準を定める省令第10条〉

電気設備の必要な箇所には，異常時の電位上昇，高電圧の侵入等による感電，火災その他人体に危害を及ぼし，又は物件への損傷を与えるおそれがないよう，接地その他の適切な措置を講じなければならない。ただし，電路に係る部分にあっては，第5条第1項の規定に定めるところによりこれを行わなければならない。

(2) 機械器具の金属製外箱等の接地

〈電気設備の技術基準の解釈第29条（抜粋）〉

1 電路に施設する機械器具の金属製の台及び外箱（以下この条において「金属製外箱等」という。）（外箱のない変圧器又は計器用変成器にあっては，鉄心）には，使用電圧の区分に応じ，29－1表に規定する接地工事を施すこと。ただし，外箱を充電して使用する機械器具に人が触れるおそれがないようにさくなどを設けて施設する場合又は絶縁台を設けて施設する場合は，この限りでない。

29－1表

機械器具の使用電圧の区分		接地工事
低圧	300 V以下	D種接地工事
	300 V超過	C種接地工事
高圧又は特別高圧		A種接地工事

2　機械器具が小出力発電設備である燃料電池発電設備である場合を除き，次の各号のいずれかに該当する場合は，第1項の規定によらないことができる。

一　交流の対地電圧が150 V以下又は直流の使用電圧が300 V以下の機械器具を，乾燥した場所に施設する場合

二　低圧用の機械器具を乾燥した木製の床その他これに類する絶縁性のものの上で取り扱うように施設する場合

三　電気用品安全法の適用を受ける2重絶縁の構造の機械器具を施設する場合

四　低圧用の機械器具に電気を供給する電路の電源側に絶縁変圧器（2次側線間電圧が300 V以下であって，容量が3 kV・A以下のものに限る。）を施設し，かつ，当該絶縁変圧器の負荷側の電路を接地しない場合

五　水気のある場所以外の場所に施設する低圧用の機械器具に電気を供給する電路に，電気用品安全法の適用を受ける漏電遮断器（定格感度電流が15 mA以下，動作時間が0.1秒以下の電流動作型のものに限る。）を施設する場合

六　金属製外箱等の周囲に適当な絶縁台を設ける場合

七　外箱のない計器用変成器がゴム，合成樹脂その他の絶縁物で被覆したものである場合

八　低圧用若しくは高圧用の機械器具，第26条に規定する配電用変圧器若しくはこれに接続する電線に施設する機械器具又は第108条に規定する特別高圧架空電線路の電路に施設する機械器具を，木柱その他これに類する絶縁性のものの上であって，人が触れるおそれがない高さに施設する場合

POINT 10　電気設備の接地の方法

(1)　電気設備の接地の方法

〈電気設備に関する技術基準を定める省令第11条〉

電気設備に接地を施す場合は，電流が安全かつ確実に大地に通ずることができるようにしなければならない。

〈電気設備の技術基準の解釈第17条（まとめ）〉

種類	適用例	漏電遮断器の動作時間と接地抵抗値	接地線
A種接地工事	特別高圧計器用変成器の２次側電路の接地（解釈第28条） 高圧又は特別高圧の機械器具の金属性外箱等の接地（解釈第29条） 高圧及び特別高圧電路に施設する避雷器の接地（解釈第37条）	10 Ω以下	直径2.6 mm以上の軟銅線
B種接地工事	高圧又は特別高圧電路と低圧電路とを結合する変圧器の接地（解釈第24条）	１秒以内：$\frac{600}{I_g}$［Ω］ １秒超２秒以内：$\frac{300}{I_g}$［Ω］ それ以外：$\frac{150}{I_g}$［Ω］ （I_g［A］は１線地絡電流）	15000 V 超：直径 4 mm以上の軟銅線 15000 V以下：直径2.6 mm以上の軟銅線
C種接地工事	300 Vを超える低圧の機械器具の金属性外箱等の接地（解釈第29条）	0.5秒以内：500 Ω以下 それ以外：10 Ω以下	直径1.6 mm以上の軟銅線
D種接地工事	高圧計器用変成器の２次側電路の接地（解釈第28条） 300 V以下の低圧の機械器具の金属性外箱等の接地（解釈第29条）	0.5秒以内：500 Ω以下 それ以外：100 Ω以下	直径1.6 mm以上の軟銅線

〈電気設備の技術基準の解釈第17条第１項（抜粋）〉

Ａ種接地工事は，次の各号によること。

三　接地極及び接地線を人が触れるおそれがある場所に施設する場合は，前号ハの場合，及び発電所又は変電所，開閉所若しくはこれらに準ずる場所において，接地極を第19条第２項第一号の規定に準じて施設する場合を除き，次により施設すること。

イ　接地極は，地下75 cm以上の深さに埋設すること。

ロ　接地極を鉄柱その他の金属体に近接して施設する場合は，次のいずれかによること。

（イ）　接地極を鉄柱その他の金属体の底面から30 cm以上の深さに埋設すること。

（ロ）　接地極を地中でその金属体から１m以上離して埋設すること。

ハ　接地線には，絶縁電線（屋外用ビニル絶縁電線を除く。）又は通信用ケーブル以外のケーブルを使用すること。ただし，接地線を鉄柱その他の金属体に沿って施設する場合以外の場合には，接地線の地表上60 cmを超える部分については，この限りでない。

ニ　接地線の地下75 cmから地表上2 mまでの部分は，電気用品安全法の適用を受ける合成樹脂管（厚さ2 mm未満の合成樹脂製電線管及びCD管を除く。）又はこれと同等以上の絶縁効力及び強さのあるもので覆うこと。

〈電気設備の技術基準の解釈第17条第2項（抜粋）〉

B種接地工事は，次の各号によること。

四　第1項第三号及び第四号に準じて施設すること。

※　すなわちA種の内容に準じるということ。

(2)　工作物の金属体を使用した接地工事

〈電気設備の技術基準の解釈第17条（抜粋）〉

5　C種接地工事を施す金属体と大地との間の電気抵抗値が10 Ω以下である場合は，C種接地工事を施したものとみなす。

6　D種接地工事を施す金属体と大地との間の電気抵抗値が100 Ω以下である場合は，D種接地工事を施したものとみなす。

〈電気設備の技術基準の解釈第18条第1項（抜粋）〉

鉄骨造，鉄骨鉄筋コンクリート造又は鉄筋コンクリート造の建物において，当該建物の鉄骨又は鉄筋その他の金属体（以下この条において「鉄骨等」という。）を，第17条第1項から第4項までに規定する接地工事その他の接地工事に係る共用の接地極に使用する場合には，建物の鉄骨又は鉄筋コンクリートの一部を地中に埋設するとともに，等電位ボンディング（導電性部分間において，その部分間に発生する電位差を軽減するために施す電気的接続をいう。）を施すこと。

〈電気設備の技術基準の解釈第18条第2項〉

大地との間の電気抵抗値が2 Ω以下の値を保っている建物の鉄骨その他の金属体は，これを次の各号に掲げる接地工事の接地極に使用することができる。

一　非接地式高圧電路に施設する機械器具等に施すA種接地工事

二　非接地式高圧電路と低圧電路を結合する変圧器に施すB種接地工事

POINT 11 特別高圧電路等と結合する変圧器等の火災等の防止

(1) 高圧又は特別高圧電路と低圧電路を結合する変圧器の接地

〈電気設備に関する技術基準を定める省令第12条第1項〉

高圧又は特別高圧の電路と低圧の電路とを結合する変圧器は，高圧又は特別高圧の電圧の侵入による低圧側の電気設備の損傷，感電又は火災のおそれがないよう，当該変圧器における適切な箇所に接地を施さなければならない。ただし，施設の方法又は構造によりやむを得ない場合であって，変圧器から離れた箇所における接地その他の適切な措置を講ずることにより低圧側の電気設備の損傷，感電又は火災のおそれがない場合は，この限りでない。

〈電気設備の技術基準の解釈第24条第1項（抜粋）〉

高圧電路又は特別高圧電路と低圧電路とを結合する変圧器には，次の各号によりB種接地工事を施すこと。

一　次のいずれかの箇所に接地工事を施すこと。

イ　低圧側の中性点

ロ　低圧電路の使用電圧が300V以下の場合において，接地工事を低圧側の中性点に施し難いときは，低圧側の1端子

ハ　低圧電路が非接地である場合においては，高圧巻線又は特別高圧巻線と低圧巻線との間に設けた金属製の混触防止板

(2) 特別高圧電路と高圧電路を結合する変圧器への放電装置の施設

〈電気設備に関する技術基準を定める省令第12条第2項〉

変圧器によって特別高圧の電路に結合される高圧の電路には，特別高圧の電圧の侵入による高圧側の電気設備の損傷，感電又は火災のおそれがないよう，接地を施した放電装置の施設その他の適切な措置を講じなければならない。

POINT 12　特別高圧を直接低圧に変成する変圧器の施設制限

〈電気設備に関する技術基準を定める省令第13条〉

特別高圧を直接低圧に変成する変圧器は，次の各号のいずれかに掲げる場合を除き，施設してはならない。

一　発電所等公衆が立ち入らない場所に施設する場合

二　混触防止措置が講じられている等危険のおそれがない場合

三　特別高圧側の巻線と低圧側の巻線とが混触した場合に自動的に電路が遮断される装置の施設その他の保安上の適切な措置が講じられている場合

POINT 13　過電流からの電線及び電気機械器具の保護対策

〈電気設備に関する技術基準を定める省令第14条〉

電路の必要な箇所には，過電流による過熱焼損から電線及び電気機械器具を保護し，かつ，火災の発生を防止できるよう，過電流遮断器を施設しなければならない。

〈電気設備の技術基準の解釈第33条（抜粋）〉

1　低圧電路に施設する過電流遮断器は，これを施設する箇所を通過する短絡電流を遮断する能力を有するものであること。（以下略）

2　過電流遮断器として低圧電路に施設するヒューズは，水平に取り付けた場合において，次の各号に適合するものであること。

一　定格電流の1.1倍の電流に耐えること。

二　33－1表の左欄に掲げる定格電流の区分に応じ，定格電流の1.6倍及び2倍の電流を通じた場合において，それぞれ同表の右欄に掲げる時間内に溶断すること。

33－1表（抜粋）

定格電流の区分	時間	
	定格電流の1.6倍の電流を通じた場合	定格電流の2倍の電流を通じた場合
30 A以下	60分	2分

3　過電流遮断器として低圧電路に施設する配線用遮断器は，次の各号に適合するものであること。

一　定格電流の1倍の電流で自動的に動作しないこと。

二　33－2表の左欄に掲げる定格電流の区分に応じ，定格電流の1.25倍及び2倍の電流を通じた場合において，それぞれ同表の右欄に掲げる時間内に自動的に動作すること。

33－2表（抜粋）

定格電流の区分	時間	
	定格電流の1.25倍の電流を通じた場合	定格電流の2倍の電流を通じた場合
30 A以下	60分	2分

〈電気設備の技術基準の解釈第34条（抜粋）〉

1　高圧又は特別高圧の電路に施設する過電流遮断器は，次の各号に適合するものであること。

一　電路に短絡を生じたときに作動するものにあっては，これを施設する箇所を通過する短絡電流を遮断する能力を有すること。

二　その作動に伴いその開閉状態を表示する装置を有すること。ただし，その開閉状態を容易に確認できるものは，この限りでない。

2　過電流遮断器として高圧電路に施設する包装ヒューズは，次の各号のいずれかのものであること。

一　定格電流の1.3倍の電流に耐え，かつ，2倍の電流で120分以内に溶断するもの

3　過電流遮断器として高圧電路に施設する非包装ヒューズは，定格電流の1.25倍の電流に耐え，かつ，2倍の電流で2分以内に溶断するものであること。

〈電気設備の技術基準の解釈第35条（抜粋）〉

1　次の各号に掲げる箇所には，過電流遮断器を施設しないこと。

一　接地線

二　多線式電路の中性線

三　第24条第1項第一号ロの規定により，電路の一部に接地工事を施した低圧電線路の接地側電線

2　次の各号のいずれかに該当する場合は，前項の規定によらないことができる。

一　多線式電路の中性線に施設した過電流遮断器が動作した場合において，各極が同時に遮断されるとき

POINT 14　地絡に関する保護対策

〈電気設備に関する技術基準を定める省令第15条〉

電路には，地絡が生じた場合に，電線若しくは電気機械器具の損傷，感電又は火災のおそれがないよう，地絡遮断器の施設その他の適切な措置を講じなければならない。ただし，電気機械器具を乾燥した場所に施設する等地絡による危険のおそれがない場合は，この限りでない。

〈電気設備の技術基準の解釈第36条第1項〉

金属製外箱を有する使用電圧が60 Vを超える低圧の機械器具に接続する電路には，電路に地絡を生じたときに自動的に電路を遮断する装置を施設すること。ただし，次の各号のいずれかに該当する場合はこの限りでない。

一　機械器具に簡易接触防護措置を施す場合

二　機械器具を次のいずれかの場所に施設する場合

　イ　発電所又は変電所，開閉所若しくはこれらに準ずる場所

　ロ　乾燥した場所

　ハ　機械器具の対地電圧が150 V以下の場合においては，水気のある場所以外の場所

三　機械器具が，次のいずれかに該当するものである場合

　イ　電気用品安全法の適用を受ける2重絶縁構造のもの

　ロ　ゴム，合成樹脂その他の絶縁物で被覆したもの

　ハ　誘導電動機の2次側電路に接続されるもの

　ニ　第13条第二号に掲げるもの

四　機械器具に施されたC種接地工事又はD種接地工事の接地抵抗値が3 Ω以下の場合

五　電路の系統電源側に絶縁変圧器（機械器具側の線間電圧が300 V以下のものに限る。）を施設するとともに，当該絶縁変圧器の機械器具側の電路を非接地とする場合

六　機械器具内に電気用品安全法の適用を受ける漏電遮断器を取り付け，かつ，電源引出部が損傷を受けるおそれがないように施設する場合

七　機械器具を太陽電池モジュールに接続する直流電路に施設し，かつ，当該電路が次に適合する場合

　イ　直流電路は，非接地であること。

　ロ　直流電路に接続する逆変換装置の交流側に絶縁変圧器を施設すること。

　ハ　直流電路の対地電圧は，450 V以下であること。

八　電路が，管灯回路である場合

POINT 15 電気設備の電気的，磁気的障害の防止

〈電気設備に関する技術基準を定める省令第16条〉

電気設備は，他の電気設備その他の物件の機能に電気的又は磁気的な障害を与えないように施設しなければならない。

POINT 16 高周波利用設備への障害の防止

〈電気設備に関する技術基準を定める省令第17条〉

高周波利用設備（電路を高周波電流の伝送路として利用するものに限る。以下この条において同じ。）は，他の高周波利用設備の機能に継続的かつ重大な障害を及ぼすおそれがないように施設しなければならない。

POINT 17 電気設備による供給支障の防止

〈電気設備に関する技術基準を定める省令第18条〉

1 高圧又は特別高圧の電気設備は，その損壊により一般送配電事業者の電気の供給に著しい支障を及ぼさないように施設しなければならない。

2 高圧又は特別高圧の電気設備は，その電気設備が一般送配電事業の用に供される場合にあっては，その電気設備の損壊によりその一般送配電事業に係る電気の供給に著しい支障を生じないように施設しなければならない。

POINT 18 公害等の防止

〈電気設備に関する技術基準を定める省令第19条（抜粋）〉

10 中性点直接接地式電路に接続する変圧器を設置する箇所には，絶縁油の構外への流出及び地下への浸透を防止するための措置が施されていなければならない。

14 ポリ塩化ビフェニルを含有する絶縁油を使用する電気機械器具及び電線は，電路に施設してはならない。

確認問題

❶ 次の文章は「電気設備技術基準」及び「電気設備技術基準の解釈」における用語の定義に関する記述である。（ア）～（カ）にあてはまる語句を解答群から選択して答えよ。

P.44 POINT 1

a 「（ア）」とは，通常の使用状態で電気が通じているところをいう。

b 「（イ）」とは，発電機，原動機，燃料電池，太陽電池その他の機械器具を施設して電気を発生させる所をいう。

c 「変電所」とは，構外から伝送される電気を構内に施設した変圧器，回転変流機，整流器その他の電気機械器具により（ウ）する所であって，（ウ）した電気をさらに構外に伝送するものをいう。

d 「開閉所」とは，構内に施設した開閉器その他の装置により電路を開閉する所であって，（イ），変電所及び（オ）以外のものをいう。

e 「（エ）」とは，電気を使用するための電気設備を施設した，1の建物又は1の単位をなす場所をいう。

f 「（オ）」とは，（エ）を含む1の構内又はこれに準ずる区域であって，（イ），変電所及び開閉所以外のものをいう。

g 「弱電流電線」とは，弱電流電気の伝送に使用する電気導体，絶縁物で被覆した電気導体又は絶縁物で被覆した上を保護被覆で保護した電気導体をいい，「弱電流電線等」とは，弱電流電線及び（カ）をいう。

【解答群】

(1) 電気使用場所	(2) 変成	(3) 電路	(4) 防止
(5) 電線	(6) 配電所	(7) 変圧	(8) 発電所
(9) 通信線	(10) 送電所	(11) 需要場所	
(12) 光ファイバケーブル			

❷ 次の各文の説明は，「電気設備技術基準」及び「電気設備技術基準の解釈」における「電路」，「電線」，「電線路」，「引込線」及び「配線」のいずれかの説明である。それぞれ最もふさわしいものを一つ選べ。 P.44 POINT 1

(a) 発電所，変電所，開閉所及びこれらに類する場所並びに電気使用場所相互間の電線（電車線を除く。）並びにこれを支持し，又は保蔵する工作物

(b) 需要場所の造営物の側面等に施設する電線であって，当該需要場所の引込口に至るもの

(c) 強電流電気の伝送に使用する電気導体，絶縁物で被覆した電気導体又は絶縁物で被覆した上を保護被覆で保護した電気導体

(d) 電気使用場所において施設する電線

(e) 通常の使用状態で電気が通じているところ

---

❸ 次の文章は「電気設備技術基準」及び「電気設備技術基準の解釈」における接触防護措置に関する記述である。（ア）～（オ）にあてはまる語句を解答群から選択して答えよ。 P.44 POINT 1

a 「接触防護措置」とは，次のいずれかに適合するように施設することをいう。

イ 設備を，屋内にあっては床上［（ア）］m以上，屋外にあっては地表上［（イ）］m以上の高さに，かつ，人が通る場所から手を伸ばしても触れることのない範囲に施設すること。

ロ 設備に人が接近又は接触しないよう，さく，へい等を設け，又は設備を金属管に収める等の防護措置を施すこと。

b 「［（ウ）］接触防護措置」とは，次のいずれかに適合するように施設することをいう。

イ 設備を，屋内にあっては床上［（エ）］m以上，屋外にあっては地表上［（オ）］m以上の高さに，かつ，人が通る場所から容易に触れることのない範囲に施設すること。

ロ 設備に人が接近又は接触しないよう，さく，へい等を設け，又は設備を金属管に収める等の防護措置を施すこと。

【解答群】

(1) 1	(2) 1.5	(3) 1.8	(4) 2	(5) 2.3
(6) 2.5	(7) 3	(8) 簡易	(9) 簡略	(10) 略式

---

4 次の文章は「電気設備技術基準」及び「電気設備技術基準の解釈」における電圧に関する記述である。（ア）～（カ）にあてはまる語句を解答群から選択して答えよ。

P.46 POINT 2

a　電圧は，次の区分により低圧，高圧及び特別高圧の三種とする。

一　低圧　直流にあっては［（ア）］V以下，交流にあっては［（イ）］V以下のもの

二　高圧　直流にあっては［（ア）］Vを，交流にあっては［（イ）］Vを超え，［（ウ）］V以下のもの

三　特別高圧　［（ウ）］Vを超えるもの

b 「使用電圧」とは，電路を代表する線間電圧をいい，［（エ）］電圧ともいう。

c 「［（オ）］使用電圧」とは，使用電圧に技術基準に規定する係数を乗じた電圧であり，使用電圧が6600 Vの場合［（カ）］Vとなる。

【解答群】

(1) 100	(2) 200	(3) 400	(4) 600
(5) 750	(6) 1000	(7) 6600	(8) 6900
(9) 7000	(10) 7260	(11) 7590	(12) 公称
(13) 標準	(14) 最大	(15) 定格	(16) 最高

---

5 次の文章は「電気設備技術基準」に基づく各種安全対策に関する記述である。（ア）～（ウ）にあてはまる語句を解答群から選択して答えよ。

P.48・49 POINT 3 5 6

a　電気設備は，感電，火災その他人体に［（ア）］を及ぼし，又は物件に損傷を与えるおそれがないように施設しなければならない。

b　電線，支線，架空地線，弱電流電線等その他の電気設備の保安のために施設する線は，通常の使用状態において［（イ）］のおそれがないように施設しなければならない。

c　電線を接続する場合は，接続部分において電線の［（ウ）］を増加させないように接続するほか，絶縁性能の低下及び通常の使用状態において［（イ）］のおそれがないようにしなければならない。

【解答群】

(1) 支障	(2) 漏電	(3) 危害	(4) 絶縁
(5) 電気抵抗	(6) 断線	(7) 腐食	(8) 障害

---

6 次の文章は「電気設備技術基準」及び「電気設備技術基準の解釈」における電路の絶縁に関する記述である。（ア）～（ウ）にあてはまる語句を解答群から選択して答えよ。

P.48 POINT 4

a　電路は，大地から［（ア）］しなければならない。ただし，構造上やむを得ない場合であって通常予見される使用形態を考慮し危険のおそれがない場合，又は混触による高電圧の侵入等の異常が発生した際の危険を回避するための［（イ）］その他の保安上必要な措置を講ずる場合は，この限りでない。

b　電路は，次の各号に掲げる部分を除き大地から［（ア）］すること。

一　この解釈の規定により［（イ）］工事を施す場合の［（イ）］点

二　［（ア）］できないことがやむを得ない部分

イ　第173条第7項第三号ただし書の規定により施設する接触電線，第194条に規定するエックス線発生装置，試験用変圧器，電力線搬送用結合リアクトル，電気さく用電源装置，電気防食用の陽極，単線式電気鉄道の帰線，電極式液面リレーの電極等，電路の一部を大地から［（ア）］せずに電気を使用することがやむを得ないもの

ロ　電気浴器，電気炉，電気ボイラー，電解槽等，大地から［（ア）］することが［（ウ）］なもの。

【解答群】

(1) 接続	(2) 危険	(3) 絶縁	(4) 混触防止板
(5) 技術上困難	(6) 開放	(7) 不要	(8) 接地

---

7 次の文章は「電気設備技術基準」及び「電気設備技術基準の解釈」における電線の接続に関する記述の一部である。（ア）～（オ）にあてはまる語句を解答群から選択して答えよ。

P.47 POINT 6

a　電線を接続する場合は，接続部分において電線の電気抵抗を増加させないように接続するほか，［（ア）］の低下（裸電線を除く。）及び通常の使用状態において断線のおそれがないようにしなければならない。

b　電線を接続する場合は，次の各号によること。

一　裸電線相互，又は裸電線と絶縁電線，キャブタイヤケーブル若しくはケーブルとを接続する場合は，次によること。

イ　電線の引張強さを［（イ）］%以上減少させないこと。ただし，ジャンパー線を接続する場合その他電線に加わる張力が電線の引張強さに比べて著しく小さい場合は，この限りでない。

ロ　接続部分には，接続管その他の器具を使用し，又は［（ウ）］すること。ただし，架空電線相互若しくは電車線相互又は鉱山の坑道内において電線相互を接続する場合であって，技術上困難であるときは，この限りでない。

二　絶縁電線相互又は絶縁電線とコード，キャブタイヤケーブル若しくはケーブルとを接続する場合は，前号の規定に準じるほか，次のいずれかによること。

イ　接続部分の絶縁電線の絶縁物と同等以上の絶縁効力のある［（エ）］を使用すること。

ロ　接続部分をその部分の絶縁電線の絶縁物と同等以上の絶縁効力のあるもので十分に［（オ）］すること。

【解答群】

⑴ 差込接続	⑵ ねじ止め	⑶ 20	⑷ ろう付け
⑸ コード接続	⑹ 送電電力量	⑺ 被覆	⑻ 絶縁性能
⑼ 10	⑽ 接続器	⑾ 5	⑿ 絶縁耐力

---

8 次の文章は「電気設備技術基準」における危険の防止に関する記述である。(ア)～(エ)にあてはまる語句を解答群から選択して答えよ。

P.50 POINT 7 8

a　電路に施設する電気機械器具は，［(ア)］の使用状態においてその電気機械器具に発生する熱に耐えるものでなければならない。

b　高圧又は特別高圧の電気機械器具は，［(イ)］以外の者が容易に触れるおそれがないように施設しなければならない。ただし，接触による危険のおそれがない場合は，この限りでない。

c　高圧又は特別高圧の開閉器，遮断器，避雷器その他これらに類する器具であって，動作時にアークを生ずるものは，火災のおそれがないよう，木製の壁又は天井その他の［(ウ)］の物から離して施設しなければならない。ただし，［(エ)］の物で両者の間を隔離した場合は，この限りでない。

【解答群】

⑴ 通常	⑵ 不燃性	⑶ 爆発性	⑷ 取扱者
⑸ 腐食性	⑹ 作業者	⑺ 最大電力	⑻ 耐火性
⑼ 難燃性	⑽ 非常時	⑾ 管理者	⑿ 可燃性

---

9 次の文章は「電気設備技術基準の解釈」における高圧又は特別高圧の電気機械器具の接触防止に関する記述である。(ア)～(オ)にあてはまる語句を解答群から選択して答えよ。

P.50 POINT 8

高圧の機械器具(これに附属する高圧電線であってケーブル以外のものを含む。以下この条において同じ。)は，次の各号のいずれかにより施設すること。ただし，発電所又は変電所，開閉所若しくはこれらに準ずる場所に施設する場合はこの限りでない。

一　屋内であって，取扱者以外の者が出入りできないように措置した場所に施設すること。

二　次により施設すること。ただし，工場等の構内においては，ロ及びハの規定によらないことができる。

イ　人が触れるおそれがないように，機械器具の周囲に適当なさく，へい等を設けること。

ロ　イの規定により施設するさく，へい等の高さと，当該さく，へい等から機械器具の充電部分までの距離との和を［（ア）］m以上とすること。

ハ　危険である旨の表示をすること。

三　機械器具に附属する高圧電線にケーブル又は引下げ用高圧絶縁電線を使用し，機械器具を人が触れるおそれがないように地表上［（イ）］m（市街地外においては［（ウ）］m）以上の高さに施設すること。

四　機械器具をコンクリート製の箱又は［（エ）］種接地工事を施した金属製の箱に収め，かつ，充電部分が露出しないように施設すること。

五　充電部分が露出しない機械器具を，次のいずれかにより施設すること。

イ　［（オ）］を施すこと。

ロ　温度上昇により，又は故障の際に，その近傍の大地との間に生じる電位差により，人若しくは家畜又は他の工作物に危険のおそれがないように施設すること。

【解答群】

(1)　2.5	(2)　3.5	(3)　4	(4)　4.5
(5)　5	(6)　5.5	(7)　6	(8)　A
(9)　B	(10)　D	(11)　簡易接触防護措置	(12)　接触防護措置

⑩ 次の文章は「電気設備技術基準」及び「電気設備技術基準の解釈」におけるアークを生じる器具の施設に関する記述である。(ア)～(エ)にあてはまる語句を解答群から選択して答えよ。

P.50 POINT 8

a (ア) の開閉器，遮断器，避雷器その他これらに類する器具であって，動作時にアークを生ずるものは，火災のおそれがないよう，木製の壁又は天井その他の可燃性の物から離して施設しなければならない。ただし， (イ) の物で両者の間を隔離した場合は，この限りでない。

b 高圧用又は特別高圧用の開閉器，遮断器又は避雷器その他これらに類する器具であって，動作時にアークを生じるものは，次の各号のいずれかにより施設すること。

一 (イ) のものでアークを生じる部分を囲むことにより，木製の壁又は天井その他の可燃性のものから隔離すること。

二 木製の壁又は天井その他の可燃性のものとの離隔距離を，下表に規定する値以上とすること。

開閉器等の使用電圧の区分		離隔距離
高圧		(ウ) m
特別高圧	35000 V 超過	(エ) m

【解答群】

(1) 高圧又は特別高圧　(2) 2.5　(3) 耐火性　(4) 1
(5) 難燃性　(6) 高電圧　(7) 不燃性　(8) 0.5
(9) 2　(10) 特別高圧　(11) 1.5　(12) 自消性

---

⑪ 次の文章は「電気設備技術基準」及び「電気設備技術基準の解釈」における電気設備の接地に関する記述の一部である。(ア)～(オ)にあてはまる語句を解答群から選択して答えよ。

P.53 POINT 9

a 電気設備の必要な箇所には，異常時の (ア) ，高電圧の侵入等による感電，火災その他人体に危害を及ぼし，又は (イ) を与えるおそれがないよう，接地その他の適切な措置を講じなければならない。

b　電路に施設する機械器具の金属製の台及び外箱には，使用電圧の区分に応じ，下表に規定する接地工事を施すこと。ただし，外箱を充電して使用する機械器具に人が触れるおそれがないようにさくなどを設けて施設する場合又は絶縁台を設けて施設する場合は，この限りでない。

機械器具の使用電圧の区分		接地工事
低圧	300 V以下	（ウ） 種接地工事
	300 V超過	（エ） 種接地工事
高圧又は特別高圧		（オ） 種接地工事

【解答群】

(1)　過電流　(2)　物件への損傷　(3)　電位上昇
(4)　他工作物への障害　(5)　A　(6)　B
(7)　C　(8)　D

---

⑫ 次の文章は「電気設備技術基準の解釈」における機械器具の金属製外箱等の接地の省略をできる場合に関する記述である。（ア）～（オ）にあてはまる語句を解答群から選択して答えよ。

P.53 POINT 9

a　交流の対地電圧が150 V以下又は直流の使用電圧が300 V以下の機械器具を，（ア）場所に施設する場合

b　低圧用の機械器具を（ア）木製の床その他これに類する絶縁性のものの上で取り扱うように施設する場合

c　電気用品安全法の適用を受ける２重絶縁の構造の機械器具を施設する場合

d　低圧用の機械器具に電気を供給する電路の電源側に（イ）（２次側線間電圧が300 V以下であって，容量が３kV・A以下のものに限る。）を施設し，かつ，当該絶縁変圧器の負荷側の電路を接地しない場合

e　（ウ）場所以外の場所に施設する低圧用の機械器具に電気を供給する電路に，電気用品安全法の適用を受ける（エ）遮断器（定格感度電流が15 mA以下，動作時間が0.1秒以下の電流動作型のものに限る。）

を施設する場合

f　金属製外箱等の周囲に適当な［（オ）］を設ける場合

g　外箱のない計器用変成器がゴム，合成樹脂その他の絶縁物で被覆したものである場合

【解答群】

(1)　変電所に準ずる	(2)　過電流	(3)　さく
(4)　湿気の多い	(5)　漏電	(6)　乾燥した
(7)　絶縁台	(8)　計器用変圧器	(9)　絶縁変圧器
(10)　地絡	(11)　試験用変圧器	(12)　水気のある

---

⑬ 次の文章は「電気設備技術基準の解釈」における接地工事の種類及び施設方法に関する記述の一部である。（ア）～（ケ）にあてはまる語句を解答群から選択して答えよ。ただし，同じ選択肢を使用してよい。 P.54 POINT 10

a　A種接地工事は，次の各号によること。

一　接地抵抗値は，［（ア）］Ω以下であること。

二　接地線は，次に適合するものであること。

イ　故障の際に流れる電流を安全に通じることができるものであること。

ロ　引張強さ1.04 kN以上の容易に腐食し難い金属線又は直径［（イ）］mm以上の軟銅線であること。

b　B種接地工事は，次の各号によること。

一　接地抵抗値は，下表に規定する値以下であること。

接地工事を施す変圧器の種類	当該変圧器の高圧側又は特別高圧側の電路と低圧側の電路との混触により，低圧電路の対地電圧が150 Vを超えた場合に，自動的に高圧又は特別高圧の電路を遮断する装置を設ける場合の遮断時間	接地抵抗値（Ω）
下記以外の場合		150／I_g
高圧又は35000 V以下の特別高圧の電路と低圧電路を結合するもの	1秒を超え2秒以下	（ウ）／I_g
	1秒以下	（エ）／I_g

（備考）I_gは，当該変圧器の高圧側又は特別高圧側の電路の1線地絡電流（単位：A）

c　C種接地工事は，次の各号によること。

一　接地抵抗値は，（オ）Ω（低圧電路において，地絡を生じた場合に0.5秒以内に当該電路を自動的に遮断する装置を施設するときは，（カ）Ω）以下であること。

二　接地線は，次に適合するものであること。

イ　故障の際に流れる電流を安全に通じることができるものであること。

ロ　引張強さ0.39 kN以上の容易に腐食し難い金属線又は直径（キ）mm以上の軟銅線であること。

d　D種接地工事は，次の各号によること。

一　接地抵抗値は，（ク）Ω（低圧電路において，地絡を生じた場合に0.5秒以内に当該電路を自動的に遮断する装置を施設するときは，（ケ）Ω）以下であること。

二　接地線は，cの規定に準じること。

【解答群】

(1)　0.4　(2)　1.6　(3)　2.6　(4)　4　(5)　10　(6)　50
(7)　100　(8)　150　(9)　200　(10)　300　(11)　400　(12)　450
(13)　500　(14)　600　(15)　750　(16)　900

⑭ 次の文章は「電気設備技術基準の解釈」に基づく人が触れる恐れがある場所でのA種及びB種接地工事に関する記述である。（ア）～（オ）にあてはまる語句を解答群から選択して答えよ。

P.54 POINT 10

接地極及び接地線を人が触れるおそれがある場所に施設する場合は，次により施設すること。

a　接地極は，地下［（ア）］m以上の深さに埋設すること。

b　接地極を鉄柱その他の金属体に近接して施設する場合は，次のいずれかによること。

イ　接地極を鉄柱その他の金属体の底面から［（イ）］m以上の深さに埋設すること。

ロ　接地極を地中でその金属体から［（ウ）］m以上離して埋設すること。

c　接地線には，絶縁電線（屋外用ビニル絶縁電線を除く。）又は通信用ケーブル以外のケーブルを使用すること。ただし，接地線を鉄柱その他の金属体に沿って施設する場合以外の場合には，接地線の地表上［（エ）］mを超える部分については，この限りでない。

d　接地線の地下［（ア）］mから地表上［（オ）］mまでの部分は，電気用品安全法の適用を受ける合成樹脂管（厚さ2mm未満の合成樹脂製電線管及びCD管を除く。）又はこれと同等以上の絶縁効力及び強さのあるもので覆うこと。

【解答群】

(1) 0.2　(2) 0.3　(3) 0.5　(4) 0.6　(5) 0.75

(6) 1　(7) 1.5　(8) 2　(9) 3

---

⑮ 次の文章は「電気設備技術基準の解釈」における工作物の金属体を利用した接地工事に関する記述である。（ア）～（エ）にあてはまる語句を解答群から選択して答えよ。

P.54 POINT 10

a　C種接地工事を施す金属体と大地との間の電気抵抗値が［（ア）］Ω以下である場合は，C種接地工事を施したものとみなす。

b　D種接地工事を施す金属体と大地との間の電気抵抗値が［（イ）］Ω

以下である場合は，D種接地工事を施したものとみなす。

c　鉄骨造，鉄骨鉄筋コンクリート造又は鉄筋コンクリート造の建物において，当該建物の鉄骨又は鉄筋その他の金属体を，電気設備技術基準に規定する接地工事その他の接地工事に係る共用の接地極に使用する場合には，建物の鉄骨又は鉄筋コンクリートの一部を地中に埋設するとともに，［（ウ）］を施すこと。

d　大地との間の電気抵抗値が［（エ）］Ω以下の値を保っている建物の鉄骨その他の金属体は，これを次の各号に掲げる接地工事の接地極に使用することができる。

一　非接地式高圧電路に施設する機械器具等に施すA種接地工事

二　非接地式高圧電路と低圧電路を結合する変圧器に施すB種接地工事

【解答群】

(1)　1	(2)　2	(3)　5	(4)　10
(5)　50	(6)　100	(7)　150	(8)　500
(9)　等電位ボンディング	(10)　クロスボンド接地	(11)　接地線	

---

16 次の文章は「電気設備技術基準」及び「電気設備技術基準の解釈」における電気設備の接地に関する記述の一部である。（ア）～（オ）にあてはまる語句を解答群から選択して答えよ。

P.57　POINT 11

a　［（ア）］の電路と低圧の電路とを結合する変圧器は，［（ア）］の電圧の侵入による低圧側の電気設備の損傷，感電又は火災のおそれがないよう，当該変圧器における適切な箇所に接地を施さなければならない。ただし，施設の方法又は構造によりやむを得ない場合であって，変圧器から離れた箇所における接地その他の適切な措置を講ずることにより低圧側の電気設備の損傷，感電又は火災のおそれがない場合は，この限りでない。

b　変圧器によって［（イ）］の電路に結合される高圧の電路には，［（イ）］の電圧の侵入による高圧側の電気設備の損傷，感電又は火災のおそれがないよう，接地を施した［（ウ）］の施設その他の適切な措置を講じなければならない。

c　高圧電路又は特別高圧電路と低圧電路とを結合する変圧器には，次の各号により［（エ）］種接地工事を施すこと。

一　次のいずれかの箇所に接地工事を施すこと。

イ　低圧側の中性点

ロ　低圧電路の使用電圧が300 V以下の場合において，接地工事を低圧側の中性点に施し難いときは，低圧側の1端子

ハ　低圧電路が非接地である場合においては，高圧巻線又は特別高圧巻線と低圧巻線との間に設けた金属製の［（オ）］

【解答群】

(1)　低圧	(2)　高圧	(3)　特別高圧
(4)　高圧又は特別高圧	(5)　A	(6)　B
(7)　D	(8)　逆変換装置	(9)　混触防止板
(10)　接地変圧器	(11)　反射板	(12)　放電装置

---

17 次の文章は「電気設備技術基準の解釈」に基づく低圧電路に施設する過電流遮断器に関する記述の一部である。（ア）～（エ）にあてはまる語句を解答群から選択して答えよ。

P.58　POINT 13

a　過電流遮断器として低圧電路に施設するヒューズは，水平に取り付けた場合において，次の各号に適合するものであること。

一　定格電流の［（ア）］倍の電流に耐えること。

二　定格電流が30 A以下の場合は，定格電流の［（イ）］倍の電流を通じた場合において60分以内，2倍の電流を通じた場合において2分以内に溶断すること。

b　過電流遮断器として低圧電路に施設する配線用遮断器は，次の各号に適合するものであること。

一　定格電流の1倍の電流で自動的に動作しないこと。

二　定格電流が30 A以下の場合は，定格電流の［（ウ）］倍の電流を通じた場合において60分以内，2倍の電流を通じた場合において2分

以内に自動的に動作すること。

c　次の各号に掲げる箇所には，過電流遮断器を施設しないこと。

一　接地線

二　多線式電路の［（エ）］

【解答群】

(1) 1	(2) 1.1	(3) 1.25	(4) 1.5
(5) 1.6	(6) 1.8	(7) 電圧線	(8) 接地線
(9) 中性線	(10) 高圧側電線		

---

⑱ 次の文章は「電気設備技術基準の解釈」における地絡に関する保護対策に関する記述の一部である。（ア）～（オ）にあてはまる語句を解答群から選択して答えよ。

P.60 POINT 14

金属製外箱を有する使用電圧が［（ア）］Vを超える低圧の機械器具に接続する電路には，電路に地絡を生じたときに自動的に電路を遮断する装置を施設すること。ただし，次の各号のいずれかに該当する場合はこの限りでない。

a　機械器具に簡易接触防護措置を施す場合

b　機械器具を次のいずれかの場所に施設する場合

イ　発電所又は変電所，開閉所若しくはこれらに準ずる場所

ロ　乾燥した場所

ハ　機械器具の対地電圧が［（イ）］V以下の場合においては，水気のある場所以外の場所

c　機械器具に施されたC種接地工事又はD種接地工事の接地抵抗値が［（ウ）］Ω以下の場合

d　電路の系統電源側に絶縁変圧器（機械器具側の線間電圧が300 V以下のものに限る。）を施設するとともに，当該絶縁変圧器の機械器具側の電路を［（エ）］とする場合

e　機械器具内に電気用品安全法の適用を受ける［（オ）］遮断器を取り付け，かつ，電源引出部が損傷を受けるおそれがないように施設する場合

【解答群】

(1) 3	(2) 100	(3) 直接接地	(4) 300
(5) 500	(6) 漏電	(7) 過電流	(8) 60
(9) 非接地	(10) 150	(11) 10	(12) 抵抗接地

---

19 次の文章は「電気設備技術基準」における保護対策に関する記述である。(ア)～(エ)にあてはまる語句を解答群から選択して答えよ。

P.61 POINT 15～18

a　電気設備は，他の電気設備その他の物件の機能に電気的又は (ア) 的な障害を与えないように施設しなければならない。

b　高周波利用設備は，他の高周波利用設備の機能に (イ) 的かつ重大な障害を及ぼすおそれがないように施設しなければならない。

c　(ウ) の電気設備は，その損壊により一般送配電事業者の電気の供給に著しい支障を及ぼさないように施設しなければならない。

d　(エ) を含有する絶縁油を使用する電気機械器具及び電線は，電路に施設してはならない。

【解答群】

(1) 持続	(2) 断続	(3) 磁気
(4) ポリ塩化ビフェニル	(5) 特別高圧	(6) 機械
(7) シリコーン油	(8) 高圧又は特別高圧	(9) 鉱油
(10) 通信	(11) 連鎖	(12) 継続

基本問題

1 次の文章は，「電気設備技術基準」及び「電気設備技術基準の解釈」における用語の定義に関する記述である。

a 「発電所」とは，発電機，原動機，燃料電池，太陽電池その他の機械器具（電気事業法に規定する［（ア）］，非常用予備電源を得る目的で施設するもの及び電気用品安全法の適用を受ける携帯用発電機を除く。）を施設して電気を発生させる所をいう。

b 「［（イ）］」とは，電気を使用するための電気設備を施設した，1の建物又は1の単位をなす場所をいう。

c 「接触防護措置」とは，次のいずれかに適合するように施設することをいう。

イ 設備を，屋内にあっては床上［（ウ）］m以上，屋外にあっては地表上2.5 m以上の高さに，かつ，人が通る場所から手を伸ばしても触れることのない範囲に施設すること。

ロ 設備に人が接近又は接触しないよう，さく，へい等を設け，又は設備を［（エ）］に収める等の防護措置を施すこと。

上記の記述中の空白箇所（ア），（イ），（ウ）及び（エ）に当てはまる組合せとして，正しいものを次の(1)～(5)のうちから一つ選べ。

	（ア）	（イ）	（ウ）	（エ）
(1)	蓄電池	需要箇所	1.8	養生壁
(2)	小出力発電設備	電気使用場所	2.3	金属管
(3)	蓄電池	需要場所	2.3	金属管
(4)	小出力発電設備	電気使用場所	1.8	養生壁
(5)	小出力発電設備	電気使用場所	1.8	金属管

2 次の文章は，「電気設備技術基準」及び「電気設備技術基準の解釈」における電圧の種別及び最大使用電圧に関する記述である。

電圧は，次の区分により低圧，高圧及び特別高圧の三種とする。

a　低圧　直流にあっては［（ア）］V以下，交流にあっては［（イ）］V以下のもの

b　高圧　直流にあっては［（ア）］Vを，交流にあっては［（イ）］Vを超え，［（ウ）］V以下のもの

c　特別高圧　［（ウ）］Vを超えるもの

最大使用電圧は，通常の使用状態において電路に加わる最大の［（エ）］であり，使用電圧に下表に規定する係数を乗じた電圧となる。

使用電圧の区分	係数
1000 Vを超え 500000 V未満	［（オ）］

上記の記述中の空白箇所（ア），（イ），（ウ），（エ）及び（オ）に当てはまる組合せとして，正しいものを次の(1)～(5)のうちから一つ選べ。

	（ア）	（イ）	（ウ）	（エ）	（オ）
(1)	750	600	7000	線間電圧	$\dfrac{1.15}{1.1}$
(2)	600	750	6000	対地電圧	1.15
(3)	750	600	7000	対地電圧	$\dfrac{1.15}{1.1}$
(4)	600	750	6000	線間電圧	1.15
(5)	750	600	6000	対地電圧	$\dfrac{1.15}{1.1}$

3 次の文章は，「電気設備技術基準」及び「電気設備技術基準の解釈」に基づく保安原則に関する記述である。

a　電気設備は，[（ア）]その他人体に危害を及ぼし，又は物件に損傷を与えるおそれがないように施設しなければならない。

b　電路は，大地から[（イ）]しなければならない。ただし，次に掲げる各号の通り，[（ウ）]上やむを得ない場合であって通常予見される使用形態を考慮し危険のおそれがない場合，又は[（エ）]による高電圧の侵入等の異常が発生した際の危険を回避するための接地その他の保安上必要な措置を講ずる場合は，この限りでない。

一　電気設備技術基準の解釈の規定により接地工事を施す場合の接地点

二　電気設備技術基準の解釈の規定にある[（イ）]できないことがやむを得ない部分

上記の記述中の空白箇所（ア），（イ），（ウ）及び（エ）に当てはまる組合せとして，正しいものを次の(1)～(5)のうちから一つ選べ。

	（ア）	（イ）	（ウ）	（エ）
(1)	感電，火災	絶縁	構造	過電圧
(2)	過電流，地絡	絶縁	構造	過電圧
(3)	過電流，地絡	開放	設備保安	混触
(4)	感電，火災	絶縁	構造	混触
(5)	感電，火災	開放	設備保安	過電圧

4 次の文章は，「電気設備技術基準」における電線及びその接続に関する記述である。

電線，支線，架空地線，弱電流電線等その他の電気設備の　（ア）　のために施設する線は，通常の使用状態において　（イ）　のおそれがないように施設しなければならない。

電線を接続する場合は，接続部分において電線の電気抵抗を増加させないように接続するほか，　（ウ）　の低下及び通常の使用状態において　（イ）　のおそれがないようにしなければならない。

上記の記述中の空白箇所（ア），（イ）及び（ウ）に当てはまる組合せとして，正しいものを次の(1)〜(5)のうちから一つ選べ。

	（ア）	（イ）	（ウ）
(1)	安全管理	断線	送電電力
(2)	安全管理	接触	送電電力
(3)	安全管理	断線	絶縁性能
(4)	保安	接触	絶縁性能
(5)	保安	断線	絶縁性能

5 次の文章は，「電気設備技術基準の解釈」における電線の接続に関する記述の一部である。

電線を接続する場合は，電線の［（ア）］を増加させないように接続するとともに，次の各号によること。

a　裸電線相互，又は裸電線と絶縁電線，キャブタイヤケーブル若しくはケーブルとを接続する場合は，次によること。

イ　電線の引張強さを［（イ）］以上減少させないこと。ただし，ジャンパー線を接続する場合その他電線に加わる張力が電線の引張強さに比べて著しく小さい場合は，この限りでない。

ロ　接続部分には，［（ウ）］その他の器具を使用し，又はろう付けすること。ただし，架空電線相互若しくは電車線相互又は鉱山の坑道内において電線相互を接続する場合であって，技術上困難であるときは，この限りでない。

b　導体にアルミニウムを使用する電線と銅を使用する電線とを接続する等，電気化学的性質の異なる導体を接続する場合には，接続部分に［（エ）］が生じないようにすること。

上記の記述中の空白箇所（ア），（イ），（ウ）及び（エ）に当てはまる組合せとして，正しいものを次の(1)～(5)のうちから一つ選べ。

	（ア）	（イ）	（ウ）	（エ）
(1)	電気抵抗	20%	圧着端子	電気的腐食
(2)	電気抵抗	5%	接続管	電気的腐食
(3)	断面積	5%	圧着端子	起電力
(4)	断面積	5%	接続管	起電力
(5)	電気抵抗	20%	接続管	電気的腐食

6 次の文章は，「電気設備技術基準の解釈」における電気機械器具の保安に関する記述である。

電路に施設する変圧器，遮断器，開閉器，[（ア）]又は計器用変成器その他の電気機械器具は，日本電気技術規格委員会規格 JESC E7002 (2015) の規定により[（イ）]的強度を確認したとき，[（ウ）]の使用状態で発生する[（イ）]に耐えるものであること。

上記の記述中の空白箇所（ア），（イ）及び（ウ）に当てはまる組合せとして，正しいものを次の(1)～(5)のうちから一つ選べ。

	（ア）	（イ）	（ウ）
(1)	電力用コンデンサ	機械	通常
(2)	電力用コンデンサ	熱	通常
(3)	接続器	機械	通常
(4)	電力用コンデンサ	熱	最大電力
(5)	接続器	機械	最大電力

7 次の文章は「電気設備技術基準」及び「電気設備技術基準の解釈」における高圧又は特別高圧の電気機械器具の危険の防止に関する記述である。

a　高圧又は特別高圧の電気機械器具は，[（ア）]以外の者が容易に触れるおそれがないように施設しなければならない。ただし，接触による危険のおそれがない場合は，この限りでない。

b　[（イ）]の機械器具は，次の各号のいずれかにより施設すること。ただし，発電所又は変電所，開閉所若しくはこれらに準ずる場所に施設する場合はこの限りでない。

一　屋内であって，[（ア）]以外の者が出入りできないように措置した場所に施設すること。

二　次により施設すること。

イ　人が触れるおそれがないように，機械器具の周囲に適当なさく，へい等を設けること。

ロ　イの規定により施設するさく，へい等の高さと，当該さく，へい等から機械器具の充電部分までの距離との和を（ウ）以上とすること。

三　機械器具に附属する高圧電線にケーブル又は引下げ用高圧絶縁電線を使用し，機械器具を人が触れるおそれがないように地表上4.5 m（市街地外においては4 m）以上の高さに施設すること。

四　機械器具をコンクリート製の箱又は（エ）種接地工事を施した金属製の箱に収め，かつ，充電部分が露出しないように施設すること。

五　充電部分が露出しない機械器具を，次のいずれかにより施設すること。

イ　（オ）を施すこと。

ロ　温度上昇により，又は故障の際に，その近傍の大地との間に生じる電位差により，人若しくは家畜又は他の工作物に危険のおそれがないように施設すること。

上記の記述中の空白箇所（ア），（イ），（ウ），（エ）及び（オ）に当てはまる組合せとして，正しいものを次の(1)～(5)のうちから一つ選べ。

	（ア）	（イ）	（ウ）	（エ）	（オ）
(1)	取扱者	特別高圧	5 m	D	簡易接触防護措置
(2)	管理者	特別高圧	6 m	A	防火措置
(3)	管理者	高圧	6 m	D	防火措置
(4)	取扱者	高圧	5 m	D	簡易接触防護措置
(5)	取扱者	高圧	6 m	A	簡易接触防護措置

8 次の文章は，「電気設備技術基準の解釈」におけるアークを生じる器具の施設に関する記述である。

高圧用又は特別高圧用の開閉器，遮断器又は避雷器その他これらに類する器具であって，動作時にアークを生じるものは，次の各号のいずれかにより施設すること。

一　（ア）のものでアークを生じる部分を囲むことにより，木製の壁又は天井その他の可燃性のものから隔離すること。

二　木製の壁又は天井その他の可燃性のものとの離隔距離を，下表に規定する値以上とすること。

開閉器等の使用電圧の区分		離隔距離
高圧		（ウ）m
特別高圧	（イ）V以下	（エ）m（動作時に生じるアークの方向及び長さを火災が発生するおそれがないように制限した場合にあっては，（オ）m）
	（イ）V超過	（エ）m

上記の記述中の空白箇所（ア），（イ），（ウ），（エ）及び（オ）に当てはまる組合せとして，正しいものを次の(1)～(5)のうちから一つ選べ。

	（ア）	（イ）	（ウ）	（エ）	（オ）
(1)	不燃性	35000	2	3	2
(2)	耐火性	35000	1	3	2
(3)	不燃性	60000	2	3	2
(4)	耐火性	60000	1	2	1
(5)	耐火性	35000	1	2	1

9 次の文章は「電気設備技術基準」における高圧又は特別高圧の電気機械器具の危険の防止に関する記述である。

a　電気設備の必要な箇所には，異常時の［（ア）］，高電圧の侵入等による感電，火災その他人体に危害を及ぼし，又は物件への損傷を与えるおそれがないよう，［（イ）］その他の適切な措置を講じなければならない。ただし，電路に係る部分にあっては，別途規定に定めるところによりこれを行わなければならない。

b　電気設備に［（イ）］を施す場合は，電流が安全かつ確実に［（ウ）］ことができるようにしなければならない。

上記の記述中の空白箇所（ア），（イ）及び（ウ）に当てはまる組合せとして，正しいものを次の(1)～(5)のうちから一つ選べ。

	（ア）	（イ）	（ウ）
(1)	電位上昇	接地	大地に通ずる
(2)	電位上昇	接触防護	遮断する
(3)	過電流	接触防護	遮断する
(4)	過電流	接触防護	大地に通ずる
(5)	電位上昇	接地	遮断する

10 次の文章は，「電気設備技術基準の解釈」に基づく機械器具の金属製外箱等の接地に関する記述である。

電路に施設する機械器具の金属製の台及び外箱には，使用電圧の区分に応じ，下表に規定する接地工事を施すこと。ただし，外箱を充電して使用する機械器具に人が触れるおそれがないように［（ア）］などを設けて施設する場合又は絶縁台を設けて施設する場合は，この限りでない。また機械器具が小出力発電設備である［（イ）］発電設備である場合を除き，電気設備技術基準の解釈第29条第2項に規定する項目に該当する場合は，本規定によらないことができる。

機械器具の使用電圧の区分		接地工事
低圧	（ウ）V以下	（エ）種接地工事
	（ウ）V超過	C種接地工事
高圧又は特別高圧		（オ）種接地工事

上記の記述中の空白箇所（ア），（イ），（ウ），（エ）及び（オ）に当てはまる組合せとして，正しいものを次の(1)～(5)のうちから一つ選べ。

	（ア）	（イ）	（ウ）	（エ）	（オ）
(1)	さく	燃料電池	300	D	A
(2)	さく	燃料電池	450	D	B
(3)	さく	内燃力	450	B	A
(4)	木製の壁	内燃力	450	B	A
(5)	木製の壁	燃料電池	300	D	B

11 次の文章は，「電気設備技術基準の解釈」における機械器具の金属製外箱等の接地の省略に関する記述である。

a　交流の対地電圧が150 V以下又は直流の使用電圧が（ア）V以下の機械器具を，（イ）に施設する場合

b　低圧用の機械器具に電気を供給する電路の電源側に絶縁変圧器（2次側線間電圧が（ア）V以下であって，容量が3 kV・A以下のものに限る。）を施設し，かつ，当該絶縁変圧器の負荷側の電路を接地しない場合

c　（ウ）以外の場所に施設する低圧用の機械器具に電気を供給する電路に，電気用品安全法の適用を受ける漏電遮断器（定格感度電流が（エ）mA以下，動作時間が0.1秒以下の電流動作型のものに限る。）

を施設する場合

上記の記述中の空白箇所（ア），（イ），（ウ）及び（エ）に当てはまる組合せとして，正しいものを次の(1)〜(5)のうちから一つ選べ。

	（ア）	（イ）	（ウ）	（エ）
(1)	200	乾燥した場所	水気のある場所	5
(2)	300	乾燥した場所	水気のある場所	15
(3)	200	水気のある場所以外の場所	湿気の多い場所	5
(4)	300	水気のある場所以外の場所	湿気の多い場所	15
(5)	200	水気のある場所以外の場所	湿気の多い場所	15

12 次の文章は，「電気設備技術基準の解釈」に基づくB種接地工事に関する記述である。

a　接地抵抗値は，下表に規定する値以下であること。

接地工事を施す変圧器の種類	当該変圧器の高圧側又は特別高圧側の電路と低圧側の電路との混触により，低圧電路の対地電圧が（ア）Vを超えた場合に，自動的に高圧又は特別高圧の電路を遮断する装置を設ける場合の遮断時間	接地抵抗値（Ω）
下記以外の場合		$150 / I_g$
高圧又は35,000 V以下の特別高圧の電路と低圧電路を結合するもの	1秒を超え2秒以下	$300 / I_g$
	1秒以下	$600 / I_g$

（備考）I_gは，当該変圧器の高圧側又は特別高圧側の電路の1線地絡電流（単位：A）

b　接地極及び接地線を人が触れるおそれがある場所に施設する場合は，

発電所又は変電所，開閉所若しくはこれらに準ずる場所において，接地極を故障の際にその近傍の大地との間に生じる電位差により，人若しくは家畜又は他の工作物に危険及ぼすおそれがないように施設する場合を除き，次により施設すること。

イ　接地極は，地下［（イ）］cm以上の深さに埋設すること。

ロ　接地極を鉄柱その他の金属体に近接して施設する場合は，次のいずれかによること。

（イ）　接地極を鉄柱その他の金属体の底面から［（ウ）］cm以上の深さに埋設すること。

（ロ）　接地極を地中でその金属体から1m以上離して埋設すること。

ハ　接地線には，絶縁電線（屋外用ビニル絶縁電線を除く。）又は通信用ケーブル以外のケーブルを使用すること。ただし，接地線を鉄柱その他の金属体に沿って施設する場合以外の場合には，接地線の地表上60cmを超える部分については，この限りでない。

ニ　接地線の地下［（イ）］cmから地表上［（エ）］mまでの部分は，電気用品安全法の適用を受ける合成樹脂管（厚さ2mm未満の合成樹脂製電線管及びCD管を除く。）又はこれと同等以上の絶縁効力及び強さのあるもので覆うこと。

上記の記述中の空白箇所（ア），（イ），（ウ）及び（エ）に当てはまる組合せとして，正しいものを次の(1)～(5)のうちから一つ選べ。

	（ア）	（イ）	（ウ）	（エ）
(1)	150	60	30	1.5
(2)	150	75	30	2
(3)	150	60	45	1.5
(4)	300	75	30	2
(5)	300	75	45	1.5

13 次の文章は，「電気設備技術基準の解釈」に基づく各種接地工事に関する内容である。

接地工事の種類	接地抵抗値	接地線の種類
A種接地工事	10 Ω以下	可とう性を必要とする部分を除き，引張強さ1.04 kN以上の容易に腐食し難い金属線又は直径［（ア）］mm以上の軟銅線
B種接地工事	別表	可とう性を必要とする部分を除き，15000 V以下の特別高圧架空電線路の電路と低圧電路とを結合するものである場合，1.04 kN以上の容易に腐食し難い金属線又は直径［（ア）］mm以上の軟銅線 それ以外の場合，引張強さ2.46 kN以上の容易に腐食し難い金属線又は直径［（イ）］mm以上の軟銅線
C種接地工事	10 Ω以下（低圧電路において，地絡を生じた場合に0.5秒以内に当該電路を自動的に遮断する装置を施設するときは，［（ウ）］Ω）	可とう性を必要とする部分を除き，引張強さ0.39 kN以上の容易に腐食し難い金属線又は直径［（エ）］mm以上の軟銅線
D種接地工事	100 Ω以下（低圧電路において，地絡を生じた場合に0.5秒以内に当該電路を自動的に遮断する装置を施設するときは，［（ウ）］Ω）	可とう性を必要とする部分を除き，引張強さ0.39 kN以上の容易に腐食し難い金属線又は直径［（エ）］mm以上の軟銅線

上記の記述中の空白箇所（ア），（イ），（ウ）及び（エ）に当てはまる組合せとして，正しいものを次の(1)～(5)のうちから一つ選べ。

	(ア)	(イ)	(ウ)	(エ)
(1)	2	4	500	1.6
(2)	2.6	3	500	1.6
(3)	2	3	300	1.2
(4)	2.6	4	500	1.6
(5)	2	4	300	1.2

14 次の文章は「電気設備技術基準」における変圧器の施設に関する記述である。

a ［（ア）］の電路と［（イ）］の電路とを結合する変圧器は，［（ア）］の電圧の侵入による［（イ）］側の電気設備の損傷，感電又は火災のおそれがないよう，当該変圧器における適切な箇所に［（ウ）］を施さなければならない。ただし，施設の方法又は構造によりやむを得ない場合であって，変圧器から離れた箇所における［（ウ）］その他の適切な措置を講ずることにより［（イ）］側の電気設備の損傷，感電又は火災のおそれがない場合は，この限りでない。

b 特別高圧を直接低圧に変成する変圧器は，次の各号のいずれかに掲げる場合を除き，施設してはならない。

一 発電所等公衆が立ち入らない場所に施設する場合

二 ［（エ）］防止措置が講じられている等危険のおそれがない場合

三 特別高圧側の巻線と低圧側の巻線とが［（エ）］した場合に［（オ）］装置の施設その他の保安上の適切な措置が講じられている場合

上記の記述中の空白箇所（ア），（イ），（ウ），（エ）及び（オ）に当てはまる組合せとして，正しいものを次の(1)～(5)のうちから一つ選べ。

問題編 CHAPTER 03 電気設備の技術基準・解釈 1

	(ア)	(イ)	(ウ)	(エ)	(オ)
(1)	高圧又は特別高圧	低圧	接地	混触	自動的に電路が遮断される
(2)	特別高圧	高圧	過電流遮断器	混触	自動的に放電される
(3)	特別高圧	高圧	接地	接触	自動的に電路が遮断される
(4)	特別高圧	高圧	接地	接触	自動的に放電される
(5)	高圧又は特別高圧	低圧	過電流遮断器	混触	自動的に電路が遮断される

15 次の文章は「電気設備技術基準」及び「電気設備技術基準の解釈」に基づく電線及び電気機械器具の保護対策に関する記述である。

電路の必要な箇所には，[（ア）]による過熱焼損から電線及び電気機械器具を保護し，かつ，[（イ）]の発生を防止できるよう，[（ア）]遮断器を施設しなければならない。ただし，次の各号に掲げる箇所には，施設してはならない。

一 [（ウ）]

二 多線式電路の[（エ）]

上記の記述中の空白箇所（ア），（イ），（ウ）及び（エ）に当てはまる組合せとして，正しいものを次の(1)～(5)のうちから一つ選べ。

	(ア)	(イ)	(ウ)	(エ)
(1)	地絡	感電	接地線	電圧線
(2)	地絡	火災	変圧器の中性点	中性線
(3)	過電流	火災	接地線	中性線
(4)	過電流	感電	接地線	電圧線
(5)	過電流	火災	変圧器の中性点	中性線

16 次の文章は「電気設備技術基準」における電路の保護対策に関する記述である。

電路の必要な箇所には，過電流による［（ア）］から電線及び［（イ）］を保護し，かつ，火災の発生を防止できるよう，過電流遮断器を施設しなければならない。

電路には，地絡が生じた場合に，電線若しくは［（イ）］の損傷，感電又は火災のおそれがないよう，地絡遮断器の施設その他の適切な措置を講じなければならない。ただし，［（イ）］を［（ウ）］に施設する等地絡による危険のおそれがない場合は，この限りでない。

上記の記述中の空白箇所（ア），（イ）及び（ウ）に当てはまる組合せとして，正しいものを次の(1)～(5)のうちから一つ選べ。

	（ア）	（イ）	（ウ）
(1)	過熱焼損	電気工作物	乾燥した場所
(2)	絶縁破壊	電気機械器具	乾燥した場所
(3)	絶縁破壊	電気工作物	水気のない場所
(4)	絶縁破壊	電気機械器具	水気のない場所
(5)	過熱焼損	電気機械器具	乾燥した場所

17 「電気設備技術基準の解釈」における地絡に関する保護対策として「金属製外箱を有する使用電圧が60 Vを超える低圧の機械器具に接続する電路には，電路に地絡を生じたときに自動的に電路を遮断する装置を施設すること。」となっているが，保護対策として実施しなくてもよい例として，誤っているものを次の(1)〜(5)のうちから一つ選べ。

(1) 機械器具を発電所又は変電所，開閉所若しくはこれらに準ずる場所に施設する場合

(2) 機械器具を乾燥した場所に施設する場合

(3) 機械器具に施されたD種接地工事の接地抵抗値が10 Ωの場合

(4) 機械器具内に電気用品安全法の適用を受ける漏電遮断器を取り付け，かつ，電源引出部が損傷を受けるおそれがないように施設する場合

(5) 電路が，管灯回路である場合

---

18 次の文章は「電気設備技術基準」における電路の保護対策に関する記述である。

a　電気工作物（一般送配電事業，送電事業，特定送配電事業及び発電事業の用に供するものに限る。）の運転を管理する電子計算機は，当該電気工作物が人体に危害を及ぼし，又は物件に損傷を与えるおそれ及び一般送配電事業に係る電気の供給に著しい支障を及ぼすおそれがないよう，［（ア）］を確保しなければならない。

b　電気設備は，他の電気設備その他の物件の機能に［（イ）］を与えないように施設しなければならない。

c　高周波利用設備（電路を［（ウ）］として利用するものに限る。以下この条において同じ。）は，他の高周波利用設備の機能に継続的かつ重大な障害を及ぼすおそれがないように施設しなければならない。

上記の記述中の空白箇所（ア），（イ）及び（ウ）に当てはまる組合せとして，正しいものを次の(1)〜(5)のうちから一つ選べ。

	(ア)	(イ)	(ウ)
(1)	サイバーセキュリティ	電気的又は磁気的な障害	高周波電流の伝送路
(2)	設備のバックアップ	電気的又は磁気的な障害	高周波電流の伝送路
(3)	サイバーセキュリティ	通信的な障害又は物件に損傷	通信線路の伝送路
(4)	サイバーセキュリティ	通信的な障害又は物件に損傷	高周波電流の伝送路
(5)	設備のバックアップ	電気的又は磁気的な障害	通信線路の伝送路

19 次の文章は「電気設備技術基準」に基づく公害等の防止に関する記述である。

a　特定施設を設置する発電所又は変電所，開閉所若しくはこれらに準ずる場所においては，公害等の防止のため，水質汚濁防止法，騒音規制法，振動規制法等に規定する［(ア)］に適合しなければならない。

b　中性点［(イ)］接地式電路に接続する変圧器を設置する箇所には，［(ウ)］の構外への流出及び地下への浸透を防止するための措置が施されていなければならない。

c　ポリ塩化ビフェニルを含有する［(ウ)］を使用する電気機械器具及び電線は，［(エ)］に施設してはならない。

上記の記述中の空白箇所(ア)，(イ)，(ウ)及び(エ)に当てはまる組合せとして，正しいものを次の(1)～(5)のうちから一つ選べ。

	(ア)	(イ)	(ウ)	(エ)
(1)	規制基準	直接	絶縁油	屋外
(2)	環境基準	直接	水	電路
(3)	環境基準	消弧リアクトル	水	電路
(4)	規制基準	直接	絶縁油	電路
(5)	規制基準	消弧リアクトル	絶縁油	屋外

応用問題

1 「電気設備技術基準」及び「電気設備技術基準の解釈」における用語の定義に関する記述として，誤っているものを次の(1)～(5)のうちから一つ選べ。

(1) 「難燃性」とは，炎を当てても燃え広がらず，炎により加熱された状態においても著しく変形又は破壊しない性質をいう。

(2) 「光ファイバケーブル」とは，光信号の伝送に使用する伝送媒体であって，保護被覆で保護したものをいう。

(3) 「造営物」とは，人により加工された物体のうち，土地に定着するものであって，屋根及び柱又は壁を有するものをいう。

(4) 「水気のある場所」とは，水を扱う場所若しくは雨露にさらされる場所その他水滴が飛散する場所，又は常時水が漏出し若しくは結露する場所をいう。

(5) 「点検できない隠ぺい場所」とは，天井ふところ，壁内又はコンクリート床内等，工作物を破壊しなければ電気設備に接近し，又は電気設備を点検できない場所をいう。

---

2 「電気設備技術基準」において，「電路は大地から絶縁しなければならない。ただし，構造上やむを得ない場合であって通常予見される使用形態を考慮し危険のおそれがない場合，又は混触による高電圧の侵入等の異常が発生した際の危険を回避するための接地その他の保安上必要な措置を講ずる場合は，この限りでない。」規定に該当するものとして，誤っているものを次の(1)～(5)のうちから一つ選べ。

(1) 使用電圧が300 V以下であり，屋内において，機械器具に設けられる走行レールを低圧接触電線として使用するもの

(2) 架空単線式電気鉄道の帰線

(3) 接地工事を施す場合の接地点以外の接地側電線路

(4) 試験用変圧器

(5) エックス線発生装置

3 次の文章は，「電気設備技術基準の解釈」に基づく高圧又は特別高圧の電路の絶縁性能に関する記述である。

高圧又は特別高圧の電路は，次の各号のいずれかに適合する絶縁性能を有すること。

a　下表に規定する試験電圧を電路と大地との間（多心ケーブルにあっては，心線相互間及び心線と大地との間）に連続して［（ア）］分間加えたとき，これに耐える性能を有すること。

b　電線にケーブルを使用する交流の電路においては，下表に規定する試験電圧の［（イ）］倍の直流電圧を電路と大地との間（多心ケーブルにあっては，心線相互間及び心線と大地との間）に連続して［（ウ）］分間加えたとき，これに耐える性能を有すること。

電路の種類		試験電圧
7000 V 以下の電路		最大使用電圧の［（エ）］倍の電圧
7000 V を超え 60000 V 以下の電路	最大使用電圧が 15000 V 以下の中性点接地式電路（中性線を有するものであって，その中性線に多重接地するものに限る。）	最大使用電圧の 0.92 倍の電圧
	上記以外	最大使用電圧の［（オ）］倍の電圧

上記の記述中の空白箇所（ア），（イ），（ウ），（エ）及び（オ）に当てはまる組合せとして，正しいものを次の(1)～(5)のうちから一つ選べ。

	（ア）	（イ）	（ウ）	（エ）	（オ）
(1)	1	2	1	1.5	1.5
(2)	1	1.5	10	2	1.5
(3)	10	2	10	1.5	1.25
(4)	10	1.5	10	1.5	1.25
(5)	10	2	1	2	1.25

4 次の文章は，「電気設備技術基準の解釈」における特別高圧の機械器具の施設に関する記述である。

特別高圧の機械器具は，次の各号のいずれかにより施設すること。ただし，発電所又は変電所，開閉所若しくはこれらに準ずる場所に施設する場合，又は充電部分に人が触れた場合に人に危険を及ぼすおそれがない電気集じん応用装置若しくはエックス線発生装置を施設する場合はこの限りでない。

a　屋内であって，取扱者以外の者が出入りできないように措置した場所に施設すること。

b　次により施設すること。

イ　人が触れるおそれがないように，機械器具の周囲に適当なさくを設けること。

ロ　イの規定により施設するさくの高さと，当該さくから機械器具の充電部分までの距離との和を，下表に規定する値以上とすること。

ハ　危険である旨の表示をすること。

c　機械器具を地表上［（ア）］m以上の高さに施設し，充電部分の地表上の高さを下表に規定する値以上とし，かつ，人が触れるおそれがないように施設すること。

使用電圧の区分	さくの高さとさくから充電部分までの距離との和又は地表上の高さ
［（イ）］V以下	5 m
［（イ）］Vを超え［（ウ）］V以下	6 m
［（ウ）］V超過	$(6 + c)$ m

（備考）cは，使用電圧と［（ウ）］の差を10000 Vで除した値（小数点以下を切り上げる。）に0.12を乗じたもの

d　工場等の構内において，機械器具を絶縁された箱又は［（エ）］種接地工事を施した金属製の箱に収め，かつ，充電部分が露出しないように施設すること。

上記の記述中の空白箇所（ア），（イ），（ウ）及び（エ）に当てはまる組合せとして，正しいものを次の(1)〜(5)のうちから一つ選べ。

	(ア)	(イ)	(ウ)	(エ)
(1)	5	15000	170000	A
(2)	4	15000	170000	A
(3)	4	35000	170000	C
(4)	5	35000	160000	A
(5)	5	35000	160000	C

5 電路に施設する機械器具の金属製の台及び外箱には，使用電圧の区分に応じ，接地工事を施さなければならないが，感電の危険性が低い場合には接地の省略をすることができると規定されている。接地の省略に関する規定として，誤っているものを次の(1)～(5)のうちから一つ選べ。

(1) 低圧用の機械器具を乾燥した木製の床その他これに類する絶縁性のものの上で取り扱うように施設する場合

(2) 外箱のない計器用変成器がゴム，合成樹脂その他の絶縁物で被覆したものである場合

(3) 交流の対地電圧が150 V以下又は直流の使用電圧が300 V以下の機械器具を，乾燥した場所に施設する場合

(4) 電気用品安全法の適用を受ける２重絶縁の構造の機械器具を施設する場合

(5) 水気のある場所以外の場所に施設する低圧用の機械器具に電気を供給する電路に，電気用品安全法の適用を受ける地絡遮断器を施設する場合

6 次の文章は,「電気設備技術基準の解釈」における地絡に対する保護対策に関する記述である。

金属製外箱を有する使用電圧が［（ア）］Vを超える低圧の機械器具に接続する電路には,電路に地絡を生じたときに自動的に電路を遮断する装置を施設すること。ただし,次の各号のいずれかに該当する場合はこの限りでない。

a 機械器具に［（イ）］を施す場合

b 機械器具の対地電圧が150V以下の場合において,機械器具を［（ウ）］以外の場所に施設する場合

c 機械器具が,電気用品安全法の適用を受ける［（エ）］構造のものである場合

d 機械器具に施されたC種接地工事又はD種接地工事の接地抵抗値が［（オ）］Ω以下の場合

上記の記述中の空白箇所(ア),(イ),(ウ),(エ)及び(オ)に当てはまる組合せとして,正しいものを次の(1)～(5)のうちから一つ選べ。

	(ア)	(イ)	(ウ)	(エ)	(オ)
(1)	60	簡易接触防護措置	水気のある場所	2重絶縁	10
(2)	60	簡易接触防護措置	水気のある場所	2重絶縁	3
(3)	30	簡易接触防護措置	湿気の多い場所	強化絶縁	3
(4)	30	地絡遮断器	水気のある場所	2重絶縁	10
(5)	30	地絡遮断器	湿気の多い場所	強化絶縁	10

2 電気供給のための電気設備の施設

（教科書CHAPTER03　SEC03対応）

POINT 1　電線路等の感電又は火災の防止

〈電気設備に関する技術基準を定める省令第20条〉

電線路又は電車線路は，施設場所の状況及び電圧に応じ，感電又は火災のおそれがないように施設しなければならない。

POINT 2　架空電線及び地中電線の感電の防止

(1)　架空電線及び地中電線の感電の防止

〈電気設備に関する技術基準を定める省令第21条〉

1　低圧又は高圧の架空電線には，感電のおそれがないよう，使用電圧に応じた絶縁性能を有する絶縁電線又はケーブルを使用しなければならない。ただし，通常予見される使用形態を考慮し，感電のおそれがない場合は，この限りでない。

2　地中電線（地中電線路の電線をいう。以下同じ。）には，感電のおそれがないよう，使用電圧に応じた絶縁性能を有するケーブルを使用しなければならない。

(2)　架空電線の感電の防止についての具体的内容

〈電気設備の技術基準の解釈第65条第１項１号〉

1　低圧架空電線路又は高圧架空電線路に使用する電線は，次の各号によること。

一　電線の種類は，使用電圧に応じ65－1表に規定するものであること。ただし，次のいずれかに該当する場合は，裸電線を使用することができる。

イ　低圧架空電線を，B種接地工事の施された中性線又は接地側電線として施設する場合

ロ　高圧架空電線を，海峡横断箇所，河川横断箇所，山岳地の傾斜が急な箇所又は谷越え箇所であって，人が容易に立ち入るおそれがない場所に施設する場合

65－1表

使用電圧の区分		電線の種類
低圧	300 V以下	絶縁電線，多心型電線又はケーブル
	300 V超過	絶縁電線（引込用ビニル絶縁電線及び引込用ポリエチレン絶縁電線を除く。）又はケーブル
高圧		高圧絶縁電線，特別高圧絶縁電線又はケーブル

POINT 3 低圧電線路の絶縁性能

〈電気設備に関する技術基準を定める省令第22条〉

低圧電線路中絶縁部分の電線と大地との間及び電線の線心相互間の絶縁抵抗は，使用電圧に対する漏えい電流が最大供給電流の2000分の1を超えないようにしなければならない。

POINT 4 発電所等への取扱者以外の者の立入の防止

(1) 発電所等

〈電気設備に関する技術基準を定める省令第23条〉

1　高圧又は特別高圧の電気機械器具，母線等を施設する発電所又は変電所，開閉所若しくはこれらに準ずる場所には，取扱者以外の者に電気機械器具，母線等が危険である旨を表示するとともに，当該者が容易に構内に立ち入るおそれがないように適切な措置を講じなければならない。

2　地中電線路に施設する地中箱は，取扱者以外の者が容易に立ち入るおそれがないように施設しなければならない。

〈電気設備の技術基準の解釈第38条（抜粋）〉

1　高圧又は特別高圧の機械器具及び母線等（以下，この条において「機械器具等」という。）を屋外に施設する発電所又は変電所，開閉所若しくはこれらに準ずる場所（以下，この条において「発電所等」という。）は，次の各号により構内に取扱者以外の者が立ち入らないような措置を講じること。ただし，土地の状況により人が立ち入るおそれがない箇所については，この限りでない。

一　さく，へい等を設けること。

二　特別高圧の機械器具等を施設する場合は，前号のさく，へい等の高さと，さく，へい等から充電部分までの距離との和は，38－1表に規定する値以上とすること。

38－1表

充電部分の使用電圧の区分	さく，へい等の高さと，さく，へい等から充電部分までの距離との和
35,000 V以下	5 m
35,000 Vを超え160,000 V以下	6 m
160,000 V超過	$(6+c)$ m

（備考）cは，使用電圧と160,000 Vの差を10,000 Vで除した値（小数点以下を切り上げる。）に0.12を乗じたもの

三　出入口に立入りを禁止する旨を表示すること。

四　出入口に施錠装置を施設して施錠する等，取扱者以外の者の出入りを制限する措置を講じること。

2　高圧又は特別高圧の機械器具等を屋内に施設する発電所等は，次の各号により構内に取扱者以外の者が立ち入らないような措置を講じること。ただし，前項の規定により施設したさく，へいの内部については，この限りでない。

一　次のいずれかによること。

イ　堅ろうな壁を設けること。

ロ　さく，へい等を設け，当該さく，へい等の高さと，さく，へい等から充電部分までの距離との和を，38－1表に規定する値以上とすること。

二　前項第三号及び第四号の規定に準じること。

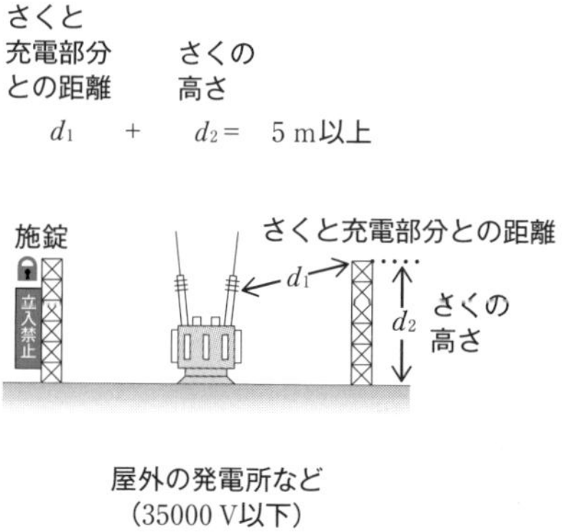

屋外の発電所など
（35000 V以下）

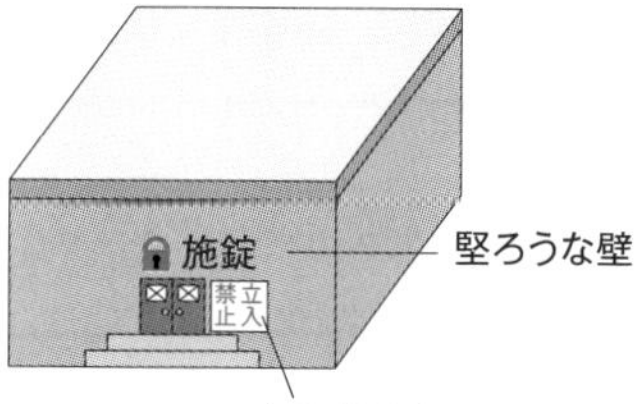

屋内の発電所など

(2) 地中箱の施設

〈電気設備の技術基準の解釈第121条3号〉
三 地中箱のふたは，取扱者以外の者が容易に開けることができないように施設すること。

POINT 5 架空電線路の支持物の昇塔防止

(1) 架空電線路の支持物の昇塔防止

〈電気設備に関する技術基準を定める省令第24条〉
架空電線路の支持物には，感電のおそれがないよう，取扱者以外の者が容易に昇塔できないように適切な措置を講じなければならない。

(2) 架空電線路の支持物の昇塔防止についての具体的内容

〈電気設備の技術基準の解釈第53条〉
架空電線路の支持物に取扱者が昇降に使用する足場金具等を施設する場合は，地表上1.8 m以上に施設すること。ただし，次の各号のいずれかに該当する場合はこの限りでない。
一 足場金具等が内部に格納できる構造である場合
二 支持物に昇塔防止のための装置を施設する場合
三 支持物の周囲に取扱者以外の者が立ち入らないように，さく，へい等を施設する場合
四 支持物を山地等であって人が容易に立ち入るおそれがない場所に施設する場合

POINT 6 架空電線等の高さ

(1) 架空電線等の高さ

〈電気設備に関する技術基準を定める省令第25条〉
1 架空電線，架空電力保安通信線及び架空電車線は，接触又は誘導作用による感電のおそれがなく，かつ，交通に支障を及ぼすおそれがない高さに施設しなければならない。
2 支線は，交通に支障を及ぼすおそれがない高さに施設しなければならない。

(2) 低高圧架空電線の高さ

〈電気設備の技術基準の解釈第68条〉

1 低圧架空電線又は高圧架空電線の高さは，68－1表に規定する値以上であること。

68－1表

区分		高さ
道路（車両の往来がまれであるもの及び歩行の用にのみ供される部分を除く。）を横断する場合		路面上6 m
鉄道又は軌道を横断する場合		レール面上5.5 m
低圧架空電線を横断歩道橋の上に施設する場合		横断歩道橋の路面上3 m
高圧架空電線を横断歩道橋の上に施設する場合		横断歩道橋の路面上3.5 m
上記以外	屋外照明用であって，絶縁電線又はケーブルを使用した対地電圧150 V以下のものを交通に支障のないように施設する場合	地表上4 m
	低圧架空電線を道路以外の場所に施設する場合	地表上4 m
	その他の場合	地表上5 m

2 低圧架空電線又は高圧架空電線を水面上に施設する場合は，電線の水面上の高さを船舶の航行等に危険を及ぼさないように保持すること。

3 高圧架空電線を氷雪の多い地方に施設する場合は，電線の積雪上の高さを人又は車両の通行等に危険を及ぼさないように保持すること。

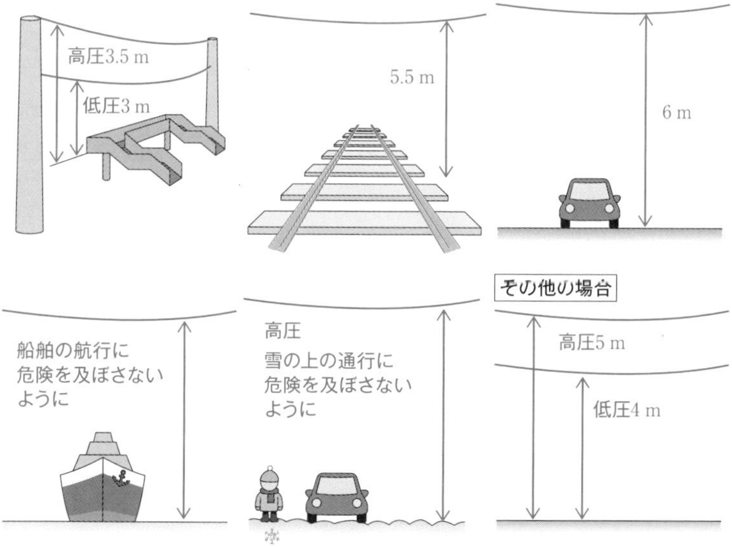

(3) 低圧架空引込線等の高さ

〈電気設備の技術基準の解釈第116条第1項6号〉

六 電線の高さは，116－1表に規定する値以上であること。

116－1表

区分		高さ
道路（歩行の用にのみ供される部分を除く。）を横断する場合	技術上やむを得ない場合において交通に支障のないとき	路面上3m
	その他の場合	路面上5m
鉄道又は軌道を横断する場合		レール面上5.5m
横断歩道橋の上に施設する場合		横断歩道橋の路面上3m
上記以外の場合	技術上やむを得ない場合において交通に支障のないとき	地表上2.5m
	その他の場合	地表上4m

(4) 高圧架空引込線等の高さ

〈電気設備の技術基準の解釈第117条第1項4号〉

四 電線の高さは，第68条第1項の規定に準じること。ただし，次に適合する場合は，地表上3.5m以上とすることができる。

イ 次の場合以外であること。

(イ) 道路を横断する場合

(ロ) 鉄道又は軌道を横断する場合

(ハ) 横断歩道橋の上に施設する場合

ロ 電線がケーブル以外のものであるときは，その電線の下方に危険である旨の表示をすること。

POINT 7 架空電線による他人の電線等の作業者への感電の防止

〈電気設備に関する技術基準を定める省令第26条〉

1 架空電線路の支持物は，他人の設置した架空電線路又は架空弱電流電線路若しくは架空光ファイバケーブル線路の電線又は弱電流電線若しくは光ファイバケーブルの間を貫通して施設してはならない。ただし，その他人の承諾を得た場合は，この限りでない。

2　架空電線は，他人の設置した架空電線路，電車線路又は架空弱電流電線路若しくは架空光ファイバケーブル線路の支持物を挟んで施設してはならない。ただし，同一支持物に施設する場合又はその他人の承諾を得た場合は，この限りでない。

POINT 8　架空電線路からの静電誘導作用又は電磁誘導作用による感電の防止

〈電気設備に関する技術基準を定める省令第27条〉

1　特別高圧の架空電線路は，通常の使用状態において，静電誘導作用により人による感知のおそれがないよう，地表上1 mにおける電界強度が3 kV/m以下になるように施設しなければならない。ただし，田畑，山林その他の人の往来が少ない場所において，人体に危害を及ぼすおそれがないように施設する場合は，この限りでない。

2　特別高圧の架空電線路は，電磁誘導作用により弱電流電線路（電力保安通信設備を除く。）を通じて人体に危害を及ぼすおそれがないように施設しなければならない。

3　電力保安通信設備は，架空電線路からの静電誘導作用又は電磁誘導作用により人体に危害を及ぼすおそれがないように施設しなければならない。

POINT 9　電気機械器具等からの電磁誘導作用による人の健康影響の防止

〈電気設備に関する技術基準を定める省令第27条の2〉

1　変圧器，開閉器その他これらに類するもの又は電線路を発電所，変電所，開閉所及び需要場所以外の場所に施設するに当たっては，通常の使用状態において，当該電気機械器具等からの電磁誘導作用により人の健康に影響を及ぼすおそれがないよう，当該電気機械器具等のそれぞれの付近において，人によって占められる空間に相当する空間の磁束密度の平均値が，商用周波数において200 μT以下になるように施設しなければならない。ただし，田畑，山林その他の人の往来が少ない場所において，人体に危害を及ぼすおそれがないように施設する場合は，この限りでない。

2　変電所又は開閉所は，通常の使用状態において，当該施設からの電磁誘導作用により人の健康に影響を及ぼすおそれがないよう，当該施設の付近において，人によって占められる空間に相当する空間の磁束密度の平均値が，商用周波数において200 μT以下になるように施設しなければならない。ただし，田畑，山林その他の人の往来が少ない場所において，人体に危害を及ぼすおそれがないように施設する場合は，この限りでない。

POINT 10　電線の混触の防止

(1)　電線の混触の防止

〈電気設備に関する技術基準を定める省令第28条〉

電線路の電線，電力保安通信線又は電車線等は，他の電線又は弱電流電線等と接近し，若しくは交さする場合又は同一支持物に施設する場合には，他の電線又は弱電流電線等を損傷するおそれがなく，かつ，接触，断線等によって生じる混触による感電又は火災のおそれがないように施設しなければならない。

(2)　「接近」の定義と区分

〈電気設備の技術基準の解釈第49条（抜粋）〉

九　第1次接近状態　架空電線が，他の工作物と接近する場合において，当該架空電線が他の工作物の上方又は側方において，水平距離で3m以上，かつ，架空電線路の支持物の地表上の高さに相当する距離以内に施設されることにより，架空電線路の電線の切断，支持物の倒壊等の際に，当該電線が他の工作物に接触するおそれがある状態

十　第2次接近状態　架空電線が他の工作物と接近する場合において，当該架空電線が他の工作物の上方又は側方において水平距離で3m未満に施設される状態

十一　接近状態　第1次接近状態及び第2次接近状態

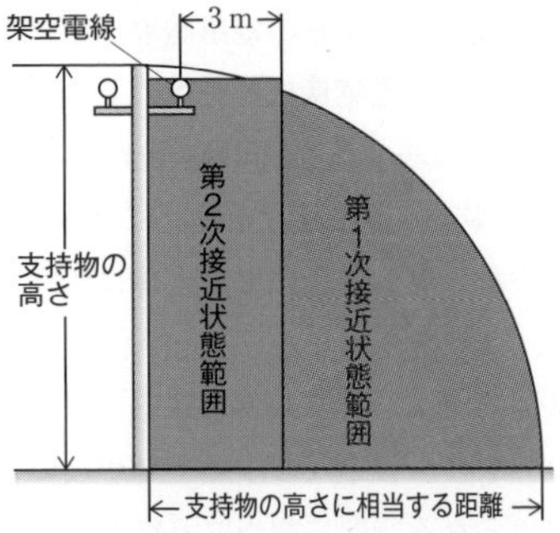

解釈の解説第49条　49.2図改

(3) 同一支持物に施設される架空電線等の離隔

① 低高圧架空電線等の併架

〈電気設備の技術基準の解釈第80条第1項〉

1 低圧架空電線と高圧架空電線とを同一支持物に施設する場合は，次の各号のいずれかによること。

一 次により施設すること。

イ 低圧架空電線を高圧架空電線の下に施設すること。

ロ 低圧架空電線と高圧架空電線は，**別個の腕金類**に施設すること。

ハ 低圧架空電線と高圧架空電線との離隔距離は，**0.5 m**以上であること。ただし，かど柱，分岐柱等で混触のおそれがないように施設する場合は，この限りでない。

二 高圧架空電線にケーブルを使用するとともに，高圧架空電線と低圧架空電線との離隔距離を**0.3 m**以上とすること。

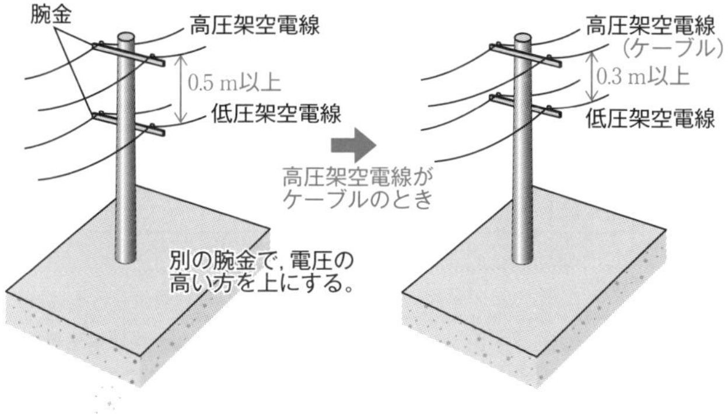

② 低高圧架空電線と架空弱電流線等との共架

〈電気設備の技術基準の解釈第81条〉

低圧架空電線又は高圧架空電線と架空弱電流電線等とを同一支持物に施設する場合は，次の各号により施設すること。ただし，架空弱電流電線等が電力保安通信線である場合は，この限りでない。

一 電線路の支持物として使用する木柱の風圧荷重に対する安全率は，2.0以上であること。

二 架空電線を架空弱電流電線等の上とし，別個の腕金類に施設すること。ただし，架空弱電流電線路等の管理者の承諾を得た場合において，低圧架空電線に高圧絶縁電線，特別高圧絶縁電線又はケーブルを使用するときは，この限りでない。

三　架空電線と架空弱電流電線等との離隔距離は，81－1表に規定する値以上であること。ただし，架空電線路の管理者と架空弱電流電線路等の管理者が同じ者である場合において，当該架空電線に有線テレビジョン用給電兼用同軸ケーブルを使用するときは，この限りでない。

81－1表

<table>
<tr><th colspan="2" rowspan="3">架空電線の種類</th><th colspan="5">架空弱電流電線等の種類</th></tr>
<tr><th colspan="3">架空弱電流電線路等の管理者の承諾を得た場合</th><th colspan="2">その他の場合</th></tr>
<tr><th>添架通信用第1種ケーブル，添架通信用第2種ケーブル又は光ファイバケーブル</th><th>絶縁電線と同等以上の絶縁効力のあるもの又は通信用ケーブル</th><th>その他</th><th>絶縁電線と同等以上の絶縁効力のあるもの又は通信用ケーブル</th><th>その他</th></tr>
<tr><td rowspan="3">低圧架空電線</td><td>高圧絶縁電線，特別高圧絶縁電線又はケーブル</td><td rowspan="2">0.3 m</td><td>0.3 m</td><td rowspan="3">0.6 m</td><td>0.3 m</td><td rowspan="3">0.75 m</td></tr>
<tr><td>低圧絶縁電線</td><td rowspan="2">0.6 m</td><td rowspan="2">0.75 m</td></tr>
<tr><td>その他</td><td>0.6 m</td></tr>
<tr><td rowspan="2">高圧架空電線</td><td>ケーブル</td><td>0.3 m</td><td>0.5 m</td><td rowspan="2">1 m</td><td>0.5 m</td><td rowspan="2">1.5 m</td></tr>
<tr><td>その他</td><td>0.6 m</td><td>1 m</td><td>1.5 m</td></tr>
</table>

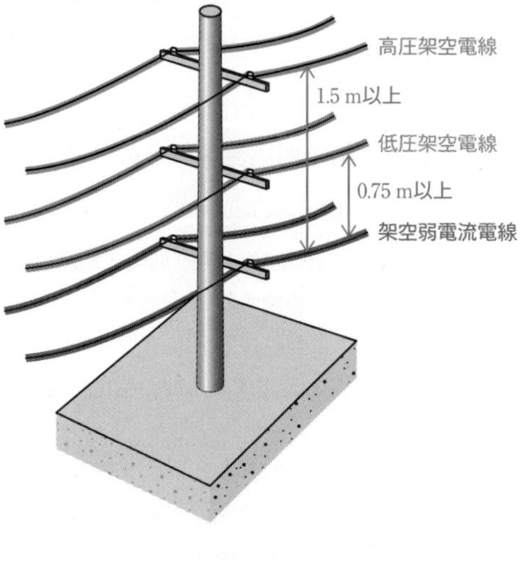

(4) 同一支持物に施設されていない架空電線等の離隔

① 低高圧架空電線等と他の低高圧架空電線路との接近又は高差

〈電気設備の技術基準の解釈第74条第1項〉

低圧架空電線又は高圧架空電線が，他の低圧架空電線路又は高圧架空電線路と接近又は交差する場合における，相互の離隔距離は，74－1表に規定する値以上であること。

74－1表

<table>
<tr><th colspan="2" rowspan="2">架空電線の種類</th><th colspan="2">他の低圧架空電線</th><th colspan="2">他の高圧架空電線</th><th rowspan="2">他の低圧架空電線路又は高圧架空電線路の支持物</th></tr>
<tr><th>高圧絶縁電線，特別高圧絶縁電線又はケーブル</th><th>その他</th><th>ケーブル</th><th>その他</th></tr>
<tr><td rowspan="2">低圧架空電線</td><td>高圧絶縁電線，特別高圧絶縁電線又はケーブル</td><td colspan="2">0.3 m</td><td rowspan="2">0.4 m</td><td rowspan="2">0.8 m</td><td rowspan="2">0.3 m</td></tr>
<tr><td>その他</td><td>0.3 m</td><td>0.6 m</td></tr>
<tr><td rowspan="2">高圧架空電線</td><td>ケーブル</td><td colspan="2">0.4 m</td><td colspan="2">0.4 m</td><td>0.3 m</td></tr>
<tr><td>その他</td><td colspan="2">0.8 m</td><td>0.4 m</td><td>0.8 m</td><td>0.6 m</td></tr>
</table>

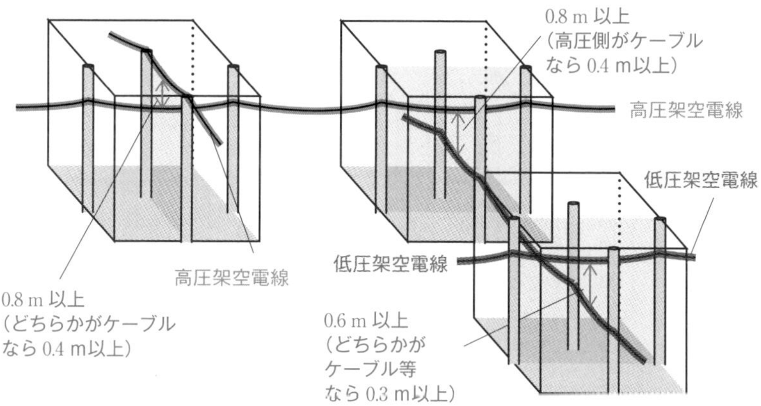

② 低高圧架空電線等と架空弱電流電線路等との接近又は交差

〈電気設備の技術基準の解釈第76条第１項〉

低圧架空電線又は高圧架空電線が，架空弱電流電線路等と接近又は交差する場合における，相互の離隔距離は，76－1表に規定する値以上であること。

76－1表

架空電線の種類		架空弱電流電線等		架空弱電流電線路等の支持物
		架空弱電流電線路等の管理者の承諾を得た場合において，架空弱電流電線等が絶縁電線と同等以上の絶縁効力のあるもの又は通信用ケーブルであるとき	その他の場合	
低圧架空電線	高圧絶縁電線，特別高圧絶縁電線又はケーブル	0.15 m	0.3 m	0.3 m
	その他	0.3 m	0.6 m	
高圧架空電線	ケーブル	0.4 m		0.3 m
	その他	0.8 m		0.6 m

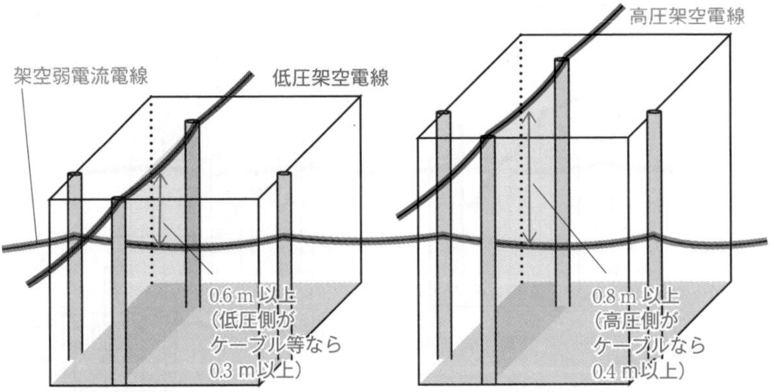

(5) 高圧保安工事

〈電気設備の技術基準の解釈第70条第２項〉

2　高圧架空電線路の電線の断線，支持物の倒壊等による危険を防止するため必要な場合に行う，高圧保安工事は，次の各号によること。

一　電線はケーブルである場合を除き，引張強さ8.01 kN以上のもの又は直径5 mm以上の硬銅線であること。

二　木柱の風圧荷重に対する安全率は，2.0以上であること。

三　径間は，70－2表によること。ただし，電線に引張強さ14.51 kN以上のもの又は断面積38 mm^{2}以上の硬銅より線を使用する場合であって，支持物にB種鉄筋コンクリート柱，B種鉄柱又は鉄塔を使用するときは，この限りでない。

70－2表

支持物の種類	径間
木柱，A種鉄筋コンクリート柱又はA種鉄柱	100 m以下
B種鉄筋コンクリート柱又はB種鉄柱	150 m以下
鉄塔	400 m以下

POINT 11　電線による他の工作物等への危険の防止

(1)　電線による他の工作物等への危険の防止

〈電気設備に関する技術基準を定める省令第29条〉

電線路の電線又は電車線等は，他の工作物又は植物と接近し，又は交さする場合には，他の工作物又は植物を損傷するおそれがなく，かつ，接触，断線等によって生じる感電又は火災のおそれがないように施設しなければならない。

(2)　低高圧架空電線と建造物との接近

〈電気設備の技術基準の解釈第71条（抜粋）〉

1　低圧架空電線又は高圧架空電線が，建造物と接近状態に施設される場合は，次の各号によること。

一　高圧架空電線路は，高圧保安工事により施設すること。

二　低圧架空電線又は高圧架空電線と建造物の造営材との離隔距離は，71－1表に規定する値以上であること。

71－1表

架空電線の種類	区分	離隔距離
ケーブル	上部造営材の上方	1 m
	その他	0.4 m
高圧絶縁電線又は特別高圧絶縁電線を使用する，低圧架空電線	上部造営材の上方	1 m
	その他	0.4 m
その他	上部造営材の上方	2 m
	人が建造物の外へ手を伸ばす又は身を乗り出すことなどができない部分	0.8 m
	その他	1.2 m

2　低圧架空電線又は高圧架空電線が，建造物の下方に接近して施設される場合は，低圧架空電線又は高圧架空電線と建造物との離隔距離は，71－2表に規定する値以上とするとともに，危険のおそれがないように施設すること。

71－2表

使用電圧の区分	電線の種類	離隔距離
低圧	高圧絶縁電線，特別高圧絶縁電線又はケーブル	0.3 m
	その他	0.6 m
高圧	ケーブル	0.4 m
	その他	0.8 m

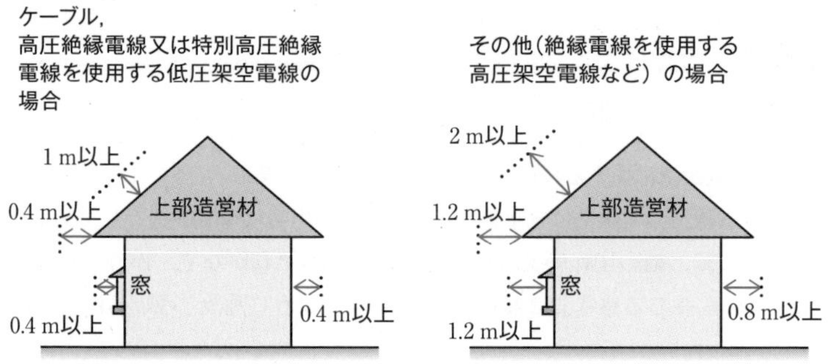

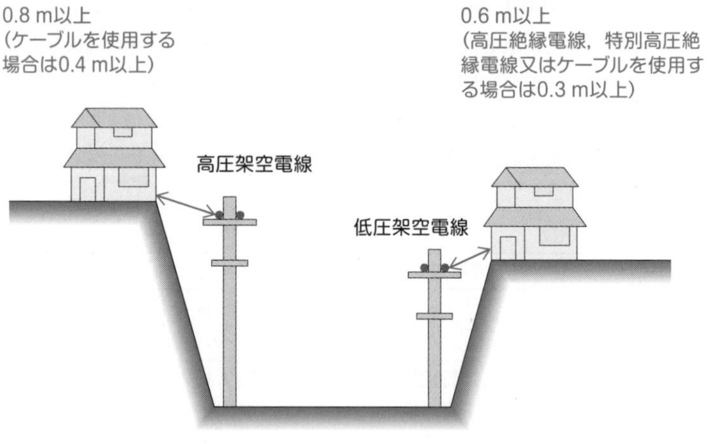

POINT 12 地中電線等による他の電線及び工作物への危険の防止

(1) 地中電線等による他の電線及び工作物への危険の防止

〈電気設備に関する技術基準を定める省令第30条〉

地中電線，屋側電線及びトンネル内電線その他の工作物に固定して施設する電線は，他の電線，弱電流電線等又は管（他の電線等という。以下この条において同じ。）と接近し，又は交さする場合には，故障時のアーク放電により他の電線等を損傷するおそれがないように施設しなければならない。ただし，感電又は火災のおそれがない場合であって，他の電線等の管理者の承諾を得た場合は，この限りでない。

(2) 地中電線と他の地中電線との接近又は交差

〈電気設備の技術基準の解釈第125条第1項〉

1 低圧地中電線と高圧地中電線とが接近又は交差する場合，又は低圧若しくは高圧の地中電線と特別高圧地中電線とが接近又は交差する場合は，次の各号のいずれかによること。ただし，地中箱内についてはこの限りでない。

一 低圧地中電線と高圧地中電線との離隔距離が，0.15 m以上であること。

二 低圧又は高圧の地中電線と特別高圧地中電線との離隔距離が，0.3 m以上であること。

三 暗きょ内に施設し，地中電線相互の離隔距離が，0.1 m以上であること（第120条第3項第二号イに規定する耐燃措置を施した使用電圧が170,000 V未満の地中電線の場合に限る。）。

四 地中電線相互の間に堅ろうな耐火性の隔壁を設けること。

五 いずれかの地中電線が，次のいずれかに該当するものである場合は，地中電線相互の離隔距離が，0 m以上であること。

イ 不燃性の被覆を有すること。

ロ 堅ろうな不燃性の管に収められていること。

六 それぞれの地中電線が，次のいずれかに該当するものである場合は，地中電線相互の離隔距離が，0 m以上であること。

イ 自消性のある難燃性の被覆を有すること。

ロ 堅ろうな自消性のある難燃性の管に収められていること。

POINT 13　異常電圧による架空電線等への障害の防止

〈電気設備に関する技術基準を定める省令第31条〉

1　特別高圧の架空電線と低圧又は高圧の架空電線又は電車線を同一支持物に施設する場合は，異常時の高電圧の侵入により低圧側又は高圧側の電気設備に障害を与えないよう，接地その他の適切な措置を講じなければならない。

2　特別高圧架空電線路の電線の上方において，その支持物に低圧の電気機械器具を施設する場合は，異常時の高電圧の侵入により低圧側の電気設備へ障害を与えないよう，接地その他の適切な措置を講じなければならない。

POINT 14　支持物の倒壊の防止

〈電気設備に関する技術基準を定める省令第32条〉

1　架空電線路又は架空電車線路の支持物の材料及び構造（支線を施設する場合は，当該支線に係るものを含む。）は，その支持物が支持する電線等による引張荷重，10分間平均で風速40 m/sの風圧荷重及び当該設置場所において通常想定される地理的条件，気象の変化，振動，衝撃その他の外部環境の影響を考慮し，倒壊のおそれがないよう，安全なものでなければならない。ただし，人家が多く連なっている場所に施設する架空電線路にあっては，その施設場所を考慮して施設する場合は，10分間平均で風速40 m/sの風圧荷重の２分の１の風圧荷重を考慮して施設することができる。

2　架空電線路の支持物は，構造上安全なものとすること等により連鎖的に倒壊のおそれがないように施設しなければならない。

POINT 15　ガス絶縁機器等の危険の防止

〈電気設備に関する技術基準を定める省令第33条〉

発電所又は変電所，開閉所若しくはこれらに準ずる場所に施設するガス絶縁機器（充電部分が圧縮絶縁ガスにより絶縁された電気機械器具をいう。以下同じ。）及び開閉器又は遮断器に使用する圧縮空気装置は，次の各号により施設しなければならない。

一　圧力を受ける部分の材料及び構造は，最高使用圧力に対して十分に耐え，かつ，安全なものであること。

二　圧縮空気装置の空気タンクは，耐食性を有すること。

三　圧力が上昇する場合において，当該圧力が最高使用圧力に到達する以前に当該圧力を低下させる機能を有すること。

四　圧縮空気装置は，主空気タンクの圧力が低下した場合に圧力を自動的に回復させる機能を有すること。

五　異常な圧力を早期に検知できる機能を有すること。

六　ガス絶縁機器に使用する絶縁ガスは，可燃性，腐食性及び有毒性のないものであること。

POINT 16　加圧装置の施設

〈電気設備に関する技術基準を定める省令第34条〉

圧縮ガスを使用してケーブルに圧力を加える装置は，次の各号により施設しなければならない。

一　圧力を受ける部分は，最高使用圧力に対して十分に耐え，かつ，安全なものであること。

二　自動的に圧縮ガスを供給する加圧装置であって，故障により圧力が著しく上昇するおそれがあるものは，上昇した圧力に耐える材料及び構造であるとともに，圧力が上昇する場合において，当該圧力が最高使用圧力に到達する以前に当該圧力を低下させる機能を有すること。

三　圧縮ガスは，可燃性，腐食性及び有毒性のないものであること。

POINT 17　水素冷却式発電機等の施設

〈電気設備に関する技術基準を定める省令第35条〉

水素冷却式の発電機若しくは調相設備又はこれに附属する水素冷却装置は，次の各号により施設しなければならない。

一　構造は，水素の漏洩又は空気の混入のおそれがないものであること。

二　発電機，調相設備，水素を通ずる管，弁等は，水素が大気圧で爆発する場合に生じる圧力に耐える強度を有するものであること。

三　発電機の軸封部から水素が漏洩したときに，漏洩を停止させ，又は漏洩した水素を安全に外部に放出できるものであること。

四　発電機内又は調相設備内への水素の導入及び発電機内又は調相設備内からの水素の外部への放出が安全にできるものであること。

五　異常を早期に検知し，警報する機能を有すること。

POINT 18 油入開閉器等の施設制限

〈電気設備に関する技術基準を定める省令第36条〉

絶縁油を使用する開閉器，断路器及び遮断器は，架空電線路の支持物に施設してはならない。

POINT 19 屋内電線路等の施設の禁止

〈電気設備に関する技術基準を定める省令第37条〉

屋内を貫通して施設する電線路，屋側に施設する電線路，屋上に施設する電線路又は地上に施設する電線路は，当該電線路より電気の供給を受ける者以外の者の構内に施設してはならない。ただし，特別の事情があり，かつ，当該電線路を施設する造営物（地上に施設する電線路にあっては，その土地。）の所有者又は占有者の承諾を得た場合は，この限りでない。

POINT 20 連接引込線の禁止

〈電気設備に関する技術基準を定める省令第38条〉

高圧又は特別高圧の連接引込線は，施設してはならない。ただし，特別の事情があり，かつ，当該電線路を施設する造営物の所有者又は占有者の承諾を得た場合は，この限りでない。

POINT 21 電線路のがけへの施設の禁止

〈電気設備に関する技術基準を定める省令第39条〉

電線路は，がけに施設してはならない。ただし，その電線が建造物の上に施設する場合，道路，鉄道，軌道，索道，架空弱電流電線等，架空電線又は電車線と交さして施設する場合及び水平距離でこれらのもの（道路を除く。）と接近して施設する場合以外の場合であって，特別の事情がある場合は，この限りでない。

POINT 22 特別高圧架空電線路の市街地等における施設の禁止

〈電気設備に関する技術基準を定める省令第40条〉

特別高圧の架空電線路は，その電線がケーブルである場合を除き，市街地その他人家の密集する地域に施設してはならない。ただし，断線又は倒壊による当該地域への危険のおそれがないように施設するとともに，その他の絶縁性，電線の強度等に係る保安上十分な措置を講ずる場合は，この限りでない。

POINT 23 市街地に施設する電力保安通信線の特別高圧電線に添架する電力保安通信線との接続の禁止

〈電気設備に関する技術基準を定める省令第41条〉

市街地に施設する電力保安通信線は，特別高圧の電線路の支持物に添架された電力保安通信線と接続してはならない。ただし，誘導電圧による感電のおそれがないよう，保安装置の施設その他の適切な措置を講ずる場合は，この限りでない。

POINT 24 通信障害の防止

〈電気設備に関する技術基準を定める省令第42条〉

1　電線路又は電車線路は，無線設備の機能に継続的かつ重大な障害を及ぼす電波を発生するおそれがないように施設しなければならない。

2　電線路又は電車線路は，弱電流電線路に対し，誘導作用により通信上の障害を及ぼさないように施設しなければならない。ただし，弱電流電線路の管理者の承諾を得た場合は，この限りでない。

POINT 25 発変電設備等の損傷による供給支障の防止

(1) 発変電設備等の損傷による供給支障の防止

〈電気設備に関する技術基準を定める省令第44条〉

1　発電機，燃料電池又は常用電源として用いる蓄電池には，当該電気機械器具を著しく損壊するおそれがあり，又は一般送配電事業に係る電気の供給に著しい支障を及ぼすおそれがある異常が当該電気機械器具に生じた場合に自動的にこれを電路から遮断する装置を施設しなければならない。

2　特別高圧の変圧器又は調相設備には，当該電気機械器具を著しく損壊するおそれがあり，又は一般送配電事業に係る電気の供給に著しい支障を及ぼすおそれがある異常が当該電気機械器具に生じた場合に自動的にこれを電路から遮断する装置の施設その他の適切な措置を講じなければならない。

(2)　発電機の保護装置

〈電気設備の技術基準の解釈第42条〉

発電機には，次の各号に掲げる場合に，発電機を自動的に電路から遮断する装置を施設すること。

一　発電機に過電流を生じた場合

二　容量が500 kVA以上の発電機を駆動する水車の圧油装置の油圧又は電動式ガイドベーン制御装置，電動式ニードル制御装置若しくは電動式デフレクタ制御装置の電源電圧が著しく低下した場合

三　容量が100 kVA以上の発電機を駆動する風車の圧油装置の油圧，圧縮空気装置の空気圧又は電動式ブレード制御装置の電源電圧が著しく低下した場合

四　容量が2,000 kVA以上の水車発電機のスラスト軸受の温度が著しく上昇した場合

五　容量が10,000 kVA以上の発電機の内部に故障を生じた場合

六　定格出力が10,000 kWを超える蒸気タービンにあっては，そのスラスト軸受が著しく摩耗し，又はその温度が著しく上昇した場合

(3)　燃料電池等の施設

〈電気設備の技術基準の解釈第45条（抜粋）〉

燃料電池発電所に施設する燃料電池，電線及び開閉器その他器具は，次の各号によること。

一　燃料電池には，次に掲げる場合に燃料電池を自動的に電路から遮断し，また，燃料電池内の燃料ガスの供給を自動的に遮断するとともに，燃料電池内の燃料ガスを自動的に排除する装置を施設すること。ただし，発電用火力設備に関する技術基準を定める省令（平成９年通商産業省令第51号）第35条ただし書きに規定する構造を有する燃料電池設備については，燃料電池内の燃料ガスを自動的に排除する装置を施設することを要しない。

イ　燃料電池に過電流が生じた場合

ロ　発電要素の発電電圧に異常低下が生じた場合，又は燃料ガス出口における酸素濃度若しくは空気出口における燃料ガス濃度が著しく上昇した場合

ハ　燃料電池の温度が著しく上昇した場合

(4)　蓄電池の保護装置

〈電気設備の技術基準の解釈第44条〉

発電所又は変電所若しくはこれに準ずる場所に施設する蓄電池（常用電源の停電時又は電圧低下発生時の非常用予備電源として用いるものを除く。）には，次の各号に掲げる場合に，自動的にこれを電路から遮断する装置を施設すること。

一　蓄電池に過電圧が生じた場合

二　蓄電池に過電流が生じた場合

三　制御装置に異常が生じた場合

四　内部温度が高温のものにあっては，断熱容器の内部温度が著しく上昇した場合

POINT 26　発電機等の機械的強度

〈電気設備に関する技術基準を定める省令第45条（抜粋）〉

1　発電機，変圧器，調相設備並びに母線及びこれを支持するがいしは，短絡電流により生ずる機械的衝撃に耐えるものでなければならない。

2　水車又は風車に接続する発電機の回転する部分は，負荷を遮断した場合に起こる速度に対し，蒸気タービン，ガスタービン又は内燃機関に接続する発電機の回転する部分は，非常調速装置及びその他の非常停止装置が動作して達する速度に対し，耐えるものでなければならない。

POINT 27　常時監視をしない発電所等の施設

(1)　常時監視をしない発電所等の施設

〈電気設備に関する技術基準を定める省令第46条〉

1　異常が生じた場合に人体に危害を及ぼし，若しくは物件に損傷を与えるおそれがないよう，異常の状態に応じた制御が必要となる発電所，又は一般送配電事業に係る電気の供給に著しい支障を及ぼすおそれがないよう，異常を早期に発見する必要のある発電所であって，発電所の運転に必要な知識及び技能を有する者が当該発電所又はこれと同一の構内において常時監視をしないものは，施設してはならない。ただし，発電所の運転に必要な知識及び技能を有する者による当該発電所又はこれと同一の構内における常時監視と同等な監視を確実に行う発電所であって，異常が生じた場合に安全かつ確実に停止することができる措置を講じている場合は，この限りでない。

2　前項に掲げる発電所以外の発電所又は変電所（これに準ずる場所であって，100,000 Vを超える特別高圧の電気を変成するためのものを含む。以下この条において同じ。）であって，発電所又は変電所の運転に必要な知識及び技能を有する者が当該発電所若しくはこれと同一の構内又は変電所において常時監視をしない発電所又は変電所は，非常用予備電源を除き，異常が生じた場合に安全かつ確実に停止することができるような措置を講じなければならない。

(2)　常時監視をしない発電所の施設

〈電気設備の技術基準の解釈第47条の2第1項（抜粋）〉

技術員が当該発電所又はこれと同一の構内において常時監視をしない発電所は，次の各号によること。

二　第3項から第6項まで，第8項，第9項及び第11項の規定における「随時巡回方式」は，次に適合するものであること。

イ　技術員が，適当な間隔をおいて発電所を巡回し，運転状態の監視を行うものであること。

三　第3項から第10項までの規定における「随時監視制御方式」は，次に適合するものであること。

イ　技術員が，必要に応じて発電所に出向き，運転状態の監視又は制御その他必要な措置を行うものであること。

四　第3項から第9項までの規定における「遠隔常時監視制御方式」は，次に適合するものであること。

イ　技術員が，制御所に常時駐在し，発電所の運転状態の監視及び制御を遠隔で行うものであること。

POINT 28　地中電線路の保護

(1)　地中電線路の保護

〈電気設備に関する技術基準を定める省令第47条〉

1　地中電線路は，車両その他の重量物による圧力に耐え，かつ，当該地中電線路を埋設している旨の表示等により掘削工事からの影響を受けないように施設しなければならない。

2　地中電線路のうちその内部で作業が可能なものには，防火措置を講じなければならない。

(2) 地中電線路の施設

〈電気設備の技術基準の解釈第120条（抜粋）〉

1 地中電線路は，電線にケーブルを使用し，かつ，管路式，暗きょ式又は直接埋設式により施設すること。

2 地中電線路を管路式により施設する場合は，次の各号によること。

一 電線を収める管は，これに加わる車両その他の重量物の圧力に耐えるものであること。

二 高圧又は特別高圧の地中電線路には，次により表示を施すこと。ただし，需要場所に施設する高圧地中電線路であって，その長さが15 m以下のものにあってはこの限りでない。

イ 物件の名称，管理者名及び電圧（需要場所に施設する場合にあっては，物件の名称及び管理者名を除く。）を表示すること。

ロ おおむね2 mの間隔で表示すること。ただし，他人が立ち入らない場所又は当該電線路の位置が十分に認知できる場合は，この限りでない。

3 地中電線路を暗きょ式により施設する場合は，次の各号によること。

一 暗きょは，車両その他の重量物の圧力に耐えるものであること。

二 次のいずれかにより，防火措置を施すこと。

イ 次のいずれかにより，地中電線に耐燃措置を施すこと。

ロ 暗きょ内に自動消火設備を施設すること。

4 地中電線路を直接埋設式により施設する場合は，次の各号によること。

一 地中電線の埋設深さは，車両その他の重量物の圧力を受けるおそれがある場所においては1.2 m以上，その他の場所においては0.6 m以上であること。ただし，使用するケーブルの種類，施設条件等を考慮し，これに加わる圧力に耐えるよう施設する場合はこの限りでない。

二 地中電線を衝撃から防護するため，次のいずれかにより施設すること。

イ 地中電線を，堅ろうなトラフその他の防護物に収めること。

三 第2項第二号の規定に準じ，表示を施すこと。

POINT 29 特別高圧架空電線路の供給支障の防止

〈電気設備に関する技術基準を定める省令第48条〉

1　使用電圧が170,000 V以上の特別高圧架空電線路は，市街地その他人家の密集する地域に施設してはならない。ただし，当該地域からの火災による当該電線路の損壊によって一般送配電事業に係る電気の供給に著しい支障を及ぼすおそれがないように施設する場合は，この限りでない。

2　使用電圧が170,000 V以上の特別高圧架空電線と建造物との水平距離は，当該建造物からの火災による当該電線の損壊等によって一般送配電事業に係る電気の供給に著しい支障を及ぼすおそれがないよう，3 m以上としなければならない。

3　使用電圧が170,000 V以上の特別高圧架空電線が，建造物，道路，歩道橋その他の工作物の下方に施設されるときの相互の水平離隔距離は，当該工作物の倒壊等による当該電線の損壊によって一般送配電事業に係る電気の供給に著しい支障を及ぼすおそれがないよう，3 m以上としなければならない。

POINT 30 高圧及び特別高圧の電路の避雷器等の施設

(1)　高圧及び特別高圧の電路の避雷器等の施設

〈電気設備に関する技術基準を定める省令第49条〉

雷電圧による電路に施設する電気設備の損壊を防止できるよう，当該電路中次の各号に掲げる箇所又はこれに近接する箇所には，避雷器の施設その他の適切な措置を講じなければならない。ただし，雷電圧による当該電気設備の損壊のおそれがない場合は，この限りでない。

一　発電所又は変電所若しくはこれに準ずる場所の架空電線引込口及び引出口

二　架空電線路に接続する配電用変圧器であって，過電流遮断器の設置等の保安上の保護対策が施されているものの高圧側及び特別高圧側

三　高圧又は特別高圧の架空電線路から供給を受ける需要場所の引込口

(2) 避雷器等の施設の具体的内容

〈電気設備の技術基準の解釈第37条（抜粋）〉

1　高圧及び特別高圧の電路中，次の各号に掲げる箇所又はこれに近接する箇所には，避雷器を施設すること。

一　発電所又は変電所若しくはこれに準ずる場所の架空電線の引込口（需要場所の引込口を除く。）及び引出口

二　架空電線路に接続する，第26条に規定する配電用変圧器の高圧側及び特別高圧側

三　高圧架空電線路から電気の供給を受ける受電電力が500 kW以上の需要場所の引込口

四　特別高圧架空電線路から電気の供給を受ける需要場所の引込口

3　高圧及び特別高圧の電路に施設する避雷器には，A種接地工事を施すこと。

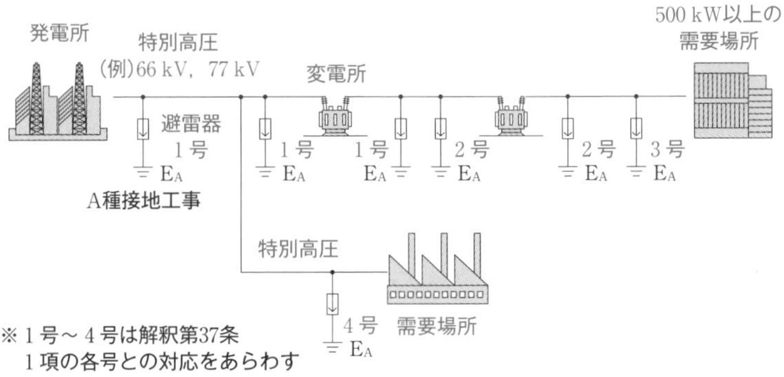

POINT31 電力保安通信設備の施設

〈電気設備に関する技術基準を定める省令第50条〉

1　発電所，変電所，開閉所，給電所（電力系統の運用に関する指令を行う所をいう。），技術員駐在所その他の箇所であって，一般送配電事業に係る電気の供給に対する著しい支障を防ぎ，かつ，保安を確保するために必要なものの相互間には，電力保安通信用電話設備を施設しなければならない。

2　電力保安通信線は，機械的衝撃，火災等により通信の機能を損なうおそれがないように施設しなければならない。

POINT 32 災害時における通信の確保

〈電気設備に関する技術基準を定める省令第51条〉

電力保安通信設備に使用する無線通信用アンテナ又は反射板（以下この条において「無線用アンテナ等」という。）を施設する支持物の材料及び構造は，10分間平均で風速40 m/sの風圧荷重を考慮し，倒壊により通信の機能を損なうおそれがないように施設しなければならない。ただし，電線路の周囲の状態を監視する目的で施設する無線用アンテナ等を架空電線路の支持物に施設するときは，この限りでない。

POINT 33 電気鉄道に電気を供給するための電気設備の施設

〈電気設備に関する技術基準を定める省令第52条〉

1　直流の電車線路の使用電圧は，低圧又は高圧としなければならない。

2　交流の電車線路の使用電圧は，25000 V以下としなければならない。

3　電車線路は，電気鉄道の専用敷地内に施設しなければならない。ただし，感電のおそれがない場合は，この限りでない。

4　前項の専用敷地は，電車線路が，サードレール式である場合等人がその敷地内に立ち入った場合に感電のおそれがあるものである場合には，高架鉄道等人が容易に立ち入らないものでなければならない。

〈電気設備に関する技術基準を定める省令第53条〉

1　第20条，第21条第1項，第25条第1項，第26条第2項，第28条，第29条，第32条，第36条，第38条及び第41条の規定は，架空絶縁帰線に準用する。

2　第6条，第7条，第10条，第11条，第25条，第26条，第28条，第29条，第32条第1項及び第42条第2項の規定は，架空で施設する排流線に準用する。

〈電気設備に関する技術基準を定める省令第54条〉

直流帰線は，漏れ電流によって生じる電食作用による障害のおそれがないように施設しなければならない。

〈電気設備に関する技術基準を定める省令第55条〉

交流式電気鉄道は，その単相負荷による電圧不平衡により，交流式電気鉄道の変電所の変圧器に接続する電気事業の用に供する発電機，調相設備，変圧器その他の電気機械器具に障害を及ぼさないように施設しなければならない。

確認問題

1 次の文章は「電気設備技術基準」における架空電線及び地中電線の感電の防止及び低圧電線路の絶縁性能に関する記述である。(ア)～(カ)にあてはまる語句を解答群から選択して答えよ。ただし，同じ解答を選択してよい。

P.101・102 POINT 2 3

a　低圧又は高圧の［(ア)］には，感電のおそれがないよう，使用電圧に応じた絶縁性能を有する［(イ)］又は［(ウ)］を使用しなければならない。ただし，通常予見される使用形態を考慮し，感電のおそれがない場合は，この限りでない。

b　［(エ)］には，感電のおそれがないよう，使用電圧に応じた絶縁性能を有する［(オ)］を使用しなければならない。

c　低圧電線路中絶縁部分の電線と大地との間及び電線の線心相互間の絶縁抵抗は，使用電圧に対する漏えい電流が最大供給電流の［(カ)］分の1を超えないようにしなければならない。

【解答群】

(1) 架空電線	(2) 絶縁電線	(3) 地中電線	(4) 架空地線
(5) 移動電線	(6) 150	(7) 特殊電線	(8) 1000
(9) 2000	(10) ケーブル	(11) 400	(12) 裸電線

---

2 次の文章は「電気設備技術基準の解釈」における低高圧架空電線路に使用する電線に関する記述の一部である。(ア)～(エ)にあてはまる語句を解答群から選択して答えよ。

P.101 POINT 2

低圧架空電線路又は高圧架空電線路に使用する電線は，次の各号によること。

一　電線の種類は，使用電圧に応じ下表に規定するものであること。ただし，次のいずれかに該当する場合は，［(ア)］を使用することができる。

イ　［(イ)］架空電線を，B種接地工事の施された中性線又は接地側電

線として施設する場合

ロ （ウ） 架空電線を，海峡横断箇所，河川横断箇所，山岳地の傾斜が急な箇所又は谷越え箇所であって，人が容易に立ち入るおそれがない場所に施設する場合

使用電圧の区分		電線の種類
（イ）	（エ） V以下	絶縁電線，多心型電線又はケーブル
	（エ） V超過	絶縁電線（引込用ビニル絶縁電線及び引込用ポリエチレン絶縁電線を除く。）又はケーブル
（ウ）		高圧絶縁電線，特別高圧絶縁電線又はケーブル

【解答群】

(1) 低圧　(2) 450　(3) 絶縁電線　(4) 低圧又は高圧
(5) 300　(6) 高圧　(7) 150　(8) 高圧又は特別高圧
(9) 鋼線　(10) ケーブル　(11) 特別高圧　(12) 裸電線

---

❸ 次の文章は「電気設備技術基準」における発電所等への取扱者以外の者の立入の防止に関する記述である。（ア）～（エ）にあてはまる語句を解答群から選択して答えよ。

P.102 POINT 4

a （ア） の電気機械器具，母線等を施設する発電所又は変電所，開閉所若しくはこれらに準ずる場所には，取扱者以外の者に電気機械器具，母線等が （イ） である旨を表示するとともに，当該者が容易に （ウ） に立ち入るおそれがないように適切な措置を講じなければならない。

b 地中電線路に施設する （エ） は，取扱者以外の者が容易に立ち入るおそれがないように施設しなければならない。

【解答群】

(1) 電線路	(2) 高圧又は特別高圧	(3) 構内
(4) 高電圧	(5) 立入禁止	(6) 低圧
(7) 簡易接触防護措置	(8) 特別高圧	(9) 危険
(10) 地中箱	(11) 高圧	(12) 区画内

---

4 次の文章は「電気設備技術基準の解釈」における発電所等への取扱者以外の者の立入の防止に関する記述である。（ア）～（オ）にあてはまる語句を解答群から選択して答えよ。

P.102 POINT 4

高圧又は特別高圧の機械器具及び母線等（以下，「機械器具等」という。）を屋外に施設する発電所又は変電所，開閉所若しくはこれらに準ずる場所は，次の各号により構内に取扱者以外の者が立ち入らないような措置を講じること。ただし，土地の状況により人が立ち入るおそれがない箇所については，この限りでない。

a　さく，へい等を設けること。

b　（ア）の機械器具等を施設する場合は，前号のさく，へい等の高さと，さく，へい等から充電部分までの距離との和は，下表に規定する値以上とすること。

充電部分の使用電圧の区分	さく，へい等の高さと，さく，へい等から充電部分までの距離との和
（イ）V以下	（ウ）m
（イ）Vを超え160,000 V以下	（エ）m
160,000V超過	$(6 + c)$ m

（備考）cは，使用電圧と160,000 Vの差を10,000 Vで除した値（小数点以下を切り上げる。）に0.12を乗じたもの

c　出入口に（オ）を施設する等，取扱者以外の者の出入りを制限する措置を講じること。

【解答群】

⑴ 超高圧	⑵ 4	⑶ 7000	⑷ 高圧又は特別高圧
⑸ 認証機器	⑹ 35000	⑺ 施錠装置	⑻ 5
⑼ 60000	⑽ 特別高圧	⑾ 6	⑿ 看板

---

5 次の文章は「電気設備技術基準」及び「電気設備技術基準の解釈」における架空電線路の支持物の昇塔防止に関する記述である。（ア）～（ウ）にあてはまる語句を解答群から選択して答えよ。 P.104 POINT 5

a　架空電線路の［（ア）］には，感電のおそれがないよう，取扱者以外の者が容易に昇塔できないように適切な措置を講じなければならない。

b　架空電線路の［（ア）］に取扱者が昇降に使用する［（イ）］等を施設する場合は，地表上［（ウ）］m以上に施設すること。ただし，次の各号のいずれかに該当する場合はこの限りでない。

一　［（イ）］等が内部に格納できる構造である場合

二　［（ア）］に昇塔防止のための装置を施設する場合

三　［（ア）］の周囲に取扱者以外の者が立ち入らないように，さく，へい等を施設する場合

四　［（ア）］を山地等であって人が容易に立ち入るおそれがない場所に施設する場合

【解答群】

⑴ 造営物	⑵ 1.5	⑶ ラダー	⑷ 1.8
⑸ 足場金具	⑹ 支持物	⑺ 建造物	⑻ 留め金
⑼ 2.0	⑽ 昇降機	⑾ 3.0	⑿ 電気工作物

---

6 次の表は「電気設備技術基準の解釈」における低高圧架空電線の高さに関する記述である。（ア）～（オ）にあてはまる数値を答えよ。ただし，同じ数値が入る箇所もあるので注意すること。 P.104 POINT 6

低圧架空電線又は高圧架空電線の高さは，下表に規定する値以上であること。

区分		高さ
道路（車両の往来がまれであるもの及び歩行の用にのみ供される部分を除く。）を横断する場合		路面上 （ア） m
鉄道又は軌道を横断する場合		レール面上5.5 m
低圧架空電線を横断歩道橋の上に施設する場合		横断歩道橋の路面上 （イ） m
高圧架空電線を横断歩道橋の上に施設する場合		横断歩道橋の路面上3.5 m
上記以外	屋外照明用であって，絶縁電線又はケーブルを使用した対地電圧150V以下のものを交通に支障のないように施設する場合	地表上 （ウ） m
	低圧架空電線を道路以外の場所に施設する場合	地表上 （エ） m
	その他の場合	地表上 （オ） m

7 次の表は「電気設備技術基準の解釈」における低圧架空引込線等の高さに関する記述である。（ア）～（エ）にあてはまる数値を答えよ。P.104 POINT 6

電線の高さは，下表に規定する値以上であること。

区分		高さ
道路（歩行の用にのみ供される部分を除く。）を横断する場合	技術上やむを得ない場合において交通に支障のないとき	路面上 （ア） m
	その他の場合	路面上 5 m
鉄道又は軌道を横断する場合		レール面上 （イ） m
横断歩道橋の上に施設する場合		横断歩道橋の路面上 （ウ） m
上記以外の場合	技術上やむを得ない場合において交通に支障のないとき	地表上2.5 m
	その他の場合	地表上 （エ） m

8 次の文章は「電気設備技術基準」における架空電線による他人の電線等の作業者への感電の防止に関する記述である。(ア)～(エ)にあてはまる語句を解答群から選択して答えよ。

P.106 POINT 7

a　架空電線路の支持物は，他人の設置した架空電線路又は架空弱電流電線路若しくは架空光ファイバケーブル線路の電線又は弱電流電線若しくは光ファイバケーブルの間を［(ア)］施設してはならない。ただし，その他［(イ)］場合は，この限りでない。

b　架空電線は，他人の設置した架空電線路，［(ウ)］又は架空弱電流電線路若しくは架空光ファイバケーブル線路の支持物を［(エ)］施設してはならない。ただし，同一支持物に施設する場合又はその他［(イ)］場合は，この限りでない。

【解答群】

(1)　挟んで	(2)　構造上やむを得ない	(3)　電車線路
(4)　人の承諾を得た	(5)　接近又は交差して	(6)　地中電線路
(7)　貫通して	(8)　支線	
(9)　断線のおそれがない	(10)　近接して	
(11)　接続して	(12)　倒壊の危険のおそれがない	

---

9 次の文章は「電気設備技術基準」における架空電線路からの静電誘導作用又は電磁誘導作用による感電の防止に関する記述である。(ア)～(オ)にあてはまる語句を解答群から選択して答えよ。

P.107 POINT 8

a　［(ア)］の架空電線路は，通常の使用状態において，静電誘導作用により人による感知のおそれがないよう，地表上［(イ)］mにおける電界強度が［(ウ)］kV/m以下になるように施設しなければならない。ただし，田畑，山林その他の人の往来が少ない場所において，人体に危害を及ぼすおそれがないように施設する場合は，この限りでない。

b　［(ア)］の架空電線路は，電磁誘導作用により［(エ)］(［(オ)］を除く。)を通じて人体に危害を及ぼすおそれがないように施設しなければならない。

c （オ）は，架空電線路からの静電誘導作用又は電磁誘導作用により人体に危害を及ぼすおそれがないように施設しなければならない。

【解答群】

(1) 1	(2) 10	(3) ケーブル
(4) 高圧又は特別高圧	(5) 機器用電線路	(6) 2
(7) 特別高圧	(8) 3	(9) 需要場所近郊
(10) 弱電流電線路	(11) 5	(12) 電力保安通信設備

---

10 次の文章は「電気設備技術基準」における電気機械器具等からの電磁誘導作用による人の健康影響の防止に関する記述である。（ア）～（ウ）にあてはまる語句を解答群から選択して答えよ。 P.108 POINT 10

a 変圧器，開閉器その他これらに類するもの又は電線路を発電所，変電所，開閉所及び需要場所以外の場所に施設するに当たっては，通常の使用状態において，当該電気機械器具等からの電磁誘導作用により（ア）に影響を及ぼすおそれがないよう，当該電気機械器具等のそれぞれの付近において，人によって占められる空間に相当する空間の（イ）の平均値が，商用周波数において（ウ）μT以下になるように施設しなければならない。ただし，田畑，山林その他の人の往来が少ない場所において，人体に危害を及ぼすおそれがないように施設する場合は，この限りでない。

b 変電所又は開閉所は，通常の使用状態において，当該施設からの電磁誘導作用により（ア）に影響を及ぼすおそれがないよう，当該施設の付近において，人によって占められる空間に相当する空間の（イ）の平均値が，商用周波数において（ウ）μT以下になるように施設しなければならない。ただし，田畑，山林その他の人の往来が少ない場所において，人体に危害を及ぼすおそれがないように施設する場合は，この限りでない。

【解答群】

(1) 磁界の強さ	(2) 200	(3) 人の健康	(4) 電界強度
(5) 30	(6) 通信機器	(7) 100	(8) 磁束密度

---

11 次の文章は「電気設備技術基準の解釈」における電線路に係る用語の定義に関する記述である。(ア)～(ウ)にあてはまる語句を解答群から選択して答えよ。

P.108 POINT 10

a 「第1次接近状態」とは，架空電線が，他の工作物と接近する場合において，当該架空電線が他の工作物の［(ア)］又は側方において，水平距離で［(イ)］m以上，かつ，架空電線路の支持物の地表上の高さに相当する距離以内に施設されることにより，架空電線路の電線の切断，支持物の倒壊等の際に，当該電線が他の工作物に［(ウ)］するおそれがある状態である。

b 「第2次接近状態」とは，架空電線が他の工作物と接近する場合において，当該架空電線が他の工作物の［(ア)］又は側方において水平距離で［(イ)］m未満に施設される状態である。

【解答群】

(1) 接近	(2) 接触	(3) 3	(4) 下方
(5) 5	(6) 上方	(7) 損傷	(8) 通電
(9) 前方	(10) 2	(11) 感電	(12) 1

---

12 次の文章は「電気設備技術基準の解釈」における低高圧架空電線等の併架に関する記述である。(ア)～(エ)にあてはまる語句を解答群から選択して答えよ。

P.108 POINT 10

低圧架空電線と高圧架空電線とを同一支持物に施設する場合は，次の各号のいずれかによること。

a 次により施設すること。

イ 低圧架空電線を高圧架空電線の［(ア)］に施設すること。

ロ　低圧架空電線と高圧架空電線は，［（イ）］に施設すること。

ハ　低圧架空電線と高圧架空電線との離隔距離は，［（ウ）］m以上であること。ただし，かど柱，分岐柱等で混触のおそれがないように施設する場合は，この限りでない。

b　高圧架空電線にケーブルを使用するとともに，高圧架空電線と低圧架空電線との離隔距離を［（エ）］m以上とすること。

【解答群】

(1)	外側	(2)	0.5	(3)	上
(4)	0.75	(5)	0.1	(6)	同一の止め金具
(7)	1	(8)	別個の腕金類	(9)	下
(10)	0.3	(11)	異種の電線	(12)	1.5

---

⑬ 次の表は「電気設備技術基準の解釈」における低高圧架空電線と架空弱電流電線等との共架の離隔距離に関する記述の一部である。（ア）～（エ）にあてはまる数値を答えよ。 P.108 POINT 10

架空電線と架空弱電流電線等との離隔距離は，下表に規定する値以上であること。ただし，架空電線路の管理者と架空弱電流電線路等の管理者が同じ者である場合において，当該架空電線に有線テレビジョン用給電兼用同軸ケーブルを使用するときは，この限りでない。

<table>
<tr><th colspan="2" rowspan="3">架空電線の種類</th><th colspan="5">架空弱電流電線等の種類</th></tr>
<tr><th colspan="3">架空弱電流電線路等の管理者の承諾を得た場合</th><th colspan="2">その他の場合</th></tr>
<tr><th>添架通信用第1種ケーブル，添架通信用第2種ケーブル又は光ファイバケーブル</th><th>絶縁電線と同等以上の絶縁効力のあるもの又は通信用ケーブル</th><th>その他</th><th>絶縁電線と同等以上の絶縁効力のあるもの又は通信用ケーブル</th><th>その他</th></tr>
<tr><td rowspan="3">低圧架空電線</td><td>高圧絶縁電線，特別高圧絶縁電線又はケーブル</td><td rowspan="2">0.3 m</td><td>0.3 m</td><td rowspan="3">［（ア）］m</td><td>0.3 m</td><td rowspan="3">［（イ）］m</td></tr>
<tr><td>低圧絶縁電線</td><td rowspan="2">0.6 m</td><td rowspan="2">0.75 m</td></tr>
<tr><td>その他</td><td>0.6 m</td></tr>
<tr><td rowspan="2">高圧架空電線</td><td>ケーブル</td><td>0.3 m</td><td>0.5 m</td><td rowspan="2">［（ウ）］m</td><td>0.5 m</td><td rowspan="2">［（エ）］m</td></tr>
<tr><td>その他</td><td>0.6 m</td><td>1 m</td><td>1.5 m</td></tr>
</table>

⓮ 次の表は「電気設備技術基準の解釈」における低高圧架空電線と他の低高圧架空電線路との接近又は交差する場合における，相互の離隔距離に関する記述の一部である。（ア）～（エ）にあてはまる数値を答えよ。 P.108 POINT 10

低圧架空電線又は高圧架空電線が，他の低圧架空電線路又は高圧架空電線路と接近又は交差する場合における，相互の離隔距離は，下表に規定する値以上であること。

<table>
<tr><th rowspan="2" colspan="2">架空電線の種類</th><th colspan="2">他の低圧架空電線</th><th colspan="2">他の高圧架空電線</th><th rowspan="2">他の低圧架空電線路又は高圧架空電線路の支持物</th></tr>
<tr><th>高圧絶縁電線，特別高圧絶縁電線又はケーブル</th><th>その他</th><th>ケーブル</th><th>その他</th></tr>
<tr><td rowspan="2">低圧架空電線</td><td>高圧絶縁電線，特別高圧絶縁電線又はケーブル</td><td colspan="2">（ア）m</td><td rowspan="2">（ウ）m</td><td rowspan="2">（エ）m</td><td rowspan="2">0.3 m</td></tr>
<tr><td>その他</td><td>（ア）m</td><td>（イ）m</td></tr>
<tr><td rowspan="2">高圧架空電線</td><td>ケーブル</td><td colspan="2">（ウ）m</td><td colspan="2">（ウ）m</td><td>0.3 m</td></tr>
<tr><td>その他</td><td colspan="2">（エ）m</td><td>（ウ）m</td><td>（エ）m</td><td>0.6 m</td></tr>
</table>

⓯ 次の文章は「電気設備技術基準の解釈」における高圧保安工事に関する記述である。（ア）～（オ）にあてはまる語句を解答群から選択して答えよ。 P.108 POINT 10

高圧架空電線路の電線の断線，支持物の倒壊等による危険を防止するため必要な場合に行う，高圧保安工事は，次の各号によること。

一　電線はケーブルである場合を除き，引張強さ（ア）kN以上のもの又は直径（イ）mm以上の硬銅線であること。

二　木柱の風圧荷重に対する安全率は，（ウ）以上であること。

三　径間は，下表によること。ただし，電線に引張強さ14.51 kN以上のもの又は断面積38 mm^{2}以上の硬銅より線を使用する場合であって，支持物にB種鉄筋コンクリート柱，B種鉄柱又は鉄塔を使用するときは，この限りでない。

支持物の種類	径間
木柱，A種鉄筋コンクリート柱又はA種鉄柱	100 m以下
B種鉄筋コンクリート柱又はB種鉄柱	（エ）m以下
鉄塔	（オ）m以下

【解答群】

(1)	1.1	(2)	1.5	(3)	2.0	(4)	2.34
(5)	3.0	(6)	4.0	(7)	5.0	(8)	5.26
(9)	8.01	(10)	120	(11)	150	(12)	200
(13)	300	(14)	400	(15)	500	(16)	800

---

16 次の文章は「電気設備技術基準」及び「電気設備技術基準の解釈」における電線による他の工作物等への危険の防止に関する記述の一部である。(ア)～(エ)にあてはまる語句を解答群から選択して答えよ。 P.113 POINT 11

a 電線路の電線又は電車線等は，他の工作物又は (ア) と接近し，又は交さする場合には，他の工作物又は (ア) を損傷するおそれがなく，かつ，(イ)，断線等によって生じる感電又は火災のおそれがないように施設しなければならない。

b 低圧架空電線又は高圧架空電線と建造物の造営材との離隔距離は，下表に規定する値以上であること。

架空電線の種類	区分	離隔距離
ケーブル	上部造営材の上方	1 m
	その他	(ウ) m
高圧絶縁電線又は特別高圧絶縁電線を使用する，低圧架空電線	上部造営材の上方	1 m
	その他	(ウ) m
その他	上部造営材の上方	2 m
	人が建造物の外へ手を伸ばす又は身を乗り出すことなどができない部分	0.8 m
	その他	(エ) m

【解答群】

(1)	植物	(2)	0.4	(3)	1.6	(4)	漏電
(5)	0.6	(6)	構造物	(7)	接触	(8)	0.2
(9)	0.3	(10)	地絡	(11)	建築物	(12)	1.2

⑰ 次の文章は「電気設備技術基準」及び「電気設備技術基準の解釈」における地中電線等による他の電線及び工作物への危険の防止に関する記述である。(ア)～(カ)にあてはまる語句を解答群から選択して答えよ。

P.115 POINT 12

a　地中電線，屋側電線及びトンネル内電線その他の工作物に固定して施設する電線は，他の電線，弱電流電線等又は管と接近し，又は交さする場合には，故障時の［（ア）］により他の電線等を損傷するおそれがないように施設しなければならない。ただし，感電又は火災のおそれがない場合であって，他の電線等の管理者の承諾を得た場合は，この限りでない。

b　低圧地中電線と高圧地中電線とが接近又は交差する場合，又は低圧若しくは高圧の地中電線と特別高圧地中電線とが接近又は交差する場合は，次の各号のいずれかによること。ただし，地中箱内についてはこの限りでない。

1　低圧地中電線と高圧地中電線との離隔距離が，［（イ）］m以上であること。

2　低圧又は高圧の地中電線と特別高圧地中電線との離隔距離が，［（ウ）］m以上であること。

3　地中電線相互の間に堅ろうな［（エ）］の隔壁を設けること。

4　いずれかの地中電線が，次のいずれかに該当するものである場合は，地中電線相互の離隔距離が，0m以上であること。

イ　［（オ）］の被覆を有すること。

ロ　堅ろうな［（オ）］の管に収められていること。

5　それぞれの地中電線が，次のいずれかに該当するものである場合は，地中電線相互の離隔距離が，0m以上であること。

イ　［（カ）］の被覆を有すること。

ロ　堅ろうな［（カ）］の管に収められていること。

【解答群】

(1) 0.3	(2) 可燃性	(3) 0.15
(4) 自消性のある難燃性	(5) 難燃性	(6) 短絡電流
(7) 不燃性	(8) アーク放電	(9) 電磁誘導
(10) 耐火性	(11) 0.4	(12) 0.8

---

18 次の文章は「電気設備技術基準」における支持物の倒壊の防止に関する記述である。(ア) ～ (ウ) にあてはまる語句を解答群から選択して答えよ。

P.116 POINT 14

架空電線路又は架空電車線路の支持物の材料及び構造（支線を施設する場合は，当該支線に係るものを含む。）は，その支持物が支持する電線等による［（ア）］，10分間平均で風速［（イ）］m/sの風圧荷重及び当該設置場所において通常想定される地理的条件，気象の変化，振動，衝撃その他の外部環境の影響を考慮し，倒壊のおそれがないよう，安全なものでなければならない。ただし，人家が多く連なっている場所に施設する架空電線路にあっては，その施設場所を考慮して施設する場合は，10分間平均で風速［（イ）］m/sの風圧荷重の［（ウ）］の風圧荷重を考慮して施設することができる。

【解答群】

(1) 3分の1	(2) 引張荷重	(3) 60	(4) 軸荷重
(5) 25	(6) 2分の1	(7) 曲げ荷重	(8) 3分の2
(9) 40	(10) 水平荷重		

⑲ 次の文章は「電気設備技術基準」におけるガス絶縁機器等の危険の防止に関する記述である。（ア）～（オ）にあてはまる語句を解答群から選択して答えよ。

P.116 POINT 15

発電所又は変電所，開閉所若しくはこれらに準ずる場所に施設するガス絶縁機器（充電部分が圧縮絶縁ガスにより絶縁された電気機械器具をいう。以下同じ。）及び開閉器又は遮断器に使用する圧縮空気装置は，次の各号により施設しなければならない。

一　圧力を受ける部分の材料及び構造は，最高使用圧力に対して十分に耐え，かつ，安全なものであること。

二　圧縮空気装置の空気タンクは，［（ア）］を有すること。

三　圧力が上昇する場合において，当該圧力が最高使用圧力に到達する以前に当該圧力を［（イ）］させる機能を有すること。

四　圧縮空気装置は，主空気タンクの圧力が低下した場合に圧力を自動的に［（ウ）］させる機能を有すること。

五　異常な圧力を早期に［（エ）］できる機能を有すること。

六　ガス絶縁機器に使用する絶縁ガスは，可燃性，腐食性及び［（オ）］のないものであること。

【解答群】

(1) 有毒性	(2) 検知	(3) 耐食性	(4) 導電性
(5) 耐火性	(6) 十分な強度	(7) 上昇	(8) 放出
(9) 回復	(10) 絶縁性	(11) 低下	(12) 引火性

---

⑳ 次の文章は「電気設備技術基準」における屋内電線路等の施設の禁止，連接引込線の禁止及び電線路のがけへの施設の禁止に関する記述である。（ア）～（エ）にあてはまる語句を解答群から選択して答えよ。

P.118 POINT 19～21

a　屋内を貫通して施設する電線路，屋側に施設する電線路，屋上に施設する電線路又は地上に施設する電線路は，当該電線路より電気の供給を受ける者以外の者の［（ア）］に施設してはならない。ただし，特別の事情があり，かつ，当該電線路を施設する造営物（地上に施設する電線路にあっては，その土地。）の［（イ）］又は占有者の承諾を得た場合は，この限りでない。

b ［（ウ）］の連接引込線は，施設してはならない。ただし，特別の事情があり，かつ，当該電線路を施設する造営物の［（イ）］又は占有者の承諾を得た場合は，この限りでない。

c 電線路は，がけに施設してはならない。ただし，その電線が建造物の上に施設する場合，道路，鉄道，軌道，索道，架空弱電流電線等，架空電線又は電車線と交さして施設する場合及び［（エ）］でこれらのもの（道路を除く。）と接近して施設する場合以外の場合であって，特別の事情がある場合は，この限りでない。

【解答群】

(1) 敷地内	(2) 設置者	(3) 特別高圧	(4) 所有者
(5) 管理者	(6) 屋内	(7) 高圧又は特別高圧	(8) 取扱者
(9) 水平距離	(10) 高圧	(11) 垂直距離	(12) 構内

---

21 次の文章は「電気設備技術基準」における特別高圧架空電線路の市街地等における施設の禁止，市街地に施設する電力保安通信線の特別高圧電線に添架する電力保安通信線との接続の禁止及び通信障害の防止に関する記述である。（ア）～（エ）にあてはまる語句を解答群から選択して答えよ。

P.119 POINT 22～24

a 特別高圧の架空電線路は，その電線が［（ア）］である場合を除き，市街地その他人家の密集する地域に施設してはならない。ただし，断線又は倒壊による当該地域への危険のおそれがないように施設するとともに，その他の絶縁性，電線の強度等に係る保安上十分な措置を講ずる場合は，この限りでない。

b 市街地に施設する電力保安通信線は，特別高圧の電線路の支持物に添架された電力保安通信線と接続してはならない。ただし，誘導電圧による感電のおそれがないよう，［（イ）］その他の適切な措置を講ずる場合は，この限りでない。

c　電線路又は電車線路は，無線設備の機能に継続的かつ重大な障害を及ぼす［（ウ）］を発生するおそれがないように施設しなければならない。

d　電線路又は電車線路は，弱電流電線路に対し，誘導作用により通信上の障害を及ぼさないように施設しなければならない。ただし，弱電流電線路の［（エ）］の承諾を得た場合は，この限りでない。

【解答群】

(1)　地絡遮断器の施設	(2)　取扱者	(3)　電波
(4)　絶縁電線	(5)　接触電線	(6)　高周波
(7)　管理者	(8)　接地	(9)　磁場
(10)　ケーブル	(11)　保安装置の施設	(12)　設置者

---

22 次の文章は「電気設備技術基準」における発変電設備等の損傷による供給支障の防止に関する記述である。（ア）～（エ）に当てはまる語句を解答群から選択して答えよ。

P.119　POINT 25

a　［（ア）］，燃料電池又は常用電源として用いる［（イ）］には，当該電気機械器具を著しく損壊するおそれがあり，又は一般送配電事業に係る電気の供給に著しい支障を及ぼすおそれがある異常が当該電気機械器具に生じた場合に自動的にこれを電路から［（ウ）］する装置を施設しなければならない。

b　特別高圧の［（エ）］又は調相設備には，当該電気機械器具を著しく損壊するおそれがあり，又は一般送配電事業に係る電気の供給に著しい支障を及ぼすおそれがある異常が当該電気機械器具に生じた場合に自動的にこれを電路から［（ウ）］する装置の施設その他の適切な措置を講じなければならない。

【解答群】

(1)　発電機	(2)　開閉装置	(3)　保護	(4)　需要設備
(5)　遮断	(6)　蓄電池	(7)　変圧器	(8)　開放

23 次の文章は「電気設備技術基準の解釈」における発電機の保護装置に関する記述の一部である。（ア）～（エ）にあてはまる語句を解答群から選択して答えよ。

P.119 POINT 25

発電機には，次の各号に掲げる場合に，発電機を自動的に電路から遮断する装置を施設すること。

a　発電機に（ア）を生じた場合

b　容量が500 kVA以上の発電機を駆動する水車の圧油装置の油圧又は電動式ガイドベーン制御装置，電動式ニードル制御装置若しくは電動式デフレクタ制御装置の電源電圧が著しく（イ）した場合

c　容量が2,000 kVA以上の水車発電機のスラスト軸受の温度が著しく（ウ）した場合

d　容量が10,000 kVA以上の発電機の（エ）に故障を生じた場合

【解答群】

(1) 上昇	(2) 内部	(3) 過熱	(4) 過電圧
(5) 過電流	(6) 界磁装置	(7) 低下	(8) 地絡

---

24 次の文章は「電気設備技術基準の解釈」における燃料電池発電所に施設する燃料電池に関する記述の一部である。（ア）～（オ）にあてはまる語句を解答群から選択して答えよ。

P.119 POINT 25

燃料電池には，次に掲げる場合に燃料電池を自動的に電路から（ア）し，また，燃料電池内の燃料ガスの供給を自動的に（ア）するとともに，燃料電池内の燃料ガスを自動的に排除する装置を施設すること。ただし，発電用火力設備に関する技術基準を定める省令第35条ただし書きに規定する構造を有する燃料電池設備については，燃料電池内の燃料ガスを自動的に排除する装置を施設することを要しない。

a　燃料電池に（イ）が生じた場合

b　発電要素の発電電圧に異常低下が生じた場合，又は燃料ガス出口における（ウ）若しくは空気出口における（エ）が著しく上昇した場合

c　燃料電池の（オ）が著しく上昇した場合

【解答群】

(1) 燃料ガス濃度	(2) 遮断	(3) 温度
(4) 過電流	(5) 空気圧力	(6) 化学反応
(7) 停止	(8) 電圧	(9) 過電圧
(10) 酸素濃度	(11) 生成水量	(12) 燃料ガス圧力

---

25 次の文章は「電気設備技術基準」における発電機等の強度に関する記述である。（ア）～（ウ）にあてはまる語句を解答群から選択して答えよ。

P.121 POINT 26

a　発電機，変圧器，調相設備並びに母線及びこれを支持するがいしは，短絡電流により生ずる［（ア）］に耐えるものでなければならない。

b　水車又は風車に接続する発電機の回転する部分は，［（イ）］場合に起こる速度に対し，蒸気タービン，ガスタービン又は内燃機関に接続する発電機の回転する部分は，［（ウ）］及びその他の非常停止装置が動作して達する速度に対し，耐えるものでなければならない。

【解答群】

(1) 負荷が急変した	(2) 負荷遮断装置	(3) 電気的衝撃
(4) 負荷を遮断した	(5) 機械的衝撃	(6) 自動燃料遮断装置
(7) 非常調速装置	(8) 過電圧	

---

26 次の文章は「電気設備技術基準」における常時監視をしない発電所等の施設に関する記述である。（ア）～（エ）にあてはまる語句を解答群から選択して答えよ。

P.121 POINT 27

a　異常が生じた場合に［（ア）］を及ぼし，若しくは物件に損傷を与えるおそれがないよう，異常の状態に応じた制御が必要となる発電所，又は［（イ）］に係る電気の供給に著しい支障を及ぼすおそれがないよう，異常を早期に発見する必要のある発電所であって，発電所の運転に必要な知識及び技能を有する者が当該発電所又はこれと同一の構内において常時監視をしないものは，施設してはならない。

b　前項に掲げる発電所以外の発電所又は変電所であって，発電所又は変電所の運転に必要な知識及び技能を有する者が当該発電所若しくはこれと同一の構内又は変電所において常時監視をしない発電所又は変電所は，（ウ）を除き，異常が生じた場合に安全かつ確実に（エ）することができるような措置を講じなければならない。

【解答群】

(1)　一般送配電事業　　(2)　解列
(3)　非常用予備電源　　(4)　電力系統に被害
(5)　再生可能エネルギー電源　　(6)　人体に危害
(7)　小売電気事業　　(8)　停止
(9)　分散型電源　　(10)　小出力発電設備
(11)　運転継続　　(12)　電気の供給に著しい支障

---

27 次の文章は「電気設備技術基準の解釈」における常時監視をしない発電所の監視制御方法に関する記述の一部である。（ア）～（ウ）にあてはまる語句を解答群から選択して答えよ。

P.121　POINT 27

a　「（ア）」は，次に適合するものであること。

技術員が，適当な間隔をおいて発電所を巡回し，運転状態の監視を行うものであること。

b　「（イ）」は，次に適合するものであること。

技術員が，必要に応じて発電所に出向き，運転状態の監視又は制御その他必要な措置を行うものであること。

c　「（ウ）」は，次に適合するものであること。

技術員が，制御所に常時駐在し，発電所の運転状態の監視及び制御を遠隔で行うものであること。

【解答群】

(1)　遠隔常時監視制御方式　　(2)　簡易監視制御方式
(3)　遠隔断続監視制御方式　　(4)　随時巡回方式
(5)　断続監視制御方式　　(6)　随時監視制御方式

㉘ 次の文章は「電気設備技術基準の解釈」における地中電線路の施設に関する記述の一部である。(ア) ~ (イ) にあてはまる語句を解答群から選択して答えよ。

P.122 POINT 28

地中電線路を (ア) 式により施設する場合は，次の各号によること。

a　地中電線の埋設深さは，車両その他の重量物の圧力を受けるおそれがある場所においては (イ) m以上，その他の場所においては (ウ) m以上であること。ただし，使用するケーブルの種類，施設条件等を考慮し，これに加わる圧力に耐えるよう施設する場合はこの限りでない。

b　地中電線を衝撃から防護するため，次のいずれかにより施設すること。

イ　地中電線を，堅ろうな (エ) その他の防護物に収めること。

c　高圧又は特別高圧の地中電線路には，次により表示を施すこと。ただし，需要場所に施設する高圧地中電線路であって，その長さが15m以下のものにあってはこの限りでない。

イ　物件の名称，管理者名及び電圧（需要場所に施設する場合にあっては，物件の名称及び管理者名を除く。）を表示すること。

ロ　おおむね (オ) mの間隔で表示すること。ただし，他人が立ち入らない場所又は当該電線路の位置が十分に認知できる場合は，この限りでない。

【解答群】

(1) 直接埋設	(2) 1.2	(3) トラフ	(4) 管路	(5) 1
(6) 0.6	(7) 1.5	(8) 暗きょ	(9) 箱	(10) 2

㉙ 次の文章は「電気設備技術基準」における特別高圧架空電線路の供給支障の防止に関する記述である。(ア) ~ (ウ) にあてはまる語句を解答群から選択して答えよ。

P.124 POINT 29

a　使用電圧が (ア) V以上の特別高圧架空電線路は，市街地その他人家の密集する地域に施設してはならない。ただし，当該地域からの火災による当該電線路の損壊によって (イ) に係る電気の供給に著しい支障を及ぼすおそれがないように施設する場合は，この限りでない。

b　使用電圧が［（ア）］V以上の特別高圧架空電線と建造物との水平距離は，当該建造物からの火災による当該電線の損壊等によって［（イ）］に係る電気の供給に著しい支障を及ぼすおそれがないよう，［（ウ）］m以上としなければならない。

c　使用電圧が［（ア）］V以上の特別高圧架空電線が，建造物，道路，歩道橋その他の工作物の下方に施設されるときの相互の水平離隔距離は，当該工作物の倒壊等による当該電線の損壊によって［（イ）］に係る電気の供給に著しい支障を及ぼすおそれがないよう，［（ウ）］m以上としなければならない。

【解答群】

(1)　35000	(2)　60000	(3)　170000
(4)　小売電気事業	(5)　一般送配電事業	(6)　発電事業
(7)　3	(8)　5	(9)　10

---

30 次の文章は「電気設備技術基準」における高圧及び特別高圧の電路の雷対策に関する記述である。（ア）～（エ）にあてはまる語句を解答群から選択して答えよ。

P.124 POINT 30

雷電圧による電路に施設する電気設備の損壊を防止できるよう，当該電路中次の各号に掲げる箇所又はこれに近接する箇所には，［（ア）］その他の適切な措置を講じなければならない。ただし，雷電圧による当該電気設備の損壊のおそれがない場合は，この限りでない。

a　発電所又は変電所若しくはこれに準ずる場所の架空電線［（イ）］

b　架空電線路に接続する配電用変圧器であって，［（ウ）］遮断器の設置等の保安上の保護対策が施されているものの高圧側及び特別高圧側

c　高圧又は特別高圧の架空電線路から供給を受ける需要場所の［（エ）］

【解答群】

(1)　接地	(2)　引込口	(3)　地絡
(4)　引込口及び引出口	(5)　漏電	(6)　放電装置の施設
(7)　過電流	(8)　避雷器の施設	(9)　混触

基本問題

1 次の文章は,「電気設備技術基準」における電線路等の感電又は火災の防止及び絶縁性能に関する記述である。

a　電線路又は電車線路は,施設場所の状況及び［(ア)］に応じ,［(イ)］又は火災のおそれがないように施設しなければならない。

b　低圧又は高圧の架空電線には,［(イ)］のおそれがないよう,使用［(ア)］に応じた［(ウ)］を有する絶縁電線又はケーブルを使用しなければならない。ただし,通常予見される使用形態を考慮し,［(イ)］のおそれがない場合は,この限りでない。

c　地中電線には,［(イ)］のおそれがないよう,使用［(ア)］に応じた［(ウ)］を有するケーブルを使用しなければならない。

d　低圧電線路中絶縁部分の電線と大地との間及び電線の線心相互間の絶縁抵抗は,使用［(ア)］に対する漏えい電流が最大供給電流の［(エ)］分の1を超えないようにしなければならない。

上記の記述中の空白箇所(ア),(イ),(ウ)及び(エ)に当てはまる組合せとして,正しいものを次の(1)～(5)のうちから一つ選べ。

	(ア)	(イ)	(ウ)	(エ)
(1)	電圧	感電	絶縁性能	2000
(2)	電圧	漏電	送電容量	1000
(3)	温度	漏電	絶縁性能	1000
(4)	温度	感電	送電容量	1500
(5)	温度	感電	絶縁性能	2000

2 次の文章は「電気設備技術基準の解釈」における低高圧架空電線路に使用する電線に関する記述の一部である。

電線の種類は，［（ア）］に応じ下表に規定するものであること。

［（ア）］の区分		電線の種類
低圧	［（イ）］V以下	絶縁電線，［（ウ）］又はケーブル
	［（イ）］V超過	絶縁電線（引込用ビニル絶縁電線及び引込用ポリエチレン絶縁電線を除く。）又はケーブル
高圧		高圧絶縁電線，［（エ）］又はケーブル

上記の記述中の空白箇所（ア），（イ），（ウ）及び（エ）に当てはまる組合せとして，正しいものを次の(1)～(5)のうちから一つ選べ。

	（ア）	（イ）	（ウ）	（エ）
(1)	最大使用電圧	300	多心型電線	特別高圧絶縁電線
(2)	最大使用電圧	450	配電用電線	裸電線
(3)	使用電圧	300	多心型電線	特別高圧絶縁電線
(4)	使用電圧	450	多心型電線	裸電線
(5)	使用電圧	450	配電用電線	特別高圧絶縁電線

3 次の文章は「電気設備技術基準」における発電所等への取扱者以外の者の立入の防止に関する記述である。

a　高圧又は特別高圧の［（ア）］，母線等を施設する発電所又は変電所，開閉所若しくはこれらに準ずる場所には，取扱者以外の者に［（ア）］，母線等が危険である旨を表示するとともに，当該者が容易に構内に［（イ）］おそれがないように適切な措置を講じなければならない。

b　地中電線路に施設する［（ウ）］は，取扱者以外の者が容易に［（イ）］おそれがないように施設しなければならない。

上記の記述中の空白箇所（ア），（イ）及び（ウ）に当てはまる組合せとして，正しいものを次の(1)～(5)のうちから一つ選べ。

	（ア）	（イ）	（ウ）
(1)	電気機械器具	立ち入る	トラフ
(2)	電気工作物	侵入する	地中箱
(3)	電気機械器具	侵入する	トラフ
(4)	電気機械器具	立ち入る	地中箱
(5)	電気工作物	立ち入る	トラフ

4 次の文章は「電気設備技術基準の解釈」における発電所等への取扱者以外の者の立入の防止に関する記述である。

高圧又は特別高圧の機械器具等を［（ア）］に施設する発電所等は，次の各号により構内に取扱者以外の者が立ち入らないような措置を講じること。

a ［（イ）］を設けること。

b さく，へい等を設け，当該さく，へい等の高さと，さく，へい等から充電部分までの距離との和を，下表に規定する値以上とすること。

充電部分の使用電圧の区分	さく，へい等の高さと，さく，へい等から充電部分までの距離との和
35,000 V 以下	［（ウ）］m
35,000 V を超え 160,000 V 以下	6 m
160,000 V 超過	$(6 + c)$ m

（備考）cは，使用電圧と160,000 Vの差を10,000 Vで除した値（小数点以下を切り上げる。）に0.12を乗じたもの

c 出入口に［（エ）］旨を表示すること。

上記の記述中の空白箇所（ア），（イ），（ウ）及び（エ）に当てはまる組合せとして，正しいものを次の(1)〜(5)のうちから一つ選べ。

	（ア）	（イ）	（ウ）	（エ）
(1)	屋外	有刺鉄線	5	危険である
(2)	屋内	堅ろうな壁	5	立入りを禁止する
(3)	屋内	堅ろうな壁	5.5	危険である
(4)	屋内	有刺鉄線	5	立入りを禁止する
(5)	屋外	堅ろうな壁	5.5	危険である

5 次の文章は「電気設備技術基準」における架空電線路の施設に関する記述である。

a　架空電線路の支持物には，感電のおそれがないよう，（ア）以外の者が容易に昇塔できないように適切な措置を講じなければならない。

b　架空電線，架空電力保安通信線及び架空電車線は，接触又は（イ）による感電のおそれがなく，かつ，（ウ）に支障を及ぼすおそれがない高さに施設しなければならない。

c　（エ）は，（ウ）に支障を及ぼすおそれがない高さに施設しなければならない。

上記の記述中の空白箇所（ア），（イ），（ウ）及び（エ）に当てはまる組合せとして，正しいものを次の(1)～(5)のうちから一つ選べ。

	（ア）	（イ）	（ウ）	（エ）
(1)	取扱者	誘導作用	交通	支線
(2)	管理者	断線	人の健康	支線
(3)	管理者	誘導作用	交通	機械器具
(4)	管理者	誘導作用	交通	支線
(5)	取扱者	断線	人の健康	機械器具

6 次の表は「電気設備技術基準の解釈」における低高圧架空電線の高さに関するものである。

低圧架空電線又は高圧架空電線の高さは，下表に規定する値以上であること。

<table>
<tr><th colspan="2">区分</th><th>高さ</th></tr>
<tr><td colspan="2">道路（車両の往来がまれであるもの及び歩行の用にのみ供される部分を除く。）を横断する場合</td><td>路面上 (ア) m</td></tr>
<tr><td colspan="2">鉄道又は軌道を横断する場合</td><td>レール面上5.5 m</td></tr>
<tr><td colspan="2">低圧架空電線を横断歩道橋の上に施設する場合</td><td>横断歩道橋の路面上3 m</td></tr>
<tr><td colspan="2">高圧架空電線を横断歩道橋の上に施設する場合</td><td>横断歩道橋の路面上 (イ) m</td></tr>
<tr><td rowspan="3">上記以外</td><td>屋外照明用であって，絶縁電線又はケーブルを使用した対地電圧 (ウ) V以下のものを交通に支障のないように施設する場合</td><td>地表上4 m</td></tr>
<tr><td>低圧架空電線を道路以外の場所に施設する場合</td><td>地表上4 m</td></tr>
<tr><td>その他の場合</td><td>地表上 (エ) m</td></tr>
</table>

上記の記述中の空白箇所（ア），（イ），（ウ）及び（エ）に当てはまる組合せとして，正しいものを次の(1)～(5)のうちから一つ選べ。

	（ア）	（イ）	（ウ）	（エ）
(1)	5	4	300	6
(2)	5	3.5	150	6
(3)	6	4	150	5
(4)	6	3.5	150	5
(5)	6	4	300	5

7 次の表は「電気設備技術基準の解釈」における低圧架空引込線の高さに関するものである。

電線の高さは，下表に規定する値以上であること。

区分		高さ
道路（歩行の用にのみ供される部分を除く。）を横断する場合	技術上やむを得ない場合において交通に支障のないとき	路面上3 m
	その他の場合	路面上［（イ）］m
鉄道又は軌道を横断する場合		レール面上［（ウ）］m
［（ア）］の上に施設する場合		［（ア）］の路面上3 m
上記以外の場合	技術上やむを得ない場合において交通に支障のないとき	地表上［（エ）］m
	その他の場合	地表上4 m

上記の記述中の空白箇所（ア），（イ），（ウ）及び（エ）に当てはまる組合せとして，正しいものを次の(1)〜(5)のうちから一つ選べ。

	（ア）	（イ）	（ウ）	（エ）
(1)	横断歩道橋	5	5.5	2.5
(2)	横断歩道橋	6	4.5	3
(3)	私道又は歩道	6	5.5	3
(4)	横断歩道橋	6	5.5	2.5
(5)	私道又は歩道	5	4.5	2.5

8 次の文章は「電気設備技術基準」における架空電線による他人の電線等の作業者への感電の防止に関する記述である。

a　架空電線路の［（ア）］は，他人の設置した架空電線路又は架空弱電流電線路若しくは架空光ファイバケーブル線路の電線又は弱電流電線若しくは光ファイバケーブルの間を［（イ）］施設してはならない。ただし，その他人の承諾を得た場合は，この限りでない。

b　架空電線は，他人の設置した架空電線路，電車線路又は架空弱電流電線路若しくは架空光ファイバケーブル線路の支持物を［（ウ）］施設してはならない。ただし，［（エ）］施設する場合又はその他人の承諾を得た場合は，この限りでない。

上記の記述中の空白箇所（ア），（イ），（ウ）及び（エ）に当てはまる組合せとして，正しいものを次の(1)～(5)のうちから一つ選べ。

	（ア）	（イ）	（ウ）	（エ）
(1)	支線	貫通して	交さして	同一支持物に
(2)	支線	並行して	挟んで	同一支持物に
(3)	支持物	貫通して	交さして	十分に離隔して
(4)	支持物	貫通して	挟んで	同一支持物に
(5)	支持物	並行して	交さして	十分に離隔して

9 次の文章は「電気設備技術基準」における架空電線路からの誘電作用による感電の防止に関する記述である。

a　特別高圧の架空電線路は，通常の使用状態において，［（ア）］作用により人による感知のおそれがないよう，地表上［（イ）］mにおける電界強度が［（ウ）］kV/m以下になるように施設しなければならない。ただし，田畑，山林その他の人の往来が少ない場所において，［（エ）］を及ぼすおそれがないように施設する場合は，この限りでない。

b　特別高圧の架空電線路は，［（オ）］作用により弱電流電線路（電力保安通信設備を除く。）を通じて［（エ）］を及ぼすおそれがないように施設しなければならない。

c　電力保安通信設備は，架空電線路からの［（ア）］作用又は［（オ）］作用により［（エ）］を及ぼすおそれがないように施設しなければならない。

上記の記述中の空白箇所（ア），（イ），（ウ），（エ）及び（オ）に当てはまる組合せとして，正しいものを次の(1)〜(5)のうちから一つ選べ。

	（ア）	（イ）	（ウ）	（エ）	（オ）
(1)	静電誘導	1	3	人体に危害	電磁誘導
(2)	電磁誘導	2	3	通信に障害	静電誘導
(3)	電磁誘導	2	2	通信に障害	静電誘導
(4)	電磁誘導	1	3	人体に危害	静電誘導
(5)	静電誘導	1	2	人体に危害	電磁誘導

10 次の文章は「電気設備技術基準」における電気機械器具等からの誘導作用による人の健康影響の防止に関する記述である。

変圧器，開閉器その他これらに類するもの又は電線路を発電所，変電所，開閉所及び需要場所以外の場所に施設するに当たっては，通常の使用状態において，当該電気機械器具等からの［（ア）］作用により人の健康に影響を及ぼすおそれがないよう，当該電気機械器具等のそれぞれの付近において，人によって占められる空間に相当する空間の磁束密度の平均値が，［（イ）］において［（ウ）］μT以下になるように施設しなければならない。ただし，田畑，山林その他の人の往来が少ない場所において，人体に危害を及ぼすおそれがないように施設する場合は，この限りでない。

上記の記述中の空白箇所（ア），（イ）及び（ウ）に当てはまる組合せとして，正しいものを次の(1)～(5)のうちから一つ選べ。

	（ア）	（イ）	（ウ）
(1)	電磁誘導	標準電圧	100
(2)	静電誘導	商用周波数	100
(3)	電磁誘導	商用周波数	200
(4)	静電誘導	商用周波数	200
(5)	静電誘導	標準電圧	100

11 次の文章は「電気設備技術基準」及び「電気設備技術基準の解釈」における電線の混触防止及び低高圧架空電線と架空弱電流線等との共架に関する記述である。

a　電線路の電線，電力保安通信線又は電車線等は，他の電線又は弱電流電線等と接近し，若しくは交さする場合又は同一支持物に施設する場合には，他の電線又は弱電流電線等を損傷するおそれがなく，かつ，接触，断線等によって生じる［（ア）］による感電又は火災のおそれがないように施設しなければならない。

b　低圧架空電線又は高圧架空電線と架空弱電流電線等とを同一支持物に施設する場合は，次の各号により施設すること。ただし，架空弱電流電線等が［（イ）］である場合は，この限りでない。

一　電線路の支持物として使用する木柱の風圧荷重に対する安全率は，［（ウ）］以上であること。

二　架空電線を架空弱電流電線等の［（エ）］とし，別個の腕金類に施設すること。

ただし，架空弱電流電線路等の管理者の承諾を得た場合において，低圧架空電線に高圧絶縁電線，特別高圧絶縁電線又はケーブルを使用するときは，この限りでない。

上記の記述中の空白箇所（ア），（イ），（ウ）及び（エ）に当てはまる組合せとして，正しいものを次の(1)～(5)のうちから一つ選べ。

	（ア）	（イ）	（ウ）	（エ）
(1)	誘導作用	光ファイバケーブル	1.2	下
(2)	混触	光ファイバケーブル	2.0	下
(3)	混触	光ファイバケーブル	2.0	上
(4)	誘導作用	電力保安通信線	1.2	上
(5)	混触	電力保安通信線	2.0	上

12 次の文章は「電気設備技術基準の解釈」における高圧保安工事に関する記述である。

高圧架空電線路の電線の断線，支持物の倒壊等による危険を防止するため必要な場合に行う，高圧保安工事は，次の各号によること。

一　電線はケーブルである場合を除き，引張強さ8.01 kN以上のもの又は直径5 mm以上の［（ア）］であること。

二　木柱の風圧荷重に対する安全率は，［（イ）］以上であること。

三　径間は，下表によること。ただし，電線に引張強さ14.51 kN以上のもの又は断面積［（ウ）］mm^2以上の硬銅より線を使用する場合であって，支持物にB種鉄筋コンクリート柱，B種鉄柱又は鉄塔を使用するときは，この限りでない。

支持物の種類	径間
木柱，A種鉄筋コンクリート柱又はA種鉄柱	100 m以下
B種鉄筋コンクリート柱又はB種鉄柱	150 m以下
鉄塔	［（エ）］m以下

上記の記述中の空白箇所（ア），（イ），（ウ）及び（エ）に当てはまる組合せとして，正しいものを次の(1)～(5)のうちから一つ選べ。

	（ア）	（イ）	（ウ）	（エ）
(1)	硬銅線	1.1	38	200
(2)	軟銅線	2.0	14	200
(3)	硬銅線	1.1	14	400
(4)	軟銅線	1.1	14	200
(5)	硬銅線	2.0	38	400

13 次の文章は「電気設備技術基準」における電線等による他の電線及び工作物への危険の防止に関する記述である。

a　電線路の電線又は電車線等は，他の工作物又は［（ア）］と接近し，又は交さする場合には，他の工作物又は［（ア）］を損傷するおそれがなく，かつ，接触，断線等によって生じる［（イ）］のおそれがないように施設しなければならない。

b　地中電線，屋側電線及びトンネル内電線その他の工作物に固定して施設する電線は，他の電線，弱電流電線等又は［（ウ）］と接近し，又は交さする場合には，故障時の［（エ）］により他の電線等を損傷するおそれがないように施設しなければならない。ただし，［（イ）］のおそれがない場合であって，他の電線等の管理者の承諾を得た場合は，この限りでない。

上記の記述中の空白箇所（ア），（イ），（ウ）及び（エ）に当てはまる組合せとして，正しいものを次の(1)〜(5)のうちから一つ選べ。

	（ア）	（イ）	（ウ）	（エ）
(1)	植物	感電又は火災	管	アーク放電
(2)	電線	感電又は混触	管	誘導作用
(3)	電線	感電又は火災	トラフ	誘導作用
(4)	植物	感電又は混触	管	アーク放電
(5)	植物	感電又は火災	トラフ	アーク放電

---

14 次の文章は「電気設備技術基準の解釈」における地中電線と他の地中電線等との接近又は交差に関する記述である。

低圧地中電線と高圧地中電線とが接近又は交差する場合，又は低圧若しくは高圧の地中電線と特別高圧地中電線とが接近又は交差する場合は，次の各号のいずれかによること。ただし，地中箱内についてはこの限りでない。

a　低圧地中電線と高圧地中電線との離隔距離が，（ア）m以上であること。

b　低圧又は高圧の地中電線と特別高圧地中電線との離隔距離が，（イ）m以上であること。

c　暗きょ内に施設し，地中電線相互の離隔距離が，（ウ）m以上であること

d　地中電線相互の間に堅ろうな（エ）の隔壁を設けること。

e　（オ）の地中電線が，次のいずれかに該当するものである場合は，地中電線相互の離隔距離が，0 m以上であること。

イ　不燃性の被覆を有すること。

ロ　堅ろうな不燃性の管に収められていること。

f　（カ）の地中電線が，次のいずれかに該当するものである場合は，地中電線相互の離隔距離が，0 m以上であること。

イ　自消性のある難燃性の被覆の被覆を有すること。

ロ　堅ろうな自消性のある難燃性の被覆の管に収められていること。

上記の記述中の空白箇所（ア），（イ），（ウ），（エ），（オ）及び（カ）に当てはまる組合せとして，正しいものを次の(1)～(5)のうちから一つ選べ。

	（ア）	（イ）	（ウ）	（エ）	（オ）	（カ）
(1)	0.25	0.5	0.1	難燃性	それぞれ	いずれか
(2)	0.15	0.3	0.1	耐火性	いずれか	それぞれ
(3)	0.25	0.5	0.15	難燃性	いずれか	それぞれ
(4)	0.15	0.3	0.1	耐火性	それぞれ	いずれか
(5)	0.25	0.5	0.15	耐火性	それぞれ	いずれか

15 次の文章は「電気設備技術基準」における異常電圧による架空電線等への障害の防止に関する記述である。

a　特別高圧の架空電線と低圧又は高圧の架空電線又は電車線を［（ア）］する場合は，異常時の［（イ）］の侵入により低圧側又は高圧側の電気設備に障害を与えないよう，［（ウ）］その他の適切な措置を講じなければならない。

b　特別高圧架空電線路の電線の［（エ）］において，その支持物に低圧の電気機械器具を施設する場合は，異常時の［（イ）］の侵入により低圧側の電気設備へ障害を与えないよう，［（ウ）］その他の適切な措置を講じなければならない。

上記の記述中の空白箇所（ア），（イ），（ウ）及び（エ）に当てはまる組合せとして，正しいものを次の(1)〜(5)のうちから一つ選べ。

	（ア）	（イ）	（ウ）	（エ）
(1)	同一支持物に施設	高電圧	接地	下方
(2)	同一支持物に施設	高電圧	放電装置	上方
(3)	接近又は交さ	過電圧	放電装置	下方
(4)	同一支持物に施設	高電圧	接地	上方
(5)	接近又は交さ	過電圧	接地	上方

16 次の文章は「電気設備技術基準」における支持物の倒壊の防止に関する記述である。

a　架空電線路又は架空電車線路の支持物の材料及び構造（支線を施設する場合は，当該支線に係るものを含む。）は，その支持物が支持する電線等による引張荷重，（ア）分間平均で風速（イ）m/sの風圧荷重及び当該設置場所において通常想定される地理的条件，気象の変化，振動，衝撃その他の外部環境の影響を考慮し，倒壊のおそれがないよう，安全なものでなければならない。ただし，（ウ）場所に施設する架空電線路にあっては，その施設場所を考慮して施設する場合は，（ア）分間平均で風速（イ）m/sの風圧荷重の（エ）の風圧荷重を考慮して施設することができる。

b　架空電線路の支持物は，構造上安全なものとすること等により（オ）倒壊のおそれがないように施設しなければならない。

上記の記述中の空白箇所（ア），（イ），（ウ），（エ）及び（オ）に当てはまる組合せとして，正しいものを次の(1)～(5)のうちから一つ選べ。

	（ア）	（イ）	（ウ）	（エ）	（オ）
(1)	10	40	人家が多く連なってる	2分の1	連鎖的に
(2)	1	40	人の往来が少ない	4分の3	経年的に
(3)	1	60	人の往来が少ない	2分の1	経年的に
(4)	10	60	人家が多く連なってる	2分の1	連鎖的に
(5)	1	40	人の往来が少ない	4分の3	連鎖的に

17 次の文章は「電気設備技術基準」におけるガス絶縁機器等の危険の防止に関する記述である。

発電所又は変電所，開閉所若しくはこれらに準ずる場所に施設するガス絶縁機器及び開閉器又は遮断器に使用する圧縮空気装置は，次の各号により施設しなければならない。

a　圧力を受ける部分の材料及び構造は，［（ア）］に対して十分に耐え，かつ，安全なものであること。

b　圧縮空気装置の空気タンクは，［（イ）］を有すること。

c　圧力が上昇する場合において，当該圧力が［（ア）］に到達する以前に当該圧力を低下させる機能を有すること。

d　圧縮空気装置は，主空気タンクの圧力が低下した場合に圧力を［（ウ）］させる機能を有すること。

e　ガス絶縁機器に使用する絶縁ガスは，［（エ）］，腐食性及び有毒性のないものであること。

上記の記述中の空白箇所（ア），（イ），（ウ）及び（エ）に当てはまる組合せとして，正しいものを次の(1)〜(5)のうちから一つ選べ。

	（ア）	（イ）	（ウ）	（エ）
(1)	最高使用圧力	耐火性	自動的に回復	可燃性
(2)	最高使用圧力	耐火性	早期に検知	可燃性
(3)	異常時に生じる圧力	耐食性	早期に検知	爆発性
(4)	最高使用圧力	耐食性	自動的に回復	可燃性
(5)	異常時に生じる圧力	耐火性	早期に検知	爆発性

18 次の文章は「電気設備技術基準」における水素冷却式発電機等の施設に関する記述である。

水素冷却式の発電機若しくは調相設備又はこれに附属する水素冷却装置は，次の各号により施設しなければならない。

a　構造は，水素の漏洩又は［（ア）］の混入のおそれがないものであること。

b　発電機，調相設備，水素を通ずる管，弁等は，水素が大気圧で爆発する場合に生じる［（イ）］に耐える強度を有するものであること。

c　発電機の［（ウ）］から水素が漏洩したときに，漏洩を停止させ，又は漏洩した水素を安全に外部に放出できるものであること。

d　発電機内又は調相設備内への水素の導入及び発電機内又は調相設備内からの水素の外部への放出が安全にできるものであること。

e　異常を早期に検知し，［（エ）］する機能を有すること。

上記の記述中の空白箇所（ア），（イ），（ウ）及び（エ）に当てはまる組合せとして，正しいものを次の(1)〜(5)のうちから一つ選べ。

	（ア）	（イ）	（ウ）	（エ）
(1)	水分	圧力	軸封部	警報
(2)	空気	圧力	軸封部	警報
(3)	空気	圧力	摺動部	自動停止
(4)	空気	衝撃	軸封部	自動停止
(5)	水分	衝撃	摺動部	自動停止

19 次の文章は「電気設備技術基準」における機器及び電線路の施設制限に関する記述である。

a　（ア）を使用する開閉器，断路器及び遮断器は，架空電線路の支持物に施設してはならない。

b　電線路は，（イ）に施設してはならない。ただし，その電線が（ウ）の上に施設する場合，道路，鉄道，軌道，索道，架空弱電流電線等，架空電線又は電車線と（エ）して施設する場合及び水平距離でこれらのもの（道路を除く。）と（オ）して施設する場合以外の場合であって，特別の事情がある場合は，この限りでない。

上記の記述中の空白箇所（ア），（イ），（ウ），（エ）及び（オ）に当てはまる組合せとして，正しいものを次の(1)～(5)のうちから一つ選べ。

	（ア）	（イ）	（ウ）	（エ）	（オ）
(1)	高圧ガス	地上付近	電気機械器具	並行	交さ
(2)	絶縁油	地上付近	建造物	並行	接近
(3)	絶縁油	がけ	建造物	並行	交さ
(4)	高圧ガス	がけ	電気機械器具	交さ	接近
(5)	絶縁油	がけ	建造物	交さ	接近

20 次の文章は「電気設備技術基準」における屋内電線路等の施設の禁止や引込線に関する記述である。

a　屋内を貫通して施設する電線路，屋側に施設する電線路，［（ア）］に施設する電線路又は地上に施設する電線路は，当該電線路より電気の供給を受ける者以外の者の構内に施設してはならない。ただし，特別の事情があり，かつ，当該電線路を施設する［（イ）］（地上に施設する電線路にあっては，その土地。）の所有者又は占有者の承諾を得た場合は，この限りでない。

b　高圧又は特別高圧の［（ウ）］は，施設してはならない。ただし，特別の事情があり，かつ，当該電線路を施設する［（イ）］の所有者又は占有者の承諾を得た場合は，この限りでない。

上記の記述中の空白箇所（ア），（イ）及び（ウ）に当てはまる組合せとして，正しいものを次の(1)〜(5)のうちから一つ選べ。

	（ア）	（イ）	（ウ）
(1)	地中	造営物	連接引込線
(2)	地中	建造物	連接引込線
(3)	地中	造営物	架空引込線
(4)	屋上	造営物	連接引込線
(5)	屋上	建造物	架空引込線

21 次の文章は「電気設備技術基準」における架空電線路の市街地等における施設の禁止，市街地に施設する電力保安通信線の接続の禁止及び通信障害の防止に関する記述である。

a　（ア）の架空電線路は，その電線がケーブルである場合を除き，市街地その他人家の密集する地域に施設してはならない。ただし，断線又は倒壊による当該地域への危険のおそれがないように施設するとともに，その他の絶縁性，電線の強度等に係る保安上十分な措置を講ずる場合は，この限りでない。

b　市街地に施設する電力保安通信線は，（ア）の電線路の支持物に添架された電力保安通信線と接続してはならない。ただし，（イ）による感電のおそれがないよう，（ウ）その他の適切な措置を講ずる場合は，この限りでない。

c　電線路又は電車線路は，弱電流電線路に対し，誘導作用により通信上の障害を及ぼさないように施設しなければならない。ただし，弱電流電線路の（エ）の承諾を得た場合は，この限りでない。

上記の記述中の空白箇所（ア），（イ），（ウ）及び（エ）に当てはまる組合せとして，正しいものを次の(1)～(5)のうちから一つ選べ。

	（ア）	（イ）	（ウ）	（エ）
(1)	特別高圧	誘導電圧	保安装置の施設	管理者
(2)	高圧又は特別高圧	誘導電流	保安装置の施設	取扱者
(3)	高圧又は特別高圧	誘導電圧	接地	取扱者
(4)	特別高圧	誘導電圧	接地	取扱者
(5)	特別高圧	誘導電流	保安装置の施設	管理者

22 次の文章は「電気設備技術基準」における発変電設備等の損傷による供給支障の防止に関する記述である。

a　発電機，（ア）又は常用電源として用いる蓄電池には，当該電気機械器具を著しく損壊するおそれがあり，又は一般送配電事業に係る電気の供給に著しい（イ）を及ぼすおそれがある異常が当該電気機械器具に生じた場合に自動的にこれを電路から（ウ）する装置を施設しなければならない。

b　特別高圧の変圧器又は（エ）には，当該電気機械器具を著しく損壊するおそれがあり，又は一般送配電事業に係る電気の供給に著しい（イ）を及ぼすおそれがある異常が当該電気機械器具に生じた場合に自動的にこれを電路から（ウ）する装置の施設その他の適切な措置を講じなければならない。

上記の記述中の空白箇所（ア），（イ），（ウ）及び（エ）に当てはまる組合せとして，正しいものを次の(1)〜(5)のうちから一つ選べ。

	（ア）	（イ）	（ウ）	（エ）
(1)	電力貯蔵装置	支障	遮断	調相設備
(2)	電力貯蔵装置	障害	放電	需要設備
(3)	燃料電池	支障	遮断	調相設備
(4)	燃料電池	障害	遮断	需要設備
(5)	電力貯蔵装置	支障	放電	需要設備

23 次の文章は「電気設備技術基準の解釈」における発電機の保護装置に関する記述である。

発電機には，次の各号に掲げる場合に，発電機を自動的に電路から遮断する装置を施設すること。

a　発電機に［（ア）］を生じた場合

b　容量が500 kVA以上の発電機を駆動する水車の圧油装置の油圧又は電動式ガイドベーン制御装置，電動式ニードル制御装置若しくは電動式デフレクタ制御装置の［（イ）］が著しく低下した場合

c　容量が100 kVA以上の発電機を駆動する風車の圧油装置の油圧，圧縮空気装置の空気圧又は電動式ブレード制御装置の［（イ）］が著しく低下した場合

d　容量が2,000 kVA以上の水車発電機の［（ウ）］の温度が著しく上昇した場合

e　容量が［（エ）］kVA以上の発電機の内部に故障を生じた場合

f　定格出力が10,000 kWを超える蒸気タービンにあっては，その［（ウ）］が著しく摩耗し，又はその温度が著しく上昇した場合

上記の記述中の空白箇所（ア），（イ），（ウ）及び（エ）に当てはまる組合せとして，正しいものを次の(1)～(5)のうちから一つ選べ。

	（ア）	（イ）	（ウ）	（エ）
(1)	過電流	電源電圧	スラスト軸受	10,000
(2)	内部短絡	電源電圧	ジャーナル軸受	1,000
(3)	過電流	電流	ジャーナル軸受	1,000
(4)	過電流	電源電圧	スラスト軸受	1,000
(5)	内部短絡	電流	スラスト軸受	10,000

24 次の文章は「電気設備技術基準の解釈」における蓄電池の保護装置に関する記述である。

発電所又は変電所若しくはこれに準ずる場所に施設する蓄電池（常用電源の停電時又は電圧低下発生時の非常用予備電源として用いるものを除く。）には，次の各号に掲げる場合に，自動的にこれを［（ア）］する装置を施設すること。

a　蓄電池に［（イ）］が生じた場合

b　蓄電池に過電流が生じた場合

c　［（ウ）］装置に異常が生じた場合

d　内部温度が高温のものにあっては，断熱容器の内部温度が著しく［（エ）］した場合

上記の記述中の空白箇所（ア），（イ），（ウ）及び（エ）に当てはまる組合せとして，正しいものを次の(1)～(5)のうちから一つ選べ。

	（ア）	（イ）	（ウ）	（エ）
(1)	検知して警報	過電圧	交直変換	低下
(2)	電路から遮断	過電圧	制御	上昇
(3)	検知して警報	逆充電	交直変換	上昇
(4)	電路から遮断	過電圧	制御	低下
(5)	電路から遮断	逆充電	制御	上昇

25 次の文章は「電気設備技術基準」における常時監視をしない発電所等の施設に関する記述である。

a　異常が生じた場合に人体に危害を及ぼし，若しくは［（ア）］に損傷を与えるおそれがないよう，異常の状態に応じた制御が必要となる発電所，又は一般送配電事業に係る電気の供給に著しい支障を及ぼすおそれがないよう，異常を早期に発見する必要のある発電所であって，発電所の運転に必要な知識及び技能を有する者が当該発電所又はこれと同一の［（イ）］において常時監視をしないものは，施設してはならない。

b　前項に掲げる発電所以外の発電所又は変電所であって，発電所又は変電所の運転に必要な［（ウ）］を有する者が当該発電所若しくはこれと同一の［（イ）］又は変電所において常時監視をしない発電所又は変電所は，［（エ）］を除き，異常が生じた場合に安全かつ確実に停止することができるような措置を講じなければならない。

上記の記述中の空白箇所（ア），（イ），（ウ）及び（エ）に当てはまる組合せとして，正しいものを次の(1)～(5)のうちから一つ選べ。

	（ア）	（イ）	（ウ）	（エ）
(1)	機器	制御所	能力及び実務経験	非常用予備電源
(2)	物件	構内	知識及び技能	非常用予備電源
(3)	物件	構内	能力及び実務経験	小出力発電設備
(4)	機器	制御所	知識及び技能	小出力発電設備
(5)	機器	構内	知識及び技能	小出力発電設備

26 次の文章は，「電気設備技術基準」及び「電気設備技術基準の解釈」における地中電線路に関する記述である。

a　地中電線路は，車両その他の重量物による［（ア）］に耐え，かつ，当該地中電線路を埋設している旨の表示等により掘削工事からの影響を受けないように施設しなければならない。

b　地中電線路のうちその内部で作業が可能なものには，［（イ）］を講じなければならない。

c　地中電線路を管路式により施設する場合は，高圧又は特別高圧の地中電線路には次により表示を施すこと。ただし，需要場所に施設する高圧地中電線路であって，その長さが［（ウ）］m以下のものにあってはこの限りでない。

1　物件の名称，管理者名及び［（エ）］（需要場所に施設する場合にあっては，物件の名称及び管理者名を除く。）を表示すること。

2　おおむね［（オ）］mの間隔で表示すること。ただし，他人が立ち入らない場所又は当該電線路の位置が十分に認知できる場合は，この限りでない。

上記の記述中の空白箇所（ア），（イ），（ウ），（エ）及び（オ）に当てはまる組合せとして，正しいものを次の(1)～(5)のうちから一つ選べ。

	（ア）	（イ）	（ウ）	（エ）	（オ）
(1)	圧力	防火措置	15	電圧	2
(2)	衝撃	換気設備	15	耐圧値	3
(3)	圧力	換気設備	10	耐圧値	2
(4)	衝撃	防火措置	10	電圧	3
(5)	衝撃	防火措置	15	電圧	2

27 次の文章は「電気設備技術基準の解釈」における避雷器等の施設に関する記述である。

a　高圧及び特別高圧の電路中，次の各号に掲げる箇所又はこれに近接する箇所には，避雷器を施設すること。

イ　[（ア）]若しくはこれに準ずる場所の架空電線の引込口（需要場所の引込口を除く。）及び引出口

ロ　架空電線路に接続する，第26条に規定する[（イ）]の高圧側及び特別高圧側

ハ　高圧架空電線路から電気の供給を受ける受電電力が[（ウ）]kW以上の需要場所の引込口及び特別高圧架空電線路から電気の供給を受ける需要場所の引込口

b　高圧及び特別高圧の電路に施設する避雷器には，[（エ）]接地工事を施すこと。

上記の記述中の空白箇所（ア），（イ），（ウ）及び（エ）に当てはまる組合せとして，正しいものを次の(1)～(5)のうちから一つ選べ。

	（ア）	（イ）	（ウ）	（エ）
(1)	発電所又は変電所	配電用変圧器	500	B種
(2)	変電所又は開閉所	調相設備	1000	B種
(3)	変電所又は開閉所	配電用変圧器	1000	A種
(4)	発電所又は変電所	配電用変圧器	500	A種
(5)	発電所又は変電所	調相設備	1000	A種

応用問題

1 次の各文は「電気設備技術基準の解釈」に基づく，低高圧架空電線及び引込線等の施設に関する記述である。

a　車両の往来の多い道路を横断する架空電線の高さは，低圧及び高圧に関係なく路面上６m以上を保持する必要がある。

b　鉄道又は軌道を横断する高圧架空電線の高さはレール面上５m以上を保持する必要がある。

c　横断歩道橋の上に高圧架空電線を施設する場合，横断歩道橋の路面上３mの高さに施設した。

d　低圧架空電線を電線の水面上の高さを船舶の航行等に危険を及ぼさないように保持した。

e　車両の往来の多い道路を横断する低圧架空引込線の高さを路面上５m以上とした。

f　高圧架空引込線を歩行の用にのみ供される道路を横断する場合に高さを地表上４mとした。

上記の記述の適切なものと不適切なものの組合せとして，正しいものを次の(1)～(5)のうちから一つ選べ。

	a	b	c	d	e	f
(1)	適切	不適切	適切	不適切	適切	不適切
(2)	不適切	適切	不適切	適切	適切	不適切
(3)	不適切	適切	適切	適切	不適切	適切
(4)	適切	不適切	不適切	適切	適切	適切
(5)	適切	不適切	不適切	適切	不適切	不適切

2 次の「電気設備技術基準の解釈」に基づく架空電線等の施設に関する記述として，誤っているものを次の(1)~(5)のうちから一つ選べ。

(1) 高圧架空電線を水面上に施設する場合に，電線の水面上の高さを船舶の航行等に危険を及ぼさないように保持した。

(2) 高圧架空電線を氷雪の多い地方に施設する場合に，電線の積雪上の高さを人又は車両の通行等に危険を及ぼさないように保持した。

(3) 高圧架空引込線を地表上3.5 mの高さに施設し，特別高圧絶縁電線で施設したので，その電線の下方に危険である旨の表示をしなかった。

(4) 高圧架空引込線を横断歩道橋の路面上3.5 mの高さに施設した。

(5) 屋外照明用であって，絶縁電線を使用した対地電圧150 V以下の高圧架空引込線を交通に支障のないように高さ4 mに施設したので，その電線の下方に危険である旨の表示をしなかった。

---

3 次の文章は「電気設備技術基準の解釈」に基づく，架空引込線の施設に関する記述である。

a 低圧架空引込線は，次の各号により施設すること。

1 電線は，絶縁電線又はケーブルであること。

2 電線は，ケーブルである場合を除き，引張強さ2.30 kN以上のもの又は直径[(ア)]mm以上の硬銅線であること。ただし，径間が15 m以下の場合に限り，引張強さ1.38 kN以上のもの又は直径2 mm以上の硬銅線を使用することができる。

b 高圧架空引込線は，次の各号により施設すること。

1 電線は，次のいずれかのものであること。

イ 引張強さ[(イ)]kN以上のもの又は直径5 mm以上の硬銅線を使用する，高圧絶縁電線又は特別高圧絶縁電線

ロ 引下げ用高圧絶縁電線

ハ ケーブル

2 電線が絶縁電線である場合は，[(ウ)]工事により施設すること。

3 電線がケーブルである場合は，第67条の規定に準じて施設すること。

4 電線の高さは，第68条第1項の規定に準じること。ただし，道路を

横断する場合，鉄道又は軌道を横断する場合，横断歩道橋の上に施設する場合以外で，電線がケーブル以外のものであるときにその電線の下方に危険である旨の表示する場合は，地表上［（エ）］m以上とすることができる。

上記の記述中の空白箇所（ア），（イ），（ウ）及び（エ）に当てはまる組合せとして，正しいものを次の(1)～(5)のうちから一つ選べ。

	（ア）	（イ）	（ウ）	（エ）
(1)	2.6	8.01	金属線ぴ	2.5
(2)	4	8.01	がいし引き	2.5
(3)	4	8.71	金属線ぴ	3.5
(4)	2.6	8.01	がいし引き	3.5
(5)	4	8.71	がいし引き	2.5

---

4 次の「電気設備技術基準の解釈」に基づく架空電線等の離隔に関する記述として，誤っているものを次の(1)～(5)のうちから一つ選べ。

(1) 低圧架空電線と高圧架空電線とを同一支持物に施設し，離隔距離を0.6 mとした。

(2) 低圧架空電線とケーブルを使用した高圧架空電線とを同一支持物に施設し，離隔距離を0.4 mとした。

(3) ケーブルを使用した高圧架空電線とを，異なる管理者が敷設した通信用ケーブルを使用した架空弱電流電線（絶縁電線と同等以上の絶縁効力のあるものでも通信用ケーブルでもないものを使用）を同一支持物に施設し，離隔距離を1.6 mとした。

(4) 同一支持物に施設していない高圧絶縁電線を使用した低圧架空電線とケーブル以外の電線を使用した高圧架空電線の離隔距離を0.6 mとした。

(5) 同一支持物に施設していない低圧架空電線とケーブルを使用した高圧架空電線の離隔距離を0.4 mとした。

5 「電気設備技術基準の解釈」における電線の混触の防止に関する記述として，正しいものを次の(1)~(5)のうちから一つ選べ。ただし，本問における架空弱電流電線は電力保安通信線でないとする。

(1) 低圧絶縁電線を使用した低圧架空電線を，異なる管理者が敷設した通信用ケーブルを使用した架空弱電流電線と同一支持物に承諾を得ずに施設する際，低圧架空電線を架空弱電流電線の上とし，離隔距離を0.6 mとした。

(2) 高圧架空電線を異なる管理者が敷設した架空弱電流電線（絶縁電線と同等以上の絶縁効力のあるものでも通信用ケーブルでもないものを使用）と同一支持物に承諾を得ずに施設する際，離隔距離が1 m しか取れなかったので，高圧架空電線をケーブルとした。

(3) 高圧架空電線と低圧架空電線とを同一支持物に施設する際，低圧架空電線を高圧架空電線の下とし，どちらも電線にも高圧絶縁電線を使用し，離隔距離を0.4 mとした。

(4) 高圧絶縁電線を使用した低圧架空電線とケーブルを使用した高圧架空電線路を接近又は交差する際，離隔距離を0.4 m 確保した。

(5) ケーブル以外の電線を使用した高圧架空電線と架空弱電流電線とを接近又は交さする際，架空弱電流電線路等の管理者の承諾を得た上で離隔距離を0.6 mとした。

---

6 次の文章は「電気設備技術基準の解釈」における地中電線と他の地中弱電流電線との接近又は交差に関する記述である。

地中電線が，地中弱電流電線等と接近又は交差して施設される場合は，次の各号のいずれかによること。

a 地中電線と地中弱電流電線等との離隔距離が，下表に規定する値以上であること。

地中電線の使用電圧の区分	離隔距離
低圧又は高圧	（ア） m
特別高圧	（イ） m

b　地中電線と地中弱電流電線等との間に堅ろうな［（ウ）］の隔壁を設けること。

c　地中電線を堅ろうな［（エ）］の管又は［（オ）］の管に収め，当該管が地中弱電流電線等と直接接触しないように施設すること。

上記の記述中の空白箇所（ア），（イ），（ウ），（エ）及び（オ）に当てはまる組合せとして，正しいものを次の(1)～(5)のうちから一つ選べ。

	（ア）	（イ）	（ウ）	（エ）	（オ）
(1)	0.4	0.8	耐火性	自消性のある難燃性	難燃性
(2)	0.3	0.6	耐火性	不燃性	自消性のある難燃性
(3)	0.4	0.8	不燃性	耐火性	難燃性
(4)	0.3	0.6	耐火性	耐火性	不燃性
(5)	0.4	0.6	不燃性	不燃性	自消性のある難燃性

7 次の文章は「電気設備技術基準の解釈」に基づく風圧荷重に関する記述である。

a 「甲種風圧荷重」とは，下表に規定する構成材の垂直投影面に加わる圧力を基礎として計算したもの，又は 風速［（ア）］m/s以上を想定した風洞実験に基づく値より計算したものである。

b 「乙種風圧荷重」とは，架渉線の周囲に厚さ［（イ）］mm，比重0.9の氷雪が付着した状態に対し，甲種風圧荷重の［（ウ）］倍を基礎として計算したものである。

c 「丙種風圧荷重」とは，甲種風圧荷重の［（ウ）］倍を基礎として計算したものである。

<table>
<tr><th colspan="2">風圧を受けるものの区分</th><th>構成材の垂直投影面に加わる圧力</th></tr>
<tr><td rowspan="2">架渉線</td><td>多導体（構成する電線が2条ごとに水平に配列され，かつ，当該電線相互間の距離が電線の外径の20倍以下のものに限る。以下この条において同じ。）を構成する電線</td><td>880 Pa</td></tr>
<tr><td>その他</td><td>（エ） Pa</td></tr>
</table>

上記の記述中の空白箇所（ア），（イ），（ウ）及び（エ）に当てはまる組合せとして，正しいものを次の(1)～(5)のうちから一つ選べ。

	（ア）	（イ）	（ウ）	（エ）
(1)	60	12	0.5	960
(2)	40	6	0.5	980
(3)	40	6	0.75	980
(4)	60	6	0.75	980
(5)	60	12	0.75	960

---

8 次の文章は「電気設備技術基準の解釈」におけるガス絶縁機器等の圧力容器の施設に関する記述である。

ガス絶縁機器等に使用する圧力容器は，次の各号によること。

a　100 kPaを超える絶縁ガスの圧力を受ける部分であって外気に接する部分は，最高使用圧力の（ア）倍の水圧（水圧を連続して10分間加えて試験を行うことが困難である場合は，最高使用圧力の（イ）倍の気圧）を連続して10分間加えて試験を行ったとき，これに耐え，かつ，漏えいがないものであること。

b　ガス圧縮機を有するものにあっては，ガス圧縮機の最終段又は圧縮絶縁ガスを通じる管のこれに近接する箇所及びガス絶縁機器又は圧縮絶縁ガスを通じる管のこれに近接する箇所には，最高使用圧力以下の圧力で作動するとともに，日本産業規格に適合する［（ウ）］を設けること。

c　絶縁ガスの圧力の低下により［（エ）］を生じるおそれがあるものは，絶縁ガスの圧力の低下を警報する装置又は絶縁ガスの圧力を計測する装置を設けること。

上記の記述中の空白箇所（ア），（イ），（ウ）及び（エ）に当てはまる組合せとして，正しいものを次の(1)～(5)のうちから一つ選べ。

	（ア）	（イ）	（ウ）	（エ）
(1)	1.5	1.25	安全弁	絶縁破壊
(2)	2	1	安全弁	機器の損傷
(3)	2	1.5	放圧装置	機器の損傷
(4)	1.5	1	放圧装置	絶縁破壊
(5)	2	1.5	安全弁	絶縁破壊

---

9 次の文章は「電気設備技術基準の解釈」における，常時監視をしない変電所の施設に関する記述である。

技術員が当該変電所において常時監視をしない変電所は，次の各号によること。

a　変電所に施設する変圧器の使用電圧に応じ，下表に規定する監視制御方式のいずれかにより施設すること。

変電所に施設する変圧器の使用電圧の区分	監視制御方式			
	（ア）監視制御方式	断続監視制御方式	（イ）監視制御方式	（ウ）監視制御方式
100,000 V以下	○	○	○	○
100,000 Vを超え170,000 V以下		○	○	○
170,000 V超過				○

（備考）○は，使用できることを示す。

b　上表に規定する監視制御方式は，次に適合するものであること。

イ　「（ア）監視制御方式」は，技術員が必要に応じて変電所へ出向いて，変電所の監視及び機器の操作を行うものであること。

ロ　「断続監視制御方式」は，技術員が当該変電所又はこれから（エ）m以内にある技術員駐在所に常時駐在し，断続的に変電所へ出向いて変電所の監視及び機器の操作を行うものであること。

ハ　「（イ）監視制御方式」は，技術員が変電制御所又はこれから（エ）m以内にある技術員駐在所に常時駐在し，断続的に変電制御所へ出向いて変電所の監視及び機器の操作を行うものであること。

ニ　「（ウ）監視制御方式」は，技術員が変電制御所に常時駐在し，変電所の監視及び機器の操作を行うものであること。

上記の記述中の空白箇所（ア），（イ），（ウ）及び（エ）に当てはまる組合せとして，正しいものを次の(1)～(5)のうちから一つ選べ。

	（ア）	（イ）	（ウ）	（エ）
(1)	随時	遠隔断続	遠隔常時	800
(2)	随時	遠隔断続	遠隔常時	300
(3)	簡易	遠隔常時	常時	800
(4)	随時	遠隔常時	常時	300
(5)	簡易	遠隔断続	遠隔常時	300

10 「電気設備技術基準の解釈」における地中電線路の施設に関する記述として，誤っているものを次の(1)～(5)のうちから一つ選べ。

(1) 地中電線路を直接埋設式により施設する際，車両その他の重量物の圧力を受けるおそれがないので，埋設深さを0.6 mとした。

(2) 高圧の地中電線路を管路式により施設する際，おおむね2 mの間隔で物件の名称，管理者名及び電圧を表示した。

(3) 特別高圧の地中電線路を管路式により施設する際，地中電線路の長さが15 m以下であったため，地中電線路に表示を施さなかった。

(4) 地中電線路を暗きょ式により施設する際，暗きょ内に自動消火設備を施設したため，地中電線に耐燃措置を施さなかった。

(5) 地中電線路を暗きょ式により施設する際，暗きょを車両その他の重量物の圧力を想定して耐えるものとした。

---

11 「電気設備技術基準の解釈」における高圧及び特別高圧の電路の避雷器の設置に関する記述として，正しいものを次の(1)～(5)のうちから一つ選べ。

(1) 発電所の架空電線の引出口に避雷器を施設し，引込口には施設しなかった。

(2) 高圧架空電線路から電気の供給を受ける受電電力が500 kWの需要場所の引込口に避雷器を施設しなかった。

(3) 特別高圧架空電線路から電気の供給を受ける400 kWの需要場所の引込口に避雷器を施設しなかった。

(4) 変電所の架空電線の引込口に直接接続する電線が短いため，避雷器を施設しなかった。

(5) 高圧の電路に施設する避雷器にD種接地工事を施した。

3 電気使用場所の施設

（教科書CHAPTER03　SEC04対応）

POINT 1　配線の感電又は火災の防止

〈電気設備に関する技術基準を定める省令第56条〉

1　配線は，施設場所の状況及び電圧に応じ，感電又は火災のおそれがないように施設しなければならない。

2　移動電線を電気機械器具と接続する場合は，接続不良による感電又は火災のおそれがないように施設しなければならない。

3　特別高圧の移動電線は，第1項及び前項の規定にかかわらず，施設してはならない。ただし，充電部分に人が触れた場合に人体に危害を及ぼすおそれがなく，移動電線と接続することが必要不可欠な電気機械器具に接続するものは，この限りでない。

〈電気設備の技術基準の解釈第142条（抜粋）〉

六　移動電線　電気使用場所に施設する電線のうち，造営物に固定しないものをいい，電球線及び電気機械器具内の電線を除く。

〈電気設備の技術基準の解釈第143条（抜粋）〉

住宅の屋内電路（電気機械器具内の電路を除く。以下この項において同じ。）の対地電圧は，150 V以下であること。ただし，次の各号のいずれかに該当する場合は，この限りでない。

一　定格消費電力が2 kW以上の電気機械器具及びこれに電気を供給する屋内配線を次により施設する場合

イ　屋内配線は，当該電気機械器具のみに電気を供給するものであること。

ロ　電気機械器具の使用電圧及びこれに電気を供給する屋内配線の対地電圧は，300 V以下であること。

ハ　屋内配線には，簡易接触防護措置を施すこと。

ニ　電気機械器具には，簡易接触防護措置を施すこと。

ホ　電気機械器具は，屋内配線と直接接続して施設すること。

ヘ　電気機械器具に電気を供給する電路には，専用の開閉器及び過電流遮断器を施設すること。

ト　電気機械器具に電気を供給する電路には，電路に地絡が生じたときに自動的に電路を遮断する装置を施設すること。

POINT 2 配線の使用電線

〈電気設備に関する技術基準を定める省令第57条〉

1　配線の使用電線（裸電線及び特別高圧で使用する接触電線を除く。）には，感電又は火災のおそれがないよう，施設場所の状況及び電圧に応じ，使用上十分な強度及び絶縁性能を有するものでなければならない。

2　配線には，裸電線を使用してはならない。ただし，施設場所の状況及び電圧に応じ，使用上十分な強度を有し，かつ，絶縁性がないことを考慮して，配線が感電又は火災のおそれがないように施設する場合は，この限りでない。

3　特別高圧の配線には，接触電線を使用してはならない。

POINT 3 低圧の電路の絶縁性能

〈電気設備に関する技術基準を定める省令第58条〉

電気使用場所における使用電圧が低圧の電路の電線相互間及び電路と大地との間の絶縁抵抗は，開閉器又は過電流遮断器で区切ることのできる電路ごとに，次の表の上欄に掲げる電路の使用電圧の区分に応じ，それぞれ同表の下欄に掲げる値以上でなければならない。

電路の使用電圧の区分		絶縁抵抗値
300 V以下	対地電圧（接地式電路においては電線と大地との間の電圧，非接地式電路においては電線間の電圧をいう。以下同じ。）が150 V以下の場合	0.1 MΩ
	その他の場合	0.2 MΩ
300 Vを超えるもの		0.4 MΩ

〈電気設備の技術基準の解釈第14条第1項（抜粋）〉

二　絶縁抵抗測定が困難な場合においては，当該電路の使用電圧が加わった状態における漏えい電流が，1 mA以下であること。

POINT 4　電気使用場所に施設する電気機械器具の感電，火災等の防止

〈電気設備に関する技術基準を定める省令第59条〉

1　電気使用場所に施設する電気機械器具は，充電部の露出がなく，かつ，人体に危害を及ぼし，又は火災が発生するおそれがある発熱がないように施設しなければならない。ただし，電気機械器具を使用するために充電部の露出又は発熱体の施設が必要不可欠である場合であって，感電その他人体に危害を及ぼし，又は火災が発生するおそれがないように施設する場合は，この限りでない。

2　燃料電池発電設備が一般用電気工作物である場合には，運転状態を表示する装置を施設しなければならない。

POINT 5　特別高圧の電気集じん応用装置等の施設の禁止

〈電気設備に関する技術基準を定める省令第60条〉

使用電圧が特別高圧の電気集じん装置，静電塗装装置，電気脱水装置，電気選別装置その他の電気集じん応用装置及びこれに特別高圧の電気を供給するための電気設備は，第56条及び前条の規定にかかわらず，屋側又は屋外には，施設してはならない。ただし，当該電気設備の充電部の危険性を考慮して，感電又は火災のおそれがないように施設する場合は，この限りでない。

POINT 6　非常用予備電源の施設

〈電気設備に関する技術基準を定める省令第61条〉

常用電源の停電時に使用する非常用予備電源（需要場所に施設するものに限る。）は，需要場所以外の場所に施設する電路であって，常用電源側のものと電気的に接続しないように施設しなければならない。

POINT 7　配線による他の配線等又は工作物への危険の防止

〈電気設備に関する技術基準を定める省令第62条〉

1　配線は，他の配線，弱電流電線等と接近し，又は交さする場合は，混触による感電又は火災のおそれがないように施設しなければならない。

2　配線は，水道管，ガス管又はこれらに類するものと接近し，又は交さする場合は，放電によりこれらの工作物を損傷するおそれがなく，かつ，漏電又は放電によりこれらの工作物を介して感電又は火災のおそれがないように施設しなければならない。

POINT 8　過電流からの低圧幹線等の保護措置

〈電気設備に関する技術基準を定める省令第63条〉

1　低圧の幹線，低圧の幹線から分岐して電気機械器具に至る低圧の電路及び引込口から低圧の幹線を経ないで電気機械器具に至る低圧の電路（以下この条において「幹線等」という。）には，適切な箇所に開閉器を施設するとともに，過電流が生じた場合に当該幹線等を保護できるよう，過電流遮断器を施設しなければならない。ただし，当該幹線等における短絡事故により過電流が生じるおそれがない場合は，この限りでない。

2　交通信号灯，出退表示灯その他のその損傷により公共の安全の確保に支障を及ぼすおそれがあるものに電気を供給する電路には，過電流による過熱焼損からそれらの電線及び電気機械器具を保護できるよう，過電流遮断器を施設しなければならない。

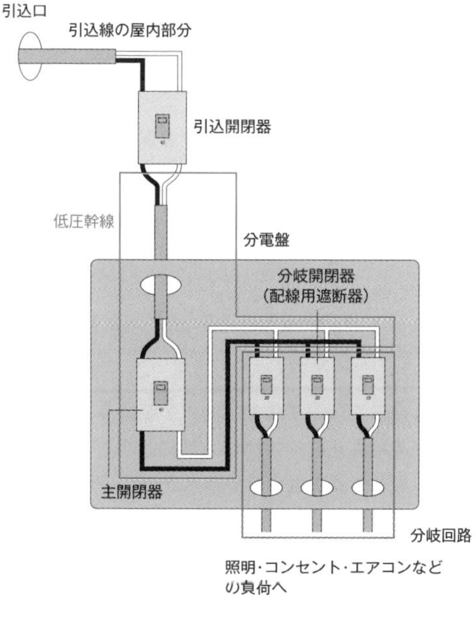

〈電気設備の技術基準の解釈第148条（抜粋）〉

低圧幹線は，次の各号によること。

二　電線の許容電流は，低圧幹線の各部分ごとに，その部分を通じて供給される電気使用機械器具の定格電流の合計値以上であること。ただし，当該低圧幹線に接続する負荷のうち，電動機又はこれに類する起動電流が大きい電気機械器具（以下この条において「電動機等」という。）の定格電流の合計が，他の電気使用機械器具の定格電流の合計より大きい場合は，他の電気使用機械器具の定格電流の合計に次の値を加えた値以上であること。

イ　電動機等の定格電流の合計が50 A以下の場合は，その定格電流の合計の1.25倍

ロ　電動機等の定格電流の合計が50 Aを超える場合は，その定格電流の合計の1.1倍

四　低圧幹線の電源側電路には，当該低圧幹線を保護する過電流遮断器を施設すること。ただし，次のいずれかに該当する場合は，この限りでない。

イ　低圧幹線の許容電流が，当該低圧幹線の電源側に接続する他の低圧幹線を保護する過電流遮断器の定格電流の55%以上である場合

ロ　過電流遮断器に直接接続する低圧幹線又はイに掲げる低圧幹線に接続する長さ8 m以下の低圧幹線であって，当該低圧幹線の許容電流が，当該低圧幹線の電源側に接続する他の低圧幹線を保護する過電流遮断器の定格電流の35%以上である場合

ハ　過電流遮断器に直接接続する低圧幹線又はイ若しくはロに掲げる低圧幹線に接続する長さ3 m以下の低圧幹線であって，当該低圧幹線の負荷側に他の低圧幹線を接続しない場合

五　前号の規定における「当該低圧幹線を保護する過電流遮断器」は，その定格電流が，当該低圧幹線の許容電流以下のものであること。ただし，低圧幹線に電動機等が接続される場合の定格電流は，次のいずれかによることができる。

イ　電動機等の定格電流の合計の3倍に，他の電気使用機械器具の定格電流の合計を加えた値以下であること。

ロ　イの規定による値が当該低圧幹線の許容電流を2.5倍した値を超える場合は，その許容電流を2.5倍した値以下であること。

ハ　当該低圧幹線の許容電流が100 Aを超える場合であって，イ又はロの規定による値が過電流遮断器の標準定格に該当しないときは，イ又はロの規定による値の直近上位の標準定格であること。

・低圧幹線に使用する電線の許容電流

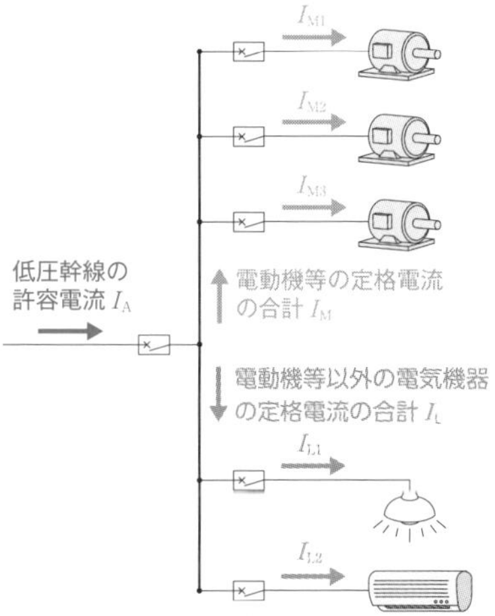

条件		低圧幹線の許容電流 I_A
$I_M \leqq I_L$		$I_A \geqq I_M + I_L$
$I_M > I_L$	$I_M \leqq 50$ A	$I_A \geqq 1.25\ I_M + I_L$
	$I_M > 50$ A	$I_A \geqq 1.1\ I_M + I_L$

・分岐した低圧幹線への過電流遮断器の施設

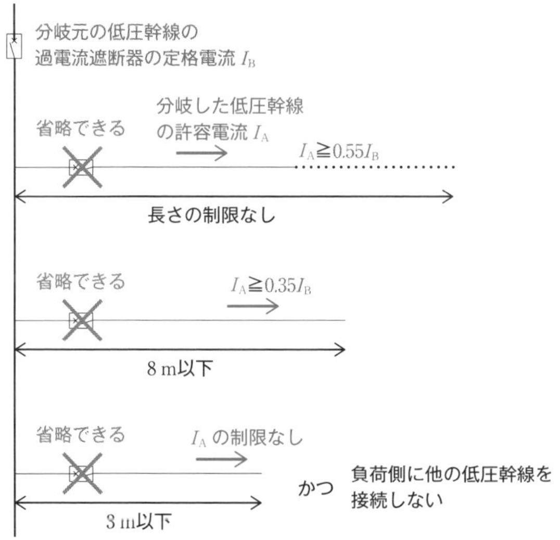

・低圧幹線に使用する過電流遮断器の定格電流

条件	過電流遮断器の定格電流 I_B
電動機等なし	$I_B \leqq I_A$
電動機等あり	$3\ I_M + I_L$ または2.5 I_A のうち，いずれか小さい方以下 ※ I_A が100 A を超える場合は上記の値の直近上位の標準定格以下

POINT 9 異常時の保護対策

〈電気設備に関する技術基準を定める省令第64条〉

ロードヒーティング等の電熱装置，プール用水中照明灯その他の一般公衆の立ち入るおそれがある場所又は絶縁体に損傷を与えるおそれがある場所に施設するものに電気を供給する電路には，地絡が生じた場合に，感電又は火災のおそれがないよう，地絡遮断器の施設その他の適切な措置を講じなければならない。

〈電気設備に関する技術基準を定める省令第65条〉

屋内に施設する電動機(出力が0.2 kW以下のものを除く。この条において同じ。)には，過電流による当該電動機の焼損により火災が発生するおそれがないよう，過電流遮断器の施設その他の適切な措置を講じなければならない。ただし，電動機の構造上又は負荷の性質上電動機を焼損するおそれがある過電流が生じるおそれがない場合は，この限りでない。

〈電気設備に関する技術基準を定める省令第66条〉

1　高圧の移動電線又は接触電線（電車線を除く。以下同じ。）に電気を供給する電路には，過電流が生じた場合に，当該高圧の移動電線又は接触電線を保護できるよう，過電流遮断器を施設しなければならない。

2　前項の電路には，地絡が生じた場合に，感電又は火災のおそれがないよう，地絡遮断器の施設その他の適切な措置を講じなければならない。

POINT 10 電気的，磁気的障害の防止

〈電気設備に関する技術基準を定める省令第67条〉

電気使用場所に施設する電気機械器具又は接触電線は，電波，高周波電流等が発生することにより，無線設備の機能に継続的かつ重大な障害を及ぼすおそれがないように施設しなければならない。

POINT 11 特殊場所における施設制限

(1)　粉じんにより絶縁性能等が劣化することによる危険のある場所における施設

〈電気設備に関する技術基準を定める省令第68条〉

粉じんの多い場所に施設する電気設備は，粉じんによる当該電気設備の絶縁性能又は導電性能が劣化することに伴う感電又は火災のおそれがないように施設しなければならない。

(2) 可燃性のガス等により爆発する危険のある場所における施設の禁止

〈電気設備に関する技術基準を定める省令第69条〉

次の各号に掲げる場所に施設する電気設備は，通常の使用状態において，当該電気設備が点火源となる爆発又は火災のおそれがないように施設しなければならない。

一 可燃性のガス又は引火性物質の蒸気が存在し，点火源の存在により爆発するおそれがある場所

二 粉じんが存在し，点火源の存在により爆発するおそれがある場所

三 火薬類が存在する場所

四 セルロイド，マッチ，石油類その他の燃えやすい危険な物質を製造し，又は貯蔵する場所

(3) 腐食性のガス等により絶縁性能等が劣化することによる危険のある場所における施設

〈電気設備に関する技術基準を定める省令第70条〉

腐食性のガス又は溶液の発散する場所（酸類，アルカリ類，塩素酸カリ，さらし粉，染料若しくは人造肥料の製造工場，銅，亜鉛等の製錬所，電気分銅所，電気めっき工場，開放形蓄電池を設置した蓄電池室又はこれらに類する場所をいう。）に施設する電気設備には，腐食性のガス又は溶液による当該電気設備の絶縁性能又は導電性能が劣化することに伴う感電又は火災のおそれがないよう，予防措置を講じなければならない。

(4) 火薬庫内における電気設備の施設の禁止

〈電気設備に関する技術基準を定める省令第71条〉

照明のための電気設備（開閉器及び過電流遮断器を除く。）以外の電気設備は，第69条の規定にかかわらず，火薬庫内には，施設してはならない。ただし，容易に着火しないような措置が講じられている火薬類を保管する場所にあって，特別の事情がある場合は，この限りでない。

(5) 特別高圧の電気設備の施設の禁止

〈電気設備に関する技術基準を定める省令第72条〉

特別高圧の電気設備は，第68条及び第69条の規定にかかわらず，第68条及び第69条各号に規定する場所には，施設してはならない。ただし，静電塗装装置，同期電動機，誘導電動機，同期発電機，誘導発電機又は石油の精製の用に供する設備に生ずる燃料油中の不純物を高電圧により帯電させ，燃料油と分離して，除去する装置及びこれらに電気を供給する電気設備（それぞれ可燃性のガス等に着火するおそれがないような措置が講じられたものに限る。）を施設するときは，この限りでない。

(6) 接触電線の危険場所への施設の禁止

〈電気設備に関する技術基準を定める省令第73条〉

1　接触電線は，第69条の規定にかかわらず，同条各号に規定する場所には，施設してはならない。

2　接触電線は，第68条の規定にかかわらず，同条に規定する場所には，施設してはならない。ただし，展開した場所において，低圧の接触電線及びその周囲に粉じんが集積することを防止するための措置を講じ，かつ，綿，麻，絹その他の燃えやすい繊維の粉じんが存在する場所にあっては，低圧の接触電線と当該接触電線に接触する集電装置とが使用状態において離れ難いように施設する場合は，この限りでない。

3　高圧接触電線は，第70条の規定にかかわらず，同条に規定する場所には，施設してはならない。

POINT 12 特殊機器の施設

(1) 電気さくの施設の禁止

〈電気設備に関する技術基準を定める省令第74条〉

電気さく（屋外において裸電線を固定して施設したさくであって，その裸電線に充電して使用するものをいう。）は，施設してはならない。ただし，田畑，牧場，その他これに類する場所において野獣の侵入又は家畜の脱出を防止するために施設する場合であって，絶縁性がないことを考慮し，感電又は火災のおそれがないように施設するときは，この限りでない。

(2) 電撃殺虫器，エックス線発生装置の施設場所の禁止

〈電気設備に関する技術基準を定める省令第75条〉

電撃殺虫器又はエックス線発生装置は，第68条から第70条までに規定する場所には，施設してはならない。

(3) パイプライン等の電熱装置の施設の禁止

〈電気設備に関する技術基準を定める省令第76条〉

パイプライン等（導管等により液体の輸送を行う施設の総体をいう。）に施設する電熱装置は，第68条から第70条までに規定する場所には，施設してはならない。ただし，感電，爆発又は火災のおそれがないよう，適切な措置を講じた場合は，この限りでない。

(4) 電気浴器，銀イオン殺菌装置の施設

〈電気設備に関する技術基準を定める省令第77条〉

電気浴器（浴槽の両端に板状の電極を設け，その電極相互間に微弱な交流電圧を加えて入浴者に電気的刺激を与える装置をいう。）又は銀イオン殺菌装置（浴槽内に電極を収納したイオン発生器を設け，その電極相互間に微弱な直流電圧を加えて銀イオンを発生させ，これにより殺菌する装置をいう。）は，第59条の規定にかかわらず，感電による人体への危害又は火災のおそれがない場合に限り，施設することができる。

(5) 電気防食施設の施設

〈電気設備に関する技術基準を定める省令第78条〉

電気防食施設は，他の工作物に電食作用による障害を及ぼすおそれがないように施設しなければならない。

確認問題

❶ 次の文章は「電気設備技術基準」における配線の感電又は火災の防止に関する記述である。（ア）～（エ）にあてはまる語句を解答群から選択して答えよ。
P.184 POINT 1

a　配線は，施設場所の状況及び［（ア）］に応じ，感電又は火災のおそれがないように施設しなければならない。

b　移動電線を電気機械器具と接続する場合は，［（イ）］による感電又は火災のおそれがないように施設しなければならない。

c　［（ウ）］の移動電線は，上記a及びbの規定にかかわらず，施設してはならない。ただし，［（エ）］に人が触れた場合に人体に危害を及ぼすおそれがなく，移動電線と接続することが必要不可欠な電気機械器具に接続するものは，この限りでない。

【解答群】

⑴ 特別高圧	⑵ 施工不良	⑶ 周囲環境
⑷ 充電部分	⑸ 絶縁性能	⑹ 接続部
⑺ 接続不良	⑻ 高圧又は特別高圧	⑼ ケーブル以外
⑽ 電圧	⑾ 機器	⑿ 接触不良

---

❷ 次の文章は「電気設備技術基準の解釈」における電路の対地電圧の制限に関する記述の一部である。（ア）～（カ）にあてはまる語句を解答群から選択して答えよ。ただし，同じ解答を選択してよい。
P.184 POINT 1

住宅の屋内電路の対地電圧は，［（ア）］V以下であること。ただし，次の各号のいずれかに該当する場合は，この限りでない。

a　定格消費電力が［（イ）］kW以上の電気機械器具及びこれに電気を供給する屋内配線を次により施設する場合

1　屋内配線は，当該電気機械器具のみに電気を供給するものであること。

2　電気機械器具の使用電圧及びこれに電気を供給する屋内配線の対地

電圧は，（ウ）V以下であること。

3　屋内配線には，（エ）を施すこと。

4　電気機械器具には，（オ）を施すこと。

5　電気機械器具に電気を供給する電路には，専用の開閉器及び（カ）遮断器を施設すること。

【解答群】

(1) 450	(2) 2	(3) 簡易接触防護措置	(4) 7000
(5) 地絡	(6) 150	(7) 接地	(8) 過電流
(9) 防火	(10) 漏電	(11) 5	(12) 接触防護措置
(13) 300	(14) 10	(15) 600	(16) 地絡過電圧

3　次の文章は「電気設備技術基準」における配線の使用電線に関する記述である。（ア）～（エ）にあてはまる語句を解答群から選択して答えよ。

P.185 POINT 2

a　配線の使用電線（（ア）及び特別高圧で使用する（イ）を除く。）には，感電又は火災のおそれがないよう，施設場所の状況及び（ウ）に応じ，使用上十分な強度及び絶縁性能を有するものでなければならない。

b　配線には，（ア）を使用してはならない。ただし，施設場所の状況及び（ウ）に応じ，使用上十分な（エ）を有し，かつ，絶縁性がないことを考慮して，配線が感電又は火災のおそれがないように施設する場合は，この限りでない。

c　特別高圧の配線には，（イ）を使用してはならない。

【解答群】

(1) 電圧	(2) 裸電線	(3) 接触防護措置	(4) 地中電線
(5) 接触電線	(6) 周波数	(7) 絶縁電線	(8) 絶縁性能
(9) 強度	(10) 移動電線	(11) 安全性	(12) ケーブル

❹ 次の文章は「電気設備技術基準」における低圧の電路の絶縁性能に関する記述である。（ア）～（オ）にあてはまる語句を解答群から選択して答えよ。

P.185 POINT 3

電気使用場所における使用電圧が低圧の電路の電線相互間及び電路と大地との間の絶縁抵抗は，開閉器又は過電流遮断器で区切ることのできる電路ごとに，次の表の上欄に掲げる電路の使用電圧の区分に応じ，それぞれ同表の下欄に掲げる値以上でなければならない。

電路の使用電圧の区分		絶縁抵抗値
（ア） V以下	対地電圧（接地式電路においては電線と大地との間の電圧，非接地式電路においては電線間の電圧をいう。以下同じ。）が （イ） V以下の場合	（ウ） MΩ
	その他の場合	（エ） MΩ
（ア） Vを超えるもの		（オ） MΩ

【解答群】

(1) 0.05　(2) 0.1　(3) 0.2　(4) 0.3

(5) 0.4　(6) 0.5　(7) 1　(8) 10

(9) 100　(10) 150　(11) 300　(12) 450

---

❺ 次の文章は「電気設備技術基準」における電気使用場所に施設する電気機械器具の感電，火災等の防止に関する記述である。（ア）～（ウ）にあてはまる語句を解答群から選択して答えよ。

P.186 POINT 4

a　電気使用場所に施設する電気機械器具は，充電部の露出がなく，かつ，（ア） に危害を及ぼし，又は （イ） が発生するおそれがある発熱がないように施設しなければならない。ただし，電気機械器具を使用するために充電部の露出又は発熱体の施設が必要不可欠である場合であって，感電その他 （ア） に危害を及ぼし，又は （イ） が発生するおそれがないように施設する場合は，この限りでない。

b　燃料電池発電設備が一般用電気工作物である場合には，（ウ） を表示する装置を施設しなければならない。

【解答群】

(1) 電気の供給	(2) 運転状態	(3) 物件	(4) 火災
(5) 電圧	(6) 自然発火	(7) 異常	(8) 人体

---

6 次の文章は「電気設備技術基準」における配線による他の配線等又は工作物への危険の防止に関する記述である。（ア）～（エ）にあてはまる語句を解答群から選択して答えよ。

P.186 POINT 7

a　配線は，他の配線，弱電流電線等と接近し，又は交さする場合は，（ア）による（イ）又は火災のおそれがないように施設しなければならない。

b　配線は，水道管，ガス管又はこれらに類するものと接近し，又は交さする場合は，（ウ）によりこれらの工作物を損傷するおそれがなく，かつ，（エ）又は（ウ）によりこれらの工作物を介して（イ）又は火災のおそれがないように施設しなければならない。

【解答群】

(1) 混触	(2) 放電	(3) 地絡	(4) 感電
(5) 危険	(6) アーク	(7) 短絡	(8) 損害
(9) 漏電	(10) 誘導作用	(11) 危害	(12) 接触

---

7 次の文章は「電気設備技術基準の解釈」における低圧幹線の施設に関する記述の一部である。（ア）～（オ）にあてはまる語句を解答群から選択して答えよ。

P.187 POINT 8

a　電線の許容電流は，低圧幹線の各部分ごとに，その部分を通じて供給される電気使用機械器具の定格電流の合計値以上であること。ただし，当該低圧幹線に接続する負荷のうち，電動機又はこれに類する起動電流が大きい電気機械器具の定格電流の合計が，他の電気使用機械器具の定格電流の合計より大きい場合は，他の電気使用機械器具の定格電流の合計に次の値を加えた値以上であること。

イ　電動機等の定格電流の合計が50 A以下の場合は，その定格電流の合計の［（ア）］倍

ロ　電動機等の定格電流の合計が50 Aを超える場合は，その定格電流の合計の［（イ）］倍

b　低圧幹線の電源側電路には，当該低圧幹線を保護する過電流遮断器を施設すること。ただし，次のいずれかに該当する場合は，この限りでない。

イ　低圧幹線の許容電流が，当該低圧幹線の電源側に接続する他の低圧幹線を保護する過電流遮断器の定格電流の［（ウ）］%以上である場合

ロ　過電流遮断器に直接接続する低圧幹線又はイに掲げる低圧幹線に接続する長さ8 m以下の低圧幹線であって，当該低圧幹線の許容電流が，当該低圧幹線の電源側に接続する他の低圧幹線を保護する過電流遮断器の定格電流の［（エ）］%以上である場合

ハ　過電流遮断器に直接接続する低圧幹線又はイ若しくはロに掲げる低圧幹線に接続する長さ［（オ）］m以下の低圧幹線であって，当該低圧幹線の負荷側に他の低圧幹線を接続しない場合

【解答群】

(1)　1	(2)　1.1	(3)　1.25	(4)　1.5
(5)　2	(6)　3	(7)　4	(8)　5
(9)　25	(10)　35	(11)　55	(12)　75

8　次の文章は「電気設備技術基準」における異常時の保護対策に関する記述である。（ア）～（エ）にあてはまる語句を解答群から選択して答えよ。ただし，同じ解答を選択してよい。

P.190 POINT 9

a　ロードヒーティング等の電熱装置，プール用水中照明灯その他の一般公衆の立ち入るおそれがある場所又は［（ア）］に損傷を与えるおそれがある場所に施設するものに電気を供給する電路には，［（イ）］が生じた場合に，感電又は火災のおそれがないよう，［（イ）］遮断器の施設その他の適切な措置を講じなければならない。

b　高圧の移動電線又は接触電線に電気を供給する電路には，（ウ）が生じた場合に，当該高圧の移動電線又は接触電線を保護できるよう，（ウ）遮断器を施設しなければならない。

c　高圧の移動電線又は接触電線に電気を供給する電路には，（エ）が生じた場合に，感電又は火災のおそれがないよう，（エ）遮断器の施設その他の適切な措置を講じなければならない。

【解答群】

(1)　過負荷　(2)　地絡　(3)　漏電　(4)　建造物
(5)　絶縁体　(6)　短絡　(7)　物件　(8)　過電流

---

9 次の文章は「電気設備技術基準」における可燃性のガス等もしくは腐食性のガス等における施設の禁止に関する記述である。（ア）～（オ）にあてはまる語句を解答群から選択して答えよ。

P.190 POINT 11

a　次の各号に掲げる場所に施設する電気設備は，通常の使用状態において，当該電気設備が点火源となる（ア）のおそれがないように施設しなければならない。

一　可燃性のガス又は引火性物質の（イ）が存在し，点火源の存在により爆発するおそれがある場所

二　（ウ）が存在し，点火源の存在により爆発するおそれがある場所

b　腐食性のガス又は（エ）の発散する場所に施設する電気設備には，腐食性のガス又は（エ）による当該電気設備の（オ）性能又は導電性能が劣化することに伴う感電又は火災のおそれがないよう，予防措置を講じなければならない。

【解答群】

(1)　危険物　(2)　感電又は火災　(3)　溶液
(4)　蒸気　(5)　危害又は火災　(6)　固体
(7)　粉じん　(8)　遮断　(9)　液体
(10)　耐アーク　(11)　絶縁　(12)　爆発又は火災

⑩ 次の文章は「電気設備技術基準」における特殊機器の施設に関する記述である。（ア）～（ウ）にあてはまる語句を解答群から選択して答えよ。

P.192 POINT 12

a　電気さく（［（ア）］において［（イ）］を固定して施設したさくであって，その［（イ）］に充電して使用するものをいう。）は，施設してはならない。ただし，田畑，牧場，その他これに類する場所において野獣の侵入又は家畜の脱出を防止するために施設する場合であって，絶縁性がないことを考慮し，感電又は火災のおそれがないように施設するときは，この限りでない。

b　［（ウ）］施設は，他の工作物に電食作用による障害を及ぼすおそれがないように施設しなければならない。

【解答群】

(1) 屋内	(2) 電気防食	(3) 裸電線	(4) 屋外
(5) 熱線	(6) 電力貯蔵	(7) 構外	(8) 鋼線

基本問題

1 次の文章は「電気設備技術基準」における配線に関する記述である。

a　（ア）を電気機械器具と接続する場合は，接続不良による感電又は火災のおそれがないように施設しなければならない。

b　特別高圧の（ア）は，施設してはならない。ただし，充電部分に人が触れた場合に人体に危害を及ぼすおそれがなく，（ア）と接続することが必要不可欠な電気機械器具に接続するものは，この限りでない。

c　配線の使用電線には，感電又は火災のおそれがないよう，施設場所の（イ）及び電圧に応じ，使用上十分な（ウ）及び絶縁性能を有するものでなければならない。

d　配線には，（エ）を使用してはならない。ただし，施設場所の（イ）及び電圧に応じ，使用上十分な（ウ）を有し，かつ，絶縁性がないことを考慮して，配線が感電又は火災のおそれがないように施設する場合は，この限りでない。

上記の記述中の空白箇所（ア），（イ），（ウ）及び（エ）に当てはまる組合せとして，正しいものを次の(1)～(5)のうちから一つ選べ。

	（ア）	（イ）	（ウ）	（エ）
(1)	接触電線	状況	強度	裸電線
(2)	接触電線	状況	発熱量	多心型電線
(3)	接触電線	湿度	発熱量	多心型電線
(4)	移動電線	湿度	強度	裸電線
(5)	移動電線	状況	強度	裸電線

2 次の文章は「電気設備技術基準の解釈」における電路の対地電圧の制限に関する記述である。

住宅の屋内電路の対地電圧は，（ア）V以下であること。ただし，次の各号のいずれかに該当する場合は，この限りでない。

a　定格消費電力が2kW以上の電気機械器具及びこれに電気を供給する屋内配線を次により施設する場合

1　電気機械器具の使用電圧及びこれに電気を供給する屋内配線の対地電圧は，（イ）V以下であること。

2　電気機械器具に電気を供給する電路には，専用の開閉器及び（ウ）遮断器を施設すること。

3　電気機械器具に電気を供給する電路には，電路に（エ）が生じたときに自動的に電路を遮断する装置を施設すること。

b　当該住宅以外の場所に電気を供給するための屋内配線を次により施設する場合

1　屋内配線の対地電圧は，（オ）V以下であること。

2　人が触れるおそれがない隠ぺい場所に合成樹脂管工事，金属管工事又はケーブル工事により施設すること

上記の記述中の空白箇所（ア），（イ），（ウ），（エ）及び（オ）に当てはまる組合せとして，正しいものを次の(1)～(5)のうちから一つ選べ。

	（ア）	（イ）	（ウ）	（エ）	（オ）
(1)	150	300	過電流	地絡	450
(2)	150	300	過電流	地絡	300
(3)	300	300	過電流	短絡	600
(4)	150	450	配線用	短絡	600
(5)	300	450	配線用	地絡	300

3 次の文章は「電気設備技術基準」における低圧の電路の絶縁性能に関する記述である。

電気使用場所における使用電圧が低圧の電路の電線相互間及び電路と大地との間の絶縁抵抗は，[（ア）]で区切ることのできる電路ごとに，次の表の上欄に掲げる電路の使用電圧の区分に応じ，それぞれ同表の下欄に掲げる値以上でなければならない。

電路の使用電圧の区分		絶縁抵抗値
300 V以下	対地電圧（接地式電路においては電線と大地との間の電圧，非接地式電路においては電線間の電圧をいう。以下同じ。）が[（イ）]V以下の場合	[（ウ）]MΩ
	その他の場合	[（エ）]MΩ
300 Vを超えるもの		0.4 MΩ

上記の記述中の空白箇所（ア），（イ），（ウ）及び（エ）に当てはまる組合せとして，正しいものを次の(1)～(5)のうちから一つ選べ。

	（ア）	（イ）	（ウ）	（エ）
(1)	開閉器又は過電流遮断器	150	0.1	0.2
(2)	開閉器又は接続点	150	0.1	0.2
(3)	開閉器又は接続点	150	0.2	0.3
(4)	開閉器又は過電流遮断器	200	0.2	0.3
(5)	開閉器又は過電流遮断器	200	0.1	0.2

4 次の文章は「電気設備技術基準」における電気使用場所に施設する電気機械器具及び電気集じん応用装置等の施設に関する記述である。

a　電気使用場所に施設する電気機械器具は，充電部の［（ア）］がなく，かつ，人体に危害を及ぼし，又は火災が発生するおそれがある発熱がないように施設しなければならない。ただし，電気機械器具を使用するために充電部の［（ア）］又は発熱体の施設が必要不可欠である場合であって，［（イ）］その他人体に危害を及ぼし，又は火災が発生するおそれがないように施設する場合は，この限りでない。

b　使用電圧が［（ウ）］の電気集じん装置，静電塗装装置，電気脱水装置，電気選別装置その他の電気集じん応用装置及びこれに［（ウ）］の電気を供給するための電気設備は，aの規定にかかわらず，屋側又は屋外には，施設してはならない。ただし，当該電気設備の充電部の危険性を考慮して，［（イ）］又は火災のおそれがないように施設する場合は，この限りでない。

上記の記述中の空白箇所（ア），（イ）及び（ウ）に当てはまる組合せとして，正しいものを次の(1)～(5)のうちから一つ選べ。

	（ア）	（イ）	（ウ）
(1)	露出	感電	特別高圧
(2)	露出	感電	高圧又は特別高圧
(3)	漏電	爆発	高圧又は特別高圧
(4)	漏電	爆発	特別高圧
(5)	漏電	感電	高圧又は特別高圧

5 次の文章は「電気設備技術基準」における配線による他の配線等又は工作物への危険の防止に関する記述である。

a　常用電源の停電時に使用する非常用予備電源（ (ア) に施設するものに限る。）は， (ア) 以外の場所に施設する電路であって，常用電源側のものと (イ) に接続しないように施設しなければならない。

b　配線は，水道管，ガス管又はこれらに類するものと接近し，又は交さする場合は，放電によりこれらの工作物を損傷するおそれがなく，かつ， (ウ) によりこれらの工作物を介して (エ) のおそれがないように施設しなければならない。

上記の記述中の空白箇所（ア），（イ），（ウ）及び（エ）に当てはまる組合せとして，正しいものを次の(1)～(5)のうちから一つ選べ。

	（ア）	（イ）	（ウ）	（エ）
(1)	発電所	機械的	接触又は漏電	感電又は火災
(2)	発電所	機械的	漏電又は放電	感電又は火傷
(3)	需要場所	電気的	漏電又は放電	感電又は火災
(4)	需要場所	電気的	接触又は漏電	感電又は火災
(5)	需要場所	電気的	漏電又は放電	感電又は火傷

6 低圧幹線は「電気設備技術基準の解釈」に基づき，電動機又はこれに類する起動電流が大きい電気機械器具の定格電流の合計 I_M，他の電気使用機械器具の定格電流の合計 I_L で許容電流を決定する。次の a ～ c の記述のうち，低圧幹線の許容電流を最も大きくする必要があるものとその電流値の組合せとして，最も近いものを次の(1)～(5)のうちから一つ選べ。

a　I_M=60 A，I_L=20 A

b　I_M=50 A，I_L=30 A

c　I_M=40 A，I_L=40 A

	最も大きくする必要がある幹線	電流値
(1)	a	86
(2)	a	95
(3)	b	85
(4)	b	93
(5)	c	90

---

7 次の文章は「電気設備技術基準の解釈」における低圧幹線を保護する過電流遮断器の施設に関する記述である。

低圧幹線の電源側電路には，当該低圧幹線を保護する過電流遮断器を施設すること。ただし，次のいずれかに該当する場合は，この限りでない。

a　低圧幹線の許容電流が，当該低圧幹線の電源側に接続する他の低圧幹線を保護する過電流遮断器の定格電流の［（ア）］%以上である場合

b　過電流遮断器に直接接続する低圧幹線又はａに掲げる低圧幹線に接続する長さ［（イ）］m以下の低圧幹線であって，当該低圧幹線の許容電流が，当該低圧幹線の電源側に接続する他の低圧幹線を保護する過電流遮断器の定格電流の［（ウ）］%以上である場合

c　過電流遮断器に直接接続する低圧幹線又はａ若しくはｂに掲げる低圧幹線に接続する長さ［（エ）］m以下の低圧幹線であって，当該低圧幹線の負荷側に他の低圧幹線を接続しない場合

上記の記述中の空白箇所（ア），（イ），（ウ）及び（エ）に当てはまる組合せとして，正しいものを次の(1)〜(5)のうちから一つ選べ。

	（ア）	（イ）	（ウ）	（エ）
(1)	60	8	35	5
(2)	55	8	35	3
(3)	55	7	25	3
(4)	55	7	25	5
(5)	60	8	35	3

8 次の文章は「電気設備技術基準」における電動機の過負荷保護及び電気的，磁気的障害の防止に関する記述である。

a　屋内に施設する電動機（出力が［（ア）］kW以下のものを除く。この条において同じ。）には，［（イ）］による当該電動機の焼損により火災が発生するおそれがないよう，［（イ）］遮断器の施設その他の適切な措置を講じなければならない。

b　［（ウ）］に施設する電気機械器具又は接触電線は，電波，高周波電流等が発生することにより，［（エ）］の機能に継続的かつ重大な障害を及ぼすおそれがないように施設しなければならない。

上記の記述中の空白箇所（ア），（イ），（ウ）及び（エ）に当てはまる組合せとして，正しいものを次の(1)〜(5)のうちから一つ選べ。

	（ア）	（イ）	（ウ）	（エ）
(1)	0.2	過電流	電気使用場所	弱電流電線等
(2)	1	地絡	需要場所	無線設備
(3)	0.2	地絡	電気使用場所	弱電流電線等
(4)	1	過電流	需要場所	弱電流電線等
(5)	0.2	過電流	電気使用場所	無線設備

9 次の文章は「電気設備技術基準」における特殊場所における施設制限に関する記述である。

a （ア） の多い場所に施設する電気設備は，（ア） による当該電気設備の絶縁性能又は導電性能が劣化することに伴う感電又は火災のおそれがないように施設しなければならない。

b 次の各号に掲げる場所に施設する電気設備は，（イ） 状態において，当該電気設備が点火源となる爆発又は火災のおそれがないように施設しなければならない。

1 （ウ） のガス又は引火性物質の蒸気が存在し，点火源の存在により爆発するおそれがある場所

2 セルロイド，マッチ，石油類その他の燃えやすい危険な物質を製造し，又は （エ） する場所

c 照明のための電気設備（開閉器及び過電流遮断器を除く。）以外の電気設備は，bの規定にかかわらず，（オ） 庫内には，施設してはならない。ただし，容易に着火しないような措置が講じられている （オ） 類を保管する場所にあって，特別の事情がある場合は，この限りでない。

上記の記述中の空白箇所（ア），（イ），（ウ），（エ）及び（オ）に当てはまる組合せとして，正しいものを次の(1)～(5)のうちから一つ選べ。

	（ア）	（イ）	（ウ）	（エ）	（オ）
(1)	粉じん	緊急時の	可燃性	貯蔵	危険物
(2)	粉じん	通常の使用	可燃性	販売	火薬
(3)	腐食性のガス	通常の使用	爆発性	販売	火薬
(4)	腐食性のガス	緊急時の	爆発性	販売	危険物
(5)	粉じん	通常の使用	可燃性	貯蔵	火薬

---

10 粉じんの多い場所，可燃性のガス又は引火性物質の蒸気が存在する場所もしくは腐食性のガス又は溶液の発散する場所に施設してはいけない機器として，誤っているものを次の(1)～(5)のうちから一つ選べ。

(1) 接触電線　(2) 特別高圧の電気設備　(3) 電気浴器
(4) 電撃殺虫器　(5) 電熱装置

応用問題

1 次の文章は「電気設備技術基準の解釈」における電気使用場所の施設及び小出力発電設備に係る用語の定義に関する記述である。

a 「低圧幹線」とは，電気設備の技術基準の解釈第147条の規定により施設した開閉器又は変電所に準ずる場所に施設した低圧開閉器を起点とする，（ア）に施設する低圧の電路であって，当該電路に，電気機械器具に至る低圧電路であって過電流遮断器を施設するものを接続するものをいう。

b 「（イ）」とは，（ア）に施設する電線のうち，造営物に固定しないものをいい，電球線及び電気機械器具内の電線を除くものをいう。

c 「（ウ）」とは，電線に接触してしゅう動する集電装置を介して，移動起重機，オートクリーナその他の移動して使用する電気機械器具に電気の供給を行うための電線をいう。

上記の記述中の空白箇所（ア），（イ）及び（ウ）に当てはまる組合せとして，正しいものを次の(1)～(5)のうちから一つ選べ。

	（ア）	（イ）	（ウ）
(1)	電気使用場所	可搬電線	移動電線
(2)	電気使用場所	移動電線	接触電線
(3)	需要場所	可搬電線	移動電線
(4)	電気使用場所	可搬電線	接触電線
(5)	需要場所	移動電線	接触電線

2 次の文章は「電気設備技術基準の解釈」における移動電線の施設に関する記述の一部である。

a　低圧の移動電線の断面積は，［（ア）］mm^2以上であること。

b　低圧の移動電線と電気機械器具との接続には，［（イ）］その他これに類する器具を用いること。

c　高圧の移動電線と電気機械器具とは，［（ウ）］その他の方法により堅ろうに接続すること

d　特別高圧の移動電線は，規定により［（エ）］施設する場合を除き，施設しないこと。

上記の記述中の空白箇所（ア），（イ），（ウ）及び（エ）に当てはまる組合せとして，正しいものを次の(1)～(5)のうちから一つ選べ。

	（ア）	（イ）	（ウ）	（エ）
(1)	0.75	差込接続器	ボルト締め	屋内に
(2)	1.5	ねじ込み接続器	ろう付け	屋内に
(3)	0.75	ねじ込み接続器	ボルト締め	圧縮接続で
(4)	1.5	差込接続器	ろう付け	圧縮接続で
(5)	0.75	ねじ込み接続器	ボルト締め	屋内に

3 次の各文は，「電気設備技術基準の解釈」に基づく，低圧幹線の電線の許容電流及び低圧幹線を保護する過電流遮断器の工事例に関する記述である。

a　電動機等の定格電流の合計が0 A，他の電気使用機械器具の定格電流の合計が40 Aであるとき，許容電流40 Aの電線と定格電流35 Aの過電流遮断器を組み合わせて使用した。

b　電動機等の定格電流の合計が60 A，他の電気使用機械器具の定格電流の合計が20 Aであるとき，許容電流86 Aの電線と定格電流215 Aの過電流遮断器を組み合わせて使用した。

c　低圧幹線に接続する長さ5 mの低圧幹線であって，当該低圧幹線の許容電流が，当該低圧幹線の電源側に接続する他の低圧幹線を保護する過電流遮断器の定格電流の40%であったため，過電流遮断器を省略した。

上記の記述の適切なものと不適切なものの組合せとして，正しいものを次の(1)～(5)のうちから一つ選べ。

	a	b	c
(1)	適切	不適切	適切
(2)	不適切	適切	不適切
(3)	不適切	不適切	適切
(4)	適切	適切	不適切
(5)	適切	不適切	不適切

4 分散型電源の系統連系設備

（教科書CHAPTER03　SEC05対応）

POINT 1　用語の定義

〈電気設備の技術基準の解釈第220条〉

この解釈において用いる分散型電源の系統連系設備に係る用語であって，次の各号に掲げるものの定義は，当該各号による。

一　発電設備等　発電設備又は電力貯蔵装置であって，常用電源の停電時又は電圧低下発生時にのみ使用する非常用予備電源以外のもの

二　分散型電源　電気事業法第38条第3項第一号または第四号に掲げる事業を営む者以外の者が設置する発電設備等であって，一般送配電事業者が運用する電力系統に連系するもの

三　解列　電力系統から切り離すこと

四　逆潮流　分散型電源設置者の構内から，一般送配電事業者が運用する電力系統側へ向かう有効電力の流れ

五　単独運転　分散型電源を連系している電力系統が事故等によって系統電源と切り離された状態において，当該分散型電源が発電を継続し，線路負荷に有効電力を供給している状態

六　逆充電　分散型電源を連系している電力系統が事故等によって系統電源と切り離された状態において，分散型電源のみが，連系している電力系統を加圧し，かつ，当該電力系統へ有効電力を供給していない状態

七　自立運転　分散型電源が，連系している電力系統から解列された状態において，当該分散型電源設置者の構内負荷にのみ電力を供給している状態

八　線路無電圧確認装置　電線路の電圧の有無を確認するための装置

九　転送遮断装置　遮断器の遮断信号を通信回線で伝送し，別の構内に設置された遮断器を動作させる装置

十　受動的方式の単独運転検出装置　単独運転移行時に生じる電圧位相又は周波数等の変化により，単独運転状態を検出する装置

十一　能動的方式の単独運転検出装置　分散型電源の有効電力出力又は無効電力出力等に平時から変動を与えておき，単独運転移行時に当該変動に起因して生じる周波数等の変化により，単独運転状態を検出する装置

十二　スポットネットワーク受電方式　2以上の特別高圧配電線（スポットネットワーク配電線）で受電し，各回線に設置した受電変圧器を介して2次側電路をネットワーク母線で並列接続した受電方式

十三　二次励磁制御巻線形誘導発電機　二次巻線の交流励磁電流を周波数制御することにより可変速運転を行う巻線形誘導発電機

POINT 2　一般送配電事業者との間の電話設備の施設

〈電気設備の技術基準の解釈第225条〉

高圧又は特別高圧の電力系統に分散型電源を連系する場合（スポットネットワーク受電方式で連系する場合を含む。）は，分散型電源設置者の技術員駐在箇所等と電力系統を運用する一般送配電事業者の営業所等との間に，次の各号のいずれかの電話設備を施設すること。

一　電力保安通信用電話設備

二　電気通信事業者の専用回線電話

三　次に適合する場合は，一般加入電話又は携帯電話等

イ　高圧又は35,000 V以下の特別高圧で連系する場合（スポットネットワーク受電方式で連系する場合を含む。）であること。

ロ　一般加入電話又は携帯電話等は，次に適合するものであること。

（イ）　分散型電源設置者側の交換機を介さずに直接技術員との通話が可能な方式（交換機を介する代表番号方式ではなく，直接技術員駐在箇所へつながる単番方式）であること。

（ロ）　話中の場合に割り込みが可能な方式であること。

（ハ）　停電時においても通話可能なものであること。

ハ　災害時等において通信機能の障害により当該一般送配電事業者と連絡が取れない場合には，当該一般送配電事業者との連絡が取れるまでの間，分散型電源設置者において発電設備等の解列又は運転を停止すること。

POINT 3　系統連系時の施設要件

〈電気設備の技術基準の解釈第226条〉

1　単相３線式の低圧の電力系統に分散型電源を連系する場合において，負荷の不平衡により中性線に最大電流が生じるおそれがあるときは，分散型電源を施設した構内の電路であって，負荷及び分散型電源の並列点よりも系統側に，３極に過電流引き外し素子を有する遮断器を施設すること。

2　低圧の電力系統に逆変換装置を用いずに分散型電源を連系する場合は，逆潮流を生じさせないこと。

〈電気設備の技術基準の解釈第228条〉

高圧の電力系統に分散型電源を連系する場合は，分散型電源を連系する配電用変電所の配電用変圧器において，逆向きの潮流を生じさせないこと。ただし，当該配電用変電所に保護装置を施設する等の方法により分散型電源と電力系統との協調をとることができる場合は，この限りではない。

POINT 4　系統連系用保護装置

(1)　低圧連系時の系統連系用保護装置

〈電気設備の技術基準の解釈第227条（抜粋）〉

低圧の電力系統に分散型電源を連系する場合は，次の各号により，異常時に分散型電源を自動的に解列するための装置を施設すること。

一　次に掲げる異常を保護リレー等により検出し，分散型電源を自動的に解列すること。

イ　分散型電源の異常又は故障

ロ　連系している電力系統の短絡事故，地絡事故又は高低圧混触事故

ハ　分散型電源の単独運転又は逆充電

二　一般送配電事業者が運用する電力系統において再閉路が行われる場合は，当該再閉路時に，分散型電源が当該電力系統から解列されていること。

三　保護リレー等は，次によること。

イ　227－1表に規定する保護リレー等を受電点その他異常の検出が可能な場所に設置すること。

227 − 1表

<table>
<tr><td colspan="2">保護リレー等</td><td colspan="2">逆変換装置を用いて連系する場合</td><td>逆変換装置を用いずに連系する場合</td></tr>
<tr><td>検出する異常</td><td>種類</td><td>逆潮流有りの場合</td><td>逆潮流無しの場合</td><td>逆潮流無しの場合</td></tr>
<tr><td>発電電圧異常上昇</td><td>過電圧リレー</td><td>○※1</td><td>○※1</td><td>○※1</td></tr>
<tr><td>発電電圧異常低下</td><td>不足電圧リレー</td><td>○※1</td><td>○※1</td><td>○※1</td></tr>
<tr><td rowspan="2">系統側短絡事故</td><td>不足電圧リレー</td><td>○※2</td><td>○※2</td><td>○※5</td></tr>
<tr><td>短絡方向リレー</td><td></td><td></td><td>○※6</td></tr>
<tr><td>系統側地絡事故・高低圧混触事故（間接）</td><td>単独運転検出装置</td><td rowspan="2">○※3</td><td rowspan="3">○※4</td><td>○※7</td></tr>
<tr><td rowspan="6">単独運転又は逆充電</td><td>単独運転検出装置</td><td></td></tr>
<tr><td>逆充電検出機能を有する装置</td><td></td><td></td></tr>
<tr><td>周波数上昇リレー</td><td>○</td><td></td><td></td></tr>
<tr><td>周波数低下リレー</td><td>○</td><td>○</td><td>○</td></tr>
<tr><td>逆電力リレー</td><td></td><td>○</td><td>○※8</td></tr>
<tr><td>不足電力リレー</td><td></td><td></td><td>○※9</td></tr>
</table>

※1：分散型電源自体の保護用に設置するリレーにより検出し，保護できる場合は省略できる。

※2：発電電圧異常低下検出用の不足電圧リレーにより検出し，保護できる場合は省略できる。

※3：受動的方式及び能動的方式のそれぞれ1方式以上を含むものであること。
系統側地絡事故・高低圧混触事故（間接）については，単独運転検出用の受動的方式等により保護すること。

※4：逆潮流有りの分散型電源と逆潮流無しの分散型電源が混在する場合は，単独運転検出装置を設置すること。逆充電検出機能を有する装置は，不足電圧検出機能及び不足電力検出機能の組み合わせ等により構成されるもの，単独運転検出装置は，受動的方式及び能動的方式のそれぞれ1方式以上を含むものであること。系統側地絡事故・高低圧混触事故（間接）については，単独運転検出用の

受動的方式等により保護すること。

※5：誘導発電機を用いる場合は，設置すること。発電電圧異常低下検出用の不足電圧リレーにより検出し，保護できる場合は省略できる。

※6：同期発電機を用いる場合は，設置すること。発電電圧異常低下検出用の不足電圧リレー又は過電流リレーにより，系統側短絡事故を検出し，保護できる場合は省略できる。

※7：高速で単独運転を検出し，分散型電源を解列することのできる受動的方式のものに限る。

※8：※7に示す装置で単独運転を検出し，保護できる場合は省略できる。

※9：分散型電源の出力が，構内の負荷より常に小さく，※7に示す装置及び逆電力リレーで単独運転を検出し，保護できる場合は省略できる。この場合には，※8は省略できない。

（備考）1. ○は該当することを示す。

2. 逆潮流無しの場合であっても，逆潮流有りの条件で保護リレー等を設置することができる。

(2) 高圧連系時の系統連系用保護装置

〈電気設備の技術基準の解釈第229条（抜粋）〉

高圧の電力系統に分散型電源を連系する場合は，次の各号により，異常時に分散型電源を自動的に解列するための装置を施設すること。

一　次に掲げる異常を保護リレー等により検出し，分散型電源を自動的に解列すること。

イ　分散型電源の異常又は故障

ロ　連系している電力系統の短絡事故又は地絡事故

ハ　分散型電源の単独運転

二　一般送配電事業者が運用する電力系統において再閉路が行われる場合は，当該再閉路時に，分散型電源が当該電力系統から解列されていること。

四　分散型電源の解列は，次によること。

イ　次のいずれかで解列すること。

（イ）　受電用遮断器

（ロ）　分散型電源の出力端に設置する遮断器又はこれと同等の機能を有する装置

（ハ）　分散型電源の連絡用遮断器

（ニ）　母線連絡用遮断器

ロ　前号ロの規定により複数の相に保護リレーを設置する場合は，いずれかの相で異常を検出した場合に解列すること。

確認問題

❶ 次の文章は「電気設備技術基準の解釈」における分散型電源の系統連系設備に係る用語の定義に関する記述である。(ア)～(オ)にあてはまる語句を解答群から選択して答えよ。 P.213 POINT 1

a 「逆潮流」とは，分散型電源設置者の構内から，一般送配電事業者が運用する電力系統側へ向かう［(ア)］の流れのことをいう。

b 「［(イ)］」とは，分散型電源を連系している電力系統が事故等によって系統電源と切り離された状態において，当該分散型電源が発電を継続し，線路負荷に［(ア)］を供給している状態をいう。

c 「［(ウ)］」とは，分散型電源を連系している電力系統が事故等によって系統電源と切り離された状態において，分散型電源のみが，連系している電力系統を加圧し，かつ，当該電力系統へ［(ア)］を供給していない状態をいう。

d 「［(エ)］」とは，分散型電源が，連系している電力系統から解列された状態において，当該分散型電源設置者の構内負荷にのみ電力を供給している状態をいう。

e 「［(オ)］」とは，遮断器の遮断信号を通信回線で伝送し，別の構内に設置された遮断器を動作させる装置をいう。

【解答群】

(1) 単独運転	(2) 有効電力	(3) 逆潮流
(4) 並列運転	(5) 遠隔遮断装置	(6) 逆充電
(7) 無効電力	(8) 解列運転	(9) 皮相電力
(10) 単独運転検出	(11) 自立運転	(12) 転送遮断装置

❷ 次の文章は「電気設備技術基準の解釈」における一般送配電事業者との間の電話設備の施設に関する記述である。（ア）～（エ）にあてはまる語句を解答群から選択して答えよ。

P.214 POINT 2

高圧又は特別高圧の電力系統に分散型電源を連系する場合（スポットネットワーク受電方式で連系する場合を含む。）は，分散型電源設置者の技術員駐在箇所等と電力系統を運用する一般送配電事業者の営業所等との間に，次の各号のいずれかの［（ア）］設備を施設すること。

一　電力保安通信用［（ア）］設備

二　電気通信事業者の専用回線電話

三　次に適合する場合は，一般加入電話又は携帯電話等

イ　高圧又は［（イ）］V以下の特別高圧で連系する場合（スポットネットワーク受電方式で連系する場合を含む。）であること。

ロ　一般加入電話又は携帯電話等は，次に適合するものであること。

（イ）　分散型電源設置者側の交換機を介さずに直接技術員との通話が可能な方式（交換機を介する代表番号方式ではなく，直接技術員駐在箇所へつながる単番方式）であること。

（ロ）　話中の場合に割り込みが可能な方式であること。

（ハ）　［（ウ）］時においても通話可能なものであること。

ハ　［（エ）］時等において通信機能の障害により当該一般送配電事業者と連絡が取れない場合には，当該一般送配電事業者との連絡が取れるまでの間，分散型電源設置者において発電設備等の解列又は運転を停止すること。

【解答群】

(1) 15,000	(2) 停電	(3) 保安	(4) 電話
(5) 専用	(6) 非常	(7) インターネット	(8) 光通信
(9) 60,000	(10) 警報	(11) 災害	(12) 35,000

❸ 次の文章は「電気設備技術基準の解釈」における系統連系時の施設要件に関する記述である。（ア）～（エ）にあてはまる語句を解答群から選択して答えよ。

P.214 POINT 3

a ［（ア）］の低圧の電力系統に分散型電源を連系する場合において，負荷の不平衡により中性線に最大電流が生じるおそれがあるときは，分散型電源を施設した構内の電路であって，負荷及び分散型電源の並列点よりも［（イ）］側に，３極に過電流引き外し素子を有する遮断器を施設すること。

b ［（ウ）］の電力系統に分散型電源を連系する場合は，分散型電源を連系する配電用変電所の配電用変圧器において，逆向きの潮流を生じさせないこと。ただし，当該配電用変電所に［（エ）］を施設する等の方法により分散型電源と電力系統との協調をとることができる場合は，この限りではない。

【解答群】

(1) 単相３線式	(2) 高圧	(3) 電源
(4) 無効電力補償装置	(5) 特別高圧	(6) 保護装置
(7) 三相３線式	(8) 系統	(9) 三相４線式
(10) 負荷	(11) 発電機	(12) 低圧

---

❹ 次の文章は「電気設備技術基準の解釈」における低圧連系時の系統連系用保護装置に関する記述である。（ア）～（エ）にあてはまる語句を解答群から選択して答えよ。

P.215 POINT 4

低圧の電力系統に分散型電源を連系する場合は，次の各号により，異常時に分散型電源を自動的に［（ア）］するための装置を施設すること。

一 次に掲げる異常を保護リレー等により検出し，分散型電源を自動的に［（ア）］すること。

イ 分散型電源の異常又は故障

ロ 連系している電力系統の短絡事故，地絡事故又は［（イ）］事故

ハ 分散型電源の［（ウ）］又は逆充電

二　一般送配電事業者が運用する電力系統において［（エ）］が行われる場合は，当該［（エ）］時に，分散型電源が当該電力系統から［（ア）］されていること。

【解答群】

(1) 自立運転	(2) 高低圧混触	(3) 再閉路	(4) 停止
(5) 断線	(6) 単独運転	(7) 解列	(8) 系統切換
(9) 遮断	(10) 並解列	(11) 過負荷運転	(12) 過電圧

基本問題

1 次の文章は「電気設備技術基準の解釈」における分散型電源の系統連系設備に係る用語の定義に関する記述である。

a 「分散型電源」とは，電気事業法第38条第4項第四号に掲げる事業を営む者以外の者が設置する発電設備等であって，（ア）が運用する電力系統に連系するもののことをいう。

b 「（イ）」とは，分散型電源設置者の構内から，（ア）が運用する電力系統側へ向かう有効電力の流れをいう。

c 「（ウ）運転」とは，分散型電源が，連系している電力系統から解列された状態において，当該分散型電源設置者の構内負荷にのみ電力を供給している状態をいう。

d 「（エ）的方式の単独運転検出装置」とは，単独運転移行時に生じる電圧位相又は周波数等の変化により，単独運転状態を検出する装置をいう。

e 「（オ）的方式の単独運転検出装置」とは，分散型電源の有効電力出力又は無効電力出力等に平時から変動を与えておき，単独運転移行時に当該変動に起因して生じる周波数等の変化により，単独運転状態を検出する装置をいう。

上記の記述中の空白箇所（ア），（イ），（ウ），（エ）及び（オ）に当てはまる組合せとして，正しいものを次の(1)〜(5)のうちから一つ選べ。

	（ア）	（イ）	（ウ）	（エ）	（オ）
(1)	小売電気事業者	逆充電	自立	受動	能動
(2)	一般送配電事業者	逆潮流	自立	受動	能動
(3)	一般送配電事業者	逆潮流	単独	能動	受動
(4)	一般送配電事業者	逆充電	単独	能動	受動
(5)	小売電気事業者	逆潮流	単独	受動	能動

2 次の文章は「電気設備技術基準の解釈」における一般送配電事業者との間の電話設備の施設に関する記述である。

　（ア）　の電力系統に分散型電源を連系する場合（スポットネットワーク受電方式で連系する場合を含む。）は，分散型電源設置者の技術員駐在箇所等と電力系統を運用する一般送配電事業者の営業所等との間に，一般加入電話又は携帯電話等を施設する場合は，次に適合するものであること。

a　分散型電源設置者側の　（イ）　を介さずに直接技術員との通話が可能な方式であること。

b　話中の場合に　（ウ）　が可能な方式であること。

c　（エ）　においても通話可能なものであること。

　上記の記述中の空白箇所（ア），（イ），（ウ）及び（エ）に当てはまる組合せとして，正しいものを次の(1)～(5)のうちから一つ選べ。

	（ア）	（イ）	（ウ）	（エ）
(1)	高圧又は特別高圧	コールセンター	転送	停電時
(2)	特別高圧	交換機	転送	停電時
(3)	高圧又は特別高圧	交換機	割り込み	停電時
(4)	特別高圧	コールセンター	転送	深夜帯
(5)	高圧又は特別高圧	交換機	割り込み	深夜帯

3 次の文章は「電気設備技術基準の解釈」における系統連系時の施設要件に関する記述である。

a　単相３線式の［（ア）］の電力系統に分散型電源を連系する場合において，負荷の不平衡により中性線に最大電流が生じるおそれがあるときは，分散型電源を施設した構内の電路であって，負荷及び分散型電源の［（イ）］よりも系統側に，３極に過電流引き外し素子を有する［（ウ）］を施設すること。

b　［（ア）］の電力系統に［（エ）］を用いずに分散型電源を連系する場合は，逆潮流を生じさせないこと。

上記の記述中の空白箇所（ア），（イ），（ウ）及び（エ）に当てはまる組合せとして，正しいものを次の(1)〜(5)のうちから一つ選べ。

	（ア）	（イ）	（ウ）	（エ）
(1)	低圧	並列点	遮断器	逆変換装置
(2)	高圧	並列点	遮断器	逆変換装置
(3)	高圧	連系点	開閉器	順変換装置
(4)	低圧	連系点	遮断器	順変換装置
(5)	高圧	並列点	開閉器	逆変換装置

4 次の文章は「電気設備技術基準の解釈」における系統連系用保護装置に関する記述である。

[（ア）]の電力系統に分散型電源を連系する場合は，次の各号により，異常時に分散型電源を自動的に解列するための装置を施設すること。

a　次に掲げる異常を保護リレー等により検出し，分散型電源を自動的に解列すること。

1　分散型電源の異常又は故障

2　連系している電力系統の短絡事故又は地絡事故

3　分散型電源の[（イ）]

b　一般送配電事業者が運用する電力系統において[（ウ）]が行われる場合は，当該[（ウ）]時に，分散型電源が当該電力系統から解列されていること。

c　分散型電源の解列は，次のいずれかで解列すること。

1　受電用遮断器

2　分散型電源の出力端に設置する遮断器又はこれと同等の機能を有する装置

3　分散型電源の[（エ）]用遮断器

4　母線[（エ）]用遮断器

上記の記述中の空白箇所（ア），（イ），（ウ）及び（エ）に当てはまる組合せとして，正しいものを次の(1)〜(5)のうちから一つ選べ。

	（ア）	（イ）	（ウ）	（エ）
(1)	低圧	自立運転	負荷遮断	保護
(2)	低圧	単独運転	再閉路	連絡
(3)	低圧	単独運転	負荷遮断	保護
(4)	高圧	自立運転	再閉路	連絡
(5)	高圧	単独運転	再閉路	連絡

応用問題

1 次の「電気設備技術基準の解釈」における分散型電源に関する記述として，正しいものを次の(1)~(5)のうちから一つ選べ。

(1) 「単独運転」とは，分散型電源を連系している電力系統が事故等によって系統電源と切り離された状態において，当該分散型電源が発電を継続し，線路負荷に無効電力を供給している状態をいう。

(2) 「スポットネットワーク受電方式」とは，２以上の特別高圧配電線で受電し，各回線に設置した受電変圧器を介して２次側電路を格子状に連系した受電方式をいう。

(3) 「転送遮断装置」とは，遮断器の遮断信号を通信回線で伝送し，別の構内に設置された遮断器を動作させる装置をいう。

(4) 「逆潮流」とは，分散型電源設置者の構内から，一般送配電事業者が運用する電力系統側へ向かう皮相電力の流れをいう。

(5) 「受動的方式の単独運転検出装置」とは，分散型電源の有効電力出力又は無効電力出力等に平時から変動を与えておき，単独運転移行時に当該変動に起因して生じる周波数等の変化により，単独運転状態を検出する装置をいう。

---

2 次の文章は「電気設備技術基準の解釈」における直流流出防止変圧器の施設に関する記述である。

a　逆変換装置を用いて分散型電源を電力系統に連系する場合は，逆変換装置から直流が電力系統へ流出することを防止するために，受電点と逆変換装置との間に［（ア）］を施設すること。ただし，次の各号に適合する場合は，この限りでない。

一　逆変換装置の交流出力側で直流を検出し，かつ，直流検出時に交流出力を［（イ）］する機能を有すること。

二　次のいずれかに適合すること。

イ　逆変換装置の直流側電路が［（ウ）］であること。

ロ　逆変換装置に高周波［（ア）］を用いていること。

b　aの規定により設置する［（ア）］は，直流流出防止専用であることを要しない。

上記の記述中の空白箇所（ア），（イ）及び（ウ）に当てはまる組合せとして，正しいものを次の(1)~(5)のうちから一つ選べ。

	（ア）	（イ）	（ウ）
(1)	直流フィルタ	停止	低圧
(2)	変圧器	停止	低圧
(3)	直流フィルタ	遮断	非接地
(4)	変圧器	停止	非接地
(5)	変圧器	遮断	低圧

3 次の文章は「電気設備技術基準の解釈」における低圧連系時の系統連系用保護装置に関する記述である。

低圧の電力系統に分散型電源を連系する場合は，次により，異常時に分散型電源を自動的に［（ア）］するための装置を施設すること。

a　次に掲げる異常を保護リレー等により検出し，分散型電源を自動的に［（ア）］すること。

イ　分散型電源の異常又は故障

ロ　連系している電力系統の短絡事故，地絡事故又は高低圧混触事故

ハ　分散型電源の［（イ）］又は逆充電

b　保護リレー等は，逆変換装置を用いて連系し逆潮流無しの場合，表に規定する保護リレー等を受電点その他異常の検出が可能な場所に設置すること。

表

<table>
<tr><th>検出する異常</th><th>種類</th><th>逆潮流無しの場合</th></tr>
<tr><td>発電電圧異常上昇</td><td>過電圧リレー</td><td>○※1</td></tr>
<tr><td>発電電圧異常低下</td><td>不足電圧リレー</td><td>○※1</td></tr>
<tr><td>系統側短絡事故</td><td>不足電圧リレー</td><td>○※2</td></tr>
<tr><td>系統側地絡事故・
高低圧混触事故(間接)</td><td>（イ）検出装置</td><td rowspan="3">○※4</td></tr>
<tr><td rowspan="4">（イ）又は逆充電</td><td>（イ）検出装置</td></tr>
<tr><td>逆充電検出機能を有する装置</td></tr>
<tr><td>（ウ）リレー</td><td>○</td></tr>
<tr><td>（エ）リレー</td><td>○</td></tr>
</table>

※1：分散型電源自体の保護用に設置するリレーにより検出し，保護できる場合は省略できる。

※2：発電電圧異常低下検出用の不足電圧リレーにより検出し，保護できる場合は省略できる。

※4：逆潮流有りの分散型電源と逆潮流無しの分散型電源が混在する場合は，(イ)検出装置を設置すること。逆充電検出機能を有する装置は，不足電圧検出機能及び，不足電力検出機能の組み合わせ等により構成されるもの，(イ)検出装置は，受動的方式及び能動的方式のそれぞれ1方式以上を含むものであること。系統側地絡事故・高低圧混触事故(間接)については，(イ)検出用の受動的方式等により保護すること。

(備考)

1.○は該当することを示す。

上記の記述中の空白箇所（ア），（イ），（ウ）及び（エ）に当てはまる組合せとして，正しいものを次の(1)～(5)のうちから一つ選べ。

	（ア）	（イ）	（ウ）	（エ）
(1)	解列	単独運転	周波数低下	逆電圧
(2)	解列	自立運転	周波数低下	逆電圧
(3)	遮断	単独運転	周波数上昇	逆電圧
(4)	遮断	自立運転	周波数上昇	逆電力
(5)	解列	単独運転	周波数低下	逆電力

CHAPTER 04

電気設備技術基準（計算）

毎年Ｂ問題を中心に大問１問（２問分）程度出題されます。法律の条文問題と異なり，過去問の類題やパターン化された問題が出題されることが多いので，本問題集の内容を繰り返し学習し習得すれば，得点できる可能性が高い分野です。

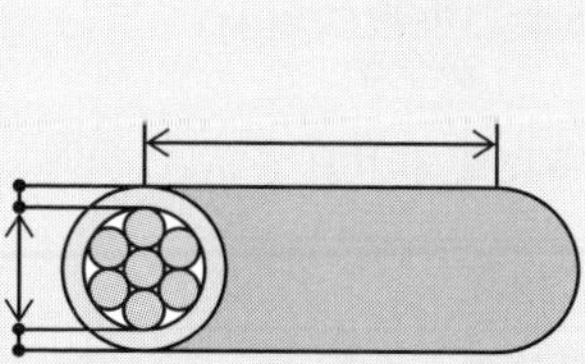

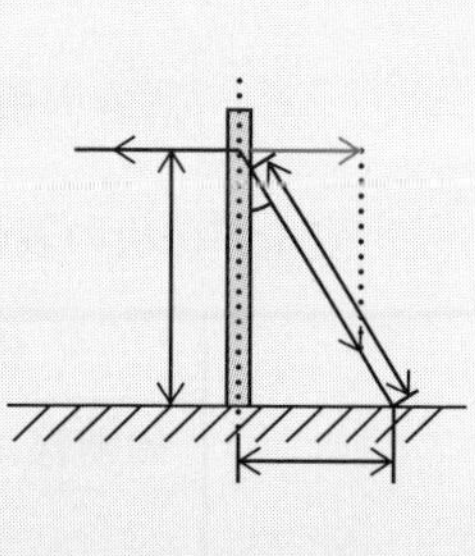

CHAPTER 04

電気設備技術基準（計算）

1 法令の計算

（教科書CHAPTER04　SEC01対応）

POINT 1　電線のたるみ（関連：電力科目）

(1)　電線のたるみ（弛度）

電線の中央部のたるみ（弛度）D[m]は，電線1mあたりの合成荷重W[N/m]，径間S[m]，電線の水平張力T[N]とすると，次の式で表せる。

$$D=\frac{WS^2}{8T}$$

ここで，電線1mあたりの合成荷重W[N/m]は，電線の自重W_o[N/m]，氷雪荷重W_i[N/m]，風圧荷重W_w[N/m]を用いて，次の式で表せる。

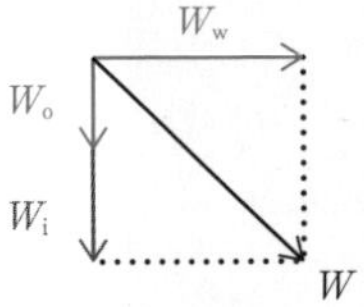

$$W=\sqrt{(W_o+W_i)^2+W_w{}^2}$$

(2)　許容引張荷重

電線の許容引張荷重は電技解釈第66条にて，実際の引張強さに安全率を加味して選定するよう規定されている。式で表すと，次のようになる。

$$許容引張荷重=\frac{引張強さ}{安全率}\,[\mathrm{kN}]$$

安全率は次の表のように規定されている。

電線の種類	安全率
硬銅線又は耐熱銅合金線	2.2
その他	2.5

POINT 2 支線の張力（関連：電力科目）

(1) 電線の取付高さと支線の取付高さが等しい場合

電線と支線の取付高さがともにh[m]のとき，電線の水平張力P[N]は，支線の張力T[N]，支線の根開きl[m]，電柱と支線が作る角度をθ[rad]とすると，次の式で表せる。

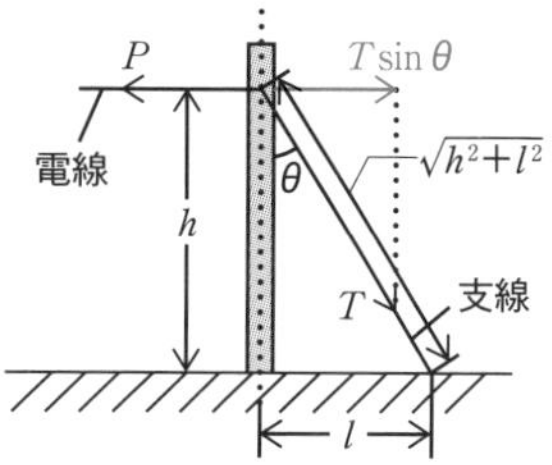

$$P = T\sin\theta = T\frac{l}{\sqrt{h^2+l^2}}$$

(2) 電線の取付高さと支線の取付高さが異なる場合

電線の取付高さがh[m]，支線の取付高さがH[m]のとき，電線の水平張力P[N]と支線の張力T[N]の関係は，電柱と支線が作る角度をθ[rad]とすると，次の式で表せる。

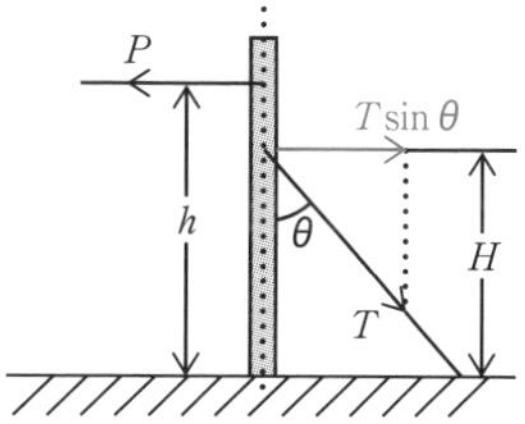

$$Ph = TH\sin\theta$$

(3) 支線の許容引張荷重

支線の許容引張荷重は次の式で表せる。

$$許容引張荷重 = \frac{素線の条数 \times 素線1条あたりの引張強さ}{安全率} = \frac{支線の引張強さ}{安全率}\ [\mathrm{kN}]$$

〈電気設備の技術基準の解釈第61条第1項〉

架空電線路の支持物において，この解釈の規定により施設する支線は，次の各号によること。

一　支線の引張強さは，10.7 kN（第62条（木柱，A種鉄筋コンクリート柱又はA種鉄柱）及び第70条第3項の規定により施設する支線にあっては，6.46 kN）以上であること。

二　支線の安全率は，2.5（第62条及び第70条第3項の規定により施設する支線にあっては，1.5）以上であること。
三　支線により線を使用する場合は次によること。
イ　素線を3条以上より合わせたものであること。
ロ　素線は，直径が2 mm以上，かつ，引張強さが0.69 kN/mm²以上の金属線であること。
四　支線を木柱に施設する場合を除き，地中の部分及び地表上30 cmまでの地際部分には耐食性のあるもの又は亜鉛めっきを施した鉄棒を使用し，これを容易に腐食し難い根かせに堅ろうに取り付けること。
五　支線の根かせは，支線の引張荷重に十分耐えるように施設すること。

(4)　支線の規定

〈電気設備の技術基準の解釈第62条〉

高圧又は特別高圧の架空電線路の支持物として使用する木柱，A種鉄筋コンクリート柱又はA種鉄柱には，次の各号により支線を施設すること。

1　電線路の水平角度が5度以下の箇所に施設される柱であって，当該柱の両側の径間の差が大きい場合は，その径間の差により生じる不平均張力による水平力に耐える支線を，電線路に平行な方向の両側に設けること。
2　電線路の水平角度が5度を超える箇所に施設される柱は，全架渉線につき各架渉線の想定最大張力により生じる水平横分力に耐える支線を設けること。
3　電線路の全架渉線を引き留める箇所に使用される柱は，全架渉線につき各架渉線の想定最大張力に等しい不平均張力による水平力に耐える支線を，電線路の方向に設けること。

〈電気設備の技術基準の解釈第61条（抜粋）〉

2　道路を横断して施設する支線の高さは，路面上5 m以上とすること。ただし，技術上やむを得ない場合で，かつ，交通に支障を及ぼすおそれがないときは4.5 m以上，歩行の用にのみ供する部分においては2.5 m以上とすることができる。

POINT 3　風圧荷重

(1)　風圧荷重の種類

〈電気設備の技術基準の解釈第58条（抜粋）〉

イ　風圧荷重の種類は，次によること。

（イ）　甲種風圧荷重　58－1表に規定する構成材の垂直投影面に加わる圧力を基礎として計算したもの，又は風速40 m/s以上を想定した風洞実験に基づく値より計算したもの

（ロ）　乙種風圧荷重　架渉線の周囲に厚さ6 mm，比重0.9の氷雪が付着した状態に対し，甲種風圧荷重の0.5倍を基礎として計算したもの

（ハ）　丙種風圧荷重　甲種風圧荷重の0.5倍を基礎として計算したもの

（ニ）　着雪時風圧荷重　架渉線の周囲に比重0.6の雪が同心円状に付着した状態に対し，甲種風圧荷重の0.3倍を基礎として計算したもの

58－1表（抜粋）

風圧を受けるものの区分		構成材の垂直投影面に加わる圧力
架渉線	多導体（構成する電線が2条ごとに水平に配列され，かつ，当該電線相互間の距離が 電線の外径の20倍以下のものに限る。）を構成する電線	880 Pa
	その他のもの	980 Pa

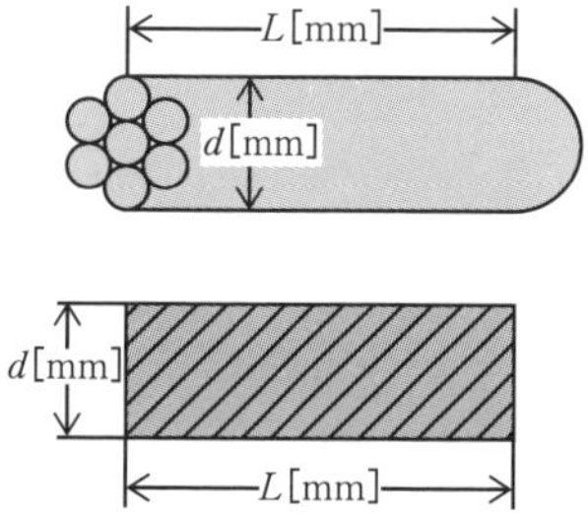

甲種風圧荷重の垂直投影面積

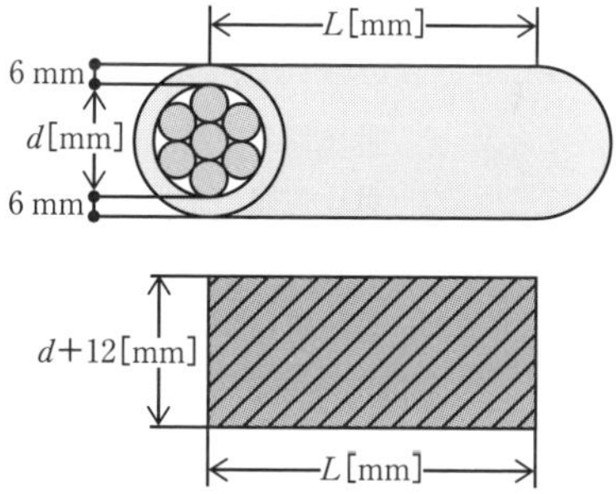

乙種風圧荷重の垂直投影面積

(2) 風圧荷重の適用区分

〈電気設備の技術基準の解釈第58条（抜粋）〉

ロ　風圧荷重の適用区分は，58－2表によること。ただし，異常着雪時想定荷重の計算においては，同表にかかわらず着雪時風圧荷重を適用すること。

58－2表

季節	地方		適用する風圧荷重
高温季	全ての地方		甲種風圧荷重
低温季	氷雪の多い地方	海岸地その他の低温季に最大風圧を生じる地方	甲種風圧荷重又は乙種風圧荷重のいずれか大きいもの
		上記以外の地方	乙種風圧荷重
	氷雪の多い地方以外の地方		丙種風圧荷重

POINT 4　B種接地工事，D種接地工事

(1) B種接地工事とは

B種接地工事は，高圧又は特別高圧と低圧との混触による設備の損傷や火災，感電などの危険を防止するための接地工事である。

〈電気設備の技術基準の解釈第24条（抜粋）〉

1　高圧電路又は特別高圧電路と低圧電路とを結合する変圧器には，次の各号によりB種接地工事を施すこと。

一　次のいずれかの箇所に接地工事を施すこと。

イ　低圧側の中性点

ロ　低圧電路の使用電圧が300 V以下の場合において，接地工事を低圧側の中性点に施し難いときは，低圧側の1端子

ハ　低圧電路が非接地である場合においては，高圧巻線又は特別高圧巻線と低圧巻線との間に設けた金属製の混触防止板

〈電気設備の技術基準の解釈第17条（抜粋）〉

2　B種接地工事は，次の各号によること。

一　接地抵抗値は，17－1表に規定する値以下であること。

17－1表

接地工事を施す変圧器の種類	当該変圧器の高圧側又は特別高圧側の電路と低圧側の電路との混触により，低圧電路の対地電圧が150Vを超えた場合に，自動的に高圧又は特別高圧の電路を遮断する装置を設ける場合の遮断時間	接地抵抗値（Ω）
下記以外の場合		$150/I_g$
高圧又は35,000V以下の特別高圧の電路と低圧電路を結合するもの	1秒を超え2秒以下	$300/I_g$
	1秒以下	$600/I_g$

（備考）I_gは，当該変圧器の高圧側又は特別高圧側の電路の1線地絡電流（単位：A）

(2)　1線地絡電流

中性点非接地式高圧電路の1線地絡電流I_g[A]は，公称電圧を1.1で除したものをV'[kV]，同一母線に接続される高圧電路の電線延長（ケーブルを除く）をL[km]，同一母線に接続される高圧電路の線路延長（ケーブルに限る）をL'[km]とすると，

$$I_g = 1 + \frac{\frac{V'}{3}L - 100}{150} + \frac{\frac{V'}{3}L' - 1}{2}\ \text{[A]}（小数点以下切り上げ）$$

で求められる。（暗記不要）

三相３線式

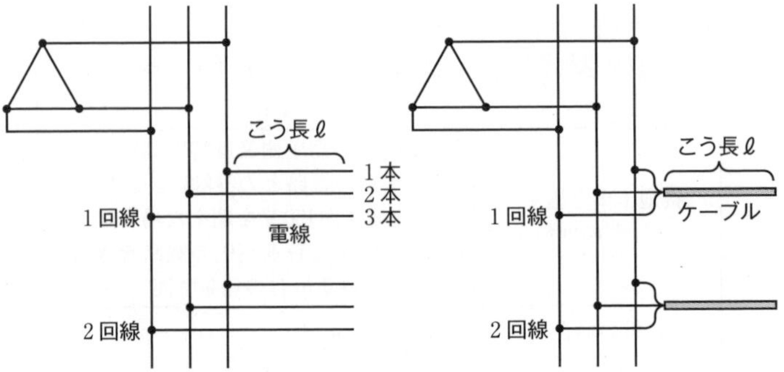

電線延長L　…こう長×回線数×電線の本数
線路延長L' …こう長×回線数

(3)　金属製外箱に施すＤ種接地工事

金属製外箱に施すＤ種接地工事は，電技に基づき施す。

〈電気設備の技術基準の解釈第17条（抜粋）〉

4　Ｄ種接地工事は，次の各号によること。

一　接地抵抗値は，100 Ω（低圧電路において，地絡を生じた場合に0.5秒以内に当該電路を自動的に遮断する装置を施設するときは，500 Ω）以下であること。

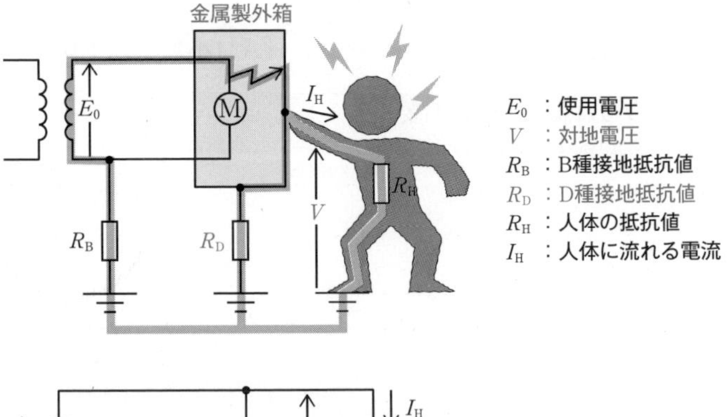

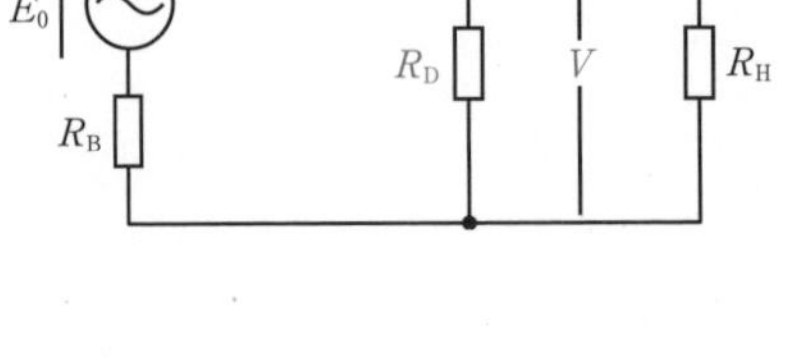

POINT 5 低圧電路の絶縁性能

〈電気設備に関する技術基準を定める省令第58条〉

電気使用場所における使用電圧が低圧の電路の電線相互間及び電路と大地との間の絶縁抵抗は，開閉器又は過電流遮断器で区切ることのできる電路ごとに，次の表の上欄に掲げる電路の使用電圧の区分に応じ，それぞれ同表の下欄に掲げる値以上でなければならない。

電路の使用電圧の区分		絶縁抵抗値
300 V以下	対地電圧（接地式電路においては電線と大地との間の電圧，非接地式電路においては電線間の電圧をいう。）が150 V以下の場合	0.1 MΩ
	その他の場合	0.2 MΩ
300 Vを超えるもの		0.4 MΩ

＜電気設備に関する技術基準を定める省令第22条＞

低圧電線路中絶縁部分の電線と大地との間及び電線の線心相互間の絶縁抵抗は，使用電圧に対する漏えい電流が最大供給電流の2000分の1を超えないようにしなければならない。

POINT 6 絶縁耐力試験

(1) 最大使用電圧

〈電気設備の技術基準の解釈第1条（抜粋）〉

この解釈において，次の各号に掲げる用語の定義は，当該各号による。

1 使用電圧（公称電圧） 電路を代表する線間電圧。

2 最大使用電圧 次のいずれかの方法により求めた，通常の使用状態において電路に加わる最大の線間電圧

イ 使用電圧（公称電圧）に，1－1表に規定する係数を乗じた電圧

1－1表（抜粋）

使用電圧の区分	係数
1000 Vを超え 500000 V未満	$\frac{1.15}{1.1}$

(2)　高圧又は特別高圧の電路の絶縁性能

〈電気設備の技術基準の解釈第15条（抜粋）〉

1　高圧又は特別高圧の電路（第13条各号に掲げる部分，次条に規定するもの及び直流電車線を除く。）は，次の各号のいずれかに適合する絶縁性能を有すること。

一　15－1表に規定する試験電圧を電路と大地との間（多心ケーブルにあっては，心線相互間及び心線と大地との間）に連続して10分間加えたとき，これに耐える性能を有すること。

二　電線にケーブルを使用する交流の電路においては，15－1表に規定する試験電圧の2倍の直流電圧を電路と大地との間（多心ケーブルにあっては，心線相互間及び心線と大地との間）に連続して10分間加えたとき，これに耐える性能を有すること。

15－1表（抜粋）

<table>
<tr><th colspan="2">最大使用電圧E_m</th><th>試験電圧</th></tr>
<tr><td colspan="2">7,000 V以下</td><td>$E_m \times 1.5$</td></tr>
<tr><td rowspan="2">7,000 Vを超え
60,000 V以下</td><td>最大使用電圧E_mが15,000 V以下の中性点接地式電路</td><td>$E_m \times 0.92$</td></tr>
<tr><td>上記以外</td><td>$E_m \times 1.25$
（最低10,500 V）</td></tr>
</table>

(3)　機械器具等の電路の絶縁性能

〈電気設備の技術基準の解釈第16条（まとめ）〉

<table>
<tr><th>機械器具等の種類</th><th colspan="2">最大使用電圧E_m</th><th>試験電圧</th></tr>
<tr><td rowspan="3">変圧器・開閉器・遮断器・電力用コンデンサ・計器用変成器・母線等</td><td colspan="2">7,000 V以下</td><td>$E_m \times 1.5$（最低500 V）</td></tr>
<tr><td rowspan="2">7,000 Vを超え
60,000 V以下</td><td>最大使用電圧E_mが15,000 V以下の中性点接地式電路に接続するもの</td><td>$E_m \times 0.92$</td></tr>
<tr><td>上記以外</td><td>$E_m \times 1.25$（最低10,500 V）</td></tr>
<tr><td>回転変流機</td><td colspan="2"></td><td>直流側のE_m（最低500 V）</td></tr>
<tr><td rowspan="2">回転変流器以外の回転機</td><td colspan="2">7,000 V以下</td><td>$E_m \times 1.5$（最低500 V）</td></tr>
<tr><td colspan="2">7,000 V超</td><td>$E_m \times 1.25$（最低10,500 V）</td></tr>
<tr><td>整流器</td><td colspan="2">60,000 V以下</td><td>直流側のE_m（最低500 V）</td></tr>
<tr><td>燃料電池・太陽電池モジュール</td><td colspan="2"></td><td>$E_m \times 1.5$（直流電圧）
またはE_m（交流電圧）
（最低500 V）</td></tr>
</table>

POINT 7 絶縁電線の許容電流

絶縁電線の許容電流は以下の式で与えられる。

$$\text{絶縁電線の許容電流} = \frac{\text{定格電流}I_n}{\text{許容電流補正係数}k_1 \times \text{電流減少係数}k_2}\ [\mathrm{A}]$$

上記k_1及びk_2の導出及び値は電気設備の技術基準の解釈第146条で示されているが，暗記不要である。

〈電気設備の技術基準の解釈第146条（抜粋）〉

146－3表（抜粋）

絶縁体の材料及び施設場所の区分	許容電流補正係数の計算式
ビニル混合物（耐熱性を有するものを除く。）及び天然ゴム混合物	$\sqrt{\frac{60-\theta}{30}}$
ビニル混合物（耐熱性を有するものに限る。），ポリエチレン混合物（架橋したものを除く。）及びスチレンブタジエンゴム混合物	$\sqrt{\frac{75-\theta}{30}}$
ポリエチレン混合物（架橋したものに限る。）	$\sqrt{\frac{90-\theta}{30}}$

（備考）θは，周囲温度（単位：℃）。ただし，30℃以下の場合は30とする。

146－4表（抜粋）

同一管内の電線数	電流減少係数
3以下	0.70
4	0.63
5又は6	0.56

確認問題

1 冬季に氷雪の多い地方において，径間200 mの電柱間に同じ高さに電線を施設する際の電線に加わる荷重及びたるみに関して，次の(1)～(3)の問に答えよ。ただし，電線の自重は16 N/m，風圧荷重は10 N/m，氷雪荷重は8 N/m，電線の張力は50 kN，電線の安全率は2.2とする。

P.230 POINT 1

(1) 電線に加わる合成荷重[N/m]を求めよ。

(2) 安全率を加味した電線の引張強さ[kN]を求めよ。

(3) 電線のたるみの大きさ[m]を求めよ。

---

2 図のようなA種鉄筋コンクリート柱に高圧架空電線を施設した線路の支線の張力について考える。高圧架空電線の高さは8 mで水平張力は15 kN，支線は高さ5 mに電柱に対し45°の角度で取り付けるものとする。このとき，次の(1)及び(2)の問に答えよ。

P.231 POINT 2

(1) 支線に生じる張力T[kN]を求めよ。

(2) 「電気設備技術基準の解釈」に基づく，支線の引張強さの下限値[kN]を求めよ。

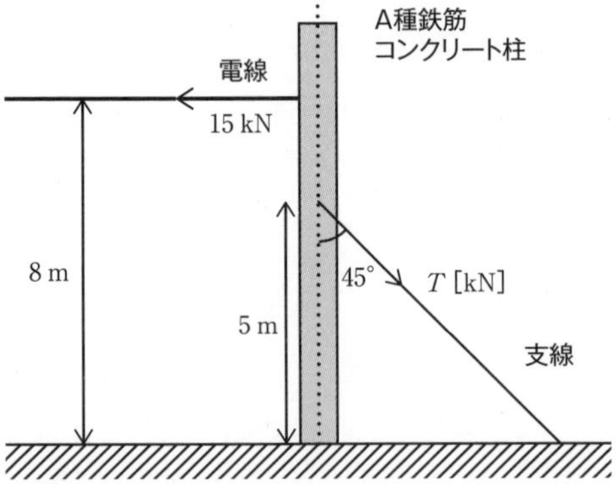

❸「電気設備の技術基準の解釈」に基づく，氷雪の多い地方のうち，海岸地その他の低温季に最大風圧を生じる地方に施設する電線に適用する長さ1mあたりの風圧荷重について，次の(1)及び(2)の問に答えよ。ただし，電線の直径は10 mm，甲種風圧荷重は980 Pa，乙種風圧荷重の計算に使用する氷雪の厚さは6 mmとする。

P.233 POINT 3

(1) 高温季に適用する風圧荷重[N]を求めよ。

(2) 低温季に適用する風圧荷重[N]を求めよ。

---

❹ 高圧電路と低圧電路とを結合する変圧器に「電気設備の技術基準の解釈」に基づき，低圧側の中性点にB種接地工事を施す場合について，変圧器の高圧側電路の地絡電流の大きさが6Aであるとき，次の(1)～(3)の値を求めよ。

P.234 POINT 4

(1) 高圧側の電路と低圧側の電路との混触により，低圧電路の対地電圧が150 Vを超えた場合に，0.8秒で自動的に高圧の電路を遮断する装置を設ける場合の接地抵抗値の上限値[Ω]

(2) 高圧側の電路と低圧側の電路との混触により，低圧電路の対地電圧が150 Vを超えた場合に，1.5秒で自動的に高圧の電路を遮断する装置を設ける場合の接地抵抗値の上限値[Ω]

(3) 高圧側の電路と低圧側の電路との混触により，低圧電路の対地電圧が150 Vを超えた場合に，2.2秒で自動的に高圧の電路を遮断する装置を設ける場合の接地抵抗値の上限値[Ω]

---

❺ 6.6 kVの変電所に三相3線式の高圧架空配電線路と地中配電線路を施設する場合において，次の(1)及び(2)の値を求めよ。ただし，高圧電路の1線地絡電流I_g[A]は，公称電圧を1.1で除したものをV'[kV]，同一母線に接続される高圧電路の電線延長（ケーブルを除く）をL[km]，同一母線に接続される高圧電路の線路延長（ケーブルに限る）をL'[km]とすると，

$$I_g = 1 + \frac{\frac{V'}{3}L - 100}{150} + \frac{\frac{V'}{3}L' - 1}{2}\text{[A]（小数点以下切り上げ）}$$

で求められる。 P.234 POINT 4

⑴　高圧架空配電線路のこう長が15 kmで３回線，地中配電線路を施設しない場合における高圧電路の１線地絡電流［A］

⑵　高圧架空配電線路のこう長が10 kmで３回線，地中配電線路のこう長が４kmで２回線である場合における高圧電路の１線地絡電流［A］

---

6 変圧器によって高圧電路に結合されている低圧電路に施設された使用電圧100 Vの電動機がある。変圧器の高圧側の１線地絡電流が10 Aであり，変圧器の高圧側の電路と低圧側の電路との混触により，低圧電路の対地電圧が150 Vを超えた場合に，１秒以内で自動的に高圧の電路を遮断する装置を設けるものとする。このとき，次の⑴及び⑵の問に答えよ。 P.234 POINT 4

⑴　変圧器の低圧側に施すB種接地工事の接地抵抗値の上限値［Ω］を求めよ。

⑵　B種接地工事の接地抵抗値を⑴で求めた値とし，電動機が完全地絡した際に，電動機の金属製外箱の対地電圧が40 V以内となるようにD種接地工事を施す際の接地抵抗値の上限値［Ω］を求めよ。

---

7 定格容量40 kV・A，一次電圧6.6 kV，二次電圧100 Vの三相変圧器に接続された低圧電路における「電気設備技術基準」に基づく絶縁性能について，次の⑴及び⑵の問に答えよ。 P.237 POINT 5

⑴　この電路における「電気設備技術基準」に規定されている絶縁抵抗値の下限値［MΩ］を答えよ。

⑵　「電気設備技術基準」に基づく，使用電圧に対する漏えい電流の許容電流値［A］を求めよ。

❽ 公称電圧6.6 kVの電路に接続する高圧ケーブルの「電気設備技術基準の解釈」に基づく絶縁耐力試験に関して，次の(1)～(3)の問に答えよ。 P.237 POINT 6

(1) 高圧ケーブルの最大使用電圧［V］を求めよ。

(2) 高圧ケーブルの試験電圧［V］を求めよ。

(3) 高圧ケーブルの試験を直流で行う場合の試験電圧［V］を求めよ。

---

❾ 定格電圧が210 V，定格容量が10 kW，力率0.9の三相３線式の電動機に電力の供給を行う低圧屋内配線について，次の(1)及び(2)の問に答えよ。ただし，周囲温度は30℃，低圧屋内配線が供給を行うのは当該電動機のみであるものとする。

P.239 POINT 7

(1) この電動機の定格電流［A］を求めよ。

(2) 低圧屋内配線の許容電流［A］を求めよ。ただし，許容電流補正係数の計算式は $\sqrt{\frac{60-\theta}{30}}$（$\theta$は，周囲温度）とし，電流減少係数は表に示される値とする。

同一管内の電線数	電流減少係数
3以下	0.70
4	0.63
5又は6	0.56

基本問題

1 径間250 mの電柱間に同じ高さに電線を施設する際，電線の弛度を3 m以内とするための電線の引張強さの最低値[kN]として，最も近いものを次の(1)〜(5)のうちから一つ選べ。ただし，電線1 mあたりの電線と風圧の合成荷重は20 N/m，安全率は2.5とする。

(1) 52　(2) 65　(3) 96　(4) 130　(5) 160

---

2 図のように，B種鉄筋コンクリート柱に高圧架空電線1と低圧架空電線2が併架されており，支線を低圧架空電線と同じ高さに施設している。支線には直径2.9 mm，引張強さ1.23 kN/mm^{2}の素線を用いるものとする。このとき，次の(a)及び(b)の問に答えよ。

(a) 支線に加わる張力F[kN]として，最も近いものを次の(1)〜(5)のうちから一つ選べ。

(1) 33　(2) 38　(3) 42　(4) 48　(5) 54

(b) 支線の素線の必要最低条数として，最も近いものを次の(1)〜(5)のうちから一つ選べ。

(1) 10　(2) 13　(3) 17　(4) 21　(5) 24

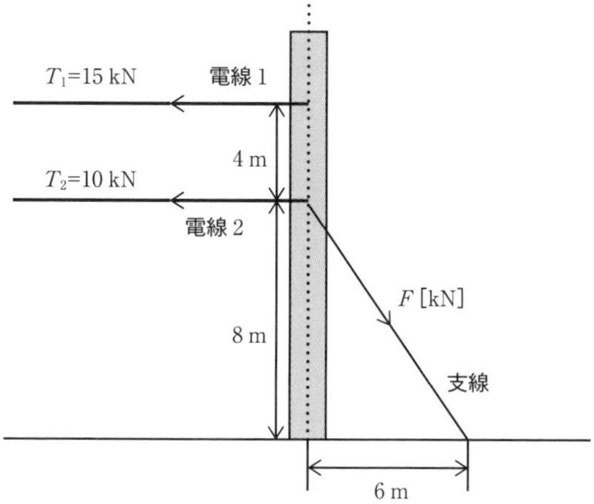

3　氷雪の多い地方のうち，海岸地その他の低温季に最大風圧を生じる地方に施設する図のような電線（素線径3.5 mm）に適用する長さ 1 mあたりの風圧荷重について，次の(a)及び(b)の問に答えよ。

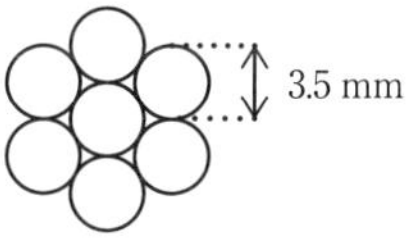

ただし，甲種風圧荷重は980 Pa，乙種風圧荷重の計算には，周囲に厚さ6 mm，比重0.9の氷雪が付着した状態に対し行うものとする。

(a)　高温季に適用する風圧荷重 [N] として，最も近いものを次の(1)～(5)のうちから一つ選べ。

(1)　5.1　　(2)　10.3　　(3)　12.9　　(4)　16.2　　(5)　32.3

(b)　低温季に適用する風圧荷重 [N] として，最も近いものを次の(1)～(5)のうちから一つ選べ。

(1)　9.1　　(2)　10.3　　(3)　11.0　　(4)　17.3　　(5)　22.1

4 6.6 kVの変電所に三相3線式のこう長が8 kmで4回線の高圧架空配電線路とこう長が3 kmで3回線の地中配電線路を施設し，高圧架空配電線路の1回線から，変圧器を介して210 Vに降圧して受電する場合における変圧器の低圧側に施す接地工事について，次の(a)及び(b)の問に答えよ。

ただし，高圧電路の1線地絡電流I_g[A]は，公称電圧を1.1で除したものをV'[kV]，同一母線に接続される高圧電路の電線延長（ケーブルを除く）をL[km]，同一母線に接続される高圧電路の線路延長（ケーブルに限る）をL'[km]とすると，

$$I_g = 1 + \frac{\frac{V'}{3}L - 100}{150} + \frac{\frac{V'}{3}L' - 1}{2} \text{[A]}$$

で求められる。

(a) 高圧電路の1線地絡電流[A]として，最も近いものを次の(1)～(5)のうちから一つ選べ。

(1) 10　(2) 11　(3) 19　(4) 28　(5) 29

(b) 低圧電路のB種接地抵抗の上限値[Ω]として，最も近いものを次の(1)～(5)のうちから一つ選べ。ただし，変圧器の高圧側の電路と低圧側の電路との混触により，低圧電路の対地電圧が150 Vを超えた場合に，1.6秒で自動的に高圧の電路を遮断する装置を設けるものとする。

(1) 10　(2) 21　(3) 27　(4) 30　(5) 55

---

5 高圧電路に結合された100 V低圧電路に，負荷電力が15 kWで力率が0.8の単相電動機が接続されている。次の(a)及び(b)の問に答えよ。

ただし，高圧電路の1線地絡電流は6 Aとし，低圧側電路の一端子にはB種接地工事が施されている。また，変圧器の高圧側の電路と低圧側の電路との混触により，低圧電路の対地電圧が150 Vを超えた場合に，1秒以内に自動的に高圧の電路を遮断する装置を設けているものとする。

(a) 変圧器に施すB種接地工事の接地抵抗値の上限値［Ω］として，最も近いものを次の(1)～(5)のうちから一つ選べ。

(1) 10　(2) 25　(3) 50　(4) 75　(5) 100

(b) (a)の条件にてB種接地工事を施設し，電動機に地絡事故が発生した際に，電動機の金属製外箱に触れた人体に流れる電流を10 mA以下としたい。このとき，金属製外箱に施すD種接地工事の接地抵抗値の上限値［Ω］として，最も近いものを次の(1)～(5)のうちから一つ選べ。ただし，人体の抵抗値は4000 Ωとする。

(1) 17　(2) 34　(3) 52　(4) 68　(5) 85

---

6 公称電圧22 kVの電路に使用する遮断器の交流試験電圧［V］と試験時間［分］の組合せとして，正しいものを次の(1)～(5)のうちから一つ選べ。

	試験電圧	試験時間
(1)	28750	10
(2)	34500	1
(3)	27500	10
(4)	28750	1
(5)	34500	10

7 公称電圧6.6 kV，周波数50 Hzの三相3線式配電線路から長さ100 mの高圧CVケーブル（単心）3本で受電する400 kWの自家用電気工作物の需要設備がある。ケーブルの対地静電容量が1 kmあたり0.4 μFであるとき，次の(a)及び(b)の問に答えよ。

(a) ケーブルを3線一括して絶縁耐力試験を行う際に流れる対地充電電流[mA]として，最も近いものを次の(1)～(5)のうちから一つ選べ。

(1) 108　(2) 130　(3) 252　(4) 325　(5) 390

(b) この試験に必要な試験用変圧器の容量[kV・A]として，最も近いものを次の(1)～(5)のうちから一つ選べ。

(1) 2　(2) 4　(3) 7　(4) 9　(5) 12

応用問題

1 図のように電柱１，２及び３（すべてA種鉄筋コンクリート柱）の100 m等間隔で建っていた電柱２を破線の位置から25 m移設することを計画する。次の(a)及び(b)の問に答えよ。ただし，電線の合成荷重は25 N/m，移設前の電線の張力は35 kNとし，電線の実長は移設前後で変わらないものとする。また，移設後の電線１－２間の張力と電線２－３間の張力は等しいものとする。

(a) 電柱２移設後，電線に必要な許容引張荷重[kN]の大きさとして，最も近いものを次の(1)～(5)のうちから一つ選べ。

(1) 29　(2) 32　(3) 35　(4) 38　(5) 41

(b) 電柱２移設後の電柱１－２間のたるみ[m]の大きさとして，最も近いものを次の(1)～(5)のうちから一つ選べ。

(1) 0.5　(2) 0.7　(3) 0.9　(4) 1.1　(5) 1.3

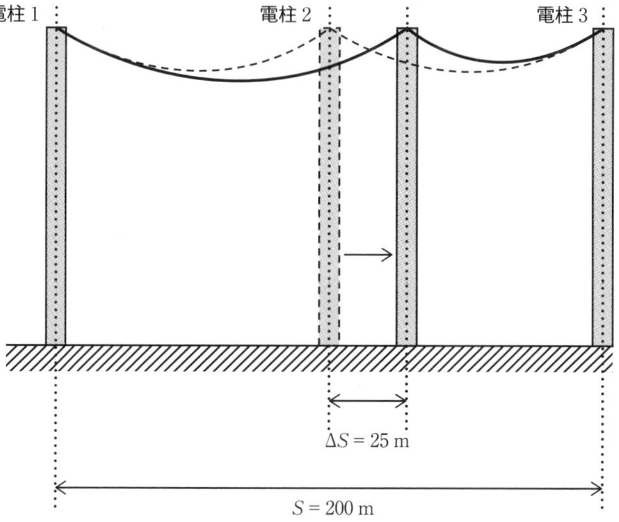

2 図のように，高さ8mの電線の向きを90度変化させるためのA種鉄筋コンクリート電柱及び6mの支線を施設している。支線は各電線から45°の向きと正対するように施設し，電線と支線の力が平衡するようにした。このとき，次の(a)及び(b)の問に答えよ。

(a) 支線に加わる張力T[kN]として，最も近いものを次の(1)〜(5)のうちから一つ選べ。

(1) 19　(2) 22　(3) 26　(4) 34　(5) 45

(b) 支線の素線の必要最低条数として，最も近いものを次の(1)〜(5)のうちから一つ選べ。ただし，支線には直径2.6mm，引張強さ1.23kN/mm^{2}の素線を用いるものとする。

(1) 4　(2) 7　(3) 11　(4) 14　(5) 18

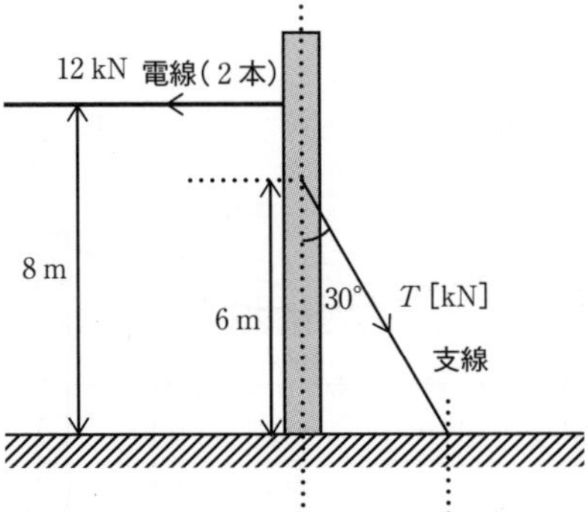

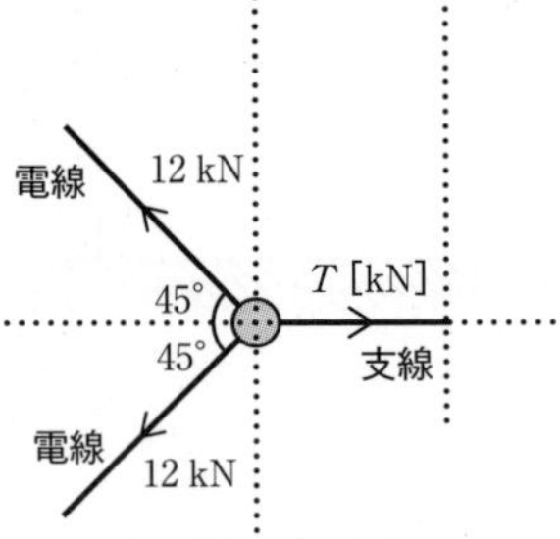

3 氷雪の多い地方のうち，海岸地その他の低温季に最大風圧を生じる地方以外の場所に施設する図のような電線（素線径2.6 mm）に適用する長さ1 mあたりの風圧荷重について，次の(a)及び(b)の問に答えよ。

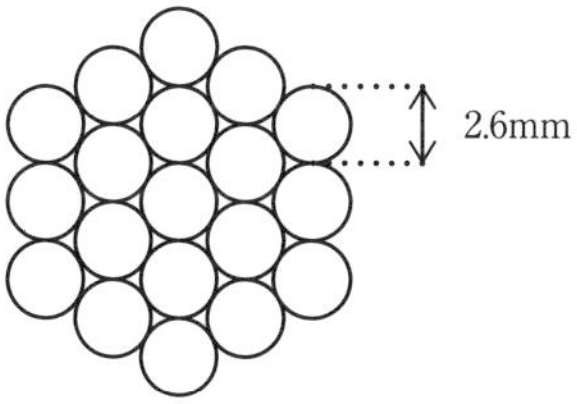

ただし，電線の自重は12.1 N/m，甲種風圧荷重は980 Pa，乙種風圧荷重の計算には，周囲に厚さ6 mm，比重0.9の氷雪が付着した状態に対し行うものし，重力加速度は9.8 m/s^{2}とする。

(a) 低温季に適用する風圧荷重[N/m]として，最も近いものを次の(1)～(5)のうちから一つ選べ。

(1) 6　(2) 12　(3) 13　(4) 17　(5) 25

(b) (a)の風圧荷重に加え，氷雪が付着した状態における合成荷重[N/m]として，最も近いものを次の(1)～(5)のうちから一つ選べ。

(1) 14　(2) 16　(3) 18　(4) 20　(5) 22

---

4 図のような線間電圧$V = 200$ V，周波数$f = 60$ Hzの低圧側電路の一端子にB種接地工事R_B[Ω]を施している。この電路の一相当たりの対地静電容量を$C = 0.3$ μFとするとき，次の(a)及び(b)の問に答えよ。ただし，変圧器の高圧電路の1線地絡電流は4 A，高圧側電路と低圧側電路との混触時に低圧電路の対地電圧が150 Vを超えた場合に，1.6秒で自動的に高圧電路を遮断する装置が設けられているものとする。

(a) R_B[Ω]を「電気設備技術基準の解釈」に規定されている接地抵抗値の上限値の60%とする時，R_B[Ω]の値として，最も近いものを次の(1)～(5)のうちから一つ選べ。

(1) 23　(2) 38　(3) 45　(4) 75　(5) 90

(b) R_B [Ω] に常時流れる電流 [A] の大きさとして，最も近いものを次の(1)〜(5)のうちから一つ選べ。

(1) 0　(2) 0.04　(3) 0.07　(4) 0.1　(5) 0.2

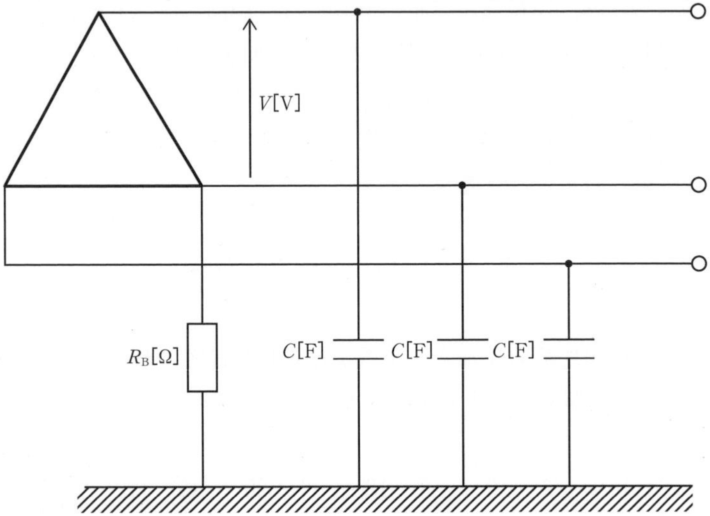

---

5 次の機械器具等の「電気設備技術基準の解釈」に基づく電路の試験電圧として，誤っているものを次の(1)〜(5)のうちから一つ選べ。

(1) 公称電圧6600 Vで使用する開閉器の交流試験電圧を10350 Vとした。

(2) 公称電圧22000 Vの電線路に接続する遮断器の交流試験電圧を28750 Vとし，電圧を連続して10分間加えた。

(3) 公称電圧6600 Vの電線路に接続する太陽電池モジュールの交流試験電圧を10350 Vとし，電圧を連続して10分間加えた。

(4) 公称電圧6600 Vの電線路に使用する電動機の直流試験電圧を16560 Vとした。

(5) 公称電圧6600 Vの電線路に使用する計器用変成器の直流試験電圧を20700 Vとした。

6 図は公称電圧6600 V，周波数50 Hzの三相3線式配電線路から受電する高圧需要家の高圧引込ケーブルの交流絶縁耐力試験の試験回路である。試験は3線一括で行い，各ケーブルのこう長は200 mで1線の対地静電容量は1 kmあたり1.2 μFであり，試験用変圧器の容量は10 kV・Aとする。次の(a)及び(b)の問に答えよ。

(a) 試験電圧を印加したときの充電電流[A]の大きさとして，最も近いものを次の(1)～(5)のうちから一つ選べ。

(1) 0.8　(2) 1.2　(3) 1.7　(4) 2.3　(5) 4.4

(b) 補償リアクトル1台あたりの容量が4 kV・Aであるとき，試験に必要な補償リアクトルの台数として，正しいものを次の(1)～(5)のうちから一つ選べ。

(1) 3　(2) 4　(3) 5　(4) 6　(5) 7

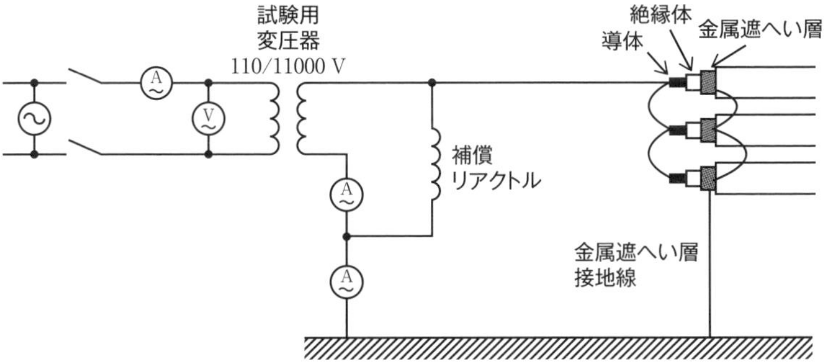

CHAPTER 05

発電用風力設備の技術基準

数年に1問程度出題される分野です。条文があまり長くないため，しっかりと理解していれば確実に得点することができます。本問題集の内容を理解していれば十分と言えるでしょう。

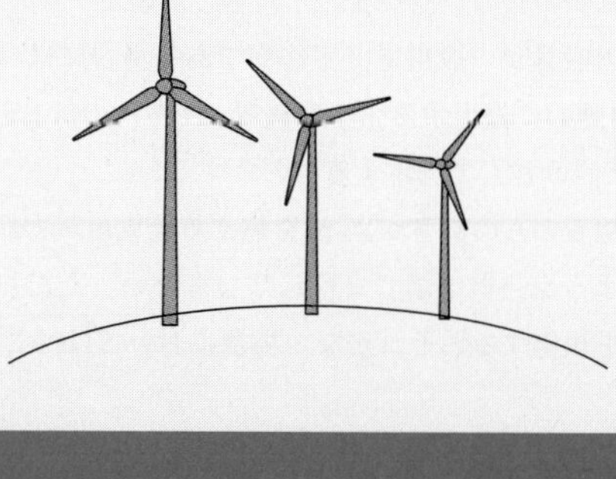

CHAPTER 05

発電用風力設備の技術基準

1 発電用風力設備の技術基準

(教科書CHAPTER05　SEC01対応)

POINT 1　風車に関する条文

(1)　風車

〈発電用風力設備に関する技術基準を定める省令第4条〉

風車は，次の各号により施設しなければならない。

一　負荷を遮断したときの最大速度に対し，構造上安全であること。

二　風圧に対して構造上安全であること。

三　運転中に風車に損傷を与えるような振動がないように施設すること。

四　通常想定される最大風速においても取扱者の意図に反して風車が起動することのないように施設すること。

五　運転中に他の工作物，植物等に接触しないように施設すること。

(2)　風車の安全な状態の確保

〈発電用風力設備に関する技術基準を定める省令第5条〉

1　風車は，次の各号の場合に安全かつ自動的に停止するような措置を講じなければならない。

一　回転速度が著しく上昇した場合

二　風車の制御装置の機能が著しく低下した場合

2　発電用風力設備が一般用電気工作物である場合には，前項の規定は，同項中「安全かつ自動的に停止するような措置」とあるのは「安全な状態を確保するような措置」と読み替えて適用するものとする。

3　最高部の地表からの高さが20 mを超える発電用風力設備には，雷撃から風車を保護するような措置を講じなければならない。ただし，周囲の状況によって雷撃が風車を損傷するおそれがない場合においては，この限りでない。

(3) 風車を支持する工作物

〈発電用風力設備に関する技術基準を定める省令第７条〉

1　風車を支持する工作物は，自重，積載荷重，積雪及び風圧並びに地震その他の振動及び衝撃に対して構造上安全でなければならない。

2　発電用風力設備が一般用電気工作物である場合には，風車を支持する工作物に取扱者以外の者が容易に登ることができないように適切な措置を講じること。

POINT 2 その他の条文

(1) 適用範囲

〈発電用風力設備に関する技術基準を定める省令第１条〉

1　この省令は，風力を原動力として電気を発生するために施設する電気工作物について適用する。

2　前項の電気工作物とは，一般用電気工作物及び事業用電気工作物をいう。

(2) 定義

〈発電用風力設備に関する技術基準を定める省令第２条〉

この省令において使用する用語は，電気事業法施行規則（平成七年通商産業省令第七十七号）において使用する用語の例による。

(3) 取扱者以外の者に対する危険防止措置

〈発電用風力設備に関する技術基準を定める省令第３条〉

1　風力発電所を施設するに当たっては，取扱者以外の者に見やすい箇所に風車が危険である旨を表示するとともに，当該者が容易に接近するおそれがないように適切な措置を講じなければならない。

2　発電用風力設備が一般用電気工作物である場合には，前項の規定は，同項中「風力発電所」とあるのは「発電用風力設備」と，「当該者が容易に」とあるのは「当該者が容易に風車に」と読み替えて適用するものとする。

⑷　圧油装置及び圧縮空気装置の危険の防止

〈発電用風力設備に関する技術基準を定める省令第６条〉

発電用風力設備として使用する圧油装置及び圧縮空気装置は，次の各号により施設しなければならない。

一　圧油タンク及び空気タンクの材料及び構造は，最高使用圧力に対して十分に耐え，かつ，安全なものであること。

二　圧油タンク及び空気タンクは，耐食性を有するものであること。

三　圧力が上昇する場合において，当該圧力が最高使用圧力に到達する以前に当該圧力を低下させる機能を有すること。

四　圧油タンクの油圧又は空気タンクの空気圧が低下した場合に圧力を自動的に回復させる機能を有すること。

五　異常な圧力を早期に検知できる機能を有すること。

⑸　公害等の防止

〈発電用風力設備に関する技術基準を定める省令第８条〉

1　電気設備に関する技術基準を定める省令第19条第11項及び第13項の規定は，風力発電所に設置する発電用風力設備について準用する。

2　発電用風力設備が一般用電気工作物である場合には，前項の規定は，同項中「第19条第11項及び第13項」とあるのは「第19条第13項」と，「風力発電所に設置する発電用風力設備」とあるのは「発電用風力設備」と読み替えて適用するものとする。

確認問題

1 次の文章は「発電用風力設備に関する技術基準を定める省令」における風車に関する記述である。（ア）～（ウ）にあてはまる語句を解答群から選択して答えよ。

P.256 POINT 1

風車は，次の各号により施設しなければならない。

一　負荷を遮断したときの最大速度に対し，（ア）であること。

二　風圧に対して（ア）であること。

三　運転中に風車に損傷を与えるような（イ）ように施設すること。

四　通常想定される最大風速においても取扱者の意図に反して風車が起動することのないように施設すること。

五　運転中に他の工作物，植物等に（ウ）ように施設すること。

【解答群】

(1) 接触しない	(2) 電撃が発生しない	(3) 構造上安全
(4) 負荷遮断するもの	(5) 十分に耐えるもの	(6) 危害を及ぼさない
(7) 振動がない	(8) 機械的衝撃がない	

---

2 次の文章は「発電用風力設備に関する技術基準を定める省令」における風車の安全な状態の確保に関する記述の一部である。（ア）～（ウ）にあてはまる語句を解答群から選択して答えよ。

P.256 POINT 1

a　風車は，次の各号の場合に安全かつ自動的に停止するような措置を講じなければならない。

一　（ア）が著しく上昇した場合

二　風車の（イ）が著しく低下した場合

b　最高部の地表からの高さが20 mを超える発電用風力設備には，（ウ）から風車を保護するような措置を講じなければならない。ただし，周囲の状況によって（ウ）が風車を損傷するおそれがない場合においては，この限りでない。

【解答群】

(1) 回転速度	(2) 強風	(3) 制御装置の機能	(4) 軸受温度
(5) 雷撃	(6) 風速	(7) 油圧	(8) 電圧

---

❸ 次の文章は「発電用風力設備に関する技術基準を定める省令」における風車を支持する工作物に関する記述である。（ア）～（ウ）にあてはまる語句を解答群から選択して答えよ。 P.256 POINT 1

a 風車を支持する工作物は，自重，積載荷重，（ア）及び風圧並びに地震その他の振動及び（イ）に対して構造上安全でなければならない。

b 発電用風力設備が一般用電気工作物である場合には，風車を支持する工作物に取扱者以外の者が容易に（ウ）ことができないように適切な措置を講じること。

【解答群】

(1) 機械的応力	(2) 衝撃	(3) 触れる	(4) 積雪
(5) 過電圧	(6) 登る	(7) 雷撃	(8) 立ち入る

基本問題

1 次の文章は「発電用風力設備に関する技術基準を定める省令」における風車に関する記述である。

風車は，次の各号により施設しなければならない。

一　負荷を遮断したときの （ア） に対し，構造上安全であること。

二　（イ） に対して構造上安全であること。

三　運転中に風車に損傷を与えるような振動がないように施設すること。

四　通常想定される最大風速においても取扱者の意図に反して風車が （ウ） することのないように施設すること。

五　運転中に他の工作物，植物等に接触しないように施設すること。

上記の記述中の空白箇所（ア），（イ）及び（ウ）に当てはまる組合せとして，正しいものを次の(1)〜(5)のうちから一つ選べ。

	（ア）	（イ）	（ウ）
(1)	最大速度	風圧	起動
(2)	電気的衝撃	風圧	倒壊
(3)	最大速度	風向変動	起動
(4)	最大速度	風向変動	倒壊
(5)	電気的衝撃	風圧	起動

2 次の文章は「発電用風力設備に関する技術基準を定める省令」における風車の安全な状態の確保及び風車を支持する工作物に関する記述の一部である。

a　風車は，次の各号の場合に安全かつ自動的に停止するような措置を講じなければならない。

一　[（ア）]が著しく上昇した場合

二　風車の制御装置の機能が著しく低下した場合

b　最高部の地表からの高さが[（イ）]mを超える発電用風力設備には，雷撃から風車を保護するような措置を講じなければならない。ただし，周囲の状況によって雷撃が風車を損傷するおそれがない場合においては，この限りでない。

c　風車を支持する工作物は，自重，[（ウ）]，積雪及び風圧並びに地震その他の振動及び衝撃に対して構造上安全でなければならない。

d　発電用風力設備が[（エ）]電気工作物である場合には，風車を支持する工作物に取扱者以外の者が容易に登ることができないように適切な措置を講じること。

上記の記述中の空白箇所（ア），（イ），（ウ）及び（エ）に当てはまる組合せとして，正しいものを次の(1)〜(5)のうちから一つ選べ。

	（ア）	（イ）	（ウ）	（エ）
(1)	風車の振動	20	固有振動	事業用
(2)	回転速度	10	積載荷重	事業用
(3)	風車の振動	10	固有振動	一般用
(4)	回転速度	20	積載荷重	一般用
(5)	回転速度	10	積載荷重	一般用

3 次の文章は「発電用風力設備に関する技術基準を定める省令」における圧油装置及び圧縮空気装置の危険の防止に関する記述の一部である。

発電用風力設備として使用する圧油装置及び圧縮空気装置は，次の各号により施設しなければならない。

一　圧油タンク及び空気タンクの材料及び構造は，（ア）に対して十分に耐え，かつ，安全なものであること。

二　圧油タンク及び空気タンクは，（イ）を有するものであること。

三　圧力が上昇する場合において，当該圧力が最高使用圧力に到達する以前に当該（ウ）させる機能を有すること。

四　圧油タンクの油圧又は空気タンクの空気圧が低下した場合に圧力を（エ）機能を有すること。

上記の記述中の空白箇所（ア），（イ），（ウ）及び（エ）に当てはまる組合せとして，正しいものを次の(1)〜(5)のうちから一つ選べ。

	（ア）	（イ）	（ウ）	（エ）
(1)	風車の振動	耐食性	機器を停止	早期に検知する
(2)	最高使用圧力	耐食性	圧力を低下	自動的に回復させる
(3)	最高使用圧力	耐圧性	機器を停止	自動的に回復させる
(4)	風車の振動	耐圧性	圧力を低下	自動的に回復させる
(5)	風車の振動	耐食性	圧力を低下	早期に検知する

応用問題

1 「発電用風力設備に関する技術基準を定める省令」に規定される安全対策について，誤っているものを次の(1)〜(5)のうちから一つ選べ。

(1) 取扱者以外の者に見やすい箇所に風車が危険である旨を表示し，取扱者以外の者が容易に接近するおそれがないように適切な措置を講じた。

(2) 通常想定される最大風速においても取扱者の意図に反して風車が起動することのないように施設した。

(3) 回転速度が著しく上昇した場合に安全かつ自動的に回転速度を低下させるような措置を講じた。

(4) 最高部の地表からの高さが20 mを超える発電用風力設備に，雷撃から風車を保護するような措置を講じた。

(5) 発電用風力設備が一般用電気工作物であったので，風車を支持する工作物に取扱者以外の者が容易に登ることができないように適切な措置を講じた。

CHAPTER 06

電気施設管理

計算問題を中心に毎年２～４問程度出題される分野です。電力科目と関係する内容も多いので，理解すると電力科目の学習にも役立つ内容です。比較的パターン化された問題が出題されるので，本問題集の内容をしっかりと理解して本番に臨めば得点できる可能性が高い分野となります。

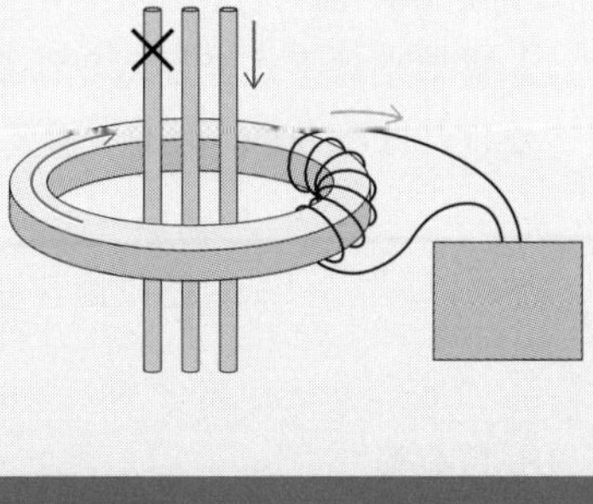

CHAPTER

06 電気施設管理

1 電気施設管理

(教科書CHAPTER06　SEC01対応)

POINT 1　日負荷曲線

(1)　日負荷曲線とは

一日の需要電力の変動をグラフで表したもので，図の例では簡略化のため直線ではあるが，現実的には正午前後をピークとした曲線となる。

・総設備容量…需要家の設備容量の合計[kW]

・最大需要電力…ある期間における最も大きい需要電力の値[kW]

・平均需要電力…ある期間における需要電力の平均値[kW]

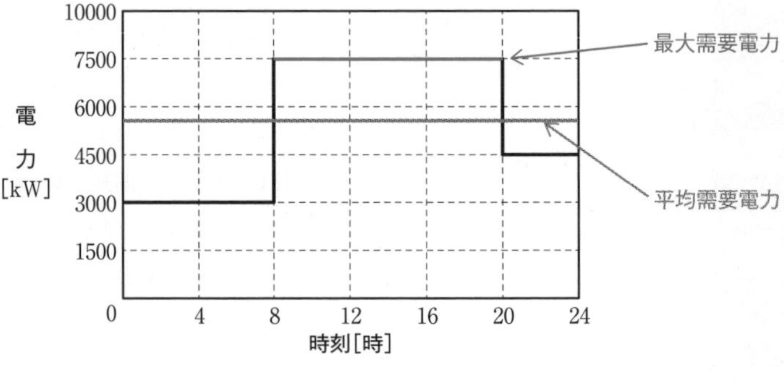

(2)　需要率

需要率は下式で与えられる。総設備容量は最大需要電力より大きくなければならないので，需要率は100%以下となる。

$$\text{需要率} = \frac{\text{最大需要電力}}{\text{総設備容量}} \times 100[\%]$$

(3)　負荷率

負荷率は次の式で与えられる。平均需要電力は最大需要電力より小さいので，負荷率は100%以下となる。

$$\text{負荷率} = \frac{\text{平均需要電力}}{\text{最大需要電力}} \times 100[\%]$$

(4)　不等率

不等率は下式で与えられる。各需要家の最大需要電力の合計値は，合成最大需要電力以上となるので，不等率は1以上となる。

$$\text{不等率} = \frac{\text{各需要家の最大需要電力の合計値}}{\text{合成最大需要電力}}$$

(5)　総合負荷率

総合負荷率は，複数の需要家の全体をみた負荷率である。

$$\text{総合負荷率} = \frac{\text{合成平均需要電力}}{\text{合成最大需要電力}} \times 100[\%]$$

$$= \frac{\text{合成平均需要電力} \times \text{不等率}}{\text{各需要家の}\left(\text{総設備容量} \times \dfrac{\text{需要率}}{100}\right)\text{の合計値}} \times 100[\%]$$

POINT 2　**変圧器の損失と効率（関連：機械科目）**

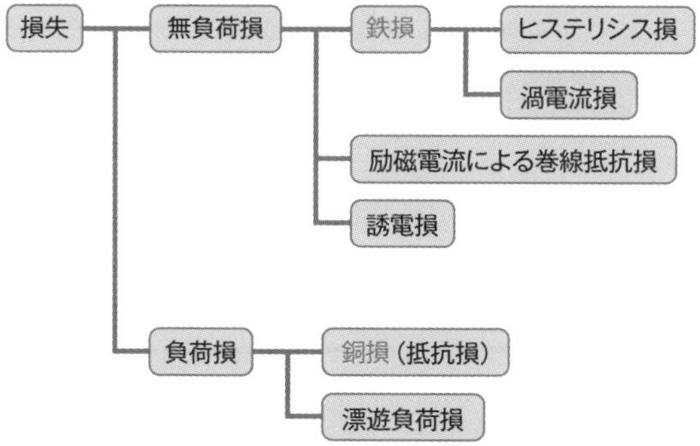

変圧器の損失は多岐にわたるが，鉄損と銅損以外は小さいため，計算問題においては無視する場合が多い。

また，鉄損p_i[kW]は負荷によらず一定であり，銅損p_c[kW]は負荷率の2乗に比例するため，定格容量P_n[kV･A]，負荷率α，力率$\cos\theta$で運転している変圧器の効率η[%]は，次の式で表せる。

$$\eta = \frac{\alpha P_n \cos\theta}{\alpha P_n \cos\theta + p_i + \alpha^2 p_c} \times 100[\%]$$

$p_i = \alpha^2 p_c$の時，効率は最大となる。

また，変圧器の1日の効率を全日効率といい，全日効率η_d[%]は，24時間分の出力電力量W_o[kW･h]，24時間分の鉄損電力量W_i[kW･h]，24時間分の銅損電力量W_c[kW･h]とすると，次の式で表せる。

$$\eta_d = \frac{W_o}{W_o + W_i + W_c} \times 100[\%]$$

POINT 3　需要電力と発電電力（関連：電力科目）

発電設備を有する工場等では需要電力より発電電力が大きい場合には系統へ送電，小さい場合には系統から受電する等の方法が取られる。

電験においては調整池水力発電所や太陽電池発電所等を保有する工場の送電及び受電について出題されているため，電力科目の水力発電所の発電電力の公式は知っておく必要がある。

水力発電所の発電電力P[kW]は，流量Q[m^3/s]，有効落差H[m]，水車効率η_w，発電機効率η_gとすると，次の式で表せる。

$$P = 9.8QH\eta_w\eta_g$$

確認問題

1 図は，ある工場における日負荷曲線を示したものである。このとき，(1)～(3)の値を求めよ。 P.266 POINT 1

(1) 最大需要電力[kW]

(2) 平均需要電力[kW]

(3) 負荷率[%]

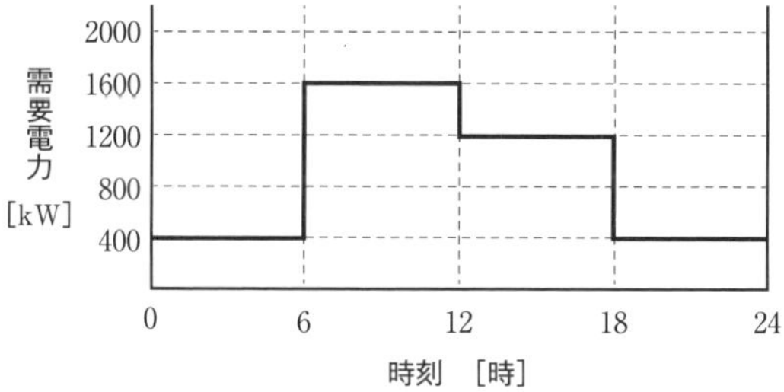

---

2 あるエリアにおけるA工場及びB工場の負荷曲線が図のようであったとき，(1)～(4)の値を求めよ。ただし，設備容量はA工場が900 kW，B工場は600 kWとする。 P.266 POINT 1

(1) 各工場の需要率[%]

(2) 各工場の負荷率[%]

(3) A工場とB工場の不等率

(4) A工場とB工場の総合負荷率[%]

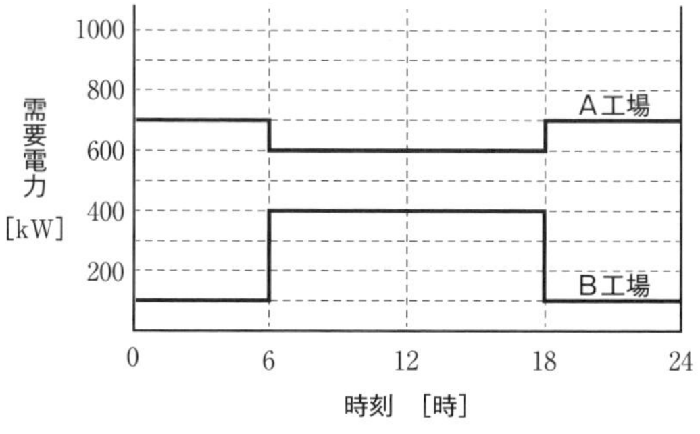

3 定格容量200 kV・Aの変圧器があり，最大負荷電力130 kW，力率1の負荷に電力を供給している。鉄損が480 W，最大負荷時の銅損が1000 Wであるとき，次の(1)及び(2)の値を求めよ。ただし，鉄損と銅損以外の損失は無視できるものとする。 P.267 POINT 2

(1) 変圧器の効率が最大となるときの負荷電力[kW]を求めよ。

(2) この変圧器の最大効率[%]を求めよ。

---

4 電力系統と連系している出力が400 kWで一定の水力発電所を保有している工場がある。この工場の一日の負荷が図のように変化したとき，次の(1)及び(2)の値を求めよ。ただし，この工場は発電電力が受電電力を上回った場合に電力系統に送電し，下回った場合に受電するものとする。 P.268 POINT 3

(1) 一日の受電電力量[kW・h]

(2) 一日の送電電力量[kW・h]

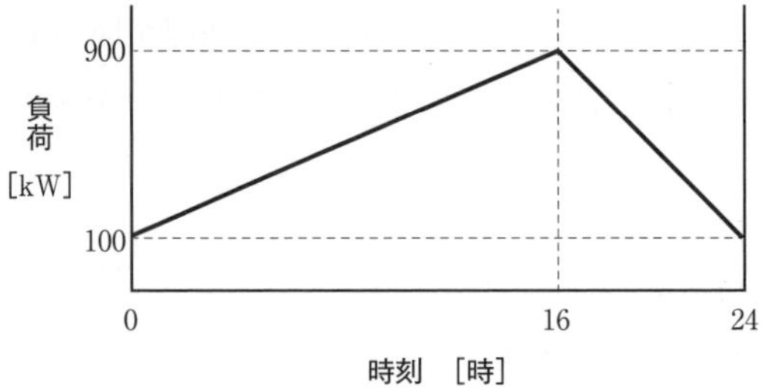

---

5 最大使用水量が40 m^3/s，有効落差が20 mの調整池式水力発電所がある。河川の流量が15 m^3/s一定であり，午前9時より自流分に加え貯水分を全量消費して最大使用水量で発電するものとする。このとき，(1)及び(2)の問に答えよ。 P.268 POINT 3

(1) 水力発電所が停止する時刻[時]を求めよ。

(2) この発電所の一日の発電電力量[MW・h]を求めよ。ただし，水車の効率は89%，発電機の効率は97%とする。

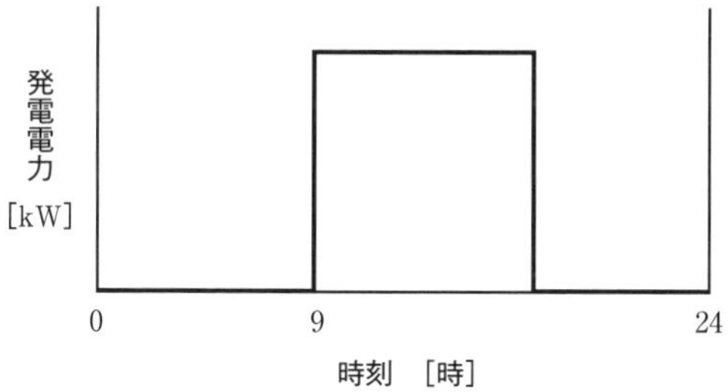

基本問題

1 次の各式は変電所から需要設備に向かう配電系統に関する関係式である。

$$\boxed{（ア）} = \frac{\text{平均需要電力}}{\text{最大需要電力}} \times 100[\%]$$

$$\boxed{（イ）} = \frac{\text{各需要家の最大需要電力の合計値}}{\text{合成最大需要電力}}$$

$$\boxed{（ウ）} = \frac{\text{最大需要電力}}{\text{総設備容量}} \times 100[\%]$$

上記の記述中の空白箇所（ア），（イ）及び（ウ）に当てはまる組合せとして，正しいものを次の(1)～(5)のうちから一つ選べ。

	（ア）	（イ）	（ウ）
(1)	需要率	負荷率	不等率
(2)	不等率	負荷率	需要率
(3)	負荷率	需要率	不等率
(4)	需要率	不等率	負荷率
(5)	負荷率	不等率	需要率

---

2 図はある需要家の一日の需要電力を示したものである。このとき，次の(a)及び(b)の問に答えよ。ただし，需要率は62.5%，負荷設備の総合力率は遅れ力率で0.8とする。

(a) この需要家の負荷率[%]として，最も近いものを次の(1)～(5)のうちから一つ選べ。

(1) 38　(2) 49　(3) 61　(4) 69　(5) 97

(b) この需要家の設備容量[kV・A]として，最も近いものを次の(1)～(5)のうちから一つ選べ。

(1) 1000　(2) 1150　(3) 1280　(4) 1440　(5) 1600

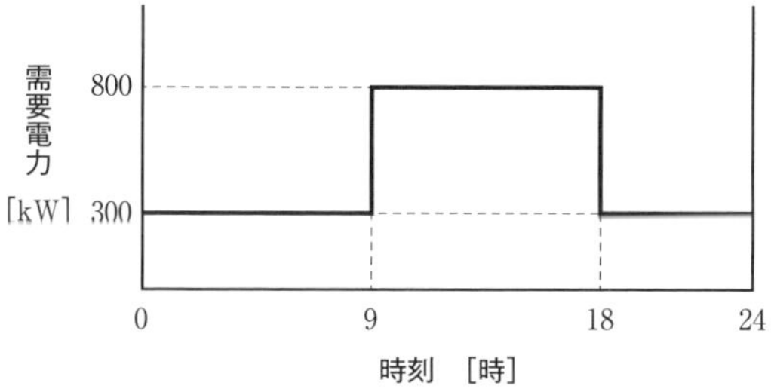

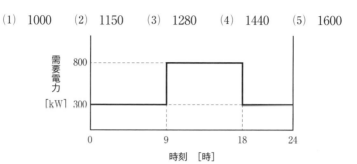

3 ある変電所から需要設備A，B及びCに下表のように電力が供給されているとき，次の(a)及び(b)の問に答えよ。

需要設備	平均需要電力[kW]	最大需要電力[kW]
A	2200	2800
B	2600	3700
C	4100	5800
全体	−	10200

(a) 変電所からみた総合負荷率[%]として，最も近いものを次の(1)～(5)のうちから一つ選べ。

(1) 72　(2) 75　(3) 78　(4) 83　(5) 87

(b) 変電所からみた不等率として，最も近いものを次の(1)～(5)のうちから一つ選べ。

(1) 0.8　(2) 1.0　(3) 1.2　(4) 1.4　(5) 1.6

4 負荷の設備容量が600 kW，遅れ力率0.8，負荷の設備容量に対する需要率が60%の需要家に電力を供給するため，受電用変圧器を設置する。次の(a)及び(b)の問に答えよ。

(a) 受電用変圧器の容量として最大需要電力に対して50 kV・Aの余裕を持つとき，受電用変圧器の容量[kV・A]として，最も近いものを次の(1)〜(5)のうちから一つ選べ。

(1) 410　(2) 450　(3) 500　(4) 1250　(5) 1300

(b) 年負荷率が60%であるとき，負荷の年間使用電力量[MW・h]として，最も近いものを次の(1)〜(5)のうちから一つ選べ。

(1) 1890　(2) 2370　(3) 3150　(4) 3940　(5) 6570

---

5 定格容量100 kV・Aの単相変圧器があり，最大負荷電力60 kW，遅れ力率0.7（一定）で負荷に電力を供給している。鉄損が800 W，力率0.7で定格運転時の銅損が1250 Wであるとき，次の(a)及び(b)の問に答えよ。ただし，鉄損と銅損以外の損失は無視できるものとする。

(a) 変圧器の効率が最大となる負荷電力[kW]として，最も近いものを次の(1)〜(5)のうちから一つ選べ。

(1) 45　(2) 56　(3) 64　(4) 72　(5) 80

(b) この変圧器を無負荷で12時間，最大負荷で12時間運転したときの全日効率[%]として，最も近いものを次の(1)〜(5)のうちから一つ選べ。

(1) 90　(2) 92　(3) 94　(4) 96　(5) 98

6 最大使用水量5 m^3/sの水力発電所があり，20時から翌朝10時までは河川流量を貯水し，10時から16時まで需要ピークに合わせ最大使用水量で発電し，8時から10時及び16時から20時まで部分負荷P[kW]で運転し20時の時点で貯水分を使い切る。このとき，次の(a)及び(b)の問に答えよ。ただし，河川流量は2 m^3/s，有効落差は一定とし，発電出力は使用水量に比例するものとする。

(a) 部分負荷時の出力P[kW]として，最も近いものを次の(1)～(5)のうちから一つ選べ。

(1) 28　(2) 32　(3) 40　(4) 48　(5) 60

(b) この水力発電所の設備利用率[%]として，最も近いものを次の(1)～(5)のうちから一つ選べ。

(1) 30　(2) 40　(3) 50　(4) 60　(5) 70

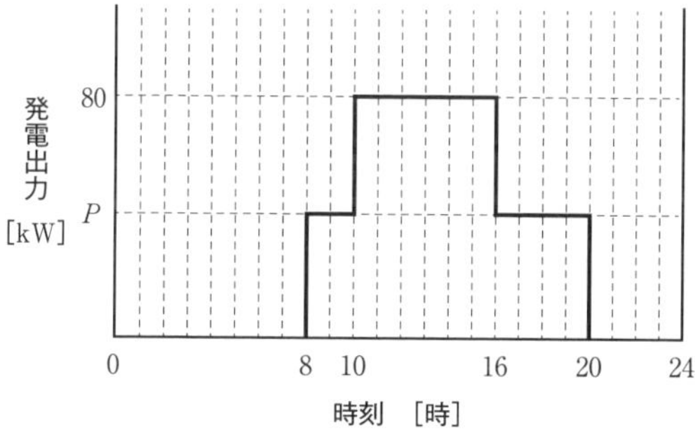

---

7 出力が6 MWで一定の水力発電所を持ち，系統連系している工場があり，この工場の一日の負荷の推移が下図のようであった。この工場は発電電力が消費電力を上回った場合に送電し，下回った場合に受電するものとする。このとき，次の(a)及び(b)の問に答えよ。

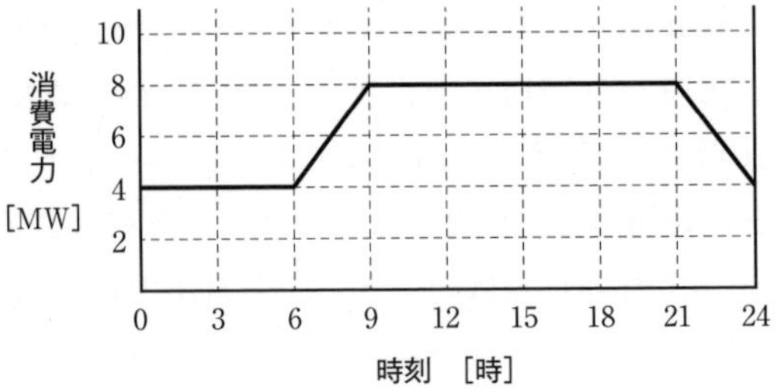

(a) この日の受電電力量[MW・h]として，最も近いものを次の(1)〜(5)のうちから一つ選べ。

(1) 12　(2) 15　(3) 27　(4) 60　(5) 156

(b) この日の受電電力量[MW・h]に対する送電電力量[MW・h]の割合として，最も近いものを次の(1)〜(5)のうちから一つ選べ。

(1) 0.56　(2) 0.62　(3) 0.80　(4) 1.6　(5) 1.8

応用問題

1 変電所から電力を供給しているA工場及びB工場がある。各工場の負荷が下表のようになっているとき，次の(a)及び(b)の問に答えよ。

(a) A工場とB工場間の不等率として，最も近いものを次の(1)～(5)のうちから一つ選べ。

(1) 0.88　(2) 1.00　(3) 1.14　(4) 1.26　(5) 1.56

(b) 変電所からA工場及びB工場をみた総合負荷率[%]として，最も近いものを次の(1)～(5)のうちから一つ選べ。

(1) 56　(2) 64　(3) 72　(4) 79　(5) 88

A工場

時刻	負荷[kW]
0時－8時	200
8時－12時	800
12時－18時	400
18時－24時	200

B工場

時刻	負荷[kW]
0時－6時	400
6時－16時	600
16時－20時	800
20時－24時	400

---

2 定格容量7000 kV・Aの変圧器1台から需要家A及び需要家Bに電力を供給している。各需要設備の定格容量，最大電力，負荷率，需要設備間の不等率は表の通りとする。このとき，(a)及び(b)の問に答えよ。

(a) 変電所からみた平均電力[kW]として，最も近いものを次の(1)～(5)のうちから一つ選べ。

(1) 4000　(2) 4600　(3) 5200　(4) 5800　(5) 6400

(b) 変圧器の需要率[%]として，最も近いものを次の(1)〜(5)のうちから一つ選べ。

(1) 71　(2) 76　(3) 83　(4) 89　(5) 94

需要家	設備容量 [kV・A]	最大電力 [kW]	負荷率 [%]	需要家間の不等率	負荷力率
A	5000	3800	80	1.28	0.8
B	3500	2600	60		0.8

---

3 単相変圧器があり，最大負荷電力70 kW，力率0.8（遅れ）の負荷に電力を供給している。無負荷損が900 W，力率0.8で最大負荷時の銅損が1570 Wであるとき，次の(a)及び(b)の問に答えよ。ただし，鉄損と銅損以外の損失は無視できるものとする。

(a) この変圧器の最大効率[%]として，最も近いものを次の(1)〜(5)のうちから一つ選べ。

(1) 90　(2) 93　(3) 95　(4) 97　(5) 99

(b) この変圧器を無負荷で2時間，最大負荷電力に対して20％の負荷で10時間，80％の負荷で2時間，100％の負荷で10時間運転したときの全日効率[%]として，最も近いものを次の(1)〜(5)のうちから一つ選べ。

(1) 88　(2) 90　(3) 92　(4) 94　(5) 96

4 図に示すような最大出力5200 kW，最低出力1000 kW，河川流量が12 m^3/sの調整池式水力発電所において，1日のうち昼間のピーク時に合わせ6時間最大出力，18時間最低出力で運転し，16時から翌朝10時までは河川流量の一部を貯水し，10時から16時まで河川流量に加え貯水分を全て使用する。このとき，次の(a)及び(b)の問に答えよ。ただし，出力に関わらず，水車及び発電機の総合効率は87%とし，有効落差は一定とする。

(a) この水力発電所の有効落差[m]として，最も近いものを次の(1)～(5)のうちから一つ選べ。

(1) 20　(2) 25　(3) 30　(4) 40　(5) 50

(b) 時刻10時の貯水量[m^3]として，最も近いものを次の(1)～(5)のうちから一つ選べ。

(1) 3.7×10^5　(2) 4.0×10^5　(3) 5.0×10^5
(4) 5.7×10^5　(5) 6.8×10^5

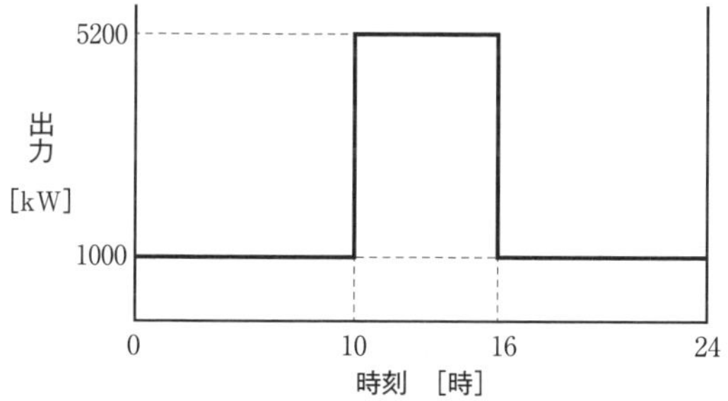

5 図に示すような年間流況曲線の河川に，最大使用水量80 m^3/s，有効落差90 mの自流式水力発電所がある。水車及び発電機の総合効率が87%であるとき，次の(a)及び(b)の問に答えよ。ただし，総合効率は流量によらず一定であるとする。

(a) この発電所における年間発生電力量［GW･h］として，最も近いものを次の(1)～(5)のうちから一つ選べ。

(1) 0.3　(2) 19　(3) 38　(4) 458　(5) 526

(b) この発電所の設備利用率［%］として，最も近いものを次の(1)～(5)のうちから一つ選べ。

(1) 75　(2) 80　(3) 85　(4) 90　(5) 95

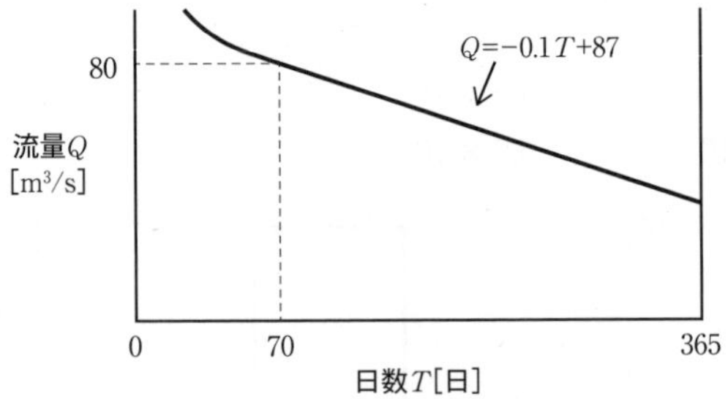

---

6 定格出力200 kWの太陽電池発電所を保有するオフィスビルがあり，ある日の発電電力と消費電力が図のようであった。このオフィスビルは，発電電力が消費電力を上回った場合に余剰電力を電力系統に送電している。次の(a)及び(b)の問に答えよ。

(a) この日，太陽電池発電所から送電した電力量［kW･h］として，最も近いものを次の(1)～(5)のうちから一つ選べ。

(1) 340　(2) 550　(3) 820　(4) 1060　(5) 1400

(b) この日の電力の自己消費率（太陽電池発電所が発電した電力のうち，オフィスビル内で消費した電力の割合）[%] として，最も近いものを次の(1)〜(5)のうちから一つ選べ。

(1) 24　(2) 41　(3) 58　(4) 76　(5) 95

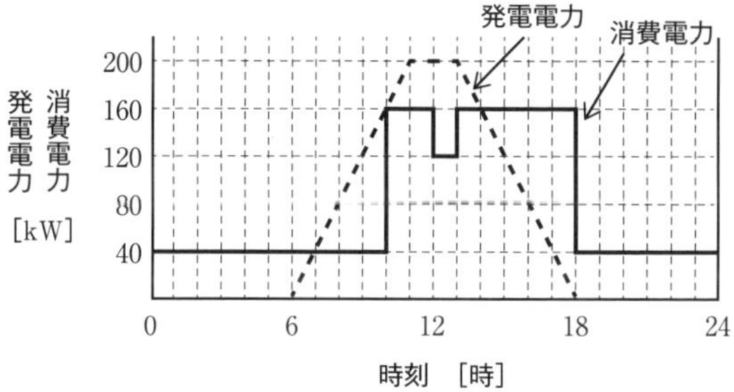

2 高圧受電設備の管理

（教科書CHAPTER06　SEC02対応）

POINT 1 高圧受電設備

(1) 高圧受電設備とは

ビルや工場等の高圧需要家が，電気事業者から高圧（6.6 kV）で受電した電圧を低圧（100 Vもしくは200 V）に変成するための受電設備。

機器名	略語等	役割・説明
柱上気中開閉器	PAS（Pole Air Switch）（ポール エアー スイッチ）	電路を遮断し，波及事故を防止する
避雷器（ひらいき）	LA（Lightning Arrester）（ライトニング アレスタ）	誘導雷を防ぐ
ケーブルヘッド	CH（Cable Head）（ケーブル ヘッド）	設備・機器とケーブルを接続する
地絡方向継電器（ちらくほうこうけいでんき）	DGR（Directional Ground Relay）（ダイレクショナル グラウンド リレー）	地絡事故およびその事故地点が需要家側かどうかを検出する
断路器	DS（Disconnecting Switch）（ディスコネクティング スイッチ）	無負荷時に回路の開閉を行う
遮断器	CB（Circuit Breaker）（サーキット ブレーカー）	短絡電流や地絡電流を遮断する
保護継電器	PR（Protection Relay）（プロテククション リレー）	系統の異常検出
高圧交流負荷開閉器	LBS（Load Break Switch）（ロード ブレーク スイッチ）	負荷電流，励磁電流などを遮断して回路を開閉する
直列リアクトル	SR（Series Reactor）（シリーズ リアクタ）	高調波対策
進相コンデンサ	SC（Static Capacitor）（スタティック キャパシタ）	力率改善
高圧カットアウト	PC（Primary Cutout switch）（プライマリー カットアウト スイッチ）	過負荷保護
変圧器	T（Transformer）（トランスフォーマー）	高圧を低圧に下げて使用できるようにする
配線用遮断器	MCCB（Molded Case Circuit Breaker）（モールデッド ケース サーキット ブレーカー）	過電流が流れた時に電路を遮断する

(2) キュービクル式高圧受電設備

高圧受電設備は，開放形高圧受電設備とキュービクル式高圧受電設備に分けられるが，電験三種ではキュービクル式高圧受電設備が出題されやすい。

① CB形

主遮断装置として，高圧交流遮断器（CB）を用いる。

高圧側短絡事故発生時は過電流継電器（OCR）が短絡を検出して，高圧交流遮断器（CB）を動作させる。

受電容量4000 kV･A以下の比較的容量が大きいものに採用される。

② PF・S形

主遮断装置として，高圧限流ヒューズ（PF）と高圧交流負荷開閉器（LBS）を用いる。

高圧側短絡事故発生時は高圧限流ヒューズ（PF）で保護される。

受電容量300 kV･A以下の比較的容量が小さいものに採用される。

	主遮断装置	高圧側の短絡保護	容量
CB形	高圧交流遮断器（CB）	高圧交流遮断器（CB） 過電流継電器（OCR）	大
PF・S形	高圧限流ヒューズ（PF） 高圧交流負荷開閉器（LBS）	高圧限流ヒューズ（PF）	小

(3)　高圧受電設備に関する機器と役割

高圧受電設備の単線結線図は図のような回路で構成される。

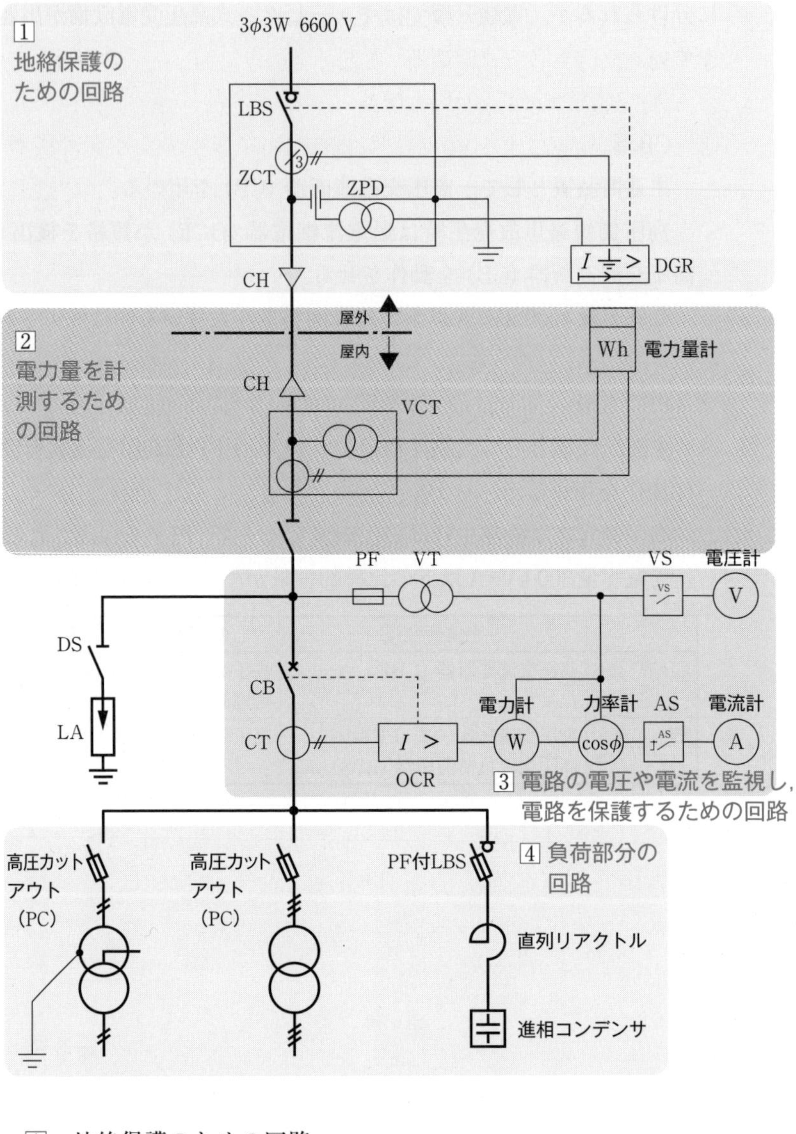

1　地絡保護のための回路

地絡事故が発生した場合には地絡電流をZCT（零相変流器），零相電圧をZPD（零相基準入力装置）が検出し，事故地点が需要家側と判定されればDGR（地絡方向継電器）からLBS（高圧交流負荷開閉器）へ遮断命令を出す。

電力会社と需要家の責任分界点にはDGR付PAS（地絡方向継電器付高圧交流気中負荷開閉器）を設け地絡事故発生時等に動作させる。

2 電力量を計測するための回路

高圧を低圧にするVT（計器用変圧器）と大電流を小電流にするCT（計器用変流器）を組み合わせたVCT（電力供給用計器用変成器）から電力量計へ信号を入力し電力量を計測する。

3 電路の電圧や電流を監視し保護するための回路

VT（計器用変圧器）から電圧を検出し，CT（計器用変流器）から電流を検出する。

PF（限流ヒューズ）は，VT保護のための機器である。

VS（電圧計切換スイッチ）は測定する線間電圧（R-S相，S-T相，T-R相）を切り換えるためのスイッチである。

OCR（過電流継電器）は需要家で短絡事故が発生した場合にCB（遮断器）へ信号を送るものである。AS（電流計切換スイッチ）では相電流（R相，S相，T相）の切換を行う。

電力計と力率計は電圧と電流の両方から測定することになる。

4 負荷部分の回路

進相コンデンサ：遅れ力率の際の位相を進め，改善する。

直列リアクトル：進相コンデンサによる高調波を抑制する。

PF付LBS：限流ヒューズ付高圧交流負荷開閉器。負荷電流等を開閉する。

高圧カットアウト（PC）：負荷電流等を開閉する。PF付LBSより安価だが，性能は劣る。

5 その他の機器

ケーブルヘッド（CH）：高圧ケーブルの接続部分を防護する。

断路器（DS）：電流が流れていない時に電路の開閉を行う。

避雷器（LA）：雷過電圧等の過電圧を制限し、過電流を大地に逃がすことで電路を保護する。

(4) 高圧受電設備の点検，保守

日常(巡視)点検	主として運転中の電気設備を目視等により点検し，異常の有無を確認する。
定期点検	比較的長期間(1年程度)の周期で，主として電気設備を停止させて，目視，測定器具等により点検，測定及び試験を行う。
精密点検	長期間(3年程度)の周期で電気設備を停止し，必要に応じて分解するなど目視，測定器具等により点検，測定及び試験を実施し，電気設備が電気設備技術基準に適合しているか，異常の有無を確認する。
臨時点検	①電気事故その他の異常が発生したときの点検と②異常が発生するおそれがあると判断したときの点検である。点検，試験によってその原因を探求し，再発を防止するためにとるべき措置を講じる。

(5) 絶縁油の保守，点検

1 絶縁耐力試験

絶縁油の経年劣化による絶縁破壊を発生しないか，絶縁耐力を確認するために絶縁耐力試験が行われる。

2 酸価度試験

絶縁油は，通常使用により経年劣化することで酸価（酸性有機物質の総量）が上がり抵抗率や耐圧が下がるため，酸価度を酸価度試験で確認する。

POINT 2 電力用コンデンサ（関連：電力科目）

進みの無効電力を吸収して力率を改善し，電圧降下や電力損失を低減する。

三相3線式電線路の電圧降下v[V]は，送電端電圧（線間）をV_s[V]，受電端電圧をV_r[V]，線電流I[A]，電線1線当たりの抵抗R[Ω]，電線1線当たりの誘導性リアクタンスX[Ω]，負荷の力率角をθ[rad]とすると，

$$v = V_s - V_r = \sqrt{3}\,I(R\cos\theta + X\sin\theta)$$

と近似され，有効電力P[kW]が$P = \sqrt{3}\,V_r I\cos\theta$，無効電力$Q$[kvar]が

$Q=\sqrt{3}\,V_r I \sin\theta$であることから,

$$v=\frac{PR+QX}{V_r}$$

で求めることができる。また，三相3線式電線路の電力損失P_l[W]は，線路抵抗で消費される抵抗損なので,

$$P_l=3RI^2=\frac{RP^2}{V_r^2\cos^2\theta}=\frac{RS^2}{V_r^2}$$

と求められる。

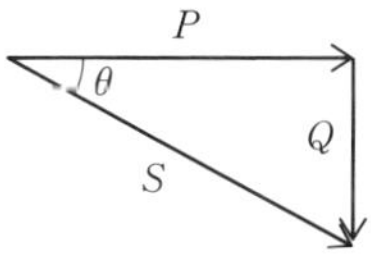

POINT 3 変流器

計測器や継電器に適した電流にするために大電流を小電流に変換する機器。一次側と二次側の電流比を変流比という。

図のように二次側に過電流継電器を接続した場合，通常時は整定値を下回るため過電流継電器は動作せず，短絡事故が発生した場合には二次側に整定値以上の電流が流れ，過電流継電器が動作し，遮断器が開放する。

二次側を開放すると，二次側の電流が現れないため，定電流源とみなせる変流器は電流を流そうと二次側に大きな電圧を発生させ，機器を焼損する恐れがある。

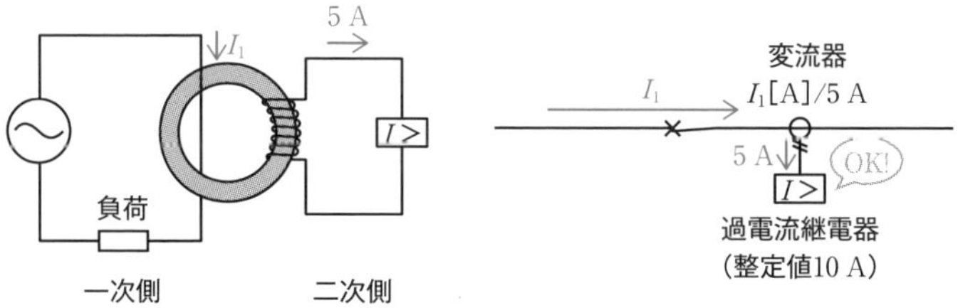

POINT 4　零相変流器

地絡事故が発生したときに電流の不平衡を検出する機器。

図のように二次側に地絡継電器を接続した場合，通常時は三相平衡であるため電流の和は零となり二次側に電流は流れないが，地絡発生時は電流の和が零とならず二次側に電流が流れ，地絡継電器が動作する。

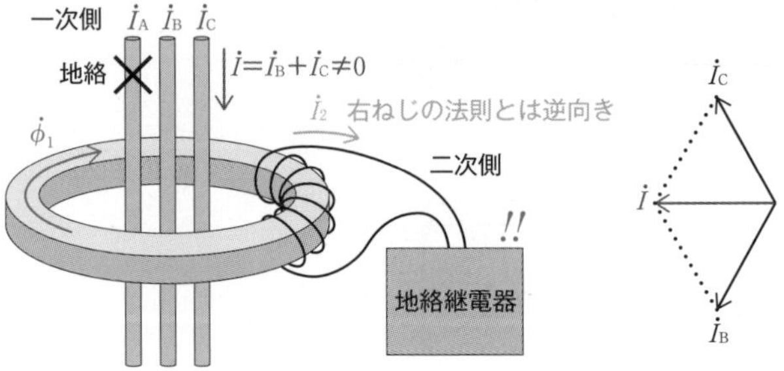

POINT 5　保護継電器

入力電流や入力電圧が整定値を逸脱した場合に，遮断器を動作させたり，警報を発出する信号を出す機器。下表のような種類がある。

種類	図記号	文字記号
過電流継電器	$I >$	OCR
過電圧継電器	$U >$	OVR
不足電圧継電器	$U <$	UVR
地絡継電器 （地絡過電流継電器）	I⏚$>$	GR（OCGR）
地絡過電圧継電器	U⏚$>$	OVGR
地絡方向継電器	I⏚$>$ ↦	DGR

POINT 6 地絡電流・短絡電流

(1) 地絡電流…地絡事故が発生したときに大地に流れる電流。

〔地絡事故発生時の保護動作〕
①地絡事故発生
②地絡点から大地に地絡電流が流れる
③地絡電流が対地静電容量C1とC2に分流する
④零相変流器にC2側の電流が流れる
⑤地絡継電器が大電流を検出する
⑥遮断器が開放する

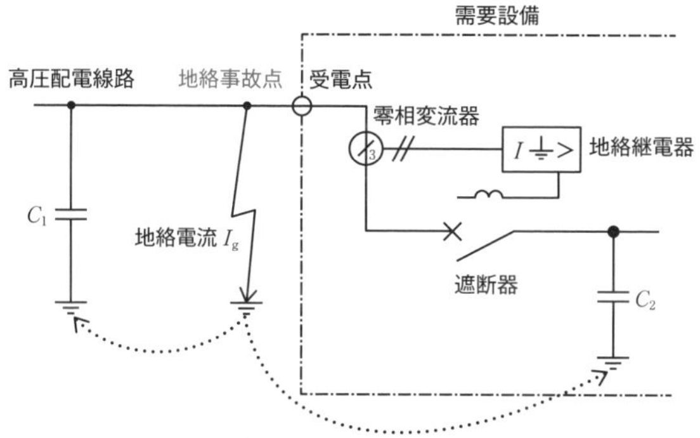

(2) 短絡電流…短絡事故が発生したときに電路を流れる電流。

〔短絡事故発生時の保護動作〕
①短絡事故発生
②電源から事故点に向かって大電流が流れる
③過電流継電器が大電流を検出する
④遮断器が動作する

短絡電流の計算には%インピーダンスの知識が必須となるので、電力科目で復習のこと。

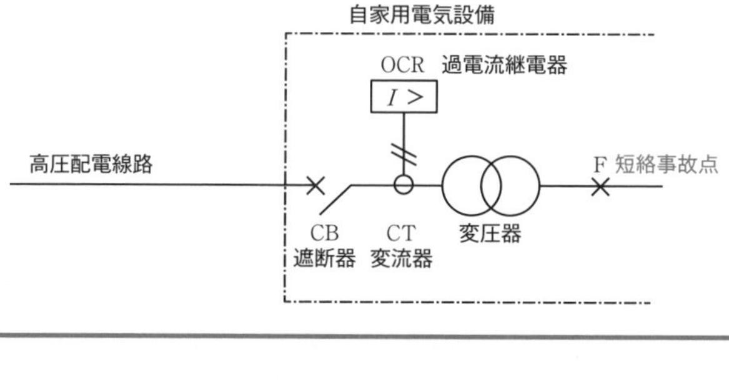

☑ 確認問題

❶ 次の各機器の名称とその機器の説明について，正しいものには○，誤っているものには×をつけなさい。 P.282 POINT 1

(1) 直列リアクトル　夜間軽負荷時に進み力率を改善する。

(2) CT　一次側に発生している大電流を小電流に変成する。二次側を絶対に短絡してはならない。

(3) 避雷器　雷過電圧発生時に，機器の絶縁を保護するために電流を大地に逃がす。

(4) 進相コンデンサ　進み無効電力を供給して力率を改善する。

(5) CH　機器とケーブルを接続する場所に配置し，ケーブルの接続部を保護する

(6) 高圧カットアウト　ヒューズを内蔵する開閉器。事故電流はヒューズを溶断して電路を開放する。

(7) PAS　電路を開閉する機器であり，事故発生時等に事故電流を遮断する機能も持つ。

(8) 地絡方向継電器（DGR）　地絡事故発生時の電流を検出する。

(9) LBS　無負荷時に電路の開閉を行うことができ，電流が流れている場合には開放することができない。

---

❷ 次の高圧受電設備の点検，保守に関する記述の名称を解答群から選択して答えよ。 P.282 POINT 1

(a) 運転中の電気設備を目視等により点検し，異常の有無を確認する。

(b) 比較的長期間（1年程度）の周期で，電気設備を停止して，目視，測定器具等により点検，測定及び試験を行う。

(c) 長期間の周期（3～5年程度）で，必要に応じて分解する等して，目視，測定器具等により点検，測定及び試験を行う。

(d) 電気事故その他の異常が発生したときに，点検・試験によってその原因を探求し，再発防止のためにとるべき措置を講じる。

【解答群】

(1) 分解点検　(2) 日常点検　(3) 普通点検　(4) 臨時点検
(5) 定期点検　(6) 簡易点検　(7) 開放点検　(8) 精密点検

---

3 次の文章は，絶縁油の保守，点検に行う試験に関する記述である。(ア)～(エ)にあてはまる語句を解答群から選択して答えよ。 P.282 POINT 1

変圧器等の機器の絶縁を保つために絶縁油を使用するが，絶縁が保てなくなり大電流が流れることを［(ア)］という。絶縁油の［(ア)］を起こさない限界の電圧や電界強度を確かめるための試験を［(イ)］試験という。

絶縁油は機器使用中に自然劣化すると絶縁油の［(ウ)］が上がり，抵抗率や耐圧が下がるなど性能が低下する。さらに，劣化した絶縁油と金属等から作られる［(エ)］が発生すると，絶縁油の冷却効果が低下し，絶縁油の劣化が加速される。この劣化を確かめるために［(ウ)］度試験が実施される。

【解答群】

(1) 絶縁降伏　(2) スラッジ　(3) 部分放電　(4) 絶縁耐力
(5) 誘電正接　(6) 絶縁破壊　(7) 直流漏れ測定　(8) 絶縁劣化
(9) 酸価　(10) 絶縁抵抗　(11) スケール　(12) フラッシオーバ

---

4 使用電力200 kW，定格電圧200 V，遅れ力率0.8の平衡三相負荷がある。このとき，次の(1)～(3)の問に答えよ。 P.286 POINT 2

(1) 無効電力[kvar]の大きさを求めよ。
(2) 力率を1に改善するために必要な電力用コンデンサの容量を求めよ。
(3) 100 kvarの電力用コンデンサを並列に接続したときの，力率を求めよ。

❺ 受電端電圧6600 Vの配電線に使用電力150 kWで遅れ力率0.6の平衡三相負荷が接続されている。このとき，次の問に答えよ。 P.286・287 POINT 2 3

(1) 配電線1線当たりの抵抗が1 Ω，リアクタンスが2 Ωであるとき，送電端電圧[V]の大きさを求めよ。ただし，送電端電圧と受電端電圧の位相差は十分に小さいものとする。

(2) 負荷側に設置されている変流器の二次側で計測される電流[A]の大きさを求めよ。ただし，変流器の変流比は75 A/5Aとする。

基本問題

1 図は高圧受電設備の単線結線図の一部である。

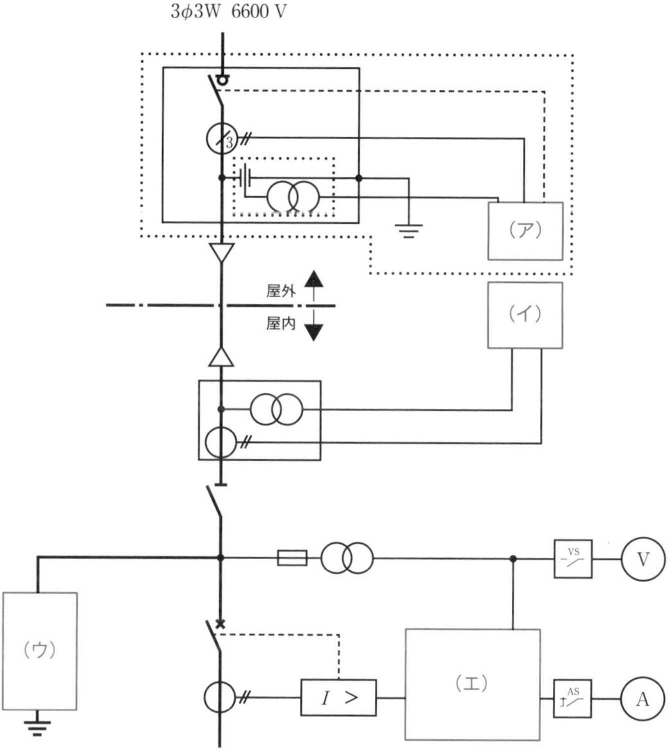

図の（ア），（イ），（ウ）及び（エ）に当てはまる機器の組合せとして，正しいものを次の(1)〜(5)のうちから一つ選べ。

	(ア)	(イ)	(ウ)	(エ)
(1)	地絡過電圧継電器	電力量計	電力用コンデンサ	電力計
(2)	地絡方向継電器	電力計	避雷器	電力量計
(3)	地絡過電圧継電器	電力計	電力用コンデンサ	電力量計
(4)	地絡方向継電器	電力量計	避雷器	電力計
(5)	地絡過電圧継電器	電力量計	避雷器	電力計

---

2 次の機器及び関連する用語の組合せとして，誤っているものを(1)〜(5)のうちから一つ選べ。

	機器	関連用語
(1)	高圧カットアウト	ヒューズ
(2)	避雷器	酸化亜鉛
(3)	進相コンデンサ	無効電力
(4)	直列リアクトル	高調波
(5)	LBS	力率改善

---

3 配電用変電所から三相３線式専用配電線路で受電している需要設備がある。

需要設備の負荷が1200 kWで力率が0.8（遅れ）であるとき，電圧降下を100 V以下とするために必要な電力用コンデンサの容量[kvar]として，最も近いものを次の(1)〜(5)のうちから一つ選べ。ただし，送電端電圧は6.6 kV，配電線路の１線当たりの抵抗は0.3 Ω，１線当たりのリアクタンスは0.8 Ωとし，送電端電圧と受電端電圧の位相差は十分に小さいものとする。

(1) 360　(2) 380　(3) 490　(4) 520　(5) 540

---

4 図のような電圧6.6 kV，周波数50 Hzの三相3線式配電線路のF点において地絡事故が発生したとき，次の(a)及び(b)の問に答えよ。ただし，図中のコンデンサは1線あたりの対地静電容量であり，その他の線路定数等は無視するものとする。

(a) F点における地絡電流I_g[A]の大きさとして，最も近いものを次の(1)～(5)のうちから一つ選べ。

(1) 110　(2) 190　(3) 270　(4) 320　(5) 440

(b) 零相変流器の二次側の電流I_2[mA]の大きさとして，最も近いものを次の(1)～(5)のうちから一つ選べ。ただし，変流比は200 A/1.5 Aとする。

(1) 80　(2) 110　(3) 140　(4) 730　(5) 970

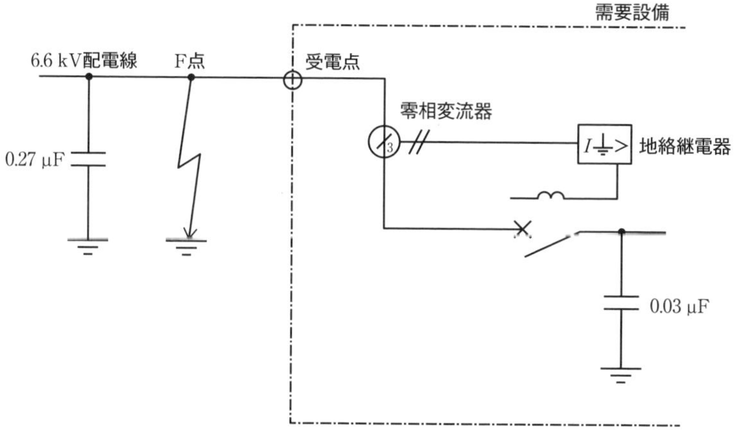

5 図のような自家用電気設備において，変圧器の二次側Ｆ点にて三相短絡事故が発生した。このとき，次の(a)及び(b)の問に答えよ。ただし，高圧配電線路の百分率リアクタンスは12%（1MV・A基準），変圧器の百分率リアクタンスは2.0%（自己容量基準）とする。

(a) Ｆ点における三相短絡電流[kA]の大きさとして，最も近いものを次の(1)～(5)のうちから一つ選べ。

(1) 0.9　(2) 2.0　(3) 5.0　(4) 8.6　(5) 14.9

(b) 過電流継電器で検出される電流[A]の大きさとして，最も近いものを次の(1)～(5)のうちから一つ選べ。ただし，ＣＴの変流比は100 A/5Aとする。

(1) 7.9　(2) 13.7　(3) 21.0　(4) 27.3　(5) 36.4

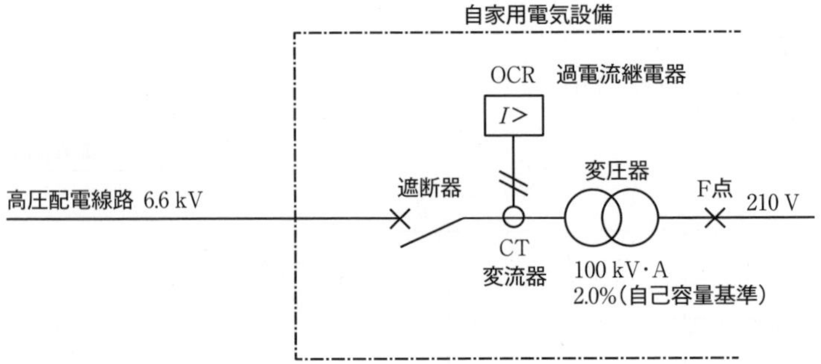

応用問題

1 電気設備の点検や保守または運用管理について，誤っているものを次の(1)～(5)のうちから一つ選べ。

(1) 電力損失低減のため電気機器と並列に電力用コンデンサを設置し，遅れ力率を改善した。

(2) 電気設備を停止し，目視，測定器具等のより点検，測定及び試験の実施を定期点検にて行った。

(3) 変圧器の絶縁油の劣化状況を確認するため，絶縁耐力試験を行った。

(4) 変圧器の損失を低減するため，需要率を適正に見直した。

(5) 電圧フリッカの対策のため，短絡容量の小さい電源系統から受電するように変更した。

---

2 ある系統に接続された図のような負荷分布をしている需要家A，B，Cがある。需要家Aが力率1，需要家Bが遅れ力率0.8，需要家Cが遅れ力率0.6であるとき，次の(a)及び(b)の問に答えよ。

(a) この系統の最大使用電力時の総合力率として，最も近いものを次の(1)～(5)のうちから一つ選べ。

(1) 0.77　(2) 0.81　(3) 0.85　(4) 0.88　(5) 0.92

(b) 最大使用電力時の力率を0.9とするために必要な電力用コンデンサの容量[kvar]として，最も近いものを次の(1)～(5)のうちから一つ選べ。

(1) 1.5　(2) 5.7　(3) 11.1　(4) 14.4　(5) 22.3

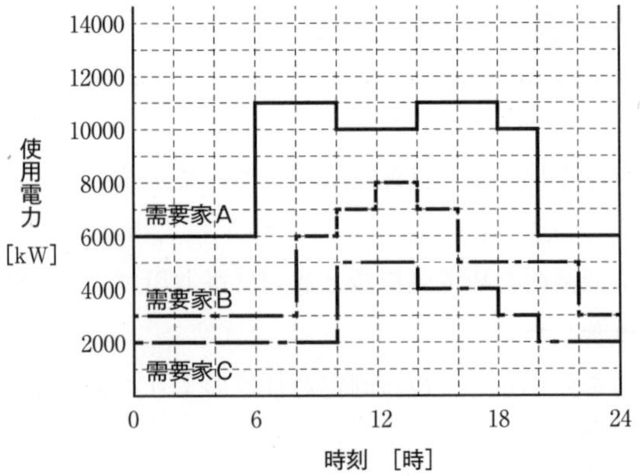

---

3 図のような電圧降下法を用いて，大地に埋め込んだ接地極Eの接地抵抗測定を行うとき，次の(a)及び(b)の問に答えよ。

(a) 各接地極間の距離l[m]として，適正なものを次の(1)～(5)のうちから一つ選べ。

(1) 0.5　(2) 1　(3) 2　(4) 4　(5) 10

(b) 図で測定される接地極Eの接地抵抗[Ω]の大きさとして，正しいものを次の(1)～(5)のうちから一つ選べ。

(1) $\dfrac{V_M}{I}$　(2) $\dfrac{\sqrt{2}V_M}{I}$　(3) $\dfrac{2V_M}{I}$　(4) $\dfrac{V}{I}$　(5) $\dfrac{V-V_M}{I}$

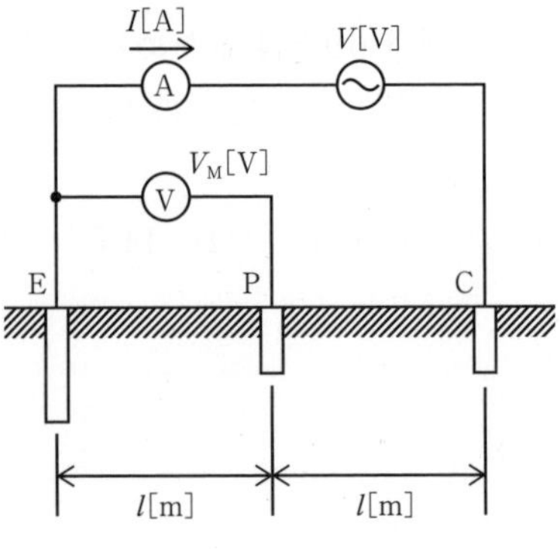

4 図のような自家用電気設備において，変圧器の二次側に第5高調波を発生する負荷と力率改善用の直列リアクトル付進相コンデンサ設備が接続されている。基本周波の周波数における変圧器のリアクタンスがX_T［Ω］，直列リアクトルのリアクタンスがX_L［Ω］，電力用コンデンサのリアクタンスがX_C［Ω］であるとき，次の(a)及び(b)の問に答えよ。ただし，図に記載のないインピーダンスは無視できるものとする。

(a) 第5高調波を発生する負荷が電流源I［A］であるとして，第5高調波が進相コンデンサに流入する電流の大きさI_C［A］として，正しいものを次の(1)～(5)のうちから一つ選べ。

(1) $\dfrac{X_T}{X_T+X_L-X_C}I$　(2) $\dfrac{25X_T}{25X_T+25X_L-X_C}I$

(3) $\dfrac{25X_T}{25X_T+25X_L+X_C}I$　(4) $\dfrac{X_T}{5X_T+5X_L-\dfrac{X_C}{5}}I$

(5) $\dfrac{X_T}{5X_T+5X_L+\dfrac{X_C}{5}}I$

(b) 進相コンデンサに流入する第5高調波I_C［A］がI［A］よりも小さくなる条件として，正しいものを次の(1)～(5)のうちから一つ選べ。

(1) $X_L>X_C$　(2) $X_L>0.2X_C$　(3) $X_L>0.04X_C$

(4) $X_T>0.2X_C$　(5) $X_T>0.04X_C$

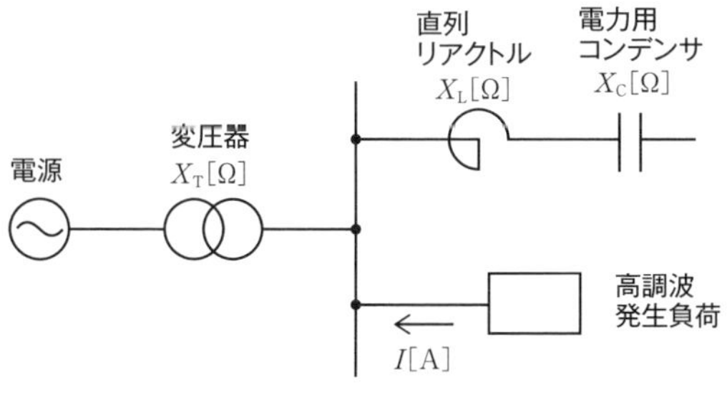

5 図のような自家用電気設備において，分散型電源接続前後におけるF点での三相短絡事故を想定したOCR設定値について検討することをした。このとき，次の(a)及び(b)の問に答えよ。ただし，変流器の変流比は200 A/1.5 A，各機器及び電線路の百分率リアクタンスは図の通りとし，図に記載のないインピーダンスは無視できるものとする。

(a) 分散型電源接続前，F点にて三相短絡事故が発生したときの過電流継電器に現れる電流値[A]の大きさとして，最も近いものを次の(1)～(5)のうちから一つ選べ。

(1) 4.9　(2) 6.4　(3) 8.4　(4) 12.4　(5) 14.6

(b) 分散型電源接続後，F点にて三相短絡事故が発生したときの過電流継電器に現れる電流値[A]の大きさとして，最も近いものを次の(1)～(5)のうちから一つ選べ。

(1) 9.4　(2) 10.4　(3) 15.2　(4) 18.1　(5) 31.2

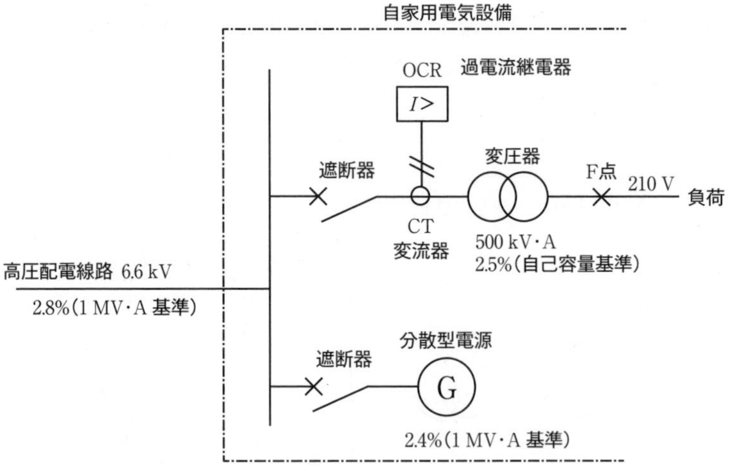

［著者紹介］

尾上　建夫（おのえ　たけお）

名古屋大学大学院修了後，電力会社及び化学メーカーにて火力発電所の運転・保守等を経験し，2019年よりTAC電験三種講座講師。自身のブログ「電験王」では電験の過去問解説を無料で公開し，受験生から絶大な支持を得ている。保有資格は，第一種電気主任技術者，第一種電気工事士，エネルギー管理士，大気一種公害防止管理者，甲種危険物取扱者，一級ボイラー技士等。

- 装　丁　エイブルデザイン
- イラスト　エイブルデザイン（酒井　智夏）
- 編集協力　TAC出版開発グループ

みんなが欲しかった！電験三種 法規の実践問題集

2021年7月25日　初　版　第1刷発行

著　者　尾上　建夫
発行者　多田　敏男
発行所　TAC株式会社　出版事業部（TAC出版）

〒101-8383
東京都千代田区神田三崎町3-2-18
電話 03（5276）9492（営業）
FAX 03（5276）9674
https://shuppan.tac-school.co.jp

組　版　株式会社　エイブルデザイン
印　刷　株式会社　ワコープラネット
製　本　株式会社　常川製本

ISBN 978-4-8132-8869-5
N.D.C. 540.79

TAC電験三種講座のご案内

「みんなが欲しかった! 電験三種 教科書&問題集」をお持ちの方は

「教科書&問題集なし」コースでお得に受講できます!!

TAC電験三種講座のカリキュラムでは、「みんなが欲しかった!電験三種 教科書&問題集」を教材として使用しておりますので、既にお持ちの方でも「教科書&問題集なし」コースでお得に受講する事ができます。独学ではわかりにくい問題も、TAC講師の解説で本質と基本の理解度が深まります。また、学習環境や手厚いフォロー制度で本試験合格に必要なアウトプット力が身につきますので、ぜひ体感してください。

こんな方にオススメ!

- 教科書に書き込んだ内容を活かしたい!
- ほかの解き方も知りたい!
- 本質的な理解をしたい!
- 講師に質問をしたい!

TACだからこそ提供できる合格ノウハウとサポート力!

TAC電験三種講座 5つの特長

POINT 1 電験三種を知り尽くしたTAC講師陣!

「試験に強い講師」「実務に長けた講師」様々な色を持つ各科目の関連性を明示した講義を行います!

石田 聖人(いしだ まさと) 講師

電験は範囲が広く、たくさんの公式が出てきます。「基本から丁寧に」合格を目指して一緒に頑張りましょう!

尾上 建夫(おのえ たけお) 講師

合否の分け目は無駄な時間をかけず、計画的かつ効率的に学習できるかどうかです。共に頑張っていきましょう!

入江 弥憲(いりえ みつのり) 講師

電験三種を合格するための重要なポイントを絞って解説を行うので、初めて学ぶ方も全く問題ありません。一緒に合格を目指して頑張りましょう!

佐藤 祥太(さとう しょうた) 講師

講義では、問題文の読み方を丁寧に解説することより、今まで身に付いた知識から問題までを橋渡しできるようお手伝い致します。

POINT 2 全科目合格も科目合格も狙えるカリキュラム

分析結果を基に全科目を正しい順序で1年以内に一通り学習する最強の学習方法!

- 十分な学習時間を用意し、学習範囲を基礎的なものに絞ったカリキュラム
- 過去問に対応できる知識の運用まで教えます!
- 1年で4科目を駆け抜ける!

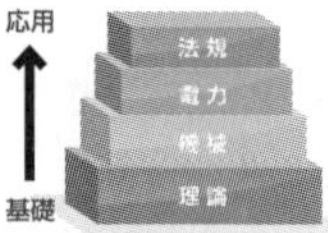

講義ボリューム

	理論	機械	電力	法規
TAC	18	19	17	9
他社例	4	4	4	2

丁寧な講義でしっかり理解!

※2021年合格目標4科目完全合格本科生の場合

はじめてでも安心! 効率的に無理なく全科目合格を目指せる!

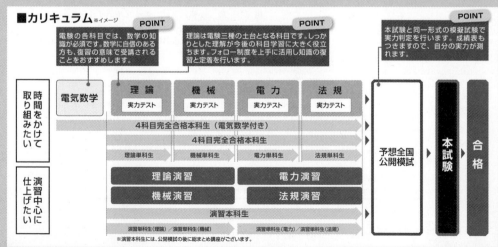

■カリキュラム ※イメージ

POINT 電験の各科目では、数学の知識が必須です。数学に自信のある方も、復習の意味で受講されることをおすすめします。

POINT 理論は電験三種の土台となる科目です。しっかりとした理解が今後の科目学習に大きく役立ちます。フォロー制度を上手に活用し知識の復習と定着を行います。

POINT 本試験と同一形式の模擬試験で実力判定を行います。成績表もつきますので、自分の実力が測れます。

時間をかけて取り組みたい

電気数学 → 理論(実力テスト) → 機械(実力テスト) → 電力(実力テスト) → 法規(実力テスト)

- 4科目完全合格本科生(電気数学付き)
- 4科目完全合格本科生
- 理論単科生 / 機械単科生 / 電力単科生 / 法規単科生

演習中心に仕上げたい

- 理論演習 / 電力演習
- 機械演習 / 法規演習
- 演習本科生
- 演習単科生(理論)/演習単科生(機械) / 演習単科生(電力)/演習単科生(法規)

→ 予想全国公開模試 → 本試験 → 合格

※演習本科生には、公開模試の後に総まとめ講座がございます。

※コース名称等は変更となる場合がございます。※コース・料金、日程等の詳細はTAC電験三種講座のホームページをご覧ください。

(2018年5月現在)

書籍のご購入は

1 全国の書店、大学生協、ネット書店で

2 TAC各校の書籍コーナーで

資格の学校TACの校舎は全国に展開!
校舎のご確認はホームページにて

資格の学校TAC ホームページ
https://www.tac-school.co.jp

3 TAC出版書籍販売サイトで

CYBER BOOK STORE TAC出版書籍販売サイト

24時間ご注文受付中

TAC 出版 で 検索

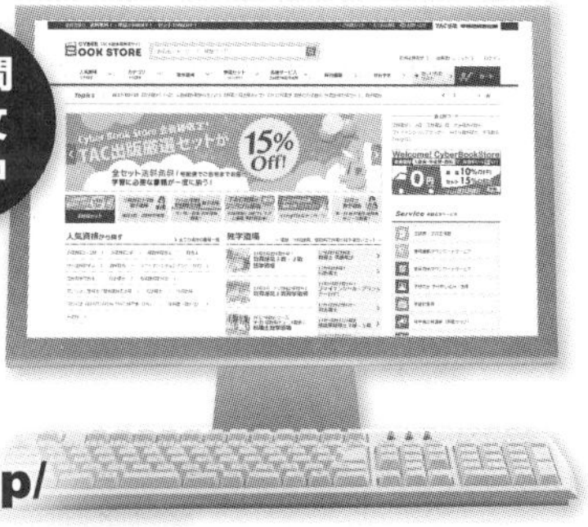

https://bookstore.tac-school.co.jp/

新刊情報をいち早くチェック!

たっぷり読める立ち読み機能

学習お役立ちの特設ページも充実!

TAC出版書籍販売サイト「サイバーブックストア」では、TAC出版および早稲田経営出版から刊行されている、すべての最新書籍をお取り扱いしています。
また、無料の会員登録をしていただくことで、会員様限定キャンペーンのほか、送料無料サービス、メールマガジン配信サービス、マイページのご利用など、うれしい特典がたくさん受けられます。

サイバーブックストア会員は、特典がいっぱい!(一部抜粋)

通常、1万円(税込)未満のご注文につきましては、送料・手数料として500円(全国一律・税込)頂戴しておりますが、1冊から無料となります。

専用の「マイページ」は、「購入履歴・配送状況の確認」のほか、「ほしいものリスト」や「マイフォルダ」など、便利な機能が満載です。

メールマガジンでは、キャンペーンやおすすめ書籍、新刊情報のほか、「電子ブック版TACNEWS(ダイジェスト版)」をお届けします。

書籍の発売を、販売開始当日にメールにてお知らせします。これなら買い忘れの心配もありません。

書籍の正誤についてのお問合わせ

万一誤りと疑われる箇所がございましたら、以下の方法にてご確認いただきますよう、お願いいたします。

なお、正誤のお問合わせ以外の書籍内容に関する解説・受験指導等は、**一切行っておりません**。
そのようなお問合わせにつきましては、お答えいたしかねますので、あらかじめご了承ください。

1 正誤表の確認方法

TAC出版書籍販売サイト「Cyber Book Store」の
トップページ内「正誤表」コーナーにて、正誤表をご確認ください。

CYBER BOOK STORE TAC出版書籍販売サイト

URL:https://bookstore.tac-school.co.jp/

2 正誤のお問合わせ方法

正誤表がない場合、あるいは該当箇所が掲載されていない場合は、書名、発行年月日、お客様のお名前、ご連絡先を明記の上、下記の方法でお問合わせください。
なお、回答までに1週間前後を要する場合もございます。あらかじめご了承ください。

文書にて問合わせる

●郵送先 〒101-8383 東京都千代田区神田三崎町3-2-18
TAC株式会社 出版事業部 正誤問合わせ係

FAXにて問合わせる

●FAX番号 **03-5276-9674**

e-mailにて問合わせる

●お問合わせ先アドレス **syuppan-h@tac-school.co.jp**

※お電話でのお問合わせは、お受けできません。また、土日祝日はお問合わせ対応をおこなっておりません。
※正誤のお問合わせ対応は、該当書籍の改訂版刊行月末日までといたします。

乱丁・落丁による交換は、該当書籍の改訂版刊行月末日までといたします。なお、書籍の在庫状況等により、お受けできない場合もございます。
また、各種本試験の実施の延期、中止を理由とした本書の返品はお受けいたしません。返金もいたしかねますので、あらかじめご了承くださいますようお願い申し上げます。

(2020年10月現在)

★セパレートBOOKの作りかた★

白い厚紙から，表紙のついた冊子を取り外します。

※解答編表紙と白い厚紙が，のりで接着されています。乱暴に扱いますと，破損する危険性がありますので，丁寧に抜きとるようにしてください。

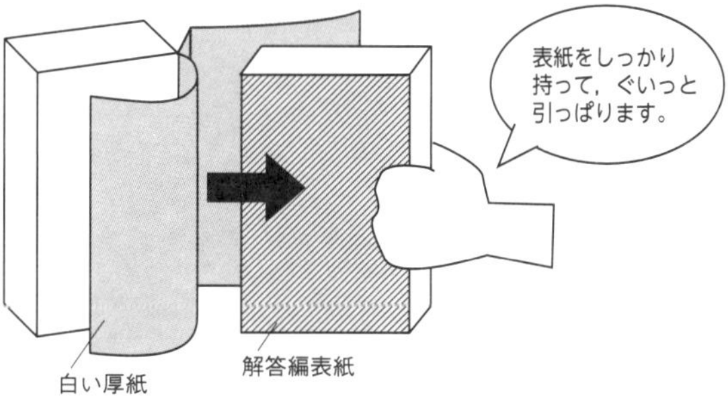
表紙をしっかり
持って，ぐいっと
引っぱります。
白い厚紙
解答編表紙

※抜きとるさいの損傷についてのお取替えはご遠慮願います。

みんなが欲しかった！

電験三種 法規の実践問題集

解答編

TAC出版
TAC PUBLISHING Group

法規

解答編

Index

CHAPTER 06 電気施設管理

解答

CHAPTER 01

電気事業法

1 電気事業法

確認問題

1 次の文章は電気事業法の目的に関する記述である。(ア)～(エ)にあてはまる語句を解答群から選択して答えよ。

この法律は，電気事業の運営を適正かつ［(ア)］ならしめることによって，電気の使用者の［(イ)］を保護し，及び電気事業の健全な発達を図るとともに，電気工作物の工事，維持及び運用を［(ウ)］することによって，公共の［(エ)］を確保し，及び環境の保全を図ることを目的とする。

【解答群】

(1) 建設的	(2) 安全	(3) 点検	(4) 禁止
(5) 利益	(6) 健全化	(7) 権利	(8) 発展
(9) 合理的	(10) 規程	(11) 健康	(12) 規制

解答 (ア)(9) (イ)(5) (ウ)(12) (エ)(2)

電気事業法の目的は，
①電気の使用者の利益の保護
②電気事業の健全な発達
③公共の安全を確保
④環境の保全
の4つがある。２番目の「電気事業」は電気事業法第２条に規定されており，
・小売電気事業
・一般送配電事業
・送電事業
・特定送配電事業
・発電事業
がある。

POINT 1 電気事業法の概要

電気事業法第1条からの出題である。

注目 この条文に関する出題では選択肢がなくてもすべて答えられるぐらいになると良い。

2 次の文章は電気の使用制限等に関する記述である。(ア)～(ウ)にあてはまる語句を解答群から選択して答えよ。

経済産業大臣は，電気の［（ア）］を行わなければ電気の供給の不足が国民経済及び国民生活に悪影響を及ぼし，公共の利益を阻害するおそれがあると認められるときは，その事態を克服するため必要な限度において，政令で定めるところにより，使用電力量の限度，［（イ）］の限度，用途若しくは使用を停止すべき日時を定めて，小売電気事業者，一般送配電事業者若しくは登録特定送配電事業者（以下この条において「小売電気事業者等」という。）から電気の供給を受ける者に対し，小売電気事業者等の供給する電気の使用を制限すべきこと又は受電電力の容量の限度を定めて，小売電気事業者等から電気の供給を受ける者に対し，小売電気事業者等からの受電を［（ウ）］すべきことを命じ，又は勧告することができる。

【解答群】

(1) 使用最大電力	(2) 計画的な停電	
(3) 需給の調整	(4) 禁止	(5) 停止
(6) 使用制限	(7) 受電電力	(8) 制限

POINT 1 電気事業法の概要

電気事業法第34条の2第1項からの出題である。

解答 (ア)(3)　(イ)(1)　(ウ)(8)

電気の使用制限は使用最大電力すなわち昼の需要ピークの電力と，使用電力量すなわち1日に使用される電力の全体量を制限することが可能となっている。地震等の災害や燃料の枯渇等を想定した条文となっている。

注目 この条文に関する問題は東日本大震災が発生し，実際に計画停電が行われた翌年の平成24年に出題されている。このような時事的な内容も出題されるので，電力関連のニュースはチェックしておくと良い。

3 次の文章は電気事業法及び電気事業法施行規則における電圧及び周波数に関する記述である。(ア)～(オ)にあてはまる語句を解答群から選択して答えよ。

［（ア）］は，その供給する電気の電圧及び周波数の値を経済産業省令で定める値に維持するように努めなければならない。

経済産業省令で定める電圧の値は，その電気を供給する場所において次の表の左欄に掲げる標準電圧に応じて，それぞれ同表の右欄に掲げるとおりとする。

POINT 1 電気事業法の概要

電気事業法第26条及び電気事業法施行規則第38条からの出題である。

標準電圧	維持すべき値
100 V	（イ） Vの上下 （ウ） Vを超えない値
200 V	（エ） Vの上下 （オ） Vを超えない値

【解答群】
(1) 特定送配電事業者　(2) 一般送配電事業者
(3) 発電事業者　(4) 3　(5) 6　(6) 10
(7) 20　(8) 25　(9) 100　(10) 101
(11) 200　(12) 202

解答　（ア）(2)　（イ）(10)　（ウ）(5)
（エ）(12)　（オ）(7)

電気事業法第２条第８号より，一般送配電事業とは「自らが維持し，及び運用する送電用及び配電用の電気工作物によりその供給区域において託送供給及び電力量調整供給を行う事業」であり，一般的な用語を使用すれば「電力会社が周波数と電圧を調整しなければならない」ということである。

4 次の文章は電気工作物に関する記述である。（ア）～（エ）にあてはまる語句を解答群から選択して答えよ。

電気工作物とは，発電，変電，送電若しくは配電又は （ア） のために設置する機械，器具，ダム，水路，貯水池，電線路その他の （イ） をいう。ただし， （ウ） ，車両又は航空機に設置されるものや電圧 （エ） V未満の電気的設備であって，電圧 （エ） V以上の電気的設備と電気的に接続されていないものは除く。

【解答群】
(1) 運転　(2) 電気の使用　(3) 工作物　(4) 保全
(5) 船舶　(6) 30　(7) 鉄道　(8) 60
(9) 構造物　(10) 重機　(11) 建設物　(12) 600

この表については本試験問題で何度も出題されている。

注目 一般に，
周波数の調整≒有効電力の調整
電圧の調整≒無効電力の調整
であることを知っておくと良い。

POINT 2 電気工作物
電気事業法第2条及び電気事業法施行令第1条からの出題である。

解答 (ア)(2) (イ)(3) (ウ)(5) (エ)(6)

工作物の定義は電気設備の技術基準の解釈で記載されており，「人により加工された全ての物体」である。したがって，電気事業法でいう電気工作物は「電気の使用のために設置する人により加工された全ての物体」ということになる。

注目 それぞれの法令や規則，基準等の用語の定義を理解しておくと，条文の理解が深まるので，インターネット等で見ておくと良い。

5 次の文章は保安規程に関する記述である。(ア) ～ (エ) にあてはまる語句を解答群から選択して答えよ。

a 事業用電気工作物を設置する者は，事業用電気工作物の工事，維持及び運用に関する保安を確保するため，主務省令で定めるところにより，保安を一体的に確保することが必要な事業用電気工作物の［(ア)］ごとに保安規程を定め，当該［(ア)］における事業用電気工作物の使用の［(イ)］，主務大臣に届け出なければならない。

b 事業用電気工作物を設置する者は，保安規程を変更したときは，［(ウ)］，変更した事項を主務大臣に届け出なければならない。

c 主務大臣は，事業用電気工作物の工事，維持及び運用に関する保安を確保するため必要があると認めるときは，事業用電気工作物を設置する者に対し，保安規程を［(エ)］すべきことを命ずることができる。

【解答群】

(1) 30日以内に	(2) 開始前に	(3) 設備
(4) 変更	(5) 開始後に	(6) 届け出
(7) 事業者	(8) 組織	(9) 30日前までに
(10) 遅滞なく	(11) 修正	(12) 軽微なものを除き

POINT 2 電気工作物

電気事業法第42条からの出題である。

保安規程は「設置する者」が自ら定め，自ら守る自主保安の形をとっている。
技術基準は国が定めているため異なることに注意する。

解答 (ア)(8) (イ)(2) (ウ)(10) (エ)(4)

6 次の文章は主任技術者及び主任技術者免状に関する記述である。(ア) ～ (ウ) にあてはまる語句を解答群から選択して答えよ。

事業用電気工作物を設置する者は，事業用電気工作物の工事，維持及び運用に関する［(ア)］をさせるため，主務省令で定めるところにより，主任技術者免状の交付を受けている者のうちから，主任技術者を選任しなければならない。電気

POINT 3 主任技術者

電気事業法第43条，電気事業法施行規則第56条からの出題である。

主任技術者免状の種類と範囲は以下の通りである。

免状の種類	監督できる範囲
第一種電気主任技術者免状	全ての事業用電気工作物
第二種電気主任技術者免状	電圧 (イ) V未満の事業用電気工作物
第三種電気主任技術者免状	電圧 (ウ) V未満（出力5000 kW以上の発電所を除く）の事業用電気工作物

【解答群】

(1) 保安の監督　(2) 技術指導　(3) 作業及び保守
(4) 7000　(5) 10000　(6) 50000
(7) 100000　(8) 170000

解答 （ア）(1)　（イ）(8)　（ウ）(6)

電気主任技術者の職務は保安の監督である。したがって，作業を行う職務ではないことが重要である。

また，免状の種類は第一種～第三種まであり，監督できる電圧が変わることとなる。

電験三種においては出力の規定もあることに注意する。

第二種の電気主任技術者を取得していれば，電力会社を除くほとんどの主任技術者に選任されることが可能となる。

7 次の事業用電気工作物の設置又は変更の工事計画において，主務大臣に事前届出の対象となるものに○，ならないものに×をつけなさい。

(1) 受電電圧22000 Vで最大電力が6000 kWの需要設備を設置する工事
(2) 受電電圧6600 Vで最大電力が5000 kWの需要設備を設置する工事
(3) 受電電圧6600 Vの遮断器を設置する工事
(4) 受電電圧22000 Vで変圧器の容量を10%変更する工事
(5) 受電電圧22000 Vの需要設備に属する容量が60000 kW・hの電力貯蔵装置を設置する工事
(6) 受電電圧22000 Vで遮断器の遮断電流を20%変更する工事

POINT 4 工事計画の事前届出

電気事業法第48条及び電気事業法施行規則第65条からの出題である。

解答 (1) ○　(2) ×　(3) ×　(4) ×　(5) ×　(6) ○

(1) ○。需要設備を設置する工事は受電電圧が10000 V以上である場合，事前届出の対象となる。

(2)　×。需要設備を設置する工事は受電電圧が10000 V未満である場合，事前届出の対象とならない。

(3)　×。遮断器を設置する工事は受電電圧が10000 V未満である場合，事前届出の対象とならない。

(4)　×。変圧器の容量を変更する工事は20% 未満の容量変更の場合は届出の対象とならない。

(5)　×。電力貯蔵装置を設置する工事は属する需要設備の受電電圧が10000 V以上で容量80000 kW・h以上である場合届出対象となる。

(6)　○。遮断器の遮断電流を変更する工事は受電電圧10000 V以上で，20% 以上遮断電流を変更する場合届出対象となる。

8 次の文章は一般用電気工作物の調査の義務に関する記述である。(ア)～(ウ)にあてはまる語句を解答群から選択して答えよ。

a　一般用電気工作物と直接に電気的に接続する電線路を維持し，及び運用する者(以下「電線路維持運用者」という。)は，経済産業省令で定める場合を除き，経済産業省令で定めるところにより，その一般用電気工作物が技術基準に適合しているかどうかを［(ア)］しなければならない。ただし，その一般用電気工作物の設置の場所に立ち入ることにつき，その［(イ)］の承諾を得ることができないときは，この限りでない。

b　電線路維持運用者は，前項の規定による調査の結果，一般用電気工作物が経済産業省令で定める技術基準に適合していないと認めるときは，［(ウ)］，その技術基準に適合するようにするためとるべき措置及びその措置をとらなかった場合に生ずべき結果をその［(イ)］に通知しなければならない。

【解答群】

(1)　審査　(2)　開始前に　(3)　事業者　(4)　点検
(5)　30日以内に　(6)　所有者又は占有者
(7)　24時間以内に　(8)　管理者又は請負者　(9)　調査
(10)　遅滞なく　(11)　7日以内に

POINT 5 一般用電気工作物の調査の義務

電気事業法第57条からの出題である。

解答 (ア)(9) (イ)(6) (ウ)(10)

一般用電気工作物と直接に電気的に接続する電線路を維持し，及び運用する者(「電線路維持運用者」という。)すなわち電力会社等は，その一般用電気工作物が技術基準に適合しているかどうかを調査する必要がある。

また，電気事業法第57条の2で外部委託が可能と規定されているため，通常は外部委託で保安協会等が調査することが多くなる。

9 次の文章は電気関係報告規則に関する記述である。(ア)～(オ)にあてはまる語句を解答群から選択して答えよ。

電気事業者又は自家用電気工作物を設置する者は，電気事業者にあっては電気事業の用に供する電気工作物に関して，自家用電気工作物を設置する者にあっては自家用電気工作物に関して，次の表の事故の欄に掲げる事故が発生したときは，事故の発生を知った時から (ア) 以内可能な限り速やかに事故の発生の日時及び場所，事故が発生した電気工作物並びに事故の概要について，電話等の方法により行うとともに，事故の発生を知った日から起算して (イ) 以内に報告書を提出して行わなければならない。

報告が必要な事故
感電又は電気工作物の破損若しくは電気工作物の誤操作若しくは電気工作物を操作しないことにより人が死傷した事故(死亡又は病院若しくは診療所に (ウ) した場合に限る。)
電気火災事故(工作物にあっては，その (エ) の場合に限る。)
電気工作物の破損又は電気工作物の誤操作若しくは電気工作物を操作しないことにより，他の物件に損傷を与え，又はその機能の全部又は一部を損なわせた事故
一般送配電事業者の一般送配電事業の用に供する電気工作物又は特定送配電事業者の特定送配電事業の用に供する電気工作物と電気的に接続されている電圧 (オ) V以上の自家用電気工作物の破損又は自家用電気工作物の誤操作若しくは自家用電気工作物を操作しないことにより一般送配電事業者又は特定送配電事業者に供給支障を発生させた事故

【解答群】

(1) 600	(2) 7日	(3) 半焼以上	(4) 入院
(5) 30日	(6) 48時間	(7) 24時間	(8) 修理不能
(9) 7000	(10) 3000	(11) 全焼以上	(12) 通院

POINT 7 電気関係報告規則

電気関係報告規則第3条からの出題である。

解答 （ア）(7)　（イ）(5)　（ウ）(4)　（エ）(3)　（オ）(10)

事故報告には24時間以内に電話等で連絡する「速報」と30日以内に報告書を提出する「詳報」があることは知っておくこと。

電気関係報告規則はその他に定期報告や出力変更の報告等もある。比較的短いので，その他の条文も見ておくと良い。

注目 電気関係報告規則の速報は以前は48時間であったが,法改正により24時間に変更となった。古い参考書を使用している場合は注意すること。

基本問題

1 次の文章は，電気事業法の目的に関する記述である。

この法律は，電気事業の運営を適正かつ合理的ならしめることによって，電気の［（ア）］の利益を保護し，及び電気事業の［（イ）］を図るとともに，電気工作物の工事，維持及び運用を規制することによって，公共の安全を確保し，及び［（ウ）］の保全を図ることを目的とする。

上記の記述中の空白箇所（ア），（イ）及び（ウ）に当てはまる組合せとして，正しいものを次の(1)～(5)のうちから一つ選べ。

	（ア）	（イ）	（ウ）
(1)	消費者	健全な発達	設備
(2)	使用者	健全な発達	環境
(3)	使用者	技術的発展	環境
(4)	使用者	技術的発展	設備
(5)	消費者	技術的発展	設備

POINT 1 電気事業法の概要

電気事業法第1条からの出題である。

解答 (2)

電気事業法第１条は何度も目にする条文であっても空欄があるとわからなくなることも多い。演習を繰り返して理解するようにする。

電気事業法，電気事業法施行令，電気事業法施行規則のどこにも，「消費者」や「技術的発展」という言葉はないことを知っておく。

2 次の文章は，「電気事業法」及び「電気事業法施行規則」に規定される電圧と周波数に関する記述である。

a ［（ア）］は，その供給する電気の電圧及び周波数の値を経済産業省令で定める値に維持するように努めなければならない。

b 経済産業省令で定める電圧の値は，その電気を供給する場所において次の表の左欄に掲げる標準電圧に応じて，それぞれ同表の右欄に掲げるとおりとする。

POINT 1 電気事業法の概要

電気事業法第26条及び電気事業法施行規則第38条からの出題である。

標準電圧	維持すべき値
100 V	（イ）
200 V	（ウ） ± 20 V

上記の記述中の空白箇所（ア），（イ）及び（ウ）に当てはまる組合せとして，正しいものを次の(1)～(5)のうちから一つ選べ。

	（ア）	（イ）	（ウ）
(1)	発電事業者	102 ± 5 V	204
(2)	一般送配電事業者	102 ± 5 V	204
(3)	一般送配電事業者	101 ± 6 V	202
(4)	一般送配電事業者	101 ± 6 V	204
(5)	発電事業者	101 ± 6 V	202

解答 (3)

電圧及び周波数の調整は発電事業者が行うのではなく，その供給区域において託送供給及び電力量調整供給を行う一般送配電事業者が行うことになっている。

しかし，系統を運用する上で電圧及び周波数を維持するためには発電事業者も安定した運転を求められるので，全体として協調してバランスをとる必要がある。

この問題の類題は過去問にも複数回出題されている。この問題の難易度だと合格者のほとんどが正答すると考えた方が良い。

3 次の文章は，電気事業法に規定される電気の使用制限等に関する記述である。

（ア） は，電気の需給の調整を行わなければ電気の供給の不足が国民経済及び国民生活に悪影響を及ぼし，公共の利益を阻害するおそれがあると認められるときは，その事態を克服するため必要な限度において，政令で定めるところにより， （イ） の限度，使用最大電力の限度，用途若しくは使用を停止すべき （ウ） を定めて，小売電気事業者等から電気の供給を受ける者に対し，小売電気事業者等の供給する電気の使用を制限すべきこと又は受電電力の容量の限度を定めて，小売電気事業者等から電気の供給を受ける者に対し，小

POINT 1 電気事業法の概要

電気事業法第34条の2第1項からの出題である。

売電気事業者等からの受電を制限すべきことを命じ，又は勧告することができる。

上記の記述中の空白箇所（ア），（イ）及び（ウ）に当てはまる組合せとして，正しいものを次の(1)〜(5)のうちから一つ選べ。

	（ア）	（イ）	（ウ）
(1)	経済産業大臣	使用電力量	日時
(2)	経済産業大臣	使用電力量	場所
(3)	経済産業大臣	供給電力	場所
(4)	一般送配電事業者	使用電力量	日時
(5)	一般送配電事業者	供給電力	場所

解答 (1)

確認問題②でも触れた通り，電気の使用制限は使用最大電力すなわち昼の需要ピークの電力と，使用電力量すなわち１日に使用される電力の全体量を制限することが可能となっている。

この条文の措置がなされた場合にはその翌年に出題される可能性は高いと思って良い。

近年は自然災害が増えており，その起きた被害に関する出題も増えている。

4 次の文章は，「電気事業法」及び「電気事業法施行規則」に基づく一般用電気工作物に該当する小出力発電設備の定義に関する記述の一部である。

一般用電気工作物に該当する小出力発電設備は，以下の発電用電気工作物であって電圧が600 V以下のものをいう。ただし，以下の設備であって，同一の構内に設置する以下の他の設備と電気的に接続され，それらの設備の出力の合計が50 kW以上となるものを除く。

a　太陽電池発電設備であって出力50 kW未満のもの

b　風力発電設備であって出力［（ア）］kW未満のもの

c　水力発電設備であって出力［（イ）］kW未満及び最大使用水量1 m^3/s未満のもの（ダムを伴うものを除く）

d　内燃力を原動力とする火力発電設備であって出力10 kW未満のもの

e　燃料電池発電設備であって出力［（ウ）］kW未満のもの

POINT 2 電気工作物

電気事業法第38条及び電気事業法施行規則第48条からの出題である。

上記の記述中の空白箇所（ア），（イ）及び（ウ）に当てはまる組合せとして，正しいものを次の(1)～(5)のうちから一つ選べ。

	（ア）	（イ）	（ウ）
(1)	20	20	20
(2)	20	20	10
(3)	20	10	20
(4)	30	20	10
(5)	30	10	20

解答 (2)

一般用電気工作物に該当する小出力発電設備の場合，保安規程が不要であったり，電気主任技術者の選任が不要である等コスト面でのメリットがある。

注目 覚え方の例として，再生可能エネルギーは出力が大きくても良く，さらに太陽電池発電は一日中発電可能な風力発電や水力発電と比べて出力を大きく取れると考える方法がある。その他，インターネット等で語呂合わせ等を紹介しているページもあるので参考にしても良い。

5 次の文章は，「電気事業法」に規定される自家用電気工作物に関する記述である。

自家用電気工作物とは，一般送配電事業，送電事業，特定送配電事業および発電事業の用に供する電気工作物及び一般用電気工作物以外の電気工作物であって，次のものが該当する。

a　他の者から［（ア）］電圧で受電するもの

b　［（イ）］以外の発電用の電気工作物と同一の構内（これに準ずる区域内を含む。以下同じ。）に設置するもの

c　［（ウ）］にわたる電線路を有するものであって，受電するための電線路以外の電線路により［（ウ）］の電気工作物と電気的に接続されているもの

d　火薬類取締法に規定される火薬類（煙火を除く。）を製造する事業場に設置するもの

e　鉱山保安法施行規則が適用される石炭坑に設置するもの

上記の記述中の空白箇所（ア），（イ）及び（ウ）に当てはまる組合せとして，正しいものを次の(1)～(5)のうちから一つ選べ。

POINT 2 電気工作物

電気事業法第38条，電気事業法施行規則第48条からの出題である。

	(ア)	(イ)	(ウ)
(1)	600 V以上の	小出力発電設備	構内
(2)	600 Vを超える	低圧発電設備	構内
(3)	600 V以上の	小出力発電設備	構外
(4)	600 Vを超える	小出力発電設備	構外
(5)	600 V以上の	低圧発電設備	構内

解答 (4)

電験三種では，一般用電気工作物だけでなく自家用電気工作物に関する問題も出題されやすい。

6 次の文章は，「電気事業法」に規定される事業用電気工作物の維持に関する記述の一部である。

a　事業用電気工作物は，人体に［(ア)］を及ぼし，又は物件に［(イ)］を与えないようにすること。

b　事業用電気工作物は，他の電気的設備その他の物件の機能に電気的又は磁気的な［(ウ)］を与えないようにすること。

c　事業用電気工作物の損壊により一般送配電事業者の電気の供給に著しい支障を及ぼさないようにすること。

d　事業用電気工作物が一般送配電事業の用に供される場合にあっては，その事業用電気工作物の損壊によりその一般送配電事業に係る電気の供給に著しい支障を生じないようにすること。

上記の記述中の空白箇所(ア)，(イ)及び(ウ)に当てはまる組合せとして，正しいものを次の(1)～(5)のうちから一つ選べ。

	(ア)	(イ)	(ウ)
(1)	障害	損傷	被害
(2)	障害	損害	被害
(3)	被害	損傷	障害
(4)	危害	損害	被害
(5)	危害	損傷	障害

POINT 2 電気工作物

電気事業法第39条からの出題である。

解答 (5)

似たような用語の穴抜きとなっている。それぞれの用語の意味を理解していれば間違えなくなるので，しっかりと理解しておくと良い。

危害…身体や生命に対する危険

障害…正常な活動の妨げ

損傷…物が傷つくこと

損害…事故等により不利益となること

被害…危害や損害を受けること

他にも例えばcやdの文章の「損壊」「支障」も空欄候補となる。

7 次の文章は，「電気事業法」に基づく保安規程に関する記述である。

a　事業用電気工作物を設置する者は，事業用電気工作物の工事，維持及び運用に関する［（ア）］するため，主務省令で定めるところにより，保安を一体的に確保することが必要な事業用電気工作物の組織ごとに保安規程を定め，当該組織における事業用電気工作物の使用の開始前に，主務大臣に［（イ）］なければならない。

b　事業用電気工作物を設置する者は，保安規程を［（ウ）］したときは，［（エ）］，［（ウ）］した事項を主務大臣に［（イ）］なければならない。

c　主務大臣は，事業用電気工作物の工事，維持及び運用に関する［（ア）］するため必要があると認めるときは，事業用電気工作物を設置する者に対し，保安規程を［（ウ）］すべきことを命ずることができる。

d　事業用電気工作物を設置する者及びその従業者は，保安規程を守らなければならない。

上記の記述中の空白箇所（ア），（イ），（ウ）及び（エ）に当てはまる組合せとして，正しいものを次の(1)～(5)のうちから一つ選べ。

	（ア）	（イ）	（ウ）	（エ）
(1)	保安を確保	届け出	変更	30日以内に
(2)	安全を保持	申請し	変更	30日以内に
(3)	安全を保持	申請し	改訂	30日以内に
(4)	保安を確保	届け出	変更	遅滞なく
(5)	保安を確保	申請し	改訂	遅滞なく

POINT 2 電気工作物

電気事業法第42条からの出題である。

試験の際，条文内の全項から出題されることは少なく，個別の項が抜き出されて出題されることが多いため，第1項から第4項までそれぞれの項について穴埋めできるようにしておく必要がある。

解答 (4)

8 次の文章は「電気事業法」に基づく主任技術者の選任に関する記述の一部である。

a [(ア)]電気工作物を設置する者は，[(ア)]電気工作物の工事，維持及び運用に関する保安の[(イ)]をさせるため，主務省令で定めるところにより，主任技術者免状の交付を受けている者のうちから，主任技術者を選任しなければならない。

b [(ウ)]電気工作物を設置する者は，前項の規定にかかわらず，主務大臣の許可を受けて，主任技術者免状の交付を受けていない者を主任技術者として選任することができる。

c 主任技術者は，事業用電気工作物の工事，維持及び運用に関する保安の[(イ)]の職務を誠実に行わなければならない。

上記の記述中の空白箇所（ア），（イ）及び（ウ）に当てはまる組合せとして，正しいものを次の(1)～(5)のうちから一つ選べ。

	(ア)	(イ)	(ウ)
(1)	自家用	確保	一般用
(2)	事業用	監督	自家用
(3)	自家用	監督	一般用
(4)	事業用	確保	自家用
(5)	事業用	監督	自家用

解答 (2)

事業用電気工作物を設置する者は，保安の監督をさせるために電気主任技術者を選任する。保安の確保は保安規程で管理する。

自家用電気工作物に関しては，条件により許可を受ければ交付を受けていない者を選任することができる。

POINT 3 主任技術者

電気事業法第43条及び電気事業法施行規則第56条からの出題である。

主任技術者も保安規程同様，「設置者」が「届け出」する必要がある。同じであることを覚えておくこと。
ただし，免状を受けていない者を選任する場合は「許可」が必要である。

9 次の文章は,「電気事業法」に基づく立入検査に関する記述の一部である。

a　主務大臣は,電気事業法の［　(ア)　］に必要な限度において,その職員に,原子力発電工作物を設置する者又はボイラー等(原子力発電工作物に係るものに限る。)の溶接をする者の工場又は営業所,事務所その他の事業場に立ち入り,原子力発電工作物,帳簿,書類その他の物件を検査させることができる。

b　立入検査をする職員は,その身分を示す［　(イ)　］し,関係人の請求があったときは,これを提示しなければならない。

c　立入検査の権限は,［　(ウ)　］のために認められたものと解釈してはならない。

上記の記述中の空白箇所(ア),(イ)及び(ウ)に当てはまる組合せとして,正しいものを次の(1)~(5)のうちから一つ選べ。

	(ア)	(イ)	(ウ)
(1)	施行	免許証を所持	行政処分
(2)	遵守	免許証を所持	行政処分
(3)	施行	証明書を携帯	犯罪捜査
(4)	遵守	証明書を携帯	犯罪捜査
(5)	施行	証明書を携帯	行政処分

POINT 6 立入検査

電気事業法第107条からの出題である。

解答 (3)

この条文は,原子力発電工作物,帳簿,書類その他の物件を検査し,保安規程を基準とする自主保安体制が十分機能しているかを確認し,必要に応じ改善等を促すことによって,電気事業法第1条の「公共の安全の確保」を目的として実施している。

したがって,いわゆる犯罪捜査のような捜査を行うものではなく,指摘事項も巡視点検の記録不備や保安規程の改善の指摘といったものが多い。

応用問題

1 次の文章は，電気事業法及び電気事業法施行規則における電圧及び周波数の維持に関する記述の一部である。

a [（ア）]は，その供給する電気の電圧及び周波数の値を経済産業省令で定める値に維持するように努めなければならない。

b [（ア）]は，経済産業省令で定めるところにより，その供給する電気の電圧及び周波数を測定し，その結果を[（イ）]し，これを保存しなければならない。

c 経済産業省令で定める電圧の値は，その電気を供給する場所において次の表の掲げるとおりとする。

標準電圧	維持すべき値
100 V	101 V の上下 6 V を超えない値
200 V	202 V の上下[（ウ）]V を超えない値

d 経済産業省令で定める周波数の値は，その者が供給する電気の[（エ）]に等しい値とする。

上記の記述中の空白箇所（ア），（イ），（ウ）及び（エ）に当てはまる組合せとして，正しいものを次の(1)～(5)のうちから一つ選べ。

	（ア）	（イ）	（ウ）	（エ）
(1)	小売電気事業者	記録	10	定格周波数
(2)	一般送配電事業者	記録	20	標準周波数
(3)	小売電気事業者	報告	10	定格周波数
(4)	一般送配電事業者	報告	20	標準周波数
(5)	小売電気事業者	記録	20	標準周波数

解答 (2)

b は電気事業法第26条第 3 項の抜き出しである。法規科目ではこのようにテキストに記載のある条文以外からも出題されるため，知っている内容からある程度選択肢を絞り，文脈から類推する必要があることもある。

POINT 1 電気事業法の概要

電気事業法第26条及び電気事業法施行規則第38条からの出題である。

注目 本問のうち(ア)と(ウ)は重要度が高く絶対に知ってなければならない内容である。

2 次の文章は「電気事業法」に基づく電気工作物に関する記述である。その記述内容として，一般用電気工作物に該当するものの組合せとして正しいものを次の(1)〜(5)のうちから一つ選べ。なお，a〜dの電気工作物は，その受電のための電線路以外の電線路により，その構内以外の場所にある電気工作物と電気的に接続されていないものとする。

a　受電電圧6.6 kV，受電電力20 kWの店舗の電気工作物

b　受電電圧200 V，出力15 kWの内燃力の非常用発電設備を持つ病院の電気工作物

c　受電電圧200 V，受電電力30 kWで別に出力5 kWの太陽電池発電設備を有する建物内の電気工作物

d　受電電圧200 V，受電電力50 kWで別に出力19 kWの風力発電設備と25 kWの太陽電池発電設備を有する事業所の電気工作物

(1)　a，b　　(2)　a，c　　(3)　b，c

(4)　b，d　　(5)　c，d

POINT 2 電気工作物

電気事業法第38条及び電気事業法施行規則第48条からの出題である。

解答 (5)

a　一般用電気工作物ではない。受電電圧が600 V以下ではないので，事業用電気工作物となる。

b　一般用電気工作物ではない。受電電圧が600 V以下であるが，内燃力の発電設備の出力が10 kW未満ではなく，小出力発電設備でないため，事業用電気工作物となる。

c　一般用電気工作物。受電電圧が600 V以下でかつ，太陽電池発電設備の出力が50 kW未満なので，一般用電気工作物に該当する。

d　一般用電気工作物。受電電圧が600 V以下，風力発電設備の出力が20 kW未満，太陽電池発電設備の出力が50 kW未満，かつ合計の出力19 kW+25 kW=44 kWで50 kW未満なので，一般用電気工作物になる。

小出力発電設備の内容は必ず一般用電気工作物の問題で出題されるといっても過言ではない。

POINT 2 電気工作物

3 次の文章は「電気事業法」に基づく電気工作物に関する記述である。その記述内容として，自家用電気工作物に該当するものを次の(1)〜(5)のうちから一つ選べ。なお，(2)〜(4)についてはその受電のための電線路以外の電線路により，その構内以外の場所にある電気工作物と電気的に接続されていないものとする。

(1) 受電電圧6.6 kVで出力30 kW太陽電池発電設備を持つ事業場における送電事業の用に供する電気工作物

(2) 受電電圧200 V，受電電力30 kWで別に出力5 kWの内燃力発電設備と10 kWの太陽電池発電設備を有する病院の電気工作物

(3) 受電電圧200 V，受電電力100 kWで，別に出力30 kWの太陽電池発電設備と出力15 kWの風力発電設備とを有する事業場の電気工作物

(4) 受電電圧100 V，受電電力10 kWで引火性の物を取り扱う施設であるが，「火薬類取締法に規定する火薬類（煙火を除く。）を製造する事業場」には該当しない場所に設置する電気工作物

(5) 受電電圧200 V，受電電力100 kWで，別に出力15 kWの太陽電池発電設備と出力15 kWの風力発電設備と出力10 kWの燃料電池発電設備を有する事業場の電気工作物

解答 (5)

(1) 自家用電気工作物でない。受電電圧が600 V以下ではないので，一般用電気工作物にならないが，送電事業の用に供する電気工作物は自家用電気工作物ではない。

(2) 自家用電気工作物でない。受電電圧が600 V以下であり，内燃力発電設備の出力は10 kW未満，太陽電池発電設備の出力は50 kW未満，合計の出力も5 kW+10 kW=15 kWで50 kW未満なので，小出力発電設備に該当し，一般用電気工作物となる。

(3) 自家用電気工作物でない。受電電圧が600 V以下であり，太陽電池発電設備の出力は50 kW未満，風力発電設備の出力は20 kW未満，合計の出力も30 kW+15 kW=45 kWで50 kW未満なので，小出力発電設備に該当し，一般用電気工作物となる。

(4)　自家用電気工作物でない。受電電圧が600 V以下であり,「火薬類取締法に規定する火薬類（煙火を除く。）を製造する事業場」には該当しない場所の電気工作物なので，一般用電気工作物となる。

(5)　自家用電気工作物に該当。受電電圧が600 V以下であり，太陽電池発電設備の出力は50 kW未満，風力発電設備の出力は20 kW未満であるが，燃料電池発電設備の出力が10 kW未満ではないので，自家用電気工作物となる。

このような条件では全ての設備が自家用電気工作物となるため,一般には燃料電池発電設備の出力を0.1 kWでも小さくする方法がとられる。

4　次の文章は,「電気事業法」に規定される使用前安全管理検査に関する記述である。

a　事業用電気工作物の工事計画の届出をして設置又は変更の工事をする事業用電気工作物であって，主務省令で定めるものを設置する者は，主務省令で定めるところにより，その［（ア）］に，当該事業用電気工作物について自主検査を行い，その結果を記録し，これを保存しなければならない。

b　aの検査においては，その事業用電気工作物が次の各号のいずれにも適合していることを確認しなければならない。

一　その工事が届出をした工事の計画に従って行われたものであること。

二　主務省令で定める［（イ）］に適合するものであること。

c　aの検査を行う事業用電気工作物を設置する者は，検査の実施に係る［（ウ）］について，主務省令で定める時期に，原子力を原動力とする発電用の事業用電気工作物以外の事業用電気工作物であって経済産業省令で定めるものを設置する者にあっては経済産業大臣の登録を受けた者が，その他の者にあっては主務大臣が行う審査を受けなければならない。

電気事業法第51条からの出題である。

上記の記述中の空白箇所（ア），（イ）及び（ウ）に当てはまる組合せとして，正しいものを次の(1)～(5)のうちから一つ選べ。

	(ア)	(イ)	(ウ)
(1)	使用の開始前	技術基準	体制
(2)	使用の開始前	技術基準	日時
(3)	運用開始後すぐ	保安規程	日時
(4)	使用の開始前	保安規程	日時
(5)	運用開始後すぐ	技術基準	体制

解答 (1)

本問のように，テキストにも掲載されていない内容の条文が出題されることもある。似たような用語が使用されている文も多いため，試験前には多くの条文に触れておくと良い。

工事計画は工事の開始前，使用前自主検査も使用の開始前，運用後の変更は遅滞なく等，届け出時期は整理しておくと良い。

5 「電気事業法」に基づく工事計画の事前届出に関し，事前届出が必要な工事として，適切なものと不適切なものの組合せとして，正しいものを次の(1)～(5)のうちから一つ選べ。

a　受電電圧22000 Vの需要設備の取替え工事

b　出力3000 kWの太陽電池発電設備の設置工事

c　電圧22000 Vの遮断器の10%の遮断電流の変更工事

d　出力10000 kWの汽力発電設備の設置工事

	a	b	c	d
(1)	不適切	不適切	適切	適切
(2)	適切	不適切	不適切	不適切
(3)	不適切	適切	不適切	適切
(4)	適切	適切	不適切	不適切
(5)	不適切	適切	適切	適切

解答 (3)

a　不適切。受電電圧22000 Vの需要設備は，設置工事は事前届出が必要であるが，取替え工事では不要となる。

b　適切。太陽電池発電設備の場合，出力2000 kW以上の設置工事では事前届出が必要となる。

電気事業法第48条及び電気事業法施行規則第65条，別表第2からの出題である。

c　不適切。電圧22000 Vの遮断器の遮断電流の変更工事では20%以上の変更の時，事前届出が必要となる。したがって10%の変更工事では不要である。

d　適切。汽力発電設備の場合，小型の汽力を原動力とするものであって，別に告示するものを除き設置工事では事前届出が必要となる。

注目 60点を目指す上では別表第2を完璧にマスターする必要はない。
テキストに記載のある内容を絶対に間違えないことが重要となる。

6「電気関係報告規則」に関する記述として，事故報告が必要な事故の組合せとして，正しいものを次の(1)～(5)のうちから一つ選べ。

a　感電負傷により，病院に搬送され入院せずに通院を続けた事故

b　電気工作物の電気火災により，工作物の一部分が損壊した事故

c　電気工作物の破損により，他の物件の機能の一部を損なわせた事故

d　出力50万kWの汽力発電設備の3日間の発電支障事故

(1)　a　　(2)　a，b　　(3)　c　　(4)　d　　(5)　c，d

POINT 7 電気関係報告規則

電気関係報告規則第3条からの出題である。

解答　(3)

a　誤り。電気工作物の破損が原因で，病院に搬送されても入院していない場合は報告対象とならない。

b　誤り。電気工作物の電気火災により，半焼以上でない場合は報告対象とならない。

c　正しい。電気工作物の破損により，他の物件の機能の一部を損なわせた場合には報告対象となる。

d　誤り。出力10万kW以上の火力発電設備では，7日間以上の発電支障事故が報告対象となる。

dはテキスト掲載外の内容である。

解答

CHAPTER 02

その他の電気関係法規

1 その他の電気関係法規

確認問題

❶ 次の文章は電気用品安全法の目的に関する記述である。（ア）～（ウ）にあてはまる語句を解答群から選択して答えよ。

この法律は，電気用品の［（ア）］等を規制するとともに，電気用品の安全性の確保につき民間事業者の自主的な活動を［（イ）］することにより，電気用品による危険及び障害の発生を［（ウ）］することを目的とする。

【解答群】

(1) 製造，販売	(2) 抑制	(3) 流通，販売
(4) 防止	(5) 規制	(6) 製造，流通
(7) 促進	(8) 制限	

解答　（ア）(1)　（イ）(7)　（ウ）(4)

電気用品安全法は，

・粗悪な電気製品を製造しない，輸入しない
・粗悪な電気製品を販売しない
・粗悪な電気製品を使用しない

ことを目的とし，さらにその中でも自主的に活動できるようにするのが目的である。

したがって，事業を行う場合も申請ではなく届出であり，届出内容の変更も事後報告である等ただ規制するだけの法律ではないことを理解しておくことが重要である。

POINT 1 電気用品安全法

電気用品安全法第1条からの出題である。

非核三原則のように，粗悪品を「作らず，使わず，持ち込ませず」と覚えると忘れにくい。

❷ 次の文章は電気用品安全法の定義及び事業の届出に関する記述である。（ア）～（オ）にあてはまる語句を解答群から選択して答えよ。

a　この法律において「電気用品」とは，次に掲げる物をいう。

①　[（ア）]電気工作物の部分となり，又はこれに接続して用いられる機械，器具又は材料であって，政令で定めるもの

②　携帯発電機であって，政令で定めるもの

③　[（イ）]であって，政令で定めるもの

b　この法律において「[（ウ）]」とは，構造又は使用方法その他の使用状況からみて特に危険又は障害の発生するおそれが多い電気用品であって，政令で定めるものをいう。

c　電気用品の製造又は輸入の事業を行う者は，経済産業省令で定める電気用品の区分に従い，事業開始[（エ）]，次の事項を経済産業大臣に[（オ）]なければならない。

【解答群】

(1) 事業用	(2) 特定電気用品
(3) の30日前までに	(4) 指定電気用品
(5) 蓄電池	(6) 後遅滞なく
(7) 申請し	(8) 照明器具
(9) の日から30日以内に	(10) 特別電気用品
(11) 一般用	(12) 届け出

解答　（ア）(11)　（イ）(5)　（ウ）(2)
（エ）(9)　（オ）(12)

電気用品安全法は，電気工作物のうち一般用電気工作物等の一部電気用品に対し規制するものであり，具体的には電気用品安全法施行令に定められている。

したがって，特別高圧等の厳しい規制を行う法律ではないことを理解すると，他の選択肢も想像がしやすくなる。

POINT 1 電気用品安全法

電気用品安全法第2条からの出題である。

注目 物により取り扱う電圧等も変わるので，電気用品安全法施行令別表を参考にすると良い。

3 次の文章は電気用品安全法における検査，表示及び使用に関する記述である。（ア）～（エ）にあてはまる語句を解答群から選択して答えよ。

a　届出事業者は，電気用品を製造し，又は輸入する場合においては，経済産業省令で定める［（ア）］に適合するようにしなければならない。

b　届出事業者は，その製造又は輸入に係る電気用品について［（イ）］を行い，その記録を作成し，これを保存しなければならない。

c　届出事業者は，その製造又は輸入に係る電気用品が［（ウ）］である場合には，当該［（ウ）］を販売する時までに，［（エ）］の登録を受けた者の適合性検査を受け，かつ，同項の証明書の交付を受け，これを保存しなければならない。

d　経済産業省令で定める表示が付されているものでなければ，電気用品を販売及び設置又は変更の工事に使用してはならない。

【解答群】

(1)　経済産業大臣	(2)　未登録
(3)　高電圧	(4)　届出
(5)　検査	(6)　技術基準
(7)　都道府県知事	(8)　一般用電気工作物
(9)　電圧及び周波数	(10)　産業保安監督部長
(11)　登録	(12)　特定電気用品

解答　（ア）(6)　（イ）(5)　（ウ）(12)　（エ）(1)

電気用品は製造及び輸入する場合に技術基準に適合していることを確認する必要がある。

また，届出事業者はその製造及び輸入に係る電気用品を検査・記録し保存する必要があるが，特定電気用品，すなわち危険又は障害の発生するおそれが多い電気用品である場合には検査を受け，証明書の交付を受け，保存しなければならない。

POINT 1 電気用品安全法

電気用品安全法第8条及び第9条からの出題である。

注目 勉強が進み，電気工事士法や電気工事業法が絡むようになると経済産業大臣なのか都道府県知事になるのかわからなくなる。必ず整理しておく。

輸入という用語が用いられているのはこの法律の特徴なので覚えておくとよい。

4 次の文章は電気工事士法における目的及び義務に関する記述である。(ア) ～ (エ) にあてはまる語句を解答群から選択して答えよ。

a　この法律は，電気工事の作業に従事する者の資格及び義務を定め，もって電気工事の［(ア)］による災害の発生の防止に寄与することを目的とする。

b　電気工事士，特種電気工事資格者又は認定電気工事従事者は，電気工作物に係る電気工事の作業に従事するときは経済産業省令で定める［(イ)］に適合するようにその作業をしなければならない。

c　電気工事士，特種電気工事資格者又は認定電気工事従事者は，前項の電気工事の作業に従事するときは，電気工事士免状，特種電気工事資格者認定証又は認定電気工事従事者認定証を［(ウ)］していなければならない。

d　都道府県知事は，この法律の施行に必要な限度において，政令で定めるところにより，電気工事士，特種電気工事資格者又は認定電気工事従事者に対し，電気工事の業務に関して［(エ)］をさせることができる。

【解答群】

(1) 欠陥	(2) 設置者に提示	(3) 携帯
(4) 感電	(5) 立入検査	(6) 保安規程
(7) 一時停止	(8) 技術基準	(9) 保管
(10) 報告	(11) 作業基準	(12) 不具合

解答　(ア) (1)　(イ) (8)　(ウ) (3)　(エ) (10)

電気工事の資格には免許の形式として第一種電気工事士及び第二種電気工事士，認定証として特種電気工事資格者及び認定電気工事従事者がある。電気工事は圧着端子の作業やねじ止め等の作業に欠陥があると作業不備が見つかりにくく，事故に発展しやすいため，電気工事士等の資格を与え，品質を確保している。

電気工事の作業は，技術基準に適合するように作業をする必要がある。

また，電気主任技術者は経済産業大臣が免状を交付するが，電気工事士は都道府県知事が交付するため，第９条にある通り，都道府県知事が電気工事の業務に関して報告をさせることができる。

POINT 2 電気工事士法

電気工事士法第1条，第5条及び第9条からの出題である。

「に適合」と問題文にあったら「技術基準」となる可能性は非常に高い。セットで覚えておくとよい。

5 次の各文は電気工事士の資格と作業の範囲に関する記述である。正しいものには○，誤っているものには×をつけよ。

(1) 電気工事を行う資格には，第一種電気工事士，第二種電気工事士，認定電気工事従事者，特種電気工事資格者の4つがある。

(2) 特殊電気工事にはネオン工事と非常用予備発電装置工事がある。

(3) 第二種電気工事士は，電気工作物のうち電圧が600 V以下の工事の作業に従事することができる。

(4) 第一種電気工事士は，電気事業法で規定される電気工作物のうち，特殊電気工事以外の全ての電気工作物の作業に従事することができる。

(5) 自家用電気工作物の作業において，第一種電気工事士を取得していれば，認定電気工事従事者の取得は必要ない。

(6) 自家用電気工作物の非常用予備電源装置に関する工事において，第一種電気工事士を取得していれば，非常用予備発電装置工事資格者の取得は必要ない。

(7) 電圧6.6 kVで受電するビルの工事に第二種電気工事士が従事する場合，認定電気工事従事者の資格を取得すれば作業可能範囲を限定せずに作業をすることができる。

(8) 小出力発電設備に該当する200 Vの非常用予備発電装置の工事は，第二種電気工事士が作業をすることができる。

解答 (1) ○　(2) ○　(3) ×　(4) ×　(5) ○　(6) ×　(7) ×　(8) ○

(1) ○。

(2) ○。

(3) ×。第二種電気工事士は，電気工作物のうち一般用電気工作物の工事の作業に従事することができる。たとえ600 V以下の箇所であっても，自家用電気工作物の工事の作業に従事することはできない。

(4) ×。第一種電気工事士は，電気工事士法で規定される500 kW未満の電気工事に従事することができる。

(5) ○。

POINT 2 電気工事士法

注目 電気工事士の資格と作業範囲の内容は，電気工事士法の中では最も出題されやすく，電験でも何度か出題されている。
確実に理解しておくこと。

(6)　×。自家用電気工作物の非常用予備電源装置に関する工事は，第一種電気工事士を取得していても，非常用予備発電装置工事資格者の取得をする必要がある。

(7)　×。電圧6.6 kVで受電するビルの工事に第二種電気工事士が従事する場合，認定電気工事従事者の資格を取得すると作業が可能なのは600 V以下の範囲である。

(8)　○。

6 次の文章は電気工事業法における目的及び義務に関する記述である。(ア)～(オ)にあてはまる語句を解答群から選択して答えよ。

a　この法律は，電気工事業を営む者の登録等及びその［(ア)］を行うことにより，その業務の適正な実施を確保し，もって一般用電気工作物及び自家用電気工作物の保安の確保に資することを目的とする。

b　電気工事業を営もうとする者は，二以上の都道府県の区域内に営業所を設置してその事業を営もうとするときは［(イ)］の，一の都道府県の区域内にのみ営業所を設置してその事業を営もうとするときは当該営業所の所在地を管轄する［(ウ)］の登録を受けなければならない。登録電気工事業者の登録の有効期間は［(エ)］年とする。

c　登録電気工事業者は，当該業務に係る一般用電気工事の作業を管理させるため，第一種電気工事士又は免状の交付を受けた後電気工事に関し［(オ)］年以上の実務の経験を有する第二種電気工事士であるものを，主任電気工事士として，置かなければならない。

【解答群】

(1)　1	(2)　3
(3)　5	(4)　10
(5)　市町村長	(6)　経済産業大臣
(7)　技術基準の設定	(8)　産業保安監督部
(9)　認定証の発行	(10)　業務の規制
(11)　都道府県知事	(12)　保安教育

POINT 3 電気工事業法

電気工事業法第1条，第3条及び第19条からの出題である。

解答 （ア）(10)　（イ）(6)　（ウ）(11)
（エ）(3)　（オ）(2)

目的において，電気事業法をはじめとする各法に「規制」という用語が入っていることに注意する。電気工事業法では，電気工事業に関する登録や通知を行い，業務を規制している。

しかしながら，基本は申請ではなく登録や通知で良いというところをしっかりと理解する。

また，登録もしくは通知先も他の法律とは異なることに注意する。

第一種電気工事士に関して実務経験の記載がないのは，第一種電気工事士を取得するために実務経験が必要であるからである。

基本問題

1 次の文章は，電気用品安全法の目的及び分類に関する記述である。

a　この法律は，電気用品の製造，販売等を規制するとともに，電気用品の安全性の確保につき民間事業者の［（ア）］を促進することにより，電気用品による危険及び障害の発生を防止することを目的とする。

b　この法律において「特定電気用品」とは，構造又は使用方法その他の使用状況からみて特に［（イ）］の発生するおそれが多い電気用品であって，政令で定めるものをいう。

c　「特定電気用品」である旨を示すマークは［（ウ）］である。

上記の記述中の空白箇所（ア），（イ）及び（ウ）に当てはまる組合せとして，正しいものを次の(1)～(5)のうちから一つ選べ。

	（ア）	（イ）	（ウ）
(1)	自主的な活動	危険又は障害	◇PSE
(2)	製品の向上	危険又は障害	○PSE
(3)	自主的な活動	災害	○PSE
(4)	自主的な活動	災害	◇PSE
(5)	製品の向上	危険又は障害	◇PSE

解答 (1)

特定電気用品 ◇PSE と特定電気用品以外の電気用品 ○PSE の記号の違いをしっかりと理解しておく必要がある。

POINT 1 電気用品安全法

電気用品安全法第1条及び第2条と表示に関する出題である。

注目 特定電気用品のマーク等は電源タップ等家庭用の電気製品にも多く表示されている。
日常から，どのようなものが特定電気用品となっているか注意してみておくと良い。

2 電気用品安全法に関する記述として，誤っているものを次の(1)～(5)のうちから一つ選べ。

(1)　電気用品の製造又は輸入の事業を行う者は，電気用品の区分に従い，事業開始の日から30日以内に経済産業大臣に届け出なければならない。

POINT 1 電気用品安全法

(2) 電気用品安全法で規制されるものは事業用電気工作物であり，一般用電気工作物は規制対象とならない。
(3) 届出事業者は，電気用品を製造し，又は輸入する場合においては，経済産業省令で定める技術基準に適合するようにしなければならない。
(4) 特定電気用品の製造，輸入又は販売の事業を行う者は，〈PS〉Eの表示が付されているものでなければ，電気用品を販売し，又は販売の目的で陳列してはならない。
(5) 携帯発電機や蓄電池には電気用品となるものがある。

解答 (2)

(1) 正しい。電気用品の製造又は輸入の事業を行う者は，電気用品の区分に従い，事業開始の日から30日以内に経済産業大臣に届け出なければならない。
(2) 誤り。電気用品安全法で規制されるものは一般用電気工作物が多く，事業用電気工作物においても規制されているものがある。
(3) 正しい。届出事業者は，電気用品を製造し，又は輸入する場合においては，経済産業省令で定める技術基準に適合するようにしなければならない。
(4) 正しい。特定電気用品の製造，輸入又は販売の事業を行う者は，〈PS〉Eの表示が付されているものでなければ，電気用品を販売し，又は販売の目的で陳列してはならない。
(5) 正しい。携帯発電機や蓄電池には電気用品となるものがある。

詳細は電気用品安全法施行令別表を参照のこと。

〈PS/E〉は〈PS〉Eと記載することもある。

「～ものがある。」という選択肢は正しい場合が多い。

3 次の文章は，電気工事士法に基づく電気工事士の資格に関する記述である。

a 電気工事士免状の種類は，第一種電気工事士免状及び第二種電気工事士免状があり，免状は［(ア)］が交付する。特種電気工事資格者認定証及び認定電気工事従事者認定証は，［(イ)］が交付する。

b 第一種電気工事士，第二種電気工事士，特種電気工事資格者及び認定電気工事従事者は電気用品を電気工事に使用する場合，［(ウ)］に適合する用品を使用しなければ

POINT 1 電気用品安全法

POINT 2 電気工事士法

電気用品安全法第28条，電気工事士法第4条及び第4条の2からの出題である。

ならない。また，第一種電気工事士は，最大電力 （エ） 以上の需要設備の電気工事を行うことはできない。

上記の記述中の空白箇所（ア），（イ），（ウ）及び（エ）に当てはまる組合せとして，正しいものを次の(1)～(5)のうちから一つ選べ。

	（ア）	（イ）	（ウ）	（エ）
(1)	都道府県知事	都道府県知事	技術基準	2000 kW
(2)	都道府県知事	経済産業大臣	技術基準	500 kW
(3)	経済産業大臣	都道府県知事	技術基準	500 kW
(4)	都道府県知事	経済産業大臣	電気用品安全法	500 kW
(5)	経済産業大臣	都道府県知事	電気用品安全法	2000 kW

解答 (4)

電気工事士法第４条第２項にて，「電気工事士免状は，都道府県知事が交付する」となっており，電気工事士法第４条の２第１項にて，「特種電気工事資格者認定証及び認定電気工事従事者認定証は，経済産業大臣が交付する」となっている。

また，電気用品安全法第28条にて「経済産業省令で定める方式の表示が付されているものでなければ，電気用品を電気工作物の設置又は変更の工事に使用してはならない」となっている。

500 kW以上の工事を行う場合は，電気主任技術者の監督が必要となる。

4 電気工事における資格と作業範囲について，誤っているものを次の(1)～(5)のうちから一つ選べ。

(1) 第二種電気工事士は一般用電気工作物に設置する40 kWの太陽光発電設備の設置工事の作業に従事できる。

(2) 第二種電気工事士は一般用電気工作物に設置する非常用予備発電設備にかかる工事に従事することができる。

(3) 第一種電気工事士は，6.6 kVで受電する最大電力400 kWの需要設備の電気工事に従事することができる。

(4) 第一種電気工事士は，自家用電気工作物に設置される出力100 kWの非常用予備発電装置の電気工事の作業に従事することができない。

(5) 認定電気工事従事者とネオン工事に係る特種電気工事

POINT 2 電気工事士法

資格者及び非常用予備発電装置工事に係る特種電気工事資格者の資格があれば，第一種電気工事士が作業可能なすべての電気工事に従事することができる。

解答 (5)

(1) 正しい。第二種電気工事士は，一般用電気工作物であれば作業に従事することができる。40 kWの太陽光発電設備は小出力発電設備なので，一般用電気工作物となる。

(2) 正しい。一般用電気工作物である場合には非常用予備発電設備にかかる制限はなく，第二種電気工事士免状で工事に従事することができる。

(3) 正しい。第一種電気工事士は，自家用電気工作物で最大電力500 kW未満の需要設備の電気工事に従事することができるので，6.6 kVで受電する最大電力400 kWの需要設備の電気工事に従事することができる。

(4) 正しい。第一種電気工事士の免状を取得していても，自家用電気工作物に設置される非常用予備発電装置の電気工事には，特種電気工事資格者である非常用予備発電装置工事資格者の認定証が必要である。

(5) 誤り。認定電気工事従事者とネオン工事に係る特種電気工事資格者及び非常用予備発電装置工事に係る特種電気工事資格者の資格を保有していても，当該設備以外の自家用電気工作物の作業に従事することはできない。

小出力発電設備の定義は前章参照のこと。太陽光発電設備は50 kW以下となる。

5 次の文章は，「電気工事業の業務の適正化に関する法律」に関する記述の一部である。空白箇所に当てはまる組合わせとして正しいものを一つ選べ。

自家用電気工作物のみの電気工事業を営む者を［(ア)］電気工事業者といい，事業を開始する［(イ)］日前までに［(ア)］しなければならない。この電気工事業者が2つ以上の都道府県に営業所を設置する場合には，［(ウ)］に［(ア)］しなければならず，それぞれの営業所に［(エ)］そ

POINT 3 電気工事業法

電気工事業法第2条，第17条の2及び第24条からの出題である。

の他の経済産業省令に定める物を備えなければならない。

	(ア)	(イ)	(ウ)	(エ)
(1)	登録	7	各都道府県知事	絶縁抵抗計
(2)	登録	10	経済産業大臣	絶縁抵抗計
(3)	登録	7	経済産業大臣	クランプメーター
(4)	通知	10	各都道府県知事	クランプメーター
(5)	通知	10	経済産業大臣	絶縁抵抗計

解答 (5)

一般用電気工作物も含めた電気工事業を営む場合は第3条に規定がある通り登録電気工事業者となるが，自家用電気工作物のみの電気工事業を営む場合は通知電気工事業者となる。

通知電気工事業者は事業を開始する10日前までに通知しなければならず，1つの都道府県で営業所を設置する場合には都道府県知事，2つ以上の都道府県に営業所を設置する場合には経済産業大臣に通知する。

応用問題

1 電気用品安全法に関する記述として，正しいものを次の(1)～(5)のうちから一つ選べ。

(1) 電気用品の製造の事業を行う者は，事業開始の日の30日前までに，電気用品の型式の区分や当該電気用品を製造する工場又は事業場の名称及び所在地を経済産業大臣に届け出なければならない。

(2) 電気用品の製造の事業を行う者は，届出事項に変更があったとき，もしくは事業を廃止するときは，遅滞なく，その旨を経済産業大臣に届け出なければならない。

(3) 電線のうち，絶縁電線は特定電気用品になるものがあるが，ケーブルには特定電気用品になるものがない。

(4) 特定電気用品は，構造又は使用方法その他の使用状況からみて特に危険又は障害の発生するおそれが多い電気用品であって，表示は「(PS) E」とする。

(5) 電気用品に該当する電線を製造又は販売するものは，その電線が経済産業省令で定める技術基準に適合しているか検査を行い，その検査記録を作成し，保存しなければならない。

解答 (2)

(1) 誤り。電気用品安全法第3条の通り，電気用品の製造の事業を行う者は，事業開始の日から30日以内に，電気用品の型式の区分や当該電気用品を製造する工場又は事業場の名称及び所在地を経済産業大臣に届け出なければならない。

(2) 正しい。電気用品安全法第5条および第6条の通り，電気用品の製造の事業を行う者は，届出事項に変更があったとき，もしくは事業を廃止するときは，遅滞なく，その旨を経済産業大臣に届け出なければならない。

(3) 誤り。電線のうち，絶縁電線は特定電気用品になるものがあるが，ケーブルにも特定電気用品となるものがある。

(4) 誤り。特定電気用品は，構造又は使用方法その

POINT 1 電気事業法の概要

詳細は電気用品安全法施行令別表に記載あり。

他の使用状況からみて特に危険又は障害の発生するおそれが多い電気用品であって，表示は「〈PS〉E」である。

(5) 誤り。電気用品安全法第８条の通り，電気用品に該当する電線を製造又は輸入するものは，その電線が経済産業省令で定める技術基準に適合しているか検査を行い，その検査記録を作成し，保存しなければならない。

(PS)Eは特定電気用品に該当しない電気用品のマークである。

2 受電電力6.6 kV，最大電力400 kWの建物があり，この建物には出力30 kWの非常用予備発電装置も設置されている。この建物内における「電気工事士法」に基づく以下の記述について，誤っているものを次の(1)～(5)のうちから一つ選べ。

(1) 第二種電気工事士は，この建物内における電線相互を接続する作業に従事することができない。

(2) 第一種電気工事士は，この建物内の非常用予備発電装置に係る工事に従事することができない。

(3) 第二種電気工事士は，電圧600 V以下で使用する電気機器に電線をねじ止めする作業についても，従事することはできない。

(4) 認定電気工事従事者は，600 V以下の機器に接地線を取り付けもしくは取り外しする作業に従事することができる。

(5) 非常用予備発電装置工事資格者は，第一種電気工事士を取得していない場合は，非常用予備発電装置以外の作業に従事することができない。

POINT 2 電気工事士法

解答 (3)

(1) 正しい。第二種電気工事士は自家用電気工作物の工事に従事することができないので，この建物内における電線相互を接続する作業に従事することができない。

(2) 正しい。自家用電気工作物の非常用予備発電装置に係る工事に従事するためには，非常用予備発電装置工事従事者の資格が必要なので，第一種電気工事士は，この建物内の非常用予備発電装置に係る工事に従事することができない。

この建物は受電電力6.6kVで600Vを超えるので，この建物内の電気工作物は自家用電気工作物となる。

自家用電気工作物に関しては軽微な作業を除き，第二種電気工事士は工事に従事することはできないので，この建物内の電気工事は第一種電気工事士が従事することになる。また，非常用予備発電装置工事は特種電気工事資格者の認定証が必要なので，第一種電気工事士では従事することができない。

(3)　誤り。電圧600 V以下で使用する電気機器に電線をねじ止めする作業については，軽微な作業に該当するため，第二種電気工事士でも従事することができる。

(4)　正しい。認定電気工事従事者は，自家用電気工作物の低圧部分（600 V以下）の機器に接地線を取り付けもしくは取り外しする作業に従事することができる。

(5)　正しい。非常用予備発電装置工事資格者は，第一種電気工事士を取得していない場合は，非常用予備発電装置以外の作業に従事することができない。

軽微な作業に関する規定は電気工事士法施行令第1条に記載がある。

3　「電気工事業の業務の適正化に関する法律」に関する記述として，誤っているものを次の(1)～(5)のうちから一つ選べ。

(1)　この法律は，電気工事業を営む者の登録等及びその業務の規制を行うことにより，その業務の適正な実施を確保し，もって一般用電気工作物及び自家用電気工作物の保安の確保に資することを目的としている。

(2)　登録電気工事業者の登録をする者は二以上の都道府県の区域内に営業所を設置して事業を営もうとするときは経済産業大臣の登録を受けなければならず，その有効期間は5年である。また，有効期間の満了後引き続き電気工事業を営もうとする者は，更新の登録を受けなければならない。

(3)　登録電気工事業者は，その登録が効力を失ったときは，その日から30日以内に，その登録をした経済産業大臣又は都道府県知事にその登録証を返納しなければならない。

(4)　二以上の都道府県の区域内に営業所を設置して自家用電気工作物に係る電気工事のみに係る電気工事業を営もうとする者は，経済産業省令で定めるところにより，その事業を開始しようとする日の10日前までに，経済産業大臣に届出しなければならない。

(5)　登録電気工事業者は，その一般用電気工作物に係る電気工事の業務を行う営業所に主任電気工事士として第二種電気工事士免状の交付を受けた者を置く場合は，3年以上の実務経験を有する者を置かなければならない。

POINT 3　電気工事業法

注目　難易度が高い問題であるが，長い文章中のキーワードに誤りがあることが多い。
このような問題を確実に得点できるかが合否の分かれ目となるので，問題文を読んで諦めないことが重要である。

解答 (4)

(1) 正しい。電気工事業の業務の適正化に関する法律第1条の通りで，電気工事業法の目的そのものである。

(2) 正しい。電気工事業の業務の適正化に関する法律第3条の通りである。登録電気工事業者の登録をする者は二以上の都道府県の区域内に営業所を設置して事業を営もうとするときは経済産業大臣の登録を受けなければならず，その有効期間は5年である。また，有効期間の満了後引き続き電気工事業を営もうとする者は，更新の登録を受けなければならない。

(3) 正しい。電気工事業の業務の適正化に関する法律第15条の通りである。登録電気工事業者は，その登録が効力を失ったときは，その日から30日以内に，その登録をした経済産業大臣又は都道府県知事にその登録証を返納しなければならない。

(4) 誤り。電気工事業の業務の適正化に関する法律第17条の2からの抜粋である。二以上の都道府県の区域内に営業所を設置して自家用電気工作物に係る電気工事のみに係る電気工事業を営もうとする者は，経済産業省令で定めるところにより，その事業を開始しようとする日の10日前までに，経済産業大臣に通知しなければならない。通知電気事業者は通知すればよく，届出ではない。

(5) 正しい。電気工事業の業務の適正化に関する法律第19条の通りである。登録電気工事業者は，その一般用電気工作物に係る電気工事の業務を行う営業所に主任電気工事士として第二種電気工事士免状の交付を受けた者を置く場合は，3年以上の実務経験を有する者を置かなければならない。

解答

CHAPTER 03

電気設備の技術基準・解釈

1 電気設備技術基準の総則

☑ 確認問題

1 次の文章は「電気設備技術基準」及び「電気設備技術基準の解釈」における用語の定義に関する記述である。(ア)～(カ)にあてはまる語句を解答群から選択して答えよ。

a 「(ア)」とは，通常の使用状態で電気が通じているところをいう。

b 「(イ)」とは，発電機，原動機，燃料電池，太陽電池その他の機械器具を施設して電気を発生させる所をいう。

c 「変電所」とは，構外から伝送される電気を構内に施設した変圧器，回転変流機，整流器その他の電気機械器具により(ウ)する所であって，(ウ)した電気をさらに構外に伝送するものをいう。

d 「開閉所」とは，構内に施設した開閉器その他の装置により電路を開閉する所であって，(イ)，変電所及び(オ)以外のものをいう。

e 「(エ)」とは，電気を使用するための電気設備を施設した，1の建物又は1の単位をなす場所をいう。

f 「(オ)」とは，(エ)を含む1の構内又はこれに準ずる区域であって，(イ)，変電所及び開閉所以外のものをいう。

g 「弱電流電線」とは，弱電流電気の伝送に使用する電気導体，絶縁物で被覆した電気導体又は絶縁物で被覆した上を保護被覆で保護した電気導体をいい，「弱電流電線等」とは，弱電流電線及び(カ)をいう。

【解答群】

(1) 電気使用場所　(2) 変成　(3) 電路　(4) 防止
(5) 電線　(6) 配電所　(7) 変圧　(8) 発電所
(9) 通信線　(10) 送電所　(11) 需要場所
(12) 光ファイバケーブル

POINT 1 用語の定義

電気設備に関する技術基準を定める省令（電気設備技術基準，電技）第1条及び電気設備の技術基準の解釈（電技解釈，解釈）第1条からの出題である。

注目 本問題集の解説で紹介しているのは主な用語のみであるため，条文を確認し，用語の定義は理解してほしい。その定義を理解していると，他の条文も理解しやすくなる。

解 答　（ア）(3)　（イ）(8)　（ウ）(2)　（エ）(1)
（オ）(11)　（カ）(12)

2 次の各文の説明は，「電気設備技術基準」及び「電気設備技術基準の解釈」における「電路」，「電線」，「電線路」，「引込線」及び「配線」のいずれかの説明である。それぞれ最もふさわしいものを一つ選べ。

(a) 発電所，変電所，開閉所及びこれらに類する場所並びに電気使用場所相互間の電線（電車線を除く。）並びにこれを支持し，又は保蔵する工作物

(b) 需要場所の造営物の側面等に施設する電線であって，当該需要場所の引込口に至るもの

(c) 強電流電気の伝送に使用する電気導体，絶縁物で被覆した電気導体又は絶縁物で被覆した上を保護被覆で保護した電気導体

(d) 電気使用場所において施設する電線

(e) 通常の使用状態で電気が通じているところ

POINT 1 用語の定義

解 答　(a) 電線路　(b) 引込線　(c) 電線
(d) 配線　(e) 電路

(a) 電技第１条第８号の内容である。具体的には送電線路と配電線路に分類される。

(b) 電技解釈第１条第10号の内容である。特に引込線と架空引込線の違いがわかりにくいので，図で理解するとよい。

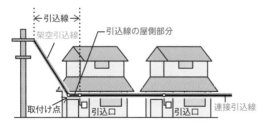

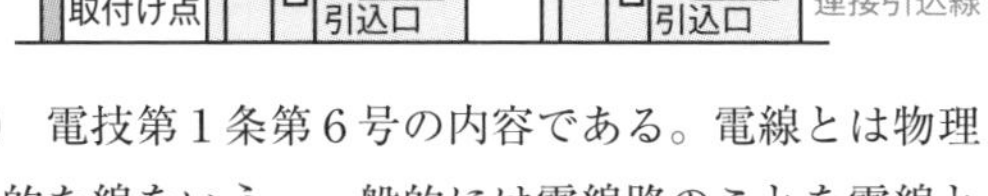

(c) 電技第１条第６号の内容である。電線とは物理的な線をいう。一般的には電線路のことを電線と呼ぶことも多いが厳密には違うことを理解する。

(d) 電技第１条第17号の内容である。電気使用場所すなわち１の建物又は１の単位をなす場所に施

設する電線と定義され，一般的には構内の電線を指すことが多い。

(e) 電技第1条第1号の内容である。通常の状態で電気が通じているところなので，架空地線や接地線等は電路にならないことを理解しておくとよい。

❸ 次の文章は「電気設備技術基準」及び「電気設備技術基準の解釈」における接触防護措置に関する記述である。(ア)～(オ)にあてはまる語句を解答群から選択して答えよ。

a 「接触防護措置」とは，次のいずれかに適合するように施設することをいう。

イ 設備を，屋内にあっては床上 (ア) m以上，屋外にあっては地表上 (イ) m以上の高さに，かつ，人が通る場所から手を伸ばしても触れることのない範囲に施設すること。

ロ 設備に人が接近又は接触しないよう，さく，へい等を設け，又は設備を金属管に収める等の防護措置を施すこと。

b 「 (ウ) 接触防護措置」とは，次のいずれかに適合するように施設することをいう。

イ 設備を，屋内にあっては床上 (エ) m以上，屋外にあっては地表上 (オ) m以上の高さに，かつ，人が通る場所から容易に触れることのない範囲に施設すること。

ロ 設備に人が接近又は接触しないよう，さく，へい等を設け，又は設備を金属管に収める等の防護措置を施すこと。

【解答群】

(1) 1	(2) 1.5	(3) 1.8	(4) 2	(5) 2.3
(6) 2.5	(7) 3	(8) 簡易	(9) 簡略	(10) 略式

解答 (ア)(5) (イ)(6) (ウ)(8)
(エ)(3) (オ)(4)

接触防護措置と簡易接触防護措置，いずれも電気設備技術基準の解釈では非常によく出てくる用語である。

接触防護措置と簡易接触防護措置は，高さが0.5 m

POINT 1 用語の定義

電技解釈第1条第36号及び第37号からの出題である。

接地線や電圧が高いものは接触防護措置，電圧が低いものや機械器具等は簡易接触防護措置が多いが，例外もあるので注意すること。

違うのみであるが，法令の用語として「手を伸ばしても」と「容易に触れることのない」といった状態の違いがあることを理解しておくとよい。

4 次の文章は「電気設備技術基準」及び「電気設備技術基準の解釈」における電圧に関する記述である。（ア）～（カ）にあてはまる語句を解答群から選択して答えよ。

a　電圧は，次の区分により低圧，高圧及び特別高圧の三種とする。

一　低圧　直流にあっては［（ア）］V以下，交流にあっては［（イ）］V以下のもの

二　高圧　直流にあっては［（ア）］Vを，交流にあっては［（イ）］Vを超え，［（ウ）］V以下のもの

三　特別高圧　［（ウ）］Vを超えるもの

b 「使用電圧」とは，電路を代表する線間電圧をいい，［（エ）］電圧ともいう。

c 「［（オ）］使用電圧」とは，使用電圧に技術基準に規定する係数を乗じた電圧であり，使用電圧が6600 Vの場合［（カ）］Vとなる。

【解答群】

(1) 100	(2) 200	(3) 400	(4) 600
(5) 750	(6) 1000	(7) 6600	(8) 6900
(9) 7000	(10) 7260	(11) 7590	(12) 公称
(13) 標準	(14) 最大	(15) 定格	(16) 最高

POINT 2 電圧の種別等

電技第2条第1項，電技解釈第1条第1号及び第2号からの出題である。

解答 （ア）(5)　（イ）(4)　（ウ）(9)　（エ）(12)　（オ）(14)　（カ）(8)

電圧の種別は，表にして整理しておくと良い。

	直流	交流
低圧	750 V以下	600 V以下
高圧	7000 V以下	
特別高圧	7000 V超え	

使用電圧は，一般的に使用される電圧であり，具体的には電気学会・電気規格調査会標準規格JEC-0222で定められており，100 V，200 V，230 V，400 V，3300 V，6600 V…等がある。

最大使用電圧は，通常の運転状態でその回路に加

誤答選択肢にある標準電圧とは，公称電圧が1000 Vを超える電線路の電圧を呼称するときに使用する用語である。

わる線間電圧の最大値のことで，軽負荷運転又は無負荷運転の場合の電圧変動を考慮に入れた数値であり，電験としては，使用電圧に$\frac{1.15}{1.1}$を乗じたものと覚えておけばよい。

したがって，使用電圧6600 Vの場合の最大使用電圧E_m[V]は，

$$E_m = 6600 \times \frac{1.15}{1.1}$$
$$= 6900 \text{ V}$$

と求められる。

5 次の文章は「電気設備技術基準」に基づく各種安全対策に関する記述である。（ア）～（ウ）にあてはまる語句を解答群から選択して答えよ。

a　電気設備は，感電，火災その他人体に［（ア）］を及ぼし，又は物件に損傷を与えるおそれがないように施設しなければならない。

b　電線，支線，架空地線，弱電流電線等その他の電気設備の保安のために施設する線は，通常の使用状態において［（イ）］のおそれがないように施設しなければならない。

c　電線を接続する場合は，接続部分において電線の［（ウ）］を増加させないように接続するほか，絶縁性能の低下及び通常の使用状態において［（イ）］のおそれがないようにしなければならない。

【解答群】

(1) 支障	(2) 漏電	(3) 危害	(4) 絶縁
(5) 電気抵抗	(6) 断線	(7) 腐食	(8) 障害

POINT 3 電気設備における感電，火災等の防止

POINT 5 電線等の断線の防止

POINT 6 電線の接続

電技第4条，第6条及び第7条からの出題である。

解答 （ア）(3)　（イ）(6)　（ウ）(5)

いずれも空欄にされやすい用語であるが，例えば（イ）断線のように他の条文でも同じ用語が使用され，同じ空欄（イ）として出題されることもある。したがって，条文を完璧に覚える必要はなく，どちらかを理解していれば解ける問題も多いので，深入

注目 複数の条文にまたがる問題は電験の過去問でも多く出題されている。幅広く概要を押さえておくことが重要である。

りしすぎないことも重要である。

なお，（ア）の危害という用語は他の条文でも使用されるが，必ず「人体に」という用語とセットである。したがって，このような単語をセットで覚えておくと，見たことがない条文でも対応できるようになる。

6 次の文章は「電気設備技術基準」及び「電気設備技術基準の解釈」における電路の絶縁に関する記述である。（ア）～（ウ）にあてはまる語句を解答群から選択して答えよ。

a　電路は，大地から［（ア）］しなければならない。ただし，構造上やむを得ない場合であって通常予見される使用形態を考慮し危険のおそれがない場合，又は混触による高電圧の侵入等の異常が発生した際の危険を回避するための［（イ）］その他の保安上必要な措置を講ずる場合は，この限りでない。

b　電路は，次の各号に掲げる部分を除き大地から［（ア）］すること。

一　この解釈の規定により［（イ）］工事を施す場合の［（イ）］点

二　［（ア）］できないことがやむを得ない部分

イ　第173条第7項第三号ただし書の規定により施設する接触電線，第194条に規定するエックス線発生装置，試験用変圧器，電力線搬送用結合リアクトル，電気さく用電源装置，電気防食用の陽極，単線式電気鉄道の帰線，電極式液面リレーの電極等，電路の一部を大地から［（ア）］せずに電気を使用することがやむを得ないもの

ロ　電気浴器，電気炉，電気ボイラー，電解槽等，大地から［（ア）］することが［（ウ）］なもの。

【解答群】

(1)　接続	(2)　危険	(3)　絶縁
(4)　混触防止板	(5)　技術上困難	(6)　開放
(7)　不要	(8)　接地	

POINT 4 電路の絶縁

電技第5条及び電技解釈第13条からの出題である。

解答　（ア）(3)　（イ）(8)　（ウ）(5)

大地に電流が流れてしまうのを防ぐため，非常時を除き，電路は大地から絶縁する必要がある。

電気浴器，電気炉，電気ボイラー，電解槽等は大地に設置する工作物もあるので，絶縁することが技術上困難となる。

仮に本問のような問題が出題された場合，少なくとも（ア）と（イ）は確実に正答が選択できるようにしておきたい。

7 次の文章は「電気設備技術基準」及び「電気設備技術基準の解釈」における電線の接続に関する記述の一部である。（ア）～（オ）にあてはまる語句を解答群から選択して答えよ。

a　電線を接続する場合は，接続部分において電線の電気抵抗を増加させないように接続するほか，［（ア）］の低下（裸電線を除く。）及び通常の使用状態において断線のおそれがないようにしなければならない。

b　電線を接続する場合は，次の各号によること。

一　裸電線相互，又は裸電線と絶縁電線，キャブタイヤケーブル若しくはケーブルとを接続する場合は，次によること。

イ　電線の引張強さを［（イ）］％以上減少させないこと。ただし，ジャンパー線を接続する場合その他電線に加わる張力が電線の引張強さに比べて著しく小さい場合は，この限りでない。

ロ　接続部分には，接続管その他の器具を使用し，又は［（ウ）］すること。ただし，架空電線相互若しくは電車線相互又は鉱山の坑道内において電線相互を接続する場合であって，技術上困難であるときは，この限りでない。

二　絶縁電線相互又は絶縁電線とコード，キャブタイヤケーブル若しくはケーブルとを接続する場合は，前号の規定に準じるほか，次のいずれかによること。

イ　接続部分の絶縁電線の絶縁物と同等以上の絶縁効力のある［（エ）］を使用すること。

ロ　接続部分をその部分の絶縁電線の絶縁物と同等以上の絶縁効力のあるもので十分に［（オ）］すること。

POINT 6 電線の接続

電技7条及び電技解釈第12条からの出題である。

注目 テキストでは表でまとめられているものも多いが，問題は条文から出題される。
条文の形でも触れておくことが重要である。

【解答群】

(1) 差込接続	(2) ねじ止め	(3) 20
(4) ろう付け	(5) コード接続	(6) 送電電力量
(7) 被覆	(8) 絶縁性能	(9) 10
(10) 接続器	(11) 5	(12) 絶縁耐力

解答 (ア)(8) (イ)(3) (ウ)(4)
(エ)(10) (オ)(7)

電線の接続部分は施工の良否によりどうしても問題が発生しやすい場所となる。したがって，電気設備の技術基準の解釈第12条にて接続方法や引張強度について規定されている。

第1項が裸電線を含む接続，第2項に絶縁電線の接続が示されており，第2項においては絶縁電線の絶縁物と同等以上の絶縁効力のあるもので被覆することが規定されている。

8 次の文章は「電気設備技術基準」における危険の防止に関する記述である。(ア)～(エ)にあてはまる語句を解答群から選択して答えよ。

a 電路に施設する電気機械器具は，[(ア)]の使用状態においてその電気機械器具に発生する熱に耐えるものでなければならない。

b 高圧又は特別高圧の電気機械器具は，[(イ)]以外の者が容易に触れるおそれがないように施設しなければならない。ただし，接触による危険のおそれがない場合は，この限りでない。

c 高圧又は特別高圧の開閉器，遮断器，避雷器その他これらに類する器具であって，動作時にアークを生ずるものは，火災のおそれがないよう，木製の壁又は天井その他の[(ウ)]の物から離して施設しなければならない。ただし，[(エ)]の物で両者の間を隔離した場合は，この限りでない。

POINT 7 電気機械器具の熱的強度

POINT 8 高圧又は特別高圧の電気機械器具の危険の防止

電技第8条及び第9条からの出題である。

【解答群】

(1) 通常	(2) 不燃性	(3) 爆発性
(4) 取扱者	(5) 腐食性	(6) 作業者
(7) 最大電力	(8) 耐火性	(9) 難燃性
(10) 非常時	(11) 管理者	(12) 可燃性

解答 (ア)(1)　(イ)(4)　(ウ)(12)　(エ)(8)

電技第８条の通り，電気機械器具は通常の使用状態においては熱に耐える構造，異常な状態においては熱を逃がすもしくは器具の運転を停止する構造をとり，設備のコストと安全性の協調をとっている。

また，電技第９条の通り，高圧又は特別高圧の電気機械器具は，発電所又は変電所，開閉所等を除き取扱者以外が容易に触れないように，さくやへいを設けて，離隔距離をとるように規定している。

これらの具体的な内容は電気設備技術基準の解釈に規定される。

用語の定義をよく理解しておくこと。

難燃性…炎を当てても燃え広がらない性質

自消性のある難燃性…難燃性であって，炎を除くと自然に消える性質

不燃性…難燃性のうち，炎を当てても燃えない性質

耐火性…不燃性のうち，炎により加熱された状態においても著しく変形又は破壊しない性質

9 次の文章は「電気設備技術基準の解釈」における高圧又は特別高圧の電気機械器具の接触防止に関する記述である。(ア)～(オ)にあてはまる語句を解答群から選択して答えよ。

高圧の機械器具（これに附属する高圧電線であってケーブル以外のものを含む。以下この条において同じ。）は，次の各号のいずれかにより施設すること。ただし，発電所又は変電所，開閉所若しくはこれらに準ずる場所に施設する場合はこの限りでない。

一　屋内であって，取扱者以外の者が出入りできないように措置した場所に施設すること。

二　次により施設すること。ただし，工場等の構内においては，ロ及びハの規定によらないことができる。

イ　人が触れるおそれがないように，機械器具の周囲に適当なさく，へい等を設けること。

ロ　イの規定により施設するさく，へい等の高さと，当該さく，へい等から機械器具の充電部分までの距離との和を［　(ア)　］m以上とすること。

ハ　危険である旨の表示をすること。

三　機械器具に附属する高圧電線にケーブル又は引下げ用高圧絶縁電線を使用し，機械器具を人が触れるおそれがないように地表上［　(イ)　］m（市街地外においては［　(ウ)　］m）以上の高さに施設すること。

四　機械器具をコンクリート製の箱又は［　(エ)　］種接地工事を施した金属製の箱に収め，かつ，充電部分が露出しないように施設すること。

五　充電部分が露出しない機械器具を，次のいずれかにより施設すること。

POINT 8 高圧又は特別高圧の電気機械器具の危険の防止

電技解釈第21条からの出題である。

イ　[　（オ）　]を施すこと。

ロ　温度上昇により，又は故障の際に，その近傍の大地との間に生じる電位差により，人若しくは家畜又は他の工作物に危険のおそれがないように施設すること。

【解答群】

⑴　2.5　⑵　3.5　⑶　4　⑷　4.5　⑸　5

⑹　5.5　⑺　6　⑻　A　⑼　B　⑽　D

⑾　簡易接触防護措置　⑿　接触防護措置

解答　（ア）⑸　（イ）⑷　（ウ）⑶　（エ）⑽　（オ）⑾

（ア）はさく，へい等の高さと，当該さく，へい等から機械器具の充電部分までの距離との和が5m以上というのが少し特色のある内容で，距離が取れない場合は高さを高くすれば良いという条項である。35000Vまでは5mで良いということも覚えておくとよい。

高圧電線にケーブル又は引下げ用高圧絶縁電線を使用した場合は，地表上4.5mと設定されている。これは離隔距離も考慮した値となっている。

機械器具はコンクリート製の箱又はD種接地工事を施した金属製の箱に収め，かつ，充電部分が露出しないようにする。特別高圧の場合はA種接地工事となることに注意する。

10　次の文章は「電気設備技術基準」及び「電気設備技術基準の解釈」におけるアークを生じる器具の施設に関する記述である。（ア）～（エ）にあてはまる語句を解答群から選択して答えよ。

a　[　（ア）　]の開閉器，遮断器，避雷器その他これらに類する器具であって，動作時にアークを生ずるものは，火災のおそれがないよう，木製の壁又は天井その他の可燃性の物から離して施設しなければならない。ただし，[　（イ）　]の物で両者の間を隔離した場合は，この限りでない。

b　高圧用又は特別高圧用の開閉器，遮断器又は避雷器その他これらに類する器具であって，動作時にアークを生じるものは，次の各号のいずれかにより施設すること。

POINT 8　高圧又は特別高圧の電気機械器具の危険の防止

- 電技解釈第23条からの出題である。
- （イ）は不燃性のものでも良いかもしれないが，変形してしまうとその囲いの能力が低下してしまう可能性があるので，耐火性がより適当と考える。用語の定義を理解しつつ，正答を導き出せるようにするのが良い。

一　[（イ）]のものでアークを生じる部分を囲むことにより，木製の壁又は天井その他の可燃性のものから隔離すること。

二　木製の壁又は天井その他の可燃性のものとの離隔距離を，下表に規定する値以上とすること。

開閉器等の使用電圧の区分		離隔距離
高圧		[（ウ）]m
特別高圧	35000 V超過	[（エ）]m

【解答群】

(1) 高圧又は特別高圧　(2) 2.5　(3) 耐火性
(4) 1　(5) 難燃性　(6) 高電圧
(7) 不燃性　(8) 0.5　(9) 2
(10) 特別高圧　(11) 1.5　(12) 自消性

解答　（ア）(1)　（イ）(3)　（ウ）(4)　（エ）(9)

開閉器，遮断器，避雷器はその動作時にアークを生じるため，その対策を個別に要することになる。アークの近くに可燃性の物を置くと，アークによる熱で燃焼してしまう可能性がある。

11 次の文章は「電気設備技術基準」及び「電気設備技術基準の解釈」における電気設備の接地に関する記述の一部である。（ア）～（オ）にあてはまる語句を解答群から選択して答えよ。

a　電気設備の必要な箇所には，異常時の[（ア）]，高電圧の侵入等による感電，火災その他人体に危害を及ぼし，又は[（イ）]を与えるおそれがないよう，接地その他の適切な措置を講じなければならない。

b　電路に施設する機械器具の金属製の台及び外箱には，使用電圧の区分に応じ，下表に規定する接地工事を施すこと。ただし，外箱を充電して使用する機械器具に人が触れるおそれがないようにさくなどを設けて施設する場合又は絶縁台を設けて施設する場合は，この限りでない。

機械器具の使用電圧の区分		接地工事
低圧	300 V以下	[（ウ）]種接地工事
	300 V超過	[（エ）]種接地工事
高圧又は特別高圧		[（オ）]種接地工事

POINT 9 電気設備の接地

電技第10条及び電技解釈第29条からの出題である。

【解答群】

(1) 過電流　(2) 物件への損傷
(3) 電位上昇　(4) 他工作物への障害　(5) A
(6) B　(7) C　(8) D

解答　(ア)(3)　(イ)(2)　(ウ)(8)
(エ)(7)　(オ)(5)

仮に接地を施さず地絡事故が発生すると，健全相電圧が線間電圧の大きさまで上昇するため，人体への危害や物件への損傷が発生するおそれがある。したがって，接地を施すことになる。

接地工事は変圧器以外ではA種，C種，D種が使用されるが，機械器具のみでなく低圧屋内配線等他の条文でもC種接地工事を300 Vとしているものが多いので理解しておくこと。

B種は変圧器のための接地工事なので，(ウ)，(エ)，(オ)は自動的に選択できるようになる。

12 次の文章は「電気設備技術基準の解釈」における機械器具の金属製外箱等の接地の省略をできる場合に関する記述である。(ア)～(オ)にあてはまる語句を解答群から選択して答えよ。

a　交流の対地電圧が150 V以下又は直流の使用電圧が300 V以下の機械器具を，[(ア)]場所に施設する場合

b　低圧用の機械器具を[(ア)]木製の床その他これに類する絶縁性のものの上で取り扱うように施設する場合

c　電気用品安全法の適用を受ける2重絶縁の構造の機械器具を施設する場合

d　低圧用の機械器具に電気を供給する電路の電源側に[(イ)](2次側線間電圧が300 V以下であって，容量が3 kV・A以下のものに限る。)を施設し，かつ，当該絶縁変圧器の負荷側の電路を接地しない場合

e　[(ウ)]場所以外の場所に施設する低圧用の機械器具に電気を供給する電路に，電気用品安全法の適用を受ける[(エ)]遮断器(定格感度電流が15 mA以下，動作時間が0.1秒以下の電流動作型のものに限る。)を施設する場合

f　金属製外箱等の周囲に適当な[(オ)]を設ける場合

g　外箱のない計器用変成器がゴム，合成樹脂その他の絶縁物で被覆したものである場合

POINT 9 電気設備の接地

電技解釈第29条第2項からの出題である。

注目　この条文をいきなり覚えるのは困難であるため，理解することに努め，演習問題を何度も解くことにより覚えていくとよい。

【解答群】

(1) 変電所に準ずる	(2) 過電流	(3) さく
(4) 湿気の多い	(5) 漏電	(6) 乾燥した
(7) 絶縁台	(8) 計器用変圧器	(9) 絶縁変圧器
(10) 地絡	(11) 試験用変圧器	(12) 水気のある

解答 （ア）(6)　（イ）(9)　（ウ）(12)
（エ）(5)　（オ）(7)

基本的に接地工事は行う必要があるが，例外規定があり，それに関する問題が本問である。

「水気のある場所」は水を扱う場所若しくは雨露にさらされる場所その他水滴が飛散する場所，又は常時水が漏出し若しくは結露する場所であり，「湿気の多い場所」は水蒸気が充満する場所又は湿度が著しく高い場所であり，「乾燥した場所」はそれ以外の場所すべてである。

13 次の文章は「電気設備技術基準の解釈」における接地工事の種類及び施設方法に関する記述の一部である。（ア）～（ケ）にあてはまる語句を解答群から選択して答えよ。ただし，同じ選択肢を使用してよい。

a　A種接地工事は，次の各号によること。

一　接地抵抗値は，[（ア）]Ω以下であること。

二　接地線は，次に適合するものであること。

イ　故障の際に流れる電流を安全に通じることができるものであること。

ロ　引張強さ1.04 kN以上の容易に腐食し難い金属線又は直径[（イ）]mm以上の軟銅線であること。

POINT 10 電気設備の接地の方法

電技解釈第17条からの出題である。

注目 A～D種の中でもB種接地工事の接地抵抗値は特に出題されやすい分野である。

150から2倍して300，300から2倍して600と覚えておくとよい。

b　B種接地工事は，次の各号によること。

一　接地抵抗値は，下表に規定する値以下であること。

接地工事を施す変圧器の種類	当該変圧器の高圧側又は特別高圧側の電路と低圧側の電路との混触により，低圧電路の対地電圧が150 Vを超えた場合に，自動的に高圧又は特別高圧の電路を遮断する装置を設ける場合の遮断時間	接地抵抗値（Ω）
下記以外の場合		150／I_g
高圧又は35000 V以下の特別高圧の電路と低圧電路を結合するもの	1秒を超え2秒以下	（ウ）／I_g
	1秒以下	（エ）／I_g

（備考）I_gは，当該変圧器の高圧側又は特別高圧側の電路の1線地絡電流（単位：A）

c　C種接地工事は，次の各号によること。

一　接地抵抗値は，（オ）Ω（低圧電路において，地絡を生じた場合に0.5秒以内に当該電路を自動的に遮断する装置を施設するときは，（カ）Ω）以下であること。

二　接地線は，次に適合するものであること。

イ　故障の際に流れる電流を安全に通じることができるものであること。

ロ　引張強さ0.39 kN以上の容易に腐食し難い金属線又は直径（キ）mm以上の軟銅線であること。

d　D種接地工事は，次の各号によること。

一　接地抵抗値は，（ク）Ω（低圧電路において，地絡を生じた場合に0.5秒以内に当該電路を自動的に遮断する装置を施設するときは，（ケ）Ω）以下であること。

二　接地線は，cの規定に準じること。

【解答群】

(1) 0.4　(2) 1.6　(3) 2.6　(4) 4
(5) 10　(6) 50　(7) 100　(8) 150
(9) 200　(10) 300　(11) 400　(12) 450
(13) 500　(14) 600　(15) 750　(16) 900

解答　(ア) (5)　(イ) (3)　(ウ) (10)　(エ) (14)　(オ) (5)
(カ) (13)　(キ) (2)　(ク) (7)　(ケ) (13)

接地工事に関する具体的な基準値が記載してある条文で，過去問においても非常に出題の多い条文である。

本問に出題されている範囲は電技解釈第17条の中でも特に出題されやすい内容なので，確実に理解しておく必要があり，また，CHAPTER04で扱うB種接地工事やD種接地工事に関する計算問題でも必要な知識となる。

14 次の文章は「電気設備技術基準の解釈」に基づく人が触れる恐れがある場所でのA種及びB種接地工事に関する記述である。(ア) ～ (オ) にあてはまる語句を解答群から選択して答えよ。

接地極及び接地線を人が触れるおそれがある場所に施設する場合は，次により施設すること。

a　接地極は，地下 (ア) m以上の深さに埋設すること。

b　接地極を鉄柱その他の金属体に近接して施設する場合は，次のいずれかによること。

　イ　接地極を鉄柱その他の金属体の底面から (イ) m以上の深さに埋設すること。

　ロ　接地極を地中でその金属体から (ウ) m以上離して埋設すること。

c　接地線には，絶縁電線（屋外用ビニル絶縁電線を除く。）又は通信用ケーブル以外のケーブルを使用すること。ただし，接地線を鉄柱その他の金属体に沿って施設する場合以外の場合には，接地線の地表上 (エ) mを超える部分については，この限りでない。

d　接地線の地下 (ア) mから地表上 (オ) mまでの部分は，電気用品安全法の適用を受ける合成樹脂管（厚さ2mm未満の合成樹脂製電線管及びCD管を除く。）又はこれと同等以上の絶縁効力及び強さのあるもので覆うこと。

【解答群】

(1) 0.2　(2) 0.3　(3) 0.5　(4) 0.6　(5) 0.75
(6) 1　(7) 1.5　(8) 2　(9) 3

POINT 10 電気設備の接地の方法

- 電技解釈第17条からの出題である。
- (ア)，(イ)，(エ)の空欄に関しては電技解釈の条文においては単位[cm]で記載されている。数値と単位の両方を覚えておく。

解答　(ア)(5)　(イ)(2)　(ウ)(6)　(エ)(4)　(オ)(8)

接地抵抗値同様，本問の内容のように数値に関するものが出題されやすい。また，C種とD種についてはここまで詳細に規定がないことも理解しておくとよい。

15 次の文章は「電気設備技術基準の解釈」における工作物の金属体を利用した接地工事に関する記述である。(ア)～(エ)にあてはまる語句を解答群から選択して答えよ。

a　C種接地工事を施す金属体と大地との間の電気抵抗値が［(ア)］Ω以下である場合は，C種接地工事を施したものとみなす。

b　D種接地工事を施す金属体と大地との間の電気抵抗値が［(イ)］Ω以下である場合は，D種接地工事を施したものとみなす。

c　鉄骨造，鉄骨鉄筋コンクリート造又は鉄筋コンクリート造の建物において，当該建物の鉄骨又は鉄筋その他の金属体を，電気設備技術基準に規定する接地工事その他の接地工事に係る共用の接地極に使用する場合には，建物の鉄骨又は鉄筋コンクリートの一部を地中に埋設するとともに，［(ウ)］を施すこと。

d　大地との間の電気抵抗値が［(エ)］Ω以下の値を保っている建物の鉄骨その他の金属体は，これを次の各号に掲げる接地工事の接地極に使用することができる。

一　非接地式高圧電路に施設する機械器具等に施すA種接地工事

二　非接地式高圧電路と低圧電路を結合する変圧器に施すB種接地工事

POINT 10 電気設備の接地の方法

電技解釈第17条及び第18条からの出題である。

【解答群】

(1)　1	(2)　2	(3)　5	(4)　10
(5)　50	(6)　100	(7)　150	(8)　500

(9)　等電位ボンディング　(10)　クロスボンド接地

(11)　接地線

解答　(ア)(4)　(イ)(6)　(ウ)(9)　(エ)(2)

発電所のような多数の電気工作物を保有するような設備では，すべての電気工作物に個別に接地工事を施すことは現実的ではなく，実際には本問のよう

接地抵抗の代替は
A種とB種→2Ω
C種とD種→基準と同じ
で覚えておけばよい。

に建物内に金属体を設け，共用の接地極として使用することが多い。

⑯ 次の文章は「電気設備技術基準」及び「電気設備技術基準の解釈」における電気設備の接地に関する記述の一部である。（ア）～（オ）にあてはまる語句を解答群から選択して答えよ。

a （ア） の電路と低圧の電路とを結合する変圧器は，（ア） の電圧の侵入による低圧側の電気設備の損傷，感電又は火災のおそれがないよう，当該変圧器における適切な箇所に接地を施さなければならない。ただし，施設の方法又は構造によりやむを得ない場合であって，変圧器から離れた箇所における接地その他の適切な措置を講ずることにより低圧側の電気設備の損傷，感電又は火災のおそれがない場合は，この限りでない。

b 変圧器によって （イ） の電路に結合される高圧の電路には，（イ） の電圧の侵入による高圧側の電気設備の損傷，感電又は火災のおそれがないよう，接地を施した （ウ） の施設その他の適切な措置を講じなければならない。

c 高圧電路又は特別高圧電路と低圧電路とを結合する変圧器には，次の各号により （エ） 種接地工事を施すこと。

一 次のいずれかの箇所に接地工事を施すこと。

イ 低圧側の中性点

ロ 低圧電路の使用電圧が300 V以下の場合において，接地工事を低圧側の中性点に施し難いときは，低圧側の1端子

ハ 低圧電路が非接地である場合においては，高圧巻線又は特別高圧巻線と低圧巻線との間に設けた金属製の （オ）

【解答群】

(1) 低圧	(2) 高圧	(3) 特別高圧
(4) 高圧又は特別高圧	(5) A	(6) B
(7) D	(8) 逆変換装置	(9) 混触防止板
(10) 接地変圧器	(11) 反射板	(12) 放電装置

POINT 11 特別高圧電路等と結合する変圧器等の火災等の防止

電技第12条及び電技解釈第24条からの出題である。

解答 （ア）(4)　（イ）(3)　（ウ）(12)　（エ）(6)　（オ）(9)

変圧器においては高圧電路と低圧電路が導通，すなわち混触することにより，低圧電路の電位が大きく上昇してしまう可能性があるので，B種接地工事を施す。

特に高圧又は特別高圧と低圧，もしくは特別高圧と高圧ではその影響は大きいので，接地を施すか混触防止板を設ける方法がとられる。

また，さらに影響の大きい特別高圧を高圧に変成する変圧器は放電装置も必要としている。

なお，本条には規定はないが，特別高圧を直接低圧に変成する変圧器は電技第13条にてさらに厳しく制限されている。

（ア）の空欄において，特別高圧と低圧を結合する場合は条文に「直接」という単語が記載されている。高圧のみ規定されることも考えにくいので，「高圧又は特別高圧」となる。

17 次の文章は「電気設備技術基準の解釈」に基づく低圧電路に施設する過電流遮断器に関する記述の一部である。（ア）～（エ）にあてはまる語句を解答群から選択して答えよ。

a　過電流遮断器として低圧電路に施設するヒューズは，水平に取り付けた場合において，次の各号に適合するものであること。

一　定格電流の［（ア）］倍の電流に耐えること。

二　定格電流が30 A以下の場合は，定格電流の［（イ）］倍の電流を通じた場合において60分以内，2倍の電流を通じた場合において2分以内に溶断すること。

b　過電流遮断器として低圧電路に施設する配線用遮断器は，次の各号に適合するものであること。

一　定格電流の1倍の電流で自動的に動作しないこと。

二　定格電流が30 A以下の場合は，定格電流の［（ウ）］倍の電流を通じた場合において60分以内，2倍の電流を通じた場合において2分以内に自動的に動作すること。

c　次の各号に掲げる箇所には，過電流遮断器を施設しないこと。

一　接地線

二　多線式電路の［（エ）］

POINT 13 過電流からの電線及び電気機械器具の保護対策

電技解釈第33条及び第35条からの出題である。

【解答群】

(1) 1	(2) 1.1	(3) 1.25	(4) 1.5
(5) 1.6	(6) 1.8	(7) 電圧線	(8) 接地線
(9) 中性線	(10) 高圧側電線		

解答 (ア)(2) (イ)(5) (ウ)(3) (エ)(9)

ヒューズと配線用遮断器は目的が同じであるが，その基準となる電流値が若干異なる。これは，電気用品安全法にも関係してくる内容であるので，数値が違うことを理解しておくことが重要である。

また，電技解釈第34条には高圧電路に施設する過電流遮断器の包装ヒューズ，非包装ヒューズについても記載がある。

中性線とは負荷の平衡運転時に電流が零となる線である。詳細は電力科目参照。

18 次の文章は「電気設備技術基準の解釈」における地絡に関する保護対策に関する記述の一部である。(ア) ～ (オ) にあてはまる語句を解答群から選択して答えよ。

金属製外箱を有する使用電圧が[(ア)]Vを超える低圧の機械器具に接続する電路には，電路に地絡を生じたときに自動的に電路を遮断する装置を施設すること。ただし，次の各号のいずれかに該当する場合はこの限りでない。

a　機械器具に簡易接触防護措置を施す場合

b　機械器具を次のいずれかの場所に施設する場合

イ　発電所又は変電所，開閉所若しくはこれらに準ずる場所

ロ　乾燥した場所

ハ　機械器具の対地電圧が[(イ)]V以下の場合においては，水気のある場所以外の場所

c　機械器具に施されたC種接地工事又はD種接地工事の接地抵抗値が[(ウ)]Ω以下の場合

d　電路の系統電源側に絶縁変圧器（機械器具側の線間電圧が300V以下のものに限る。）を施設するとともに，当該絶縁変圧器の機械器具側の電路を[(エ)]とする場合

e　機械器具内に電気用品安全法の適用を受ける[(オ)]遮断器を取り付け，かつ，電源引出部が損傷を受けるおそれがないように施設する場合

POINT 14 地絡に関する保護対策

電技解釈第36条からの出題である。

【解答群】

(1) 3	(2) 100	(3) 直接接地	(4) 300
(5) 500	(6) 漏電	(7) 過電流	(8) 60
(9) 非接地	(10) 150	(11) 10	(12) 抵抗接地

解答 (ア)(8) (イ)(10) (ウ)(1) (エ)(9) (オ)(6)

地絡事故に対する対策であるが，例外規定が多数存在する。非常に覚える量の多い条文であるため，演習を繰り返しながら徐々に理解して欲しい。

60 Vに関する規定で電験で出題されそうなものは他にないので，本条のみ個別に覚えておけばよい。

19 次の文章は「電気設備技術基準」における保護対策に関する記述である。(ア)～(エ)にあてはまる語句を解答群から選択して答えよ。

a　電気設備は，他の電気設備その他の物件の機能に電気的又は［(ア)］的な障害を与えないように施設しなければならない。

b　高周波利用設備は，他の高周波利用設備の機能に［(イ)］的かつ重大な障害を及ぼすおそれがないように施設しなければならない。

c　［(ウ)］の電気設備は，その損壊により一般送配電事業者の電気の供給に著しい支障を及ぼさないように施設しなければならない。

d　［(エ)］を含有する絶縁油を使用する電気機械器具及び電線は，電路に施設してはならない。

【解答群】

(1) 持続	(2) 断続	(3) 磁気
(4) ポリ塩化ビフェニル	(5) 特別高圧	(6) 機械
(7) シリコーン油	(8) 高圧又は特別高圧	
(9) 鉱油	(10) 通信	(11) 連鎖
(12) 継続		

解答 (ア)(3) (イ)(12) (ウ)(8) (エ)(4)

障害の防止に関して，本問のように複数の条文を組み合わせて出題される可能性がある。

POINT 15 電気設備の電気的，磁気的障害の防止

POINT 16 高周波利用設備への障害の防止

POINT 17 電気設備による供給支障の防止

POINT 18 公害等の防止

電技第16条，第17条，第18条及び第19条からの出題である。

(ア)「電気的又は磁気的」はセットで覚えること。

基本問題

1 次の文章は，「電気設備技術基準」及び「電気設備技術基準の解釈」における用語の定義に関する記述である。

a 「発電所」とは，発電機，原動機，燃料電池，太陽電池その他の機械器具（電気事業法に規定する［（ア）］，非常用予備電源を得る目的で施設するもの及び電気用品安全法の適用を受ける携帯用発電機を除く。）を施設して電気を発生させる所をいう。

b 「［（イ）］」とは，電気を使用するための電気設備を施設した，1の建物又は1の単位をなす場所をいう。

c 「接触防護措置」とは，次のいずれかに適合するように施設することをいう。

イ 設備を，屋内にあっては床上［（ウ）］m以上，屋外にあっては地表上2.5 m以上の高さに，かつ，人が通る場所から手を伸ばしても触れることのない範囲に施設すること。

ロ 設備に人が接近又は接触しないよう，さく，へい等を設け，又は設備を［（エ）］に収める等の防護措置を施すこと。

上記の記述中の空白箇所（ア），（イ），（ウ）及び（エ）に当てはまる組合せとして，正しいものを次の(1)～(5)のうちから一つ選べ。

	（ア）	（イ）	（ウ）	（エ）
(1)	蓄電池	需要箇所	1.8	養生壁
(2)	小出力発電設備	電気使用場所	2.3	金属管
(3)	蓄電池	需要場所	2.3	金属管
(4)	小出力発電設備	電気使用場所	1.8	養生壁
(5)	小出力発電設備	電気使用場所	1.8	金属管

解答 (2)

用語の定義をしっかりと理解しているかどうかで，他の条文の空欄穴埋めも解けることもある。最も重要な条文の一つとなるので，確実に理解しておくこと。

POINT 1 用語の定義

電技第1条及び電技解釈第1条からの出題である。

注目 本問で一番カギとなるのは空欄（ウ）の2.3 mである。1.8 mは簡易接触防護措置の高さである。あとは空欄（ア）または（イ）のどちらかが分かればよい。

2 次の文章は，「電気設備技術基準」及び「電気設備技術基準の解釈」における電圧の種別及び最大使用電圧に関する記述である。

電圧は，次の区分により低圧，高圧及び特別高圧の三種とする。

a　低圧　直流にあっては［（ア）］V以下，交流にあっては［（イ）］V以下のもの

b　高圧　直流にあっては［（ア）］Vを，交流にあっては［（イ）］Vを超え，［（ウ）］V以下のもの

c　特別高圧　［（ウ）］Vを超えるもの

最大使用電圧は，通常の使用状態において電路に加わる最大の［（エ）］であり，使用電圧に下表に規定する係数を乗じた電圧となる。

使用電圧の区分	係数
1000 Vを超え 500000 V未満	［（オ）］

上記の記述中の空白箇所（ア），（イ），（ウ），（エ）及び（オ）に当てはまる組合せとして，正しいものを次の(1)～(5)のうちから一つ選べ。

	（ア）	（イ）	（ウ）	（エ）	（オ）
(1)	750	600	7000	線間電圧	$\frac{1.15}{1.1}$
(2)	600	750	6000	対地電圧	1.15
(3)	750	600	7000	対地電圧	$\frac{1.15}{1.1}$
(4)	600	750	6000	線間電圧	1.15
(5)	750	600	6000	対地電圧	$\frac{1.15}{1.1}$

解答 (1)

本問の各数値はすべて重要事項であり，電験においてはこの数値の知識を前提とした計算問題が多く出題される。

直流よりも交流の方が低圧の電圧上限が低いのは，条文中の数値が実効値であり，交流の最大値は実効値よりも高いためである。

POINT 2 電圧の種別等

電技第2条第1項及び電技解釈第1条2号からの出題である。

最大使用電圧の係数は他にも規定があるが，電験で出題されるのは$\frac{1.15}{1.1}$のみであるため，これを理解しておけば良い。

3 次の文章は，「電気設備技術基準」及び「電気設備技術基準の解釈」に基づく保安原則に関する記述である。

a　電気設備は，［（ア）］その他人体に危害を及ぼし，又は物件に損傷を与えるおそれがないように施設しなければならない。

b　電路は，大地から［（イ）］しなければならない。ただし，次に掲げる各号の通り，［（ウ）］上やむを得ない場合であって通常予見される使用形態を考慮し危険のおそれがない場合，又は［（エ）］による高電圧の侵入等の異常が発生した際の危険を回避するための接地その他の保安上必要な措置を講ずる場合は，この限りでない。

一　電気設備技術基準の解釈の規定により接地工事を施す場合の接地点

二　電気設備技術基準の解釈の規定にある［（イ）］できないことがやむを得ない部分

上記の記述中の空白箇所（ア），（イ），（ウ）及び（エ）に当てはまる組合せとして，正しいものを次の(1)～(5)のうちから一つ選べ。

	（ア）	（イ）	（ウ）	（エ）
(1)	感電，火災	絶縁	構造	過電圧
(2)	過電流，地絡	絶縁	構造	過電圧
(3)	過電流，地絡	開放	設備保安	混触
(4)	感電，火災	絶縁	構造	混触
(5)	感電，火災	開放	設備保安	過電圧

解答 (4)

電験では，本問のように多数の条文を組み合わせたような問題も出題される。多くの条文に触れることをおすすめする。

4 次の文章は，「電気設備技術基準」における電線及びその接続に関する記述である。

電線，支線，架空地線，弱電流電線等その他の電気設備の［（ア）］のために施設する線は，通常の使用状態において［（イ）］のおそれがないように施設しなければならない。

POINT 3 電気設備における感電,火災等の防止

POINT 4 電路の絶縁

電技第4条,第5条及び電技解釈第13条からの出題である。

構造上大地に設置する等,電路の一部を大地から絶縁することができないものは除外されている。

POINT 5 電線等の断線の防止

POINT 6 電線の接続

電線を接続する場合は，接続部分において電線の電気抵抗を増加させないように接続するほか，［（ウ）］の低下及び通常の使用状態において［（イ）］のおそれがないようにしなければならない。

上記の記述中の空白箇所（ア），（イ）及び（ウ）に当てはまる組合せとして，正しいものを次の(1)～(5)のうちから一つ選べ。

	（ア）	（イ）	（ウ）
(1)	安全管理	断線	送電電力
(2)	安全管理	接触	送電電力
(3)	安全管理	断線	絶縁性能
(4)	保安	接触	絶縁性能
(5)	保安	断線	絶縁性能

電技第6条及び第7条からの出題である。

解答 (5)

第6条では線に関して，第7条では接続部分に関して規定があり，特に接続部分では電線の電気抵抗を増加させない等の具体的な施工方法についても電気設備の技術基準の解釈に規定されている。

第6条と第7条では「通常の使用状態において断線のおそれがないように」という全く同じ用語が使用されていることを確認する。他の条文においても，同じような用語が使用されていることは多い。

5 次の文章は，「電気設備技術基準の解釈」における電線の接続に関する記述の一部である。

POINT 6 電線の接続

電技解釈第12条からの出題である。

電線を接続する場合は，電線の［（ア）］を増加させないように接続するとともに，次の各号によること。

a　裸電線相互，又は裸電線と絶縁電線，キャブタイヤケーブル若しくはケーブルとを接続する場合は，次によること。

イ　電線の引張強さを［（イ）］以上減少させないこと。ただし，ジャンパー線を接続する場合その他電線に加わる張力が電線の引張強さに比べて著しく小さい場合は，この限りでない。

ロ　接続部分には，［（ウ）］その他の器具を使用し，又はろう付けすること。ただし，架空電線相互若しくは電車線相互又は鉱山の坑道内において電線相互を接続する場合であって，技術上困難であるときは，この限りでない。

b　導体にアルミニウムを使用する電線と銅を使用する電線とを接続する等，電気化学的性質の異なる導体を接続する場合には，接続部分に［（エ）］が生じないようにすること。

上記の記述中の空白箇所（ア），（イ），（ウ）及び（エ）に当てはまる組合せとして，正しいものを次の(1)～(5)のうちから一つ選べ。

	（ア）	（イ）	（ウ）	（エ）
(1)	電気抵抗	20%	圧着端子	電気的腐食
(2)	電気抵抗	5%	接続管	電気的腐食
(3)	断面積	5%	圧着端子	起電力
(4)	断面積	5%	接続管	起電力
(5)	電気抵抗	20%	接続管	電気的腐食

解答　(5)

電線の接続方法に関する内容で，接続場所における電気抵抗に関する規定と，機械的な引張強度に関する規定が主に記載されている。

6　次の文章は，「電気設備技術基準の解釈」における電気機械器具の保安に関する記述である。

電路に施設する変圧器，遮断器，開閉器，［（ア）］又は計器用変成器その他の電気機械器具は，日本電気技術規格委員会規格 JESC E7002 (2015) の規定により［（イ）］的強度を確認したとき，［（ウ）］の使用状態で発生する［（イ）］に耐えるものであること。

上記の記述中の空白箇所（ア），（イ）及び（ウ）に当てはまる組合せとして，正しいものを次の(1)～(5)のうちから一つ選べ。

POINT 7　電気機械器具の熱的強度

電技解釈第20条からの出題である。

	（ア）	（イ）	（ウ）
(1)	電力用コンデンサ	機械	通常
(2)	電力用コンデンサ	熱	通常
(3)	接続器	機械	通常
(4)	電力用コンデンサ	熱	最大電力
(5)	接続器	機械	最大電力

解答 (2)

電気設備技術基準第８条と非常に似た文章であるが，（ア）の電力用コンデンサ等の記載がないという点が異なる。したがって，日々の勉強から電技と電技解釈は合わせて見ておく癖をつけるとよい。

7 次の文章は「電気設備技術基準」及び「電気設備技術基準の解釈」における高圧又は特別高圧の電気機械器具の危険の防止に関する記述である。

a　高圧又は特別高圧の電気機械器具は，（ア）以外の者が容易に触れるおそれがないように施設しなければならない。ただし，接触による危険のおそれがない場合は，この限りでない。

b　（イ）の機械器具は，次の各号のいずれかにより施設すること。ただし，発電所又は変電所，開閉所若しくはこれらに準ずる場所に施設する場合はこの限りでない。

一　屋内であって，（ア）以外の者が出入りできないように措置した場所に施設すること。

二　次により施設すること。

イ　人が触れるおそれがないように，機械器具の周囲に適当なさく，へい等を設けること。

ロ　イの規定により施設するさく，へい等の高さと，当該さく，へい等から機械器具の充電部分までの距離との和を（ウ）以上とすること。

三　機械器具に附属する高圧電線にケーブル又は引下げ用高圧絶縁電線を使用し，機械器具を人が触れるおそれがないように地表上4.5 m（市街地外においては４m）以上の高さに施設すること。

四　機械器具をコンクリート製の箱又は（エ）種接地工事を施した金属製の箱に収め，かつ，充電部分が

POINT 8 高圧又は特別高圧の電気機械器具の危険の防止」参照。

電技第9条及び電技解釈第21条からの出題である。

地表上4.5 m（市街地外においては4 m）の数値も比較的出題されやすい内容であるので覚えておく。

露出しないように施設すること。

五　充電部分が露出しない機械器具を，次のいずれかにより施設すること。

イ　［（オ）］を施すこと。

ロ　温度上昇により，又は故障の際に，その近傍の大地との間に生じる電位差により，人若しくは家畜又は他の工作物に危険のおそれがないように施設すること。

上記の記述中の空白箇所（ア），（イ），（ウ），（エ）及び（オ）に当てはまる組合せとして，正しいものを次の(1)～(5)のうちから一つ選べ。

	（ア）	（イ）	（ウ）	（エ）	（オ）
(1)	取扱者	特別高圧	5 m	D	簡易接触防護措置
(2)	管理者	特別高圧	6 m	A	防火措置
(3)	管理者	高圧	6 m	D	防火措置
(4)	取扱者	高圧	5 m	D	簡易接触防護措置
(5)	取扱者	高圧	6 m	A	簡易接触防護措置

解答　(4)

高圧の機械器具の施設に関する内容で，過去何度か出題され，今後も空欄場所を変更して出題される可能性がある条文である。

電技解釈第22条に特別高圧の機械器具の施設に関する条文があるので違いを理解しておくこと。

8　次の文章は，「電気設備技術基準の解釈」におけるアークを生じる器具の施設に関する記述である。

高圧用又は特別高圧用の開閉器，遮断器又は避雷器その他これらに類する器具であって，動作時にアークを生じるものは，次の各号のいずれかにより施設すること。

一　［（ア）］のものでアークを生じる部分を囲むことにより，木製の壁又は天井その他の可燃性のものから隔離すること。

二　木製の壁又は天井その他の可燃性のものとの離隔距離を，下表に規定する値以上とすること。

POINT 8　高圧又は特別高圧の電気機械器具の危険の防止

電技解釈第23条からの出題である。

開閉器等の使用電圧の区分		離隔距離
高圧		（ウ）m
特別高圧	（イ）V以下	（エ）m（動作時に生じるアークの方向及び長さを火災が発生するおそれがないように制限した場合にあっては，（オ）m）
	（イ）V超過	（エ）m

上記の記述中の空白箇所（ア），（イ），（ウ），（エ）及び（オ）に当てはまる組合せとして，正しいものを次の(1)～(5)のうちから一つ選べ。

	（ア）	（イ）	（ウ）	（エ）	（オ）
(1)	不燃性	35000	2	3	2
(2)	耐火性	35000	1	3	2
(3)	不燃性	60000	2	3	2
(4)	耐火性	60000	1	2	1
(5)	耐火性	35000	1	2	1

解答 (5)

開閉器，遮断器，避雷器は動作時にアークが発生するため，その対策としてアークに対する離隔距離が規定されている。

離隔距離に関する規定は他にも多数あるので，試験前に再確認しておくこと。

注目 確認問題10でも同様の内容を記載しているが，（ア）の空欄は不燃性のものでも良いかもしれないが，変形してしまうとその囲いの能力が低下してしまう可能性があるので，耐火性がより適当と考える。
用語の定義をきちんと理解していると，正答を導き出せるようになる場合もある。

9 次の文章は「電気設備技術基準」における高圧又は特別高圧の電気機械器具の危険の防止に関する記述である。

a　電気設備の必要な箇所には，異常時の（ア），高電圧の侵入等による感電，火災その他人体に危害を及ぼし，又は物件への損傷を与えるおそれがないよう，（イ）その他の適切な措置を講じなければならない。ただし，電路に係る部分にあっては，別途規定に定めるところによりこれを行わなければならない。

b　電気設備に（イ）を施す場合は，電流が安全かつ確実に（ウ）ことができるようにしなければならない。

POINT 9 電気設備の接地

POINT 10 電気設備の接地の方法

電技第10条及び第11条からの出題である。

上記の記述中の空白箇所（ア），（イ）及び（ウ）に当てはまる組合せとして，正しいものを次の(1)〜(5)のうちから一つ選べ。

	（ア）	（イ）	（ウ）
(1)	電位上昇	接地	大地に通ずる
(2)	電位上昇	接触防護	遮断する
(3)	過電流	接触防護	遮断する
(4)	過電流	接触防護	大地に通ずる
(5)	電位上昇	接地	遮断する

「その他適切な措置」となっていたら，電技においては「接地」しかない。したがって，セットで覚えておくとよい。

解答 (1)

電気設備の接地は，人体もしくは設備の安全上非常に重要な内容であるため，電験においても出題が多い分野の一つである。

10 次の文章は，「電気設備技術基準の解釈」に基づく機械器具の金属製外箱等の接地に関する記述である。

電路に施設する機械器具の金属製の台及び外箱には，使用電圧の区分に応じ，下表に規定する接地工事を施すこと。ただし，外箱を充電して使用する機械器具に人が触れるおそれがないように［（ア）］などを設けて施設する場合又は絶縁台を設けて施設する場合は，この限りでない。また機械器具が小出力発電設備である［（イ）］発電設備である場合を除き，電気設備技術基準の解釈第29条第２項に規定する項目に該当する場合は，本規定によらないことができる。

機械器具の使用電圧の区分		接地工事
低圧	［（ウ）］V以下	［（エ）］種接地工事
	［（ウ）］V超過	C種接地工事
高圧又は特別高圧		［（オ）］種接地工事

上記の記述中の空白箇所（ア），（イ），（ウ），（エ）及び（オ）に当てはまる組合せとして，正しいものを次の(1)〜(5)のうちから一つ選べ。

POINT 9 電気設備の接地

電技解釈第29条第1項及び第2項からの出題である。

	（ア）	（イ）	（ウ）	（エ）	（オ）
(1)	さく	燃料電池	300	D	A
(2)	さく	燃料電池	450	D	B
(3)	さく	内燃力	450	B	A
(4)	木製の壁	内燃力	450	B	A
(5)	木製の壁	燃料電池	300	D	B

解答 (1)

本問は接地工事の原則を記載しており，電圧を高くすればするほど事故時の危険度が高くなるので接地工事もより接地抵抗値の小さいものを指定している。

しかしながら，この条文に沿って全ての接地工事を行うと費用が莫大となってしまうので，第２項以降に例外規定が多く記述されている。

11 次の文章は，「電気設備技術基準の解釈」における機械器具の金属製外箱等の接地の省略に関する記述である。

a　交流の対地電圧が150 V以下又は直流の使用電圧が［（ア）］V以下の機械器具を，［（イ）］に施設する場合

b　低圧用の機械器具に電気を供給する電路の電源側に絶縁変圧器（２次側線間電圧が［（ア）］V以下であって，容量が３kV・A以下のものに限る。）を施設し，かつ，当該絶縁変圧器の負荷側の電路を接地しない場合

c　［（ウ）］以外の場所に施設する低圧用の機械器具に電気を供給する電路に，電気用品安全法の適用を受ける漏電遮断器（定格感度電流が［（エ）］mA以下，動作時間が0.1秒以下の電流動作型のものに限る。）を施設する場合

上記の記述中の空白箇所（ア），（イ），（ウ）及び（エ）に当てはまる組合せとして，正しいものを次の(1)～(5)のうちから一つ選べ。

POINT 9 電気設備の接地

電技解釈第29条第２項からの出題である。

	(ア)	(イ)	(ウ)	(エ)
(1)	200	乾燥した場所	水気のある場所	5
(2)	300	乾燥した場所	水気のある場所	15
(3)	200	水気のある場所以外の場所	湿気の多い場所	5
(4)	300	水気のある場所以外の場所	湿気の多い場所	15
(5)	200	水気のある場所以外の場所	湿気の多い場所	15

解答 (2)

電技解釈第29条第2項において，燃料電池を除く設備について，ある条件を満たせば第1項の規定によらないことができるとなっている。すなわち，現実的にはかなりの例において例外が適用可能であることがわかる。どういうものが認められているのか，イメージしながら学習すると頭に残りやすい。

電技解釈では湿気の多い場所は「湿気の多い場所又は水気のある場所」という言い回しが多いことを知っておくと（ウ）の選択肢は間違えにくくなる。

12 次の文章は，「電気設備技術基準の解釈」に基づくB種接地工事に関する記述である。

a　接地抵抗値は，下表に規定する値以下であること。

接地工事を施す変圧器の種類	当該変圧器の高圧側又は特別高圧側の電路と低圧側の電路との混触により，低圧電路の対地電圧が（ア）Vを超えた場合に，自動的に高圧又は特別高圧の電路を遮断する装置を設ける場合の遮断時間	接地抵抗値（Ω）
下記以外の場合		$150/I_g$
高圧又は35,000 V以下の特別高圧の電路と低圧電路を結合するもの	1秒を超え2秒以下	$300/I_g$
	1秒以下	$600/I_g$

（備考）I_gは，当該変圧器の高圧側又は特別高圧側の電路の1線地絡電流（単位：A）

b　接地極及び接地線を人が触れるおそれがある場所に施設する場合は，発電所又は変電所，開閉所若しくはこれらに準ずる場所において，接地極を故障の際にその近傍の大地との間に生じる電位差により，人若しくは家畜又は他の工作物に危険及ぼすおそれがないように施設する

POINT 10 電気設備の接地の方法

電技解釈第17条第2項からの出題である。

この表の内容はどこが空欄になっても解答できるように習熟しておく必要がある。

場合を除き，次により施設すること。

イ　接地極は，地下［（イ）］cm以上の深さに埋設すること。

ロ　接地極を鉄柱その他の金属体に近接して施設する場合は，次のいずれかによること。

（イ）　接地極を鉄柱その他の金属体の底面から［（ウ）］cm以上の深さに埋設すること。

（ロ）　接地極を地中でその金属体から1m以上離して埋設すること。

ハ　接地線には，絶縁電線（屋外用ビニル絶縁電線を除く。）又は通信用ケーブル以外のケーブルを使用すること。ただし，接地線を鉄柱その他の金属体に沿って施設する場合以外の場合には，接地線の地表上60cmを超える部分については，この限りでない。

ニ　接地線の地下［（イ）］cmから地表上［（エ）］mまでの部分は，電気用品安全法の適用を受ける合成樹脂管（厚さ2mm未満の合成樹脂製電線管及びCD管を除く。）又はこれと同等以上の絶縁効力及び強さのあるもので覆うこと。

上記の記述中の空白箇所（ア），（イ），（ウ）及び（エ）に当てはまる組合せとして，正しいものを次の(1)～(5)のうちから一つ選べ。

	（ア）	（イ）	（ウ）	（エ）
(1)	150	60	30	1.5
(2)	150	75	30	2
(3)	150	60	45	1.5
(4)	300	75	30	2
(5)	300	75	45	1.5

解答　(2)

B種接地工事は，高圧又は特別高圧が低圧と混触するおそれがある場合に，低圧側の保護のために施設されるものである。

その規定はA～D種の中でも最も細かく記載があり，接地工事の中では電験で最も出題されやすいのがB種接地工事である。

電技解釈第17条の中では本問に出題されている17－1表が出題されやすく，17－2表の内容は電験では式が与えられるので，概要を理解する程度で留めておくとよい。

13 次の文章は，「電気設備技術基準の解釈」に基づく各種接地工事に関する内容である。

接地工事の種類	接地抵抗値	接地線の種類
A種接地工事	10 Ω以下	可とう性を必要とする部分を除き，引張強さ1.04 kN以上の容易に腐食し難い金属線又は直径 (ア) mm以上の軟銅線
B種接地工事	別表	可とう性を必要とする部分を除き，15000 V以下の特別高圧架空電線路の電路と低圧電路とを結合するものである場合，1.04 kN以上の容易に腐食し難い金属線又は直径 (ア) mm以上の軟銅線 それ以外の場合，引張強さ2.46 kN以上の容易に腐食し難い金属線又は直径 (イ) mm以上の軟銅線
C種接地工事	10 Ω以下（低圧電路において，地絡を生じた場合に0.5秒以内に当該電路を自動的に遮断する装置を施設するときは，(ウ) Ω）	可とう性を必要とする部分を除き，引張強さ0.39 kN以上の容易に腐食し難い金属線又は直径 (エ) mm以上の軟銅線
D種接地工事	100 Ω以下（低圧電路において，地絡を生じた場合に0.5秒以内に当該電路を自動的に遮断する装置を施設するときは，(ウ) Ω）	可とう性を必要とする部分を除き，引張強さ0.39 kN以上の容易に腐食し難い金属線又は直径 (エ) mm以上の軟銅線

POINT 10 電気設備の接地の方法

電技解釈第17条からの出題である。

上記の記述中の空白箇所（ア），（イ），（ウ）及び（エ）に当てはまる組合せとして，正しいものを次の(1)～(5)のうちから一つ選べ。

	（ア）	（イ）	（ウ）	（エ）
(1)	2	4	500	1.6
(2)	2.6	3	500	1.6
(3)	2	3	300	1.2
(4)	2.6	4	500	1.6
(5)	2	4	300	1.2

解答 (4)

接地抵抗値と接地線についての具体的な内容を記載した条文であり，電験の法令の中でも最重要項目の一つとなる。

条文においては本問の表はすべて文章で記載されている。記憶する場合には本問の表を用いると良い。また，本問にて空欄となっていない場所も数値を中心として覚えておくとよい。

C種とD種は，接地抵抗値以外の内容はすべて同じであるため，セットで覚えておくとよい。

14 次の文章は「電気設備技術基準」における変圧器の施設に関する記述である。

a ［（ア）］の電路と［（イ）］の電路とを結合する変圧器は，［（ア）］の電圧の侵入による［（イ）］側の電気設備の損傷，感電又は火災のおそれがないよう，当該変圧器における適切な箇所に［（ウ）］を施さなければならない。ただし，施設の方法又は構造によりやむを得ない場合であって，変圧器から離れた箇所における［（ウ）］その他の適切な措置を講ずることにより［（イ）］側の電気設備の損傷，感電又は火災のおそれがない場合は，この限りでない。

b 特別高圧を直接低圧に変成する変圧器は，次の各号のいずれかに掲げる場合を除き，施設してはならない。

一 発電所等公衆が立ち入らない場所に施設する場合

二 ［（エ）］防止措置が講じられている等危険のおそれがない場合

三 特別高圧側の巻線と低圧側の巻線とが［（エ）］し，

POINT 11 特別高圧電路等と結合する変圧器等の火災等の防止

POINT 12 特別高圧を直接低圧に変成する変圧器の施設制限

電技第12条及び第13条からの出題である。

た場合に［（オ）］装置の施設その他の保安上の適切な措置が講じられている場合

上記の記述中の空白箇所（ア），（イ），（ウ），（エ）及び（オ）に当てはまる組合せとして，正しいものを次の(1)～(5)のうちから一つ選べ。

	（ア）	（イ）	（ウ）	（エ）	（オ）
(1)	高圧又は特別高圧	低圧	接地	混触	自動的に電路が遮断される
(2)	特別高圧	高圧	過電流遮断器	混触	自動的に放電される
(3)	特別高圧	高圧	接地	接触	自動的に電路が遮断される
(4)	特別高圧	高圧	接地	接触	自動的に放電される
(5)	高圧又は特別高圧	低圧	過電流遮断器	混触	自動的に電路が遮断される

解答 (1)

変圧器では一次側と二次側で電圧が異なるものを使用し，基本的に低圧側ではその電圧で使用することを想定した絶縁性能を備えており，高圧側の電圧が低圧側に侵入すると，危険な状態になることが多くなる。

当然，その危険度は電圧差が大きければ大きいほど高くなるので，電気設備技術基準ではそれぞれのパターンに分けて対処方法を規定している。

注目 電技第12条第2項の特別高圧を高圧に変成する場合の規定は本問には出題されていないが，重要条文となるので合わせて理解しておく。

15 次の文章は「電気設備技術基準」及び「電気設備技術基準の解釈」に基づく電線及び電気機械器具の保護対策に関する記述である。

電路の必要な箇所には，［（ア）］による過熱焼損から電線及び電気機械器具を保護し，かつ，［（イ）］の発生を防止できるよう，［（ア）］遮断器を施設しなければならない。ただし，次の各号に掲げる箇所には，施設してはならない。

一 ［（ウ）］

二 多線式電路の［（エ）］

上記の記述中の空白箇所（ア），（イ），（ウ）及び（エ）に当てはまる組合せとして，正しいものを次の(1)～(5)のうちから一つ選べ。

POINT 13 過電流からの電線及び電気機械器具の保護対策

電技第14条及び電技解釈第35条からの出題である。

	(ア)	(イ)	(ウ)	(エ)
(1)	地絡	感電	接地線	電圧線
(2)	地絡	火災	変圧器の中性点	中性線
(3)	過電流	火災	接地線	中性線
(4)	過電流	感電	接地線	電圧線
(5)	過電流	火災	変圧器の中性点	中性線

解答 (3)

(ウ) 接地線及び (エ) 中性線には通常時電流が流れず，異常時に電流が流れるのが基本である。電力科目の知識があれば空欄を埋められる内容となるため，条文の意味が分からない場合は復習するとよい。

16 次の文章は「電気設備技術基準」における電路の保護対策に関する記述である。

電路の必要な箇所には，過電流による (ア) から電線及び (イ) を保護し，かつ，火災の発生を防止できるよう，過電流遮断器を施設しなければならない。

電路には，地絡が生じた場合に，電線若しくは (イ) の損傷，感電又は火災のおそれがないよう，地絡遮断器の施設その他の適切な措置を講じなければならない。ただし，(イ) を (ウ) に施設する等地絡による危険のおそれがない場合は，この限りでない。

上記の記述中の空白箇所 (ア)，(イ) 及び (ウ) に当てはまる組合せとして，正しいものを次の(1)～(5)のうちから一つ選べ。

	(ア)	(イ)	(ウ)
(1)	過熱焼損	電気工作物	乾燥した場所
(2)	絶縁破壊	電気機械器具	乾燥した場所
(3)	絶縁破壊	電気工作物	水気のない場所
(4)	絶縁破壊	電気機械器具	水気のない場所
(5)	過熱焼損	電気機械器具	乾燥した場所

解答 (5)

POINT 13 過電流からの電線及び電気機械器具の保護対策

POINT 14 地絡に関する保護対策

電技第14条及び第15条からの出題である。

注目 第14条と第15条の用語の違いに注意するとよい。
過電流は過熱焼損からの保護，地絡は損傷であり，過電流は火災，地絡は感電または火災である。また，地絡に関しては乾燥した場所は除外されている。

第14条は過電流，第15条は地絡に対する規定で，電気設備技術基準において電路の保護対策はこの2点に対して規定されている。その他の用語についても空欄を想定して学習を継続すること。

17 「電気設備技術基準の解釈」における地絡に関する保護対策として「金属製外箱を有する使用電圧が60Ｖを超える低圧の機械器具に接続する電路には，電路に地絡を生じたときに自動的に電路を遮断する装置を施設すること。」となっているが，保護対策として実施しなくてもよい例として，誤っているものを次の(1)〜(5)のうちから一つ選べ。

(1) 機械器具を発電所又は変電所，開閉所若しくはこれらに準ずる場所に施設する場合

(2) 機械器具を乾燥した場所に施設する場合

(3) 機械器具に施されたＤ種接地工事の接地抵抗値が10Ωの場合

(4) 機械器具内に電気用品安全法の適用を受ける漏電遮断器を取り付け，かつ，電源引出部が損傷を受けるおそれがないように施設する場合

(5) 電路が，管灯回路である場合

解答 (3)

(1) 正しい。機械器具を発電所又は変電所，開閉所若しくはこれらに準ずる場所に施設する場合は，取扱者以外が容易に立ち入ることが可能な場所ではないので，地絡遮断器は不要。

(2) 正しい。乾燥した場所においては，地絡の可能性が低いので，地絡遮断器は不要。

(3) 誤り。機械器具に施されたＣ種又はＤ種接地工事の接地抵抗値が3Ω以下の場合は実施しなくてもよい。

(4) 正しい。機械器具内に電気用品安全法の適用を受ける漏電遮断器を取り付け，電源引出部が損傷を受けるおそれがないように施設する場合は不要。

(5) 正しい。電路が管灯回路，すなわち放電管に結ぶ回路である場合不要。

POINT 14 地絡に関する保護対策

電技解釈第36条第1項からの出題である。

注目 地絡に対する保護対策は60Ｖ以下に対しては安全上問題がないので除外しているのと合わせ，比較的多くの項目で例外規定を設けている。
各項目に対し，概要でよいので「なぜ」省略可能なのかを考えると忘れにくくなる。

注目 "概要"で理解することが重要である。電技解釈は非常に文が多いので，細かくじっくりやりすぎると，試験勉強が間に合わない。

18 次の文章は「電気設備技術基準」における電路の保護対策に関する記述である。

a　電気工作物（一般送配電事業，送電事業，特定送配電事業及び発電事業の用に供するものに限る。）の運転を管理する電子計算機は，当該電気工作物が人体に危害を及ぼし，又は物件に損傷を与えるおそれ及び一般送配電事業に係る電気の供給に著しい支障を及ぼすおそれがないよう，（ア）を確保しなければならない。

b　電気設備は，他の電気設備その他の物件の機能に（イ）を与えないように施設しなければならない。

c　高周波利用設備（電路を（ウ）として利用するものに限る。以下この条において同じ。）は，他の高周波利用設備の機能に継続的かつ重大な障害を及ぼすおそれがないように施設しなければならない。

上記の記述中の空白箇所（ア），（イ）及び（ウ）に当てはまる組合せとして，正しいものを次の(1)～(5)のうちから一つ選べ。

	（ア）	（イ）	（ウ）
(1)	サイバーセキュリティ	電気的又は磁気的な障害	高周波電流の伝送路
(2)	設備のバックアップ	電気的又は磁気的な障害	高周波電流の伝送路
(3)	サイバーセキュリティ	通信的な障害又は物件に損傷	通信線路の伝送路
(4)	サイバーセキュリティ	通信的な障害又は物件に損傷	高周波電流の伝送路
(5)	設備のバックアップ	電気的又は磁気的な障害	通信線路の伝送路

解答 (1)

電気設備技術基準では，本問で出題している電気の安定供給にとって脅威となるサイバーセキュリティや，電気的又は磁気的な障害について規定している。

電技解釈ではあまり触れられていない内容で，本問程度の内容を理解していれば十分である。

POINT 15 電気設備の電気的，磁気的障害の防止

POINT 16 高周波利用設備への障害の防止

電技第15条の2，第16条及び第17条からの出題である。

注目 サイバーセキュリティは，サイバーセキュリティ基本法にて「電子計算機に対する不正な活動による被害の防止が講じられ，その状態が適切に維持管理されていること」と定義されている。

19 次の文章は「電気設備技術基準」に基づく公害等の防止に関する記述である。

a　特定施設を設置する発電所又は変電所，開閉所若しくはこれらに準ずる場所においては，公害等の防止のため，水質汚濁防止法，騒音規制法，振動規制法等に規定する［（ア）］に適合しなければならない。

b　中性点［（イ）］接地式電路に接続する変圧器を設置する箇所には，［（ウ）］の構外への流出及び地下への浸透を防止するための措置が施されていなければならない。

c　ポリ塩化ビフェニルを含有する［（ウ）］を使用する電気機械器具及び電線は，［（エ）］に施設してはならない。

上記の記述中の空白箇所（ア），（イ），（ウ）及び（エ）に当てはまる組合せとして，正しいものを次の(1)～(5)のうちから一つ選べ。

	（ア）	（イ）	（ウ）	（エ）
(1)	規制基準	直接	絶縁油	屋外
(2)	環境基準	直接	水	電路
(3)	環境基準	消弧リアクトル	水	電路
(4)	規制基準	直接	絶縁油	電路
(5)	規制基準	消弧リアクトル	絶縁油	屋外

解答　(4)

本問のａに記載の通り，ｂとｃ以外の内容は他の法律や技術基準に準拠するとされている。したがって，公害等の防止に対する電験の対策としては本問の内容で良いことになる。

POINT 18 公害等の防止

電技第19条からの出題である。

注目 中性点直接接地式電路のみ規定されているのは，中性点直接接地方式が適用される系統一般に電圧階級が高く，絶縁油の容量も非常に大きく，構造も複雑となりやすいからである。

応用問題

1 「電気設備技術基準」及び「電気設備技術基準の解釈」における用語の定義に関する記述として，誤っているものを次の(1)～(5)のうちから一つ選べ。

(1) 「難燃性」とは，炎を当てても燃え広がらず，炎により加熱された状態においても著しく変形又は破壊しない性質をいう。

(2) 「光ファイバケーブル」とは，光信号の伝送に使用する伝送媒体であって，保護被覆で保護したものをいう。

(3) 「造営物」とは，人により加工された物体のうち，土地に定着するものであって，屋根及び柱又は壁を有するものをいう。

(4) 「水気のある場所」とは，水を扱う場所若しくは雨露にさらされる場所その他水滴が飛散する場所，又は常時水が漏出し若しくは結露する場所をいう。

(5) 「点検できない隠ぺい場所」とは，天井ふところ，壁内又はコンクリート床内等，工作物を破壊しなければ電気設備に接近し，又は電気設備を点検できない場所をいう。

POINT 1 用語の定義

注目 「不燃性のうち」という用語が入っていないだけで一見正しい性質に見えてくるので注意すること。

解答 (1)

(1) 誤り。電気設備の技術基準の解釈第1条第32号の通り，「難燃性」とは，炎を当てても燃え広がらない性質である。炎を当てても燃え広がらず，炎により加熱された状態においても著しく変形又は破壊しない性質は耐火性に関する内容である。

(2) 正しい。電気設備に関する技術基準を定める省令第1条第13号の通り，「光ファイバケーブル」とは，光信号の伝送に使用する伝送媒体であって，保護被覆で保護したものをいう。

(3) 正しい。電気設備の技術基準の解釈第1条第23号の通り，「造営物」とは，人により加工された物体のうち，土地に定着するものであって，屋根及び柱又は壁を有するものをいう。

(4) 正しい。電気設備の技術基準の解釈第1条第26号の通り，「水気のある場所」とは，水を扱う

「建造物」は造営物のうち，人が居住若しくは勤務し，又は頻繁に出入り若しくは来集するもの，と定義されている。違いを理解すること。

場所若しくは雨露にさらされる場所その他水滴が飛散する場所，又は常時水が漏出し若しくは結露する場所をいう。

(5)　正しい。電気設備の技術基準の解釈第1条第29号の通り，「点検できない隠ぺい場所」とは，天井ふところ，壁内又はコンクリート床内等，工作物を破壊しなければ電気設備に接近し，又は電気設備を点検できない場所をいう。

2　「電気設備技術基準」において，「電路は大地から絶縁しなければならない。ただし，構造上やむを得ない場合であって通常予見される使用形態を考慮し危険のおそれがない場合，又は混触による高電圧の侵入等の異常が発生した際の危険を回避するための接地その他の保安上必要な措置を講ずる場合は，この限りでない。」規定に該当するものとして，誤っているものを次の(1)～(5)のうちから一つ選べ。

(1)　使用電圧が300 V以下であり，屋内において，機械器具に設けられる走行レールを低圧接触電線として使用するもの
(2)　架空単線式電気鉄道の帰線
(3)　接地工事を施す場合の接地点以外の接地側電線路
(4)　試験用変圧器
(5)　エックス線発生装置

解答　(3)

(1)　正しい。電気設備の技術基準の解釈第13条には「第173条第7項第3号ただし書の規定により施設する接触電線」は，「電路の一部を大地から絶縁せずに電気を使用することがやむを得ないもの」と規定されており，電気設備の技術基準の解釈第173条第7項第3号には「使用電圧が300 V以下であり，屋内において，機械器具に設けられる走行レールを低圧接触電線として使用するもの」と規定されている。

(2)　正しい。電気設備の技術基準の解釈第13条には「単線式電気鉄道の帰線（第201条第六号に規

POINT 4　電路の絶縁

注目　本問の場合，他の選択肢が正しいと断定することが困難な問題である。(3)が除外にならないことを理解しておくこと。

定するものをいう。)」は，「電路の一部を大地から絶縁せずに電気を使用することがやむを得ないもの」と規定されており，電気設備の技術基準の解釈第201条第6号では「帰線とは架空単線式又はサードレール式電気鉄道のレール及びそのレールに接続する電線」と規定されている。したがって，架空単線式電気鉄道の帰線は該当する。

(3) 誤り。電気設備の技術基準の解釈第13条の通り「接地工事を施す場合の接地点」は該当するが，接地側の電線路は該当しない。

(4) 正しい。電気設備の技術基準の解釈第13条の通り「試験用変圧器」は該当する。

(5) 正しい。電気設備の技術基準の解釈第13条の通り「エックス線発生装置」は該当する。

3 次の文章は，「電気設備技術基準の解釈」に基づく高圧又は特別高圧の電路の絶縁性能に関する記述である。

高圧又は特別高圧の電路は，次の各号のいずれかに適合する絶縁性能を有すること。

a 下表に規定する試験電圧を電路と大地との間（多心ケーブルにあっては，心線相互間及び心線と大地との間）に連続して［（ア）］分間加えたとき，これに耐える性能を有すること。

b 電線にケーブルを使用する交流の電路においては，下表に規定する試験電圧の［（イ）］倍の直流電圧を電路と大地との間（多心ケーブルにあっては，心線相互間及び心線と大地との間）に連続して［（ウ）］分間加えたとき，これに耐える性能を有すること。

<table>
<tr><th colspan="2">電路の種類</th><th>試験電圧</th></tr>
<tr><td colspan="2">7000 V以下の電路</td><td>最大使用電圧の［（エ）］倍の電圧</td></tr>
<tr><td rowspan="2">7000 Vを超え60000 V以下の電路</td><td>最大使用電圧が15000 V以下の中性点接地式電路（中性線を有するものであって，その中性線に多重接地するものに限る。）</td><td>最大使用電圧の0.92倍の電圧</td></tr>
<tr><td>上記以外</td><td>最大使用電圧の［（オ）］倍の電圧</td></tr>
</table>

電技解釈第15条からの出題である。

注目 本問は問題4と合わせあとのCHで取り扱う内容であるが，電路の絶縁と関連して内容を理解しておくと良い。

上記の記述中の空白箇所（ア），（イ），（ウ），（エ）及び（オ）に当てはまる組合せとして，正しいものを次の(1)～(5)のうちから一つ選べ。

	（ア）	（イ）	（ウ）	（エ）	（オ）
(1)	1	2	1	1.5	1.5
(2)	1	1.5	10	2	1.5
(3)	10	2	10	1.5	1.25
(4)	10	1.5	10	1.5	1.25
(5)	10	2	1	2	1.25

解答 (3)

表中に使用されている最大使用電圧は使用電圧（公称電圧）の$\dfrac{1.15}{1.1}$倍である。

電験で出題される使用電圧は6600 Vと22000 Vが多いので，それぞれの試験電圧である，

$$6600\times\frac{1.15}{1.1}\times1.5=10350\ \text{V}$$

$$22000\times\frac{1.15}{1.1}\times1.25=28750\ \text{V}$$

は導出できるようにしておくこと。

POINT 8 高圧又は特別高圧の電気機械器具の危険の防止

電技解釈第22条からの出題である。

4 次の文章は，「電気設備技術基準の解釈」における特別高圧の機械器具の施設に関する記述である。

特別高圧の機械器具は，次の各号のいずれかにより施設すること。ただし，発電所又は変電所，開閉所若しくはこれらに準ずる場所に施設する場合，又は充電部分に人が触れた場合に人に危険を及ぼすおそれがない電気集じん応用装置若しくはエックス線発生装置を施設する場合はこの限りでない。

a　屋内であって，取扱者以外の者が出入りできないように措置した場所に施設すること。

b　次により施設すること。

イ　人が触れるおそれがないように，機械器具の周囲に適当なさくを設けること。

ロ　イの規定により施設するさくの高さと，当該さくから機械器具の充電部分までの距離との和を，下表に規

定する値以上とすること。

ハ　危険である旨の表示をすること。

c　機械器具を地表上 (ア) m以上の高さに施設し，充電部分の地表上の高さを下表に規定する値以上とし，かつ，人が触れるおそれがないように施設すること。

使用電圧の区分	さくの高さとさくから充電部分までの距離との和又は地表上の高さ
(イ) V以下	5 m
(イ) Vを超え (ウ) V以下	6 m
(ウ) V超過	$(6 + c)$ m

（備考）cは，使用電圧と (ウ) の差を10000 Vで除した値（小数点以下を切り上げる。）に0.12を乗じたもの

d　工場等の構内において，機械器具を絶縁された箱又は (エ) 種接地工事を施した金属製の箱に収め，かつ，充電部分が露出しないように施設すること。

上記の記述中の空白箇所（ア），（イ），（ウ）及び（エ）に当てはまる組合せとして，正しいものを次の(1)〜(5)のうちから一つ選べ。

	(ア)	(イ)	(ウ)	(エ)
(1)	5	15000	170000	A
(2)	4	15000	170000	A
(3)	4	35000	170000	C
(4)	5	35000	160000	A
(5)	5	35000	160000	C

解答 (4)

下表の通り，高圧の機械器具と比較して覚えると覚えやすい。

	高圧	特別高圧
設置場所	屋内	屋内
周囲	さく，へい	さく
さく（へい）の高さとさくから充電部分までの和	5 m	〜35000 V：5 m 35000 V 〜 160000 V：6 m
機械器具の高さ	4.5 m （市街地外4 m）	5 m
接地工事	D種	A種

備考に沿って計算すると，
187000 V : 7 m
220000 V : 7 m
275000 V : 8 m
500000 V : 11 m
となる。

5 電路に施設する機械器具の金属製の台及び外箱には，使用電圧の区分に応じ，接地工事を施さなければならないが，感電の危険性が低い場合には接地の省略をすることができると規定されている。接地の省略に関する規定として，誤っているものを次の(1)～(5)のうちから一つ選べ。

(1) 低圧用の機械器具を乾燥した木製の床その他これに類する絶縁性のものの上で取り扱うように施設する場合

(2) 外箱のない計器用変成器がゴム，合成樹脂その他の絶縁物で被覆したものである場合

(3) 交流の対地電圧が150 V以下又は直流の使用電圧が300 V以下の機械器具を，乾燥した場所に施設する場合

(4) 電気用品安全法の適用を受ける２重絶縁の構造の機械器具を施設する場合

(5) 水気のある場所以外の場所に施設する低圧用の機械器具に電気を供給する電路に，電気用品安全法の適用を受ける地絡遮断器を施設する場合

解答 (5)

(1) 正しい。電気設備の技術基準の解釈第29条第２項第２号の通り，低圧用の機械器具を乾燥した木製の床その他これに類する絶縁性のものの上で取り扱うように施設する場合は接地を省略できる。

(2) 正しい。電気設備の技術基準の解釈第29条第２項第７号の通り，外箱のない計器用変成器がゴム，合成樹脂その他の絶縁物で被覆したものである場合は接地を省略できる。

(3) 正しい。電気設備の技術基準の解釈第29条第２項第１号の通り，交流の対地電圧が150 V以下又は直流の使用電圧が300 V以下の機械器具を，乾燥した場所に施設する場合は接地を省略できる。

(4) 正しい。電気設備の技術基準の解釈第29条第２項第３号の通り，電気用品安全法の適用を受ける２重絶縁の構造の機械器具を施設する場合は接地を省略できる。

(5) 誤り。電気設備の技術基準の解釈第29条第２項第５号の通り，水気のある場所以外の場所に施設する低圧用の機械器具に電気を供給する電路に，

POINT 9 電気設備の接地

漏電遮断器と地絡遮断器は同じような事故で動作する遮断器であるが，メカニズムが異なる。
また，地絡遮断器という用語は電技解釈では出てこないことを知っておく。

電気用品安全法の適用を受ける漏電遮断器を施設する場合は接地を省略できる。地絡遮断器ではない。

6 次の文章は，「電気設備技術基準の解釈」における地絡に対する保護対策に関する記述である。

金属製外箱を有する使用電圧が［（ア）］Vを超える低圧の機械器具に接続する電路には，電路に地絡を生じたときに自動的に電路を遮断する装置を施設すること。ただし，次の各号のいずれかに該当する場合はこの限りでない。

a　機械器具に［（イ）］を施す場合

b　機械器具の対地電圧が150 V以下の場合において，機械器具を［（ウ）］以外の場所に施設する場合

c　機械器具が，電気用品安全法の適用を受ける［（エ）］構造のものである場合

d　機械器具に施されたC種接地工事又はD種接地工事の接地抵抗値が［（オ）］Ω以下の場合

上記の記述中の空白箇所（ア），（イ），（ウ），（エ）及び（オ）に当てはまる組合せとして，正しいものを次の(1)～(5)のうちから一つ選べ。

	（ア）	（イ）	（ウ）	（エ）	（オ）
(1)	60	簡易接触防護措置	水気のある場所	2重絶縁	10
(2)	60	簡易接触防護措置	水気のある場所	2重絶縁	3
(3)	30	簡易接触防護措置	湿気の多い場所	強化絶縁	3
(4)	30	地絡遮断器	水気のある場所	2重絶縁	10
(5)	30	地絡遮断器	湿気の多い場所	強化絶縁	10

解答 (2)

電技解釈第36条第1項第1号から第8号まで，どこが空欄になるかわからない条文であるので何度も演習を繰り返しマスターすること。

POINT 14 地絡に関する保護対策

電技解釈第36条からの出題である。

注目 本問の内容は応用問題としては難易度は低めの問題となる。様々な空欄のパターンの問題を何度も繰り返すことで自然と身についていく。

2 電気供給のための電気設備の施設

確認問題

1 次の文章は「電気設備技術基準」における架空電線及び地中電線の感電の防止及び低圧電線路の絶縁性能に関する記述である。(ア)～(カ)にあてはまる語句を解答群から選択して答えよ。ただし，同じ解答を選択してよい。

a　低圧又は高圧の［(ア)］には，感電のおそれがないよう，使用電圧に応じた絶縁性能を有する［(イ)］又は［(ウ)］を使用しなければならない。ただし，通常予見される使用形態を考慮し，感電のおそれがない場合は，この限りでない。

b　［(エ)］には，感電のおそれがないよう，使用電圧に応じた絶縁性能を有する［(オ)］を使用しなければならない。

c　低圧電線路中絶縁部分の電線と大地との間及び電線の線心相互間の絶縁抵抗は，使用電圧に対する漏えい電流が最大供給電流の［(カ)］分の1を超えないようにしなければならない。

【解答群】

(1)	架空電線	(2)	絶縁電線	(3)	地中電線
(4)	架空地線	(5)	移動電線	(6)	150
(7)	特殊電線	(8)	1000	(9)	2000
(10)	ケーブル	(11)	400	(12)	裸電線

解答　(ア)(1)　(イ)(2)　(ウ)(10)
(エ)(3)　(オ)(10)　(カ)(9)

POINT 2 架空電線及び地中電線の感電の防止

POINT 3 低圧電線路の絶縁性能

電技第21条及び第22条からの出題である。

電力科目において，架空配電線は絶縁電線又はケーブル，地中電線はケーブルと覚えていると思うが，根拠はこの条文による。

2 次の文章は「電気設備技術基準の解釈」における低高圧架空電線路に使用する電線に関する記述の一部である。(ア)～(エ)にあてはまる語句を解答群から選択して答えよ。

低圧架空電線路又は高圧架空電線路に使用する電線は，次の各号によること。

一　電線の種類は，使用電圧に応じ下表に規定するものであること。ただし，次のいずれかに該当する場合は，［(ア)］

POINT 2 架空電線及び地中電線の感電の防止

電技解釈第65条第1項からの出題である。

を使用することができる。

イ　[（イ）]架空電線を，B種接地工事の施された中性線又は接地側電線として施設する場合

ロ　[（ウ）]架空電線を，海峡横断箇所，河川横断箇所，山岳地の傾斜が急な箇所又は谷越え箇所であって，人が容易に立ち入るおそれがない場所に施設する場合

使用電圧の区分		電線の種類
[（イ）]	[（エ）]V以下	絶縁電線，多心型電線又はケーブル
	[（エ）]V超過	絶縁電線（引込用ビニル絶縁電線及び引込用ポリエチレン絶縁電線を除く。）又はケーブル
[（ウ）]		高圧絶縁電線，特別高圧絶縁電線又はケーブル

【解答群】

(1) 低圧　(2) 450

(3) 絶縁電線　(4) 低圧又は高圧

(5) 300　(6) 高圧

(7) 150　(8) 高圧又は特別高圧

(9) 鋼線　(10) ケーブル

(11) 特別高圧　(12) 裸電線

解答　（ア）(12)　（イ）(1)　（ウ）(6)　（エ）(5)

低高圧架空電線は原則として絶縁電線又はケーブルを使用するが，例外もあることは知っておくと良い。

多心型電線とは，絶縁物で被覆した導体を1本の裸導体の周囲に巻き付けたものである。

3 次の文章は「電気設備技術基準」における発電所等への取扱者以外の者の立入の防止に関する記述である。（ア）～（エ）にあてはまる語句を解答群から選択して答えよ。

a [（ア）]の電気機械器具，母線等を施設する発電所又は変電所，開閉所若しくはこれらに準ずる場所には，取扱者以外の者に電気機械器具，母線等が[（イ）]である旨を表示するとともに，当該者が容易に[（ウ）]に立ち入るおそれがないように適切な措置を講じなければならない。

b 地中電線路に施設する[（エ）]は，取扱者以外の者が容易に立ち入るおそれがないように施設しなければならない。

POINT 4 発電所等への取扱者以外の者の立入の防止

電技第23条からの出題である。

【解答群】

(1) 電線路　(2) 高圧又は特別高圧
(3) 構内　(4) 高電圧
(5) 立入禁止　(6) 低圧
(7) 簡易接触防護措置　(8) 特別高圧
(9) 危険　(10) 地中箱
(11) 高圧　(12) 区画内

解答　(ア)(2)　(イ)(9)　(ウ)(3)　(エ)(10)

条文中の地中箱とは，地中電線路を管路式により施設する場合に，管路の途中又は末端に設けるもので，マンホールなどのことである。

4 次の文章は「電気設備技術基準の解釈」における発電所等への取扱者以外の者の立入の防止に関する記述である。(ア)～(オ)にあてはまる語句を解答群から選択して答えよ。

高圧又は特別高圧の機械器具及び母線等（以下，「機械器具等」という。）を屋外に施設する発電所又は変電所，開閉所若しくはこれらに準ずる場所は，次の各号により構内に取扱者以外の者が立ち入らないような措置を講じること。ただし，土地の状況により人が立ち入るおそれがない箇所については，この限りでない。

a　さく，へい等を設けること。

b　[(ア)]の機械器具等を施設する場合は，前号のさく，へい等の高さと，さく，へい等から充電部分までの距離との和は，下表に規定する値以上とすること。

充電部分の使用電圧の区分	さく，へい等の高さと，さく，へい等から充電部分までの距離との和
[(イ)] V以下	[(ウ)] m
[(イ)] Vを超え160,000 V以下	[(エ)] m
160,000 V超過	$(6+c)$ m

(備考) cは，使用電圧と160,000 Vの差を10,000 Vで除した値（小数点以下を切り上げる。）に0.12を乗じたもの

c　出入口に[(オ)]を施設する等，取扱者以外の者の出入りを制限する措置を講じること。

【解答群】

(1) 超高圧　(2) 4　(3) 7000
(4) 高圧又は特別高圧　(5) 認証機器　(6) 35000

POINT 4 発電所等への取扱者以外の者の立入の防止

電技解釈第38条からの出題である。

(7)	施錠装置	(8)	5	(9)	60000
(10)	特別高圧	(11)	6	(12)	看板

解答 (ア)(10) (イ)(6) (ウ)(8)
(エ)(11) (オ)(7)

電技解釈第22条の特別高圧の機械器具の施設にもほぼ同じ内容の条文があるため，類似点や異なる点等合わせて理解するとよい。

5 次の文章は「電気設備技術基準」及び「電気設備技術基準の解釈」における架空電線路の支持物の昇塔防止に関する記述である。(ア)〜(ウ)にあてはまる語句を解答群から選択して答えよ。

a 架空電線路の[(ア)]には，感電のおそれがないよう，取扱者以外の者が容易に昇塔できないように適切な措置を講じなければならない。

b 架空電線路の[(ア)]に取扱者が昇降に使用する[(イ)]等を施設する場合は，地表上[(ウ)]m以上に施設すること。ただし，次の各号のいずれかに該当する場合はこの限りでない。

一 [(イ)]等が内部に格納できる構造である場合
二 [(ア)]に昇塔防止のための装置を施設する場合
三 [(ア)]の周囲に取扱者以外の者が立ち入らないように，さく，へい等を施設する場合
四 [(ア)]を山地等であって人が容易に立ち入るおそれがない場所に施設する場合

【解答群】

(1)	造営物	(2)	1.5	(3)	ラダー
(4)	1.8	(5)	足場金具	(6)	支持物
(7)	建造物	(8)	留め金	(9)	2.0
(10)	昇降機	(11)	3.0	(12)	電気工作物

解答 (ア)(6) (イ)(5) (ウ)(4)

POINT 5 架空電線路の支持物の昇塔防止

電技第24条及び電技解釈第53条からの出題である。

1.8 mは街中の電柱等で足場金具等が上の方にあることを見ておくと覚えやすい。

支持物に関する内容で，鉄筋コンクリート柱や木柱，鉄塔等をイメージすると良い。支線等は支持物に含まないので注意しておくこと。

6 次の表は「電気設備技術基準の解釈」における低高圧架空電線の高さに関する記述である。(ア)〜(オ)にあてはまる数値を答えよ。ただし，同じ数値が入る箇所もあるので注意すること。

低圧架空電線又は高圧架空電線の高さは，下表に規定する値以上であること。

POINT 6 架空電線等の高さ

電技解釈第68条第1項からの出題である。

電験にも過去に何回か出題されている内容であるため，各数値を確実に理解しておく必要がある。

区分		高さ
道路（車両の往来がまれであるもの及び歩行の用にのみ供される部分を除く。）を横断する場合		路面上［（ア）］m
鉄道又は軌道を横断する場合		レール面上5.5 m
低圧架空電線を横断歩道橋の上に施設する場合		横断歩道橋の路面上［（イ）］m
高圧架空電線を横断歩道橋の上に施設する場合		横断歩道橋の路面上3.5 m
上記以外	屋外照明用であって，絶縁電線又はケーブルを使用した対地電圧150V以下のものを交通に支障のないように施設する場合	地表上［（ウ）］m
	低圧架空電線を道路以外の場所に施設する場合	地表上［（エ）］m
	その他の場合	地表上［（オ）］m

解答　（ア）6　（イ）3　（ウ）4　（エ）4　（オ）5

7 次の表は「電気設備技術基準の解釈」における低圧架空引込線等の高さに関する記述である。（ア）～（エ）にあてはまる数値を答えよ。

電線の高さは，下表に規定する値以上であること。

区分		高さ
道路（歩行の用にのみ供される部分を除く。）を横断する場合	技術上やむを得ない場合において交通に支障のないとき	路面上［（ア）］m
	その他の場合	路面上5 m
鉄道又は軌道を横断する場合		レール面上［（イ）］m
横断歩道橋の上に施設する場合		横断歩道橋の路面上［（ウ）］m
上記以外の場合	技術上やむを得ない場合において交通に支障のないとき	地表上2.5 m
	その他の場合	地表上［（エ）］m

解答　（ア）3　（イ）5.5　（ウ）3　（エ）4

本問の内容は低圧引込線の高さに関する規定である。高圧引込線の場合は電技解釈第117条に規定があり，電技解釈第68条における68－1表と同じで良いものと地表上3.5 m以上とすることが可能となる条件があるため，合わせて理解しておく。

POINT 6 架空電線等の高さ

電技解釈第116条第1項からの出題である。

注目 架空電線と架空引込線の高さの違いを理解していることが重要である。
鉄道又は軌道を横断する場合では変わらないが，他の数値は違いがある。

8 次の文章は「電気設備技術基準」における架空電線による他人の電線等の作業者への感電の防止に関する記述である。(ア)～(エ)にあてはまる語句を解答群から選択して答えよ。

a　架空電線路の支持物は，他人の設置した架空電線路又は架空弱電流電線路若しくは架空光ファイバケーブル線路の電線又は弱電流電線若しくは光ファイバケーブルの間を (ア) 施設してはならない。ただし，その他 (イ) 場合は，この限りでない。

b　架空電線は，他人の設置した架空電線路， (ウ) 又は架空弱電流電線路若しくは架空光ファイバケーブル線路の支持物を (エ) 施設してはならない。ただし，同一支持物に施設する場合又はその他 (イ) 場合は，この限りでない。

【解答群】

(1) 挟んで	(2) 構造上やむを得ない
(3) 電車線路	(4) 人の承諾を得た
(5) 接近又は交差して	(6) 地中電線路
(7) 貫通して	(8) 支線
(9) 断線のおそれがない	(10) 近接して
(11) 接続して	(12) 倒壊の危険のおそれがない

解答　(ア)(7)　(イ)(4)　(ウ)(3)　(エ)(1)

電技第26条第１項は電車線路の記載がなく，第２項には電車線路の記載があること等違いを理解しておくこと。

POINT 7 架空電線による他人の電線等の作業者への感電の防止

- 電技第26条からの出題である。
- 「他人の設置した」という箇所はポイントとなる。自身の所有物であれば問題はない。

9 次の文章は「電気設備技術基準」における架空電線路からの静電誘導作用又は電磁誘導作用による感電の防止に関する記述である。(ア)～(オ)にあてはまる語句を解答群から選択して答えよ。

a　 (ア) の架空電線路は，通常の使用状態において，静電誘導作用により人による感知のおそれがないよう，地表上 (イ) mにおける電界強度が (ウ) kV/m以下になるように施設しなければならない。ただし，田畑，山林その他の人の往来が少ない場所において，人体に危害を及ぼすおそれがないように施設する場合は，この限りでない。

POINT 8 架空電線路からの静電誘導作用又は電磁誘導作用による感電の防止

- 電技第27条からの出題である。

b （ア） の架空電線路は，電磁誘導作用により （エ） （ （オ） を除く。）を通じて人体に危害を及ぼすおそれがないように施設しなければならない。

c （オ） は，架空電線路からの静電誘導作用又は電磁誘導作用により人体に危害を及ぼすおそれがないように施設しなければならない。

【解答群】

(1) 1	(2) 10
(3) ケーブル	(4) 高圧又は特別高圧
(5) 機器用電線路	(6) 2
(7) 特別高圧	(8) 3
(9) 需要場所近郊	(10) 弱電流電線路
(11) 5	(12) 電力保安通信設備

解答 （ア）(7) （イ）(1) （ウ）(8)
（エ）(10) （オ）(12)

誘導障害は高電圧の送電線に接近した弱電流電線等に電圧が誘起され，通信障害を生じ送電線直下の歩行者や作業者等が感電するおそれがある現象である。静電誘導と電磁誘導の違いは電力科目のテキストで理解しておくこと。

10 次の文章は「電気設備技術基準」における電気機械器具等からの電磁誘導作用による人の健康影響の防止に関する記述である。（ア）～（ウ）にあてはまる語句を解答群から選択して答えよ。

a 変圧器，開閉器その他これらに類するもの又は電線路を発電所，変電所，開閉所及び需要場所以外の場所に施設するに当たっては，通常の使用状態において，当該電気機械器具等からの電磁誘導作用により （ア） に影響を及ぼすおそれがないよう，当該電気機械器具等のそれぞれの付近において，人によって占められる空間に相当する空間の （イ） の平均値が，商用周波数において （ウ） μT以下になるように施設しなければならない。ただし，田畑，山林その他の人の往来が少ない場所において，人体に危害を及ぼすおそれがないように施設する場合は，この限りでない。

POINT 9 電気機械器具等からの電磁誘導作用による人の健康影響の防止

電技第27条の2からの出題である。

理論科目の電磁気で単位:T（テスラ）が磁束密度の単位であることを理解していれば（イ）は解けるのでわからない場合は復習すると良い。

b　変電所又は開閉所は，通常の使用状態において，当該施設からの電磁誘導作用により［（ア）］に影響を及ぼすおそれがないよう，当該施設の付近において，人によって占められる空間に相当する空間の［（イ）］の平均値が，商用周波数において［（ウ）］μT以下になるように施設しなければならない。ただし，田畑，山林その他の人の往来が少ない場所において，人体に危害を及ぼすおそれがないように施設する場合は，この限りでない。

【解答群】

(1)　磁界の強さ	(2)　200	(3)　人の健康
(4)　電界強度	(5)　30	(6)　通信機器
(7)　100	(8)　磁束密度	

解答　(ア)(3)　(イ)(8)　(ウ)(2)

電技では人体にほぼ影響がない指標として，空間の磁束密度が200 μT以下になるように規定している。

11　次の文章は「電気設備技術基準の解釈」における電線路に係る用語の定義に関する記述である。（ア）～（ウ）にあてはまる語句を解答群から選択して答えよ。

a　「第1次接近状態」とは，架空電線が，他の工作物と接近する場合において，当該架空電線が他の工作物の［（ア）］又は側方において，水平距離で［（イ）］m以上，かつ，架空電線路の支持物の地表上の高さに相当する距離以内に施設されることにより，架空電線路の電線の切断，支持物の倒壊等の際に，当該電線が他の工作物に［（ウ）］するおそれがある状態である。

b　「第2次接近状態」とは，架空電線が他の工作物と接近する場合において，当該架空電線が他の工作物の［（ア）］又は側方において水平距離で［（イ）］m未満に施設される状態である。

【解答群】

(1)　接近	(2)　接触	(3)　3	(4)　下方
(5)　5	(6)　上方	(7)　損傷	(8)　通電
(9)　前方	(10)　2	(11)　感電	(12)　1

解答　(ア)(6)　(イ)(3)　(ウ)(2)

POINT 10　電線の混触の防止

電技解釈第49条からの出題である。

注目　第1次接近状態や第2次接近状態に関する用語は用語の定義以外にも使用されるが，電験で出題される条文としては稀であるため，定義だけ覚えておくとよい。

電技解釈第49条は電線路に係る用語の定義に関する規定であり，鉄筋コンクリート柱や鉄柱，上部造営材等の定義の内容も記載されているため，一読しておくとよい。

⑫ 次の文章は「電気設備技術基準の解釈」における低高圧架空電線等の併架に関する記述である。（ア）～（エ）にあてはまる語句を解答群から選択して答えよ。

低圧架空電線と高圧架空電線とを同一支持物に施設する場合は，次の各号のいずれかによること。

a　次により施設すること。

イ　低圧架空電線を高圧架空電線の［（ア）］に施設すること。

ロ　低圧架空電線と高圧架空電線は，［（イ）］に施設すること。

ハ　低圧架空電線と高圧架空電線との離隔距離は，［（ウ）］m以上であること。ただし，かど柱，分岐柱等で混触のおそれがないように施設する場合は，この限りでない。

b　高圧架空電線にケーブルを使用するとともに，高圧架空電線と低圧架空電線との離隔距離を［（エ）］m以上とすること。

【解答群】

(1) 外側	(2) 0.5	(3) 上
(4) 0.75	(5) 0.1	(6) 同一の止め金具
(7) 1	(8) 別個の腕金類	(9) 下
(10) 0.3	(11) 異種の電線	(12) 1.5

POINT 10 電線の混触の防止

電技解釈第80条第1項からの出題である。

注目 離隔距離の内容は多岐にわたり，すべて記憶することは困難かもしれないが，電験に出題される際にも選択肢から適当なものを選べばよいので，どちらの方が長いかなど，概要で良いので覚えておくとよい。

高圧架空電線と低圧架空電線とを同一支持物に施設する場合の離隔距離は0.5 m（高圧架空電線がケーブルの場合は0.3 m）を必要とする。ケーブルの場合は導体の周りに遮へい層があるため，離隔距離が小さくできると考えるとよい。

解答　（ア）(9)　（イ）(8)　（ウ）(2)　（エ）(10)

⑬ 次の表は「電気設備技術基準の解釈」における低高圧架空電線と架空弱電流電線等との共架の離隔距離に関する記述の一部である。（ア）～（エ）にあてはまる数値を答えよ。

架空電線と架空弱電流電線等との離隔距離は，下表に規定する値以上であること。ただし，架空電線路の管理者と架空弱電流電線路等の管理者が同じ者である場合において，当該架空電線に有線テレビジョン用給電兼用同軸ケーブルを使用するときは，この限りでない。

POINT 10 電線の混触の防止

電技解釈第81条からの出題である。

<table>
<tr><th colspan="2" rowspan="3">架空電線の種類</th><th colspan="5">架空弱電流電線等の種類</th></tr>
<tr><th colspan="3">架空弱電流電線路等の管理者の承諾を得た場合</th><th colspan="2">その他の場合</th></tr>
<tr><th>添架通信用第1種ケーブル，添架通信用第2種ケーブル又は光ファイバケーブル</th><th>絶縁電線と同等以上の絶縁効力のあるもの又は通信用ケーブル</th><th>その他</th><th>絶縁電線と同等以上の絶縁効力のあるもの又は通信用ケーブル</th><th>その他</th></tr>
<tr><td rowspan="3">低圧架空電線</td><td>高圧絶縁電線，特別高圧絶縁電線又はケーブル</td><td rowspan="2">0.3 m</td><td>0.3 m</td><td rowspan="3">（ア）m</td><td>0.3 m</td><td rowspan="3">（イ）m</td></tr>
<tr><td>低圧絶縁電線</td><td rowspan="2">0.6 m</td><td rowspan="2">0.75 m</td></tr>
<tr><td>その他</td><td>0.6 m</td></tr>
<tr><td rowspan="2">高圧架空電線</td><td>ケーブル</td><td>0.3 m</td><td>0.5 m</td><td rowspan="2">（ウ）m</td><td>0.5 m</td><td rowspan="2">（エ）m</td></tr>
<tr><td>その他</td><td>0.6 m</td><td>1 m</td><td>1.5 m</td></tr>
</table>

解答 （ア）0.6　（イ）0.75　（ウ）1　（エ）1.5

電技解釈第80条の高圧架空電線と低圧架空電線を併架する場合の規定と合わせて覚えておくとよい。

14 次の表は「電気設備技術基準の解釈」における低高圧架空電線と他の低高圧架空電線路との接近又は交差する場合における，相互の離隔距離に関する記述の一部である。（ア）～（エ）にあてはまる数値を答えよ。

低圧架空電線又は高圧架空電線が，他の低圧架空電線路又は高圧架空電線路と接近又は交差する場合における，相互の離隔距離は，下表に規定する値以上であること。

<table>
<tr><th colspan="2" rowspan="2">架空電線の種類</th><th colspan="2">他の低圧架空電線</th><th colspan="2">他の高圧架空電線</th><th rowspan="2">他の低圧架空電線路又は高圧架空電線路の支持物</th></tr>
<tr><th>高圧絶縁電線，特別高圧絶縁電線又はケーブル</th><th>その他</th><th>ケーブル</th><th>その他</th></tr>
<tr><td rowspan="2">低圧架空電線</td><td>高圧絶縁電線，特別高圧絶縁電線又はケーブル</td><td colspan="2">（ア）m</td><td rowspan="2">（ウ）m</td><td rowspan="2">（エ）m</td><td rowspan="2">0.3 m</td></tr>
<tr><td>その他</td><td>（ア）m</td><td>（イ）m</td></tr>
<tr><td rowspan="2">高圧架空電線</td><td>ケーブル</td><td colspan="2">（ウ）m</td><td colspan="2">（ウ）m</td><td>0.3 m</td></tr>
<tr><td>その他</td><td colspan="2">（エ）m</td><td>（ウ）m</td><td>（エ）m</td><td>0.6 m</td></tr>
</table>

POINT 10 電線の混触の防止

電技解釈第74条第1項からの出題である。

解答 （ア）0.3　（イ）0.6　（ウ）0.4　（エ）0.8

この条文に関する内容は表で覚えるよりも，次の図のように図で理解する方が覚えやすい。

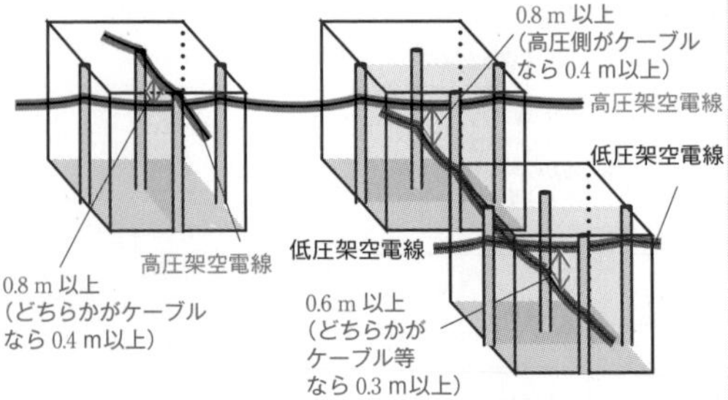

15 次の文章は「電気設備技術基準の解釈」における高圧保安工事に関する記述である。（ア）～（オ）にあてはまる語句を解答群から選択して答えよ。

高圧架空電線路の電線の断線，支持物の倒壊等による危険を防止するため必要な場合に行う，高圧保安工事は，次の各号によること。

一　電線はケーブルである場合を除き，引張強さ［（ア）］kN以上のもの又は直径［（イ）］mm以上の硬銅線であること。

二　木柱の風圧荷重に対する安全率は，［（ウ）］以上であること。

三　径間は，下表によること。ただし，電線に引張強さ14.51 kN以上のもの又は断面積38 mm^2以上の硬銅より線を使用する場合であって，支持物にB種鉄筋コンクリート柱，B種鉄柱又は鉄塔を使用するときは，この限りでない。

支持物の種類	径間
木柱，A種鉄筋コンクリート柱又はA種鉄柱	100 m以下
B種鉄筋コンクリート柱又はB種鉄柱	［（エ）］m以下
鉄塔	［（オ）］m以下

【解答群】

(1) 1.1	(2) 1.5	(3) 2.0	(4) 2.34
(5) 3.0	(6) 4.0	(7) 5.0	(8) 5.26
(9) 8.01	(10) 120	(11) 150	(12) 200
(13) 300	(14) 400	(15) 500	(16) 800

POINT 10 電線の混触の防止

電技解釈第70条第2項からの出題である。

支持物の種類は電技解釈第49条に規定されている。

解答　（ア）(9)　（イ）(7)　（ウ）(3)
（エ）(11)　（オ）(14)

保安工事は高圧保安工事からの出題が圧倒的に多いが，電技解釈第70条第1項の低圧保安工事も合わせて見ておくとよい。低圧保安工事も電線の引張強さや直径，径間も似ているが，300 V以下であると引張強さが5.26 kNで直径が4 mmとなる等違う点もある。

⑯ 次の文章は「電気設備技術基準」及び「電気設備技術基準の解釈」における電線による他の工作物等への危険の防止に関する記述の一部である。（ア）～（エ）にあてはまる語句を解答群から選択して答えよ。

a　電線路の電線又は電車線等は，他の工作物又は［（ア）］と接近し，又は交さする場合には，他の工作物又は［（ア）］を損傷するおそれがなく，かつ，［（イ）］，断線等によって生じる感電又は火災のおそれがないように施設しなければならない。

b　低圧架空電線又は高圧架空電線と建造物の造営材との離隔距離は，下表に規定する値以上であること。

架空電線の種類	区分	離隔距離
ケーブル	上部造営材の上方	1 m
	その他	［（ウ）］m
高圧絶縁電線又は特別高圧絶縁電線を使用する，低圧架空電線	上部造営材の上方	1 m
	その他	［（ウ）］m
その他	上部造営材の上方	2 m
	人が建造物の外へ手を伸ばす又は身を乗り出すことなどができない部分	0.8 m
	その他	［（エ）］m

【解答群】

(1) 植物　(2) 0.4　(3) 1.6　(4) 漏電
(5) 0.6　(6) 構造物　(7) 接触　(8) 0.2
(9) 0.3　(10) 地絡　(11) 建築物　(12) 1.2

解答　（ア）(1)　（イ）(7)　（ウ）(2)　（エ）(12)

POINT 11 電線による他の工作物等への危険の防止

電技第29条及び電技解釈第71条からの出題である。

離隔距離に関する内容は多岐にわたるが，それぞれの離隔距離を整理してまとめて覚えると良い。

17 次の文章は「電気設備技術基準」及び「電気設備技術基準の解釈」における地中電線等による他の電線及び工作物への危険の防止に関する記述である。(ア)～(カ)にあてはまる語句を解答群から選択して答えよ。

a　地中電線，屋側電線及びトンネル内電線その他の工作物に固定して施設する電線は，他の電線，弱電流電線等又は管と接近し，又は交さする場合には，故障時の (ア) により他の電線等を損傷するおそれがないように施設しなければならない。ただし，感電又は火災のおそれがない場合であって，他の電線等の管理者の承諾を得た場合は，この限りでない。

b　低圧地中電線と高圧地中電線とが接近又は交差する場合，又は低圧若しくは高圧の地中電線と特別高圧地中電線とが接近又は交差する場合は，次の各号のいずれかによること。ただし，地中箱内についてはこの限りでない。

1　低圧地中電線と高圧地中電線との離隔距離が，(イ) m以上であること。

2　低圧又は高圧の地中電線と特別高圧地中電線との離隔距離が，(ウ) m以上であること。

3　地中電線相互の間に堅ろうな (エ) の隔壁を設けること。

4　いずれかの地中電線が，次のいずれかに該当するものである場合は，地中電線相互の離隔距離が，0 m以上であること。

イ　(オ) の被覆を有すること。

ロ　堅ろうな (オ) の管に収められていること。

5　それぞれの地中電線が，次のいずれかに該当するものである場合は，地中電線相互の離隔距離が，0 m以上であること。

イ　(カ) の被覆を有すること。

ロ　堅ろうな (カ) の管に収められていること。

【解答群】

(1) 0.3	(2) 可燃性
(3) 0.15	(4) 自消性のある難燃性
(5) 難燃性	(6) 短絡電流
(7) 不燃性	(8) アーク放電
(9) 電磁誘導	(10) 耐火性
(11) 0.4	(12) 0.8

POINT 12 地中電線等による他の電線及び工作物への危険の防止

電技第30条及び電技解釈第125条第1項からの出題である。

解 答 （ア）(8)　（イ）(3)　（ウ）(1)
（エ）(10)　（オ）(7)　（カ）(4)

地中電線の離隔距離は架空電線の離隔距離に比べ大幅に小さいことがわかる。

18 次の文章は「電気設備技術基準」における支持物の倒壊の防止に関する記述である。（ア）～（ウ）にあてはまる語句を解答群から選択して答えよ。

架空電線路又は架空電車線路の支持物の材料及び構造（支線を施設する場合は，当該支線に係るものを含む。）は，その支持物が支持する電線等による［（ア）］，10分間平均で風速［（イ）］m/sの風圧荷重及び当該設置場所において通常想定される地理的条件，気象の変化，振動，衝撃その他の外部環境の影響を考慮し，倒壊のおそれがないよう，安全なものでなければならない。ただし，人家が多く連なっている場所に施設する架空電線路にあっては，その施設場所を考慮して施設する場合は，10分間平均で風速［（イ）］m/sの風圧荷重の［（ウ）］の風圧荷重を考慮して施設することができる。

POINT 14 支持物の倒壊の防止
電技第32条からの出題である。

条文内の10分間平均で風速40 m/sという規定は，近年の台風の猛烈化に伴い見直されたものである。

【解答群】

(1) 3分の1	(2) 引張荷重	(3) 60
(4) 軸荷重	(5) 25	(6) 2分の1
(7) 曲げ荷重	(8) 3分の2	(9) 40
(10) 水平荷重		

解 答 （ア）(2)　（イ）(9)　（ウ）(6)

19 次の文章は「電気設備技術基準」におけるガス絶縁機器等の危険の防止に関する記述である。（ア）～（オ）にあてはまる語句を解答群から選択して答えよ。

発電所又は変電所，開閉所若しくはこれらに準ずる場所に施設するガス絶縁機器（充電部分が圧縮絶縁ガスにより絶縁された電気機械器具をいう。以下同じ。）及び開閉器又は遮断器に使用する圧縮空気装置は，次の各号により施設しなければならない。

一　圧力を受ける部分の材料及び構造は，最高使用圧力に対して十分に耐え，かつ，安全なものであること。

二　圧縮空気装置の空気タンクは，［（ア）］を有すること。

三　圧力が上昇する場合において，当該圧力が最高使用圧力に到達する以前に当該圧力を［（イ）］させる機能を有すること。

POINT 15 ガス絶縁機器等の危険の防止
電技第33条からの出題である。

四　圧縮空気装置は，主空気タンクの圧力が低下した場合に圧力を自動的に［(ウ)］させる機能を有すること。

五　異常な圧力を早期に［(エ)］できる機能を有すること。

六　ガス絶縁機器に使用する絶縁ガスは，可燃性，腐食性及び［(オ)］のないものであること。

【解答群】

(1)　有毒性	(2)　検知	(3)　耐食性
(4)　導電性	(5)　耐火性	(6)　十分な強度
(7)　上昇	(8)　放出	(9)　回復
(10)　絶縁性	(11)　低下	(12)　引火性

解答　(ア)(3)　(イ)(11)　(ウ)(9)
(エ)(2)　(オ)(1)

20 次の文章は「電気設備技術基準」における屋内電線路等の施設の禁止，連接引込線の禁止及び電線路のがけへの施設の禁止に関する記述である。(ア) ～ (エ) にあてはまる語句を解答群から選択して答えよ。

a　屋内を貫通して施設する電線路，屋側に施設する電線路，屋上に施設する電線路又は地上に施設する電線路は，当該電線路より電気の供給を受ける者以外の者の［(ア)］に施設してはならない。ただし，特別の事情があり，かつ，当該電線路を施設する造営物（地上に施設する電線路にあっては，その土地。）の［(イ)］又は占有者の承諾を得た場合は，この限りでない。

b　［(ウ)］の連接引込線は，施設してはならない。ただし，特別の事情があり，かつ，当該電線路を施設する造営物の［(イ)］又は占有者の承諾を得た場合は，この限りでない。

c　電線路は，がけに施設してはならない。ただし，その電線が建造物の上に施設する場合，道路，鉄道，軌道，索道，架空弱電流電線等，架空電線又は電車線と交さして施設する場合及び［(エ)］でこれらのもの（道路を除く。）と接近して施設する場合以外の場合であって，特別の事情がある場合は，この限りでない。

【解答群】

(1)　敷地内	(2)　設置者	(3)　特別高圧
(4)　所有者	(5)　管理者	(6)　屋内

POINT 19　屋内電線路等の施設の禁止

POINT 20　連接引込線の禁止

POINT 21　電線路のがけへの施設の禁止

電技第37条，第38条及び第39条からの出題である。

注目　いずれも常識的な内容も多く含まれる条文であるが，連接引込線は原則として低圧のみで許可されていることは理解しておくとよい。

連接引込線の定義は電技第1条第16号に記載されている。

(7) 高圧又は特別高圧　(8) 取扱者　(9) 水平距離
(10) 高圧　(11) 垂直距離　(12) 構内

解答 (ア)(12)　(イ)(4)　(ウ)(7)　(エ)(9)

21 次の文章は「電気設備技術基準」における特別高圧架空電線路の市街地等における施設の禁止，市街地に施設する電力保安通信線の特別高圧電線に添架する電力保安通信線との接続の禁止及び通信障害の防止に関する記述である。(ア)～(エ)にあてはまる語句を解答群から選択して答えよ。

a　特別高圧の架空電線路は，その電線が (ア) である場合を除き，市街地その他人家の密集する地域に施設してはならない。ただし，断線又は倒壊による当該地域への危険のおそれがないように施設するとともに，その他の絶縁性，電線の強度等に係る保安上十分な措置を講ずる場合は，この限りでない。

b　市街地に施設する電力保安通信線は，特別高圧の電線路の支持物に添架された電力保安通信線と接続してはならない。ただし，誘導電圧による感電のおそれがないよう， (イ) その他の適切な措置を講ずる場合は，この限りでない。

c　電線路又は電車線路は，無線設備の機能に継続的かつ重大な障害を及ぼす (ウ) を発生するおそれがないように施設しなければならない。

d　電線路又は電車線路は，弱電流電線路に対し，誘導作用により通信上の障害を及ぼさないように施設しなければならない。ただし，弱電流電線路の (エ) の承諾を得た場合は，この限りでない。

【解答群】
(1) 地絡遮断器の施設　(2) 取扱者
(3) 電波　(4) 絶縁電線
(5) 接触電線　(6) 高周波
(7) 管理者　(8) 接地
(9) 磁場　(10) ケーブル
(11) 保安装置の施設　(12) 設置者

解答 (ア)(10)　(イ)(11)　(ウ)(3)　(エ)(7)

POINT22 特別高圧架空電線路の市街地等における施設の禁止

POINT23 市街地に施設する電力保安通信線の特別高圧電線に添架する電力保安通信線との接続の禁止

POINT24 通信障害の防止

電技第40条，第41条及び第42条からの出題である。

22 次の文章は「電気設備技術基準」における発変電設備等の損傷による供給支障の防止に関する記述である。(ア)～(エ)に当てはまる語句を解答群から選択して答えよ。

a [(ア)]，燃料電池又は常用電源として用いる[(イ)]には，当該電気機械器具を著しく損壊するおそれがあり，又は一般送配電事業に係る電気の供給に著しい支障を及ぼすおそれがある異常が当該電気機械器具に生じた場合に自動的にこれを電路から[(ウ)]する装置を施設しなければならない。

b 特別高圧の[(エ)]又は調相設備には，当該電気機械器具を著しく損壊するおそれがあり，又は一般送配電事業に係る電気の供給に著しい支障を及ぼすおそれがある異常が当該電気機械器具に生じた場合に自動的にこれを電路から[(ウ)]する装置の施設その他の適切な措置を講じなければならない。

【解答群】

(1) 発電機	(2) 開閉装置	(3) 保護
(4) 需要設備	(5) 遮断	(6) 蓄電池
(7) 変圧器	(8) 開放	

POINT 25 発変電設備等の損傷による供給支障の防止

電技第44条からの出題である。

解答 (ア)(1) (イ)(6) (ウ)(5) (エ)(7)

発電機や燃料電池，蓄電池は異常時に電路に与える影響が大きいので，電気の安定供給確保のため，具体的には周波数や電圧の維持のため，異常時に電路から遮断させる必要がある。

23 次の文章は「電気設備技術基準の解釈」における発電機の保護装置に関する記述の一部である。(ア)～(エ)にあてはまる語句を解答群から選択して答えよ。

発電機には，次の各号に掲げる場合に，発電機を自動的に電路から遮断する装置を施設すること。

a 発電機に[(ア)]を生じた場合

b 容量が500 kVA以上の発電機を駆動する水車の圧油装置の油圧又は電動式ガイドベーン制御装置，電動式ニードル制御装置若しくは電動式デフレクタ制御装置の電源電圧が著しく[(イ)]した場合

c 容量が2,000 kVA以上の水車発電機のスラスト軸受の温度が著しく[(ウ)]した場合

POINT 25 発変電設備等の損傷による供給支障の防止

電技解釈第42条からの出題である。

d　容量が10,000 kVA以上の発電機の［（エ）］に故障を生じた場合

【解答群】

(1) 上昇	(2) 内部	(3) 過熱	(4) 過電圧
(5) 過電流	(6) 界磁装置	(7) 低下	(8) 地絡

解答　(ア)(5)　(イ)(7)　(ウ)(1)　(エ)(2)

条文中のスラスト軸受とは，回転軸にかかる力を受ける箇所である。水力発電においては一般に縦軸型が主流であるため，スラスト軸受には発電機の重量を含めた非常に大きな力がかかることになる。

24 次の文章は「電気設備技術基準の解釈」における燃料電池発電所に施設する燃料電池に関する記述の一部である。(ア)～(オ)にあてはまる語句を解答群から選択して答えよ。

燃料電池には，次に掲げる場合に燃料電池を自動的に電路から［（ア）］し，また，燃料電池内の燃料ガスの供給を自動的に［（ア）］するとともに，燃料電池内の燃料ガスを自動的に排除する装置を施設すること。ただし，発電用火力設備に関する技術基準を定める省令第35条ただし書きに規定する構造を有する燃料電池設備については，燃料電池内の燃料ガスを自動的に排除する装置を施設することを要しない。

a　燃料電池に［（イ）］が生じた場合

b　発電要素の発電電圧に異常低下が生じた場合，又は燃料ガス出口における［（ウ）］若しくは空気出口における［（エ）］が著しく上昇した場合

c　燃料電池の［（オ）］が著しく上昇した場合

【解答群】

(1) 燃料ガス濃度	(2) 遮断	(3) 温度
(4) 過電流	(5) 空気圧力	(6) 化学反応
(7) 停止	(8) 電圧	(9) 過電圧
(10) 酸素濃度	(11) 生成水量	(12) 燃料ガス圧力

解答　(ア)(2)　(イ)(4)　(ウ)(10)
(エ)(1)　(オ)(3)

燃料電池は支燃性の酸素と爆発性の水素があるた

POINT 25 発変電設備等の損傷による供給支障の防止

電技解釈第45条からの出題である。

め，水素濃度が爆発範囲に入ると非常に危険な状態となる。したがって，その場合には自動的に電路から遮断し，燃料ガスの供給を遮断する必要がある。

25 次の文章は「電気設備技術基準」における発電機等の強度に関する記述である。（ア）～（ウ）にあてはまる語句を解答群から選択して答えよ。

a　発電機，変圧器，調相設備並びに母線及びこれを支持するがいしは，短絡電流により生ずる（ア）に耐えるものでなければならない。

b　水車又は風車に接続する発電機の回転する部分は，（イ）場合に起こる速度に対し，蒸気タービン，ガスタービン又は内燃機関に接続する発電機の回転する部分は，（ウ）及びその他の非常停止装置が動作して達する速度に対し，耐えるものでなければならない。

【解答群】

(1)　負荷が急変した	(2)　負荷遮断装置
(3)　電気的衝撃	(4)　負荷を遮断した
(5)　機械的衝撃	(6)　自動燃料遮断装置
(7)　非常調速装置	(8)　過電圧

POINT 26 発電機等の機械的強度

電技第45条からの出題である。

解答　（ア）(5)　（イ）(4)　（ウ）(7)

短絡時には非常に大きな電流が流れ，発電機には非常に大きな機械的衝撃も加わるため，それに耐えうる設計とすることが求められる。また，回転体は過速度時に安全に停止する保安装置を設けているが，保安装置が作動するまでの回転数においては，その遠心力に耐えうる構造とする必要がある。

26 次の文章は「電気設備技術基準」における常時監視をしない発電所等の施設に関する記述である。（ア）～（エ）にあてはまる語句を解答群から選択して答えよ。

a　異常が生じた場合に（ア）を及ぼし，若しくは物件に損傷を与えるおそれがないよう，異常の状態に応じた制御が必要となる発電所，又は（イ）に係る電気の供給に著しい支障を及ぼすおそれがないよう，異常を早期に発見する必要のある発電所であって，発電所の運転に

POINT 27 常時監視をしない発電所等の施設

電技第46条からの出題である。

一般送配電事業は電気事業法に定義されており，主に受給の調整を行う事業のことを指す。

必要な知識及び技能を有する者が当該発電所又はこれと同一の構内において常時監視をしないものは，施設してはならない。

b　前項に掲げる発電所以外の発電所又は変電所であって，発電所又は変電所の運転に必要な知識及び技能を有する者が当該発電所若しくはこれと同一の構内又は変電所において常時監視をしない発電所又は変電所は，（ウ）を除き，異常が生じた場合に安全かつ確実に（エ）することができるような措置を講じなければならない。

【解答群】

(1)　一般送配電事業	(2)　解列
(3)　非常用予備電源	(4)　電力系統に被害
(5)　再生可能エネルギー電源	(6)　人体に危害
(7)　小売電気事業	(8)　停止
(9)　分散型電源	(10)　小出力発電設備
(11)　運転継続	
(12)　電気の供給に著しい支障	

解答　(ア)(6)　(イ)(1)　(ウ)(3)　(エ)(8)

常時監視をしない発電所は，出力等の一定の条件を満たす水力発電所，風力発電所，太陽電池発電所，燃料電池発電所，地熱発電所，内燃力発電所等があり，それぞれの具体的な内容は電技解釈第47条の2に記載されている。

27　次の文章は「電気設備技術基準の解釈」における常時監視をしない発電所の監視制御方法に関する記述の一部である。(ア)～(ウ)にあてはまる語句を解答群から選択して答えよ。

a　「（ア）」は，次に適合するものであること。

技術員が，適当な間隔をおいて発電所を巡回し，運転状態の監視を行うものであること。

b　「（イ）」は，次に適合するものであること。

技術員が，必要に応じて発電所に出向き，運転状態の監視又は制御その他必要な措置を行うものであること。

c　「（ウ）」は，次に適合するものであること。

技術員が，制御所に常時駐在し，発電所の運転状態の監視及び制御を遠隔で行うものであること。

POINT 27　常時監視をしない発電所等の施設

電技解釈第47条の2第1項からの出題である。

【解答群】

(1) 遠隔常時監視制御方式　(2) 簡易監視制御方式
(3) 遠隔断続監視制御方式　(4) 随時巡回方式
(5) 断続監視制御方式　(6) 随時監視制御方式

解答 (ア)(4) (イ)(6) (ウ)(1)

常時監視をしない発電所は，前提条件として異常時の迅速な対応や措置が常時監視をする発電所と比較して難しいため，機器の保護装置等を強化することで対応する発電所である。

それぞれ出力や出力調整装置等一定の要件を満たすことで，発電方式毎に随時巡回方式，随時監視制御方式，遠隔常時監視制御方式に細かく分類されている。

電技解釈第47条の2第3項以降に個別の発電方式毎に記載があるため，一読しておくとよい。

28 次の文章は「電気設備技術基準の解釈」における地中電線路の施設に関する記述の一部である。(ア) ～ (オ) にあてはまる語句を解答群から選択して答えよ。

地中電線路を[(ア)]式により施設する場合は，次の各号によること。

a　地中電線の埋設深さは，車両その他の重量物の圧力を受けるおそれがある場所においては[(イ)]m以上，その他の場所においては[(ウ)]m以上であること。ただし，使用するケーブルの種類，施設条件等を考慮し，これに加わる圧力に耐えるよう施設する場合はこの限りでない。

b　地中電線を衝撃から防護するため，次のいずれかにより施設すること。

イ　地中電線を，堅ろうな[(エ)]その他の防護物に収めること。

c　高圧又は特別高圧の地中電線路には，次により表示を施すこと。ただし，需要場所に施設する高圧地中電線路であって，その長さが15 m以下のものにあってはこの限りでない。

イ　物件の名称，管理者名及び電圧（需要場所に施設する場合にあっては，物件の名称及び管理者名を除く。）を表示すること。

ロ　おおむね[(オ)]mの間隔で表示すること。ただし，

POINT 28 地中電線路の保護

電技解釈第120条からの出題である。

他人が立ち入らない場所又は当該電線路の位置が十分に認知できる場合は，この限りでない。

【解答群】

(1) 直接埋設	(2) 1.2	(3) トラフ	(4) 管路
(5) 1	(6) 0.6	(7) 1.5	(8) 暗きょ
(9) 箱	(10) 2		

解答 (ア)(1)　(イ)(2)　(ウ)(6)
(エ)(3)　(オ)(10)

地中電線路は管路式，暗きょ式，直接埋設式に分類されるが，それぞれの特徴は電力科目の範囲となる。分からない場合は電力科目を復習すること。

表示に関する内容は管路式の項に記載あり。したがって，管路式の条文も理解している必要がある。

29 次の文章は「電気設備技術基準」における特別高圧架空電線路の供給支障の防止に関する記述である。(ア)～(ウ)にあてはまる語句を解答群から選択して答えよ。

a　使用電圧が［(ア)］V以上の特別高圧架空電線路は，市街地その他人家の密集する地域に施設してはならない。ただし，当該地域からの火災による当該電線路の損壊によって［(イ)］に係る電気の供給に著しい支障を及ぼすおそれがないように施設する場合は，この限りでない。

b　使用電圧が［(ア)］V以上の特別高圧架空電線と建造物との水平距離は，当該建造物からの火災による当該電線の損壊等によって［(イ)］に係る電気の供給に著しい支障を及ぼすおそれがないよう，［(ウ)］m以上としなければならない。

c　使用電圧が［(ア)］V以上の特別高圧架空電線が，建造物，道路，歩道橋その他の工作物の下方に施設されるときの相互の水平離隔距離は，当該工作物の倒壊等による当該電線の損壊によって［(イ)］に係る電気の供給に著しい支障を及ぼすおそれがないよう，［(ウ)］m以上としなければならない。

【解答群】

(1) 35000	(2) 60000	(3) 170000
(4) 小売電気事業	(5) 一般送配電事業	(6) 発電事業
(7) 3	(8) 5	(9) 10

POINT 29 特別高圧架空電線路の供給支障の防止

電技第48条からの出題である。

解答 (ア)(3)　(イ)(5)　(ウ)(7)

空欄（イ）の一般送配電事業は用語の定義から導き出せるようになるのが理想である。（ウ）のように具体的な数値が電技解釈ではなく電技で示されることは珍しいので数値だけ覚えていても正答を導き出すことは可能となる。

他の170,000 Vに関する規定としては，電気主任技術者の取り扱いが可能な電圧や変圧器の事前届出の基準電圧等がある。

30 次の文章は「電気設備技術基準」における高圧及び特別高圧の電路の雷対策に関する記述である。（ア）～（エ）にあてはまる語句を解答群から選択して答えよ。

雷電圧による電路に施設する電気設備の損壊を防止できるよう，当該電路中次の各号に掲げる箇所又はこれに近接する箇所には，［（ア）］その他の適切な措置を講じなければならない。ただし，雷電圧による当該電気設備の損壊のおそれがない場合は，この限りでない。

a　発電所又は変電所若しくはこれに準ずる場所の架空電線［（イ）］

b　架空電線路に接続する配電用変圧器であって，［（ウ）］遮断器の設置等の保安上の保護対策が施されているものの高圧側及び特別高圧側

c　高圧又は特別高圧の架空電線路から供給を受ける需要場所の［（エ）］

POINT 30 高圧及び特別高圧の電路の避雷器等の施設

電技第49条からの出題である。

【解答群】

(1)　接地　　(2)　引込口
(3)　地絡　　(4)　引込口及び引出口
(5)　漏電　　(6)　放電装置の施設
(7)　過電流　　(8)　避雷器の施設
(9)　混触

解答 (ア)(8)　(イ)(4)　(ウ)(7)　(エ)(2)

電技解釈第37条にもほぼ同じ内容があるので，合わせて理解すると良い。機器を保護する観点から，常識的な内容も多く含まれるので，電力の知識を習熟していると有利となる。

需要場所には引出口がないことを理解していれば正答は導き出せる。

基本問題

1 次の文章は,「電気設備技術基準」における電線路等の感電又は火災の防止及び絶縁性能に関する記述である。

a　電線路又は電車線路は,施設場所の状況及び［(ア)］に応じ,［(イ)］又は火災のおそれがないように施設しなければならない。

b　低圧又は高圧の架空電線には,［(イ)］のおそれがないよう,使用［(ア)］に応じた［(ウ)］を有する絶縁電線又はケーブルを使用しなければならない。ただし,通常予見される使用形態を考慮し,［(イ)］のおそれがない場合は,この限りでない。

c　地中電線には,［(イ)］のおそれがないよう,使用［(ア)］に応じた［(ウ)］を有するケーブルを使用しなければならない。

d　低圧電線路中絶縁部分の電線と大地との間及び電線の線心相互間の絶縁抵抗は,使用［(ア)］に対する漏えい電流が最大供給電流の［(エ)］分の1を超えないようにしなければならない。

上記の記述中の空白箇所(ア),(イ),(ウ)及び(エ)に当てはまる組合せとして,正しいものを次の(1)~(5)のうちから一つ選べ。

	(ア)	(イ)	(ウ)	(エ)
(1)	電圧	感電	絶縁性能	2000
(2)	電圧	漏電	送電容量	1000
(3)	温度	漏電	絶縁性能	1000
(4)	温度	感電	送電容量	1500
(5)	温度	感電	絶縁性能	2000

解答 (1)

本問の空欄のように,同じ用語が様々な条文に使用されていることは多いので用語として整理して覚えておく方法もある。

POINT 1 電線路等の感電又は火災の防止

POINT 2 架空電線及び地中電線の感電の防止

POINT 3 低圧電線路の絶縁性能

電技第20条,第21条及び第22条からの出題である。

電技において「~分の1」となるのは本条文の2000分の1と,第32条の支持物の倒壊の防止に係る2分の1のみである。

2 次の文章は「電気設備技術基準の解釈」における低高圧架空電線路に使用する電線に関する記述の一部である。

電線の種類は，（ア）に応じ下表に規定するものであること。

<table>
<tr><th colspan="2">（ア）の区分</th><th>電線の種類</th></tr>
<tr><td rowspan="2">低圧</td><td>（イ）V以下</td><td>絶縁電線，（ウ）又はケーブル</td></tr>
<tr><td>（イ）V超過</td><td>絶縁電線（引込用ビニル絶縁電線及び引込用ポリエチレン絶縁電線を除く。）又はケーブル</td></tr>
<tr><td colspan="2">高圧</td><td>高圧絶縁電線，（エ）又はケーブル</td></tr>
</table>

上記の記述中の空白箇所（ア），（イ），（ウ）及び（エ）に当てはまる組合せとして，正しいものを次の(1)～(5)のうちから一つ選べ。

	（ア）	（イ）	（ウ）	（エ）
(1)	最大使用電圧	300	多心型電線	特別高圧絶縁電線
(2)	最大使用電圧	450	配電用電線	裸電線
(3)	使用電圧	300	多心型電線	特別高圧絶縁電線
(4)	使用電圧	450	多心型電線	裸電線
(5)	使用電圧	450	配電用電線	特別高圧絶縁電線

POINT 2 架空電線及び地中電線の感電の防止

電技解釈第65条第1項からの出題である。

解答 (3)

3 次の文章は「電気設備技術基準」における発電所等への取扱者以外の者の立入の防止に関する記述である。

a　高圧又は特別高圧の（ア），母線等を施設する発電所又は変電所，開閉所若しくはこれらに準ずる場所には，取扱者以外の者に（ア），母線等が危険である旨を表示するとともに，当該者が容易に構内に（イ）おそれがないように適切な措置を講じなければならない。

b　地中電線路に施設する（ウ）は，取扱者以外の者が容易に（イ）おそれがないように施設しなければならない。

上記の記述中の空白箇所（ア），（イ）及び（ウ）に当てはまる組合せとして，正しいものを次の(1)～(5)のうちから一つ選べ。

POINT 4 発電所等への取扱者以外の者の立入の防止

電技第23条からの出題である。

	(ア)	(イ)	(ウ)
(1)	電気機械器具	立ち入る	トラフ
(2)	電気工作物	侵入する	地中箱
(3)	電気機械器具	侵入する	トラフ
(4)	電気機械器具	立ち入る	地中箱
(5)	電気工作物	立ち入る	トラフ

解答 (4)

4 次の文章は「電気設備技術基準の解釈」における発電所等への取扱者以外の者の立入の防止に関する記述である。

高圧又は特別高圧の機械器具等を［（ア）］に施設する発電所等は，次の各号により構内に取扱者以外の者が立ち入らないような措置を講じること。

a ［（イ）］を設けること。

b さく，へい等を設け，当該さく，へい等の高さと，さく，へい等から充電部分までの距離との和を，下表に規定する値以上とすること。

充電部分の使用電圧の区分	さく，へい等の高さと，さく，へい等から充電部分までの距離との和
35,000 V以下	［（ウ）］m
35,000 Vを超え160,000 V以下	6 m
160,000 V超過	$(6 + c)$ m

（備考）cは，使用電圧と160,000 Vの差を10,000 Vで除した値（小数点以下を切り上げる。）に0.12を乗じたもの

c 出入口に［（エ）］旨を表示すること。

上記の記述中の空白箇所（ア），（イ），（ウ）及び（エ）に当てはまる組合せとして，正しいものを次の(1)～(5)のうちから一つ選べ。

POINT 4 発電所等への取扱者以外の者の立入の防止

電技解釈第38条第2項からの出題である。

	（ア）	（イ）	（ウ）	（エ）
(1)	屋外	有刺鉄線	5	危険である
(2)	屋内	堅ろうな壁	5	立入りを禁止する
(3)	屋内	堅ろうな壁	5.5	危険である
(4)	屋内	有刺鉄線	5	立入りを禁止する
(5)	屋外	堅ろうな壁	5.5	危険である

解答 (2)

5 次の文章は「電気設備技術基準」における架空電線路の施設に関する記述である。

a　架空電線路の支持物には，感電のおそれがないよう，［（ア）］以外の者が容易に昇塔できないように適切な措置を講じなければならない。

b　架空電線，架空電力保安通信線及び架空電車線は，接触又は［（イ）］による感電のおそれがなく，かつ，［（ウ）］に支障を及ぼすおそれがない高さに施設しなければならない。

c　［（エ）］は，［（ウ）］に支障を及ぼすおそれがない高さに施設しなければならない。

上記の記述中の空白箇所（ア），（イ），（ウ）及び（エ）に当てはまる組合せとして，正しいものを次の(1)～(5)のうちから一つ選べ。

	（ア）	（イ）	（ウ）	（エ）
(1)	取扱者	誘導作用	交通	支線
(2)	管理者	断線	人の健康	支線
(3)	管理者	誘導作用	交通	機械器具
(4)	管理者	誘導作用	交通	支線
(5)	取扱者	断線	人の健康	機械器具

解答 (1)

電技解釈第38条は第1項が屋外，第2項が屋内に関する規定であるため，問題文からどちらであるか判定する必要がある。

POINT 5 架空電線路の支持物の昇塔防止

POINT 6 架空電線等の高さ

電技第24条及び第25条からの出題である。

6 次の表は「電気設備技術基準の解釈」における低高圧架空電線の高さに関するものである。

低圧架空電線又は高圧架空電線の高さは，下表に規定する値以上であること。

区分		高さ
道路（車両の往来がまれであるもの及び歩行の用にのみ供される部分を除く。）を横断する場合		路面上［（ア）］m
鉄道又は軌道を横断する場合		レール面上5.5 m
低圧架空電線を横断歩道橋の上に施設する場合		横断歩道橋の路面上3 m
高圧架空電線を横断歩道橋の上に施設する場合		横断歩道橋の路面上［（イ）］m
上記以外	屋外照明用であって，絶縁電線又はケーブルを使用した対地電圧［（ウ）］V以下のものを交通に支障のないように施設する場合	地表上4 m
	低圧架空電線を道路以外の場所に施設する場合	地表上4 m
	その他の場合	地表上［（エ）］m

上記の記述中の空白箇所（ア），（イ），（ウ）及び（エ）に当てはまる組合せとして，正しいものを次の(1)～(5)のうちから一つ選べ。

	（ア）	（イ）	（ウ）	（エ）
(1)	5	4	300	6
(2)	5	3.5	150	6
(3)	6	4	150	5
(4)	6	3.5	150	5
(5)	6	4	300	5

解答 (4)

POINT 6 架空電線等の高さ

電技解釈第68条からの出題である。

電線の高さは電験でも出題されやすい内容であり，引込線と合わせ確実に理解しておかなければならない必須項目の一つである。

7 次の表は「電気設備技術基準の解釈」における低圧架空引込線の高さに関するものである。

電線の高さは，下表に規定する値以上であること。

<table>
<tr><th colspan="2">区分</th><th>高さ</th></tr>
<tr><td rowspan="2">道路（歩行の用にのみ供される部分を除く。）を横断する場合</td><td>技術上やむを得ない場合において交通に支障のないとき</td><td>路面上３m</td></tr>
<tr><td>その他の場合</td><td>路面上（イ）m</td></tr>
<tr><td colspan="2">鉄道又は軌道を横断する場合</td><td>レール面上（ウ）m</td></tr>
<tr><td colspan="2">（ア）の上に施設する場合</td><td>（ア）の路面上３m</td></tr>
<tr><td rowspan="2">上記以外の場合</td><td>技術上やむを得ない場合において交通に支障のないとき</td><td>地表上（エ）m</td></tr>
<tr><td>その他の場合</td><td>地表上４m</td></tr>
</table>

上記の記述中の空白箇所（ア），（イ），（ウ）及び（エ）に当てはまる組合せとして，正しいものを次の(1)〜(5)のうちから一つ選べ。

	（ア）	（イ）	（ウ）	（エ）
(1)	横断歩道橋	5	5.5	2.5
(2)	横断歩道橋	6	4.5	3
(3)	私道又は歩道	6	5.5	3
(4)	横断歩道橋	6	5.5	2.5
(5)	私道又は歩道	5	4.5	2.5

POINT 6 架空電線等の高さ

電技解釈第116条第1項からの出題である。

架空電線と変化のないものと架空電線より緩和されているものをしっかりと区別して理解する。

解答 (1)

全体として架空電線の高さより低い高さとなっている。これは経済的な理由や物理的な制約等によるものである。ただし，いずれも交通に支障がないようにしなければならないという前提となる。

8 次の文章は「電気設備技術基準」における架空電線による他人の電線等の作業者への感電の防止に関する記述である。

a　架空電線路の（ア）は，他人の設置した架空電線路又は架空弱電流電線路若しくは架空光ファイバケーブル線路の電線又は弱電流電線若しくは光ファイバケーブルの間を（イ）施設してはならない。ただし，その他人

POINT 7 架空電線による他人の電線等の作業者への感電の防止

電技第26条からの出題である。

の承諾を得た場合は，この限りでない。

b　架空電線は，他人の設置した架空電線路，電車線路又は架空弱電流電線路若しくは架空光ファイバケーブル線路の支持物を［（ウ）］施設してはならない。ただし，［（エ）］施設する場合又はその他人の承諾を得た場合は，この限りでない。

上記の記述中の空白箇所（ア），（イ），（ウ）及び（エ）に当てはまる組合せとして，正しいものを次の(1)～(5)のうちから一つ選べ。

	（ア）	（イ）	（ウ）	（エ）
(1)	支線	貫通して	交さして	同一支持物に
(2)	支線	並行して	挟んで	同一支持物に
(3)	支持物	貫通して	交さして	十分に離隔して
(4)	支持物	貫通して	挟んで	同一支持物に
(5)	支持物	並行して	交さして	十分に離隔して

解答　(4)

電技第26条第１項，第２項とも電線路の錯綜による危険防止を目的として規定されている。

9　次の文章は「電気設備技術基準」における架空電線路からの誘電作用による感電の防止に関する記述である。

a　特別高圧の架空電線路は，通常の使用状態において，［（ア）］作用により人による感知のおそれがないよう，地表上［（イ）］mにおける電界強度が［（ウ）］kV/m以下になるように施設しなければならない。ただし，田畑，山林その他の人の往来が少ない場所において，［（エ）］を及ぼすおそれがないように施設する場合は，この限りでない。

b　特別高圧の架空電線路は，［（オ）］作用により弱電流電線路（電力保安通信設備を除く。）を通じて［（エ）］を及ぼすおそれがないように施設しなければならない。

c　電力保安通信設備は，架空電線路からの［（ア）］作用又は［（オ）］作用により［（エ）］を及ぼすおそれがないように施設しなければならない。

POINT 8　架空電線路からの静電誘導作用又は電磁誘導作用による感電の防止

電技第27条からの出題である。

（エ）のように試験問題で3つの文章ですべて同じ用語が空欄にされることはまずないが，同じ用語を使用している条文を理解するという意味ではよい練習問題となる。

上記の記述中の空白箇所（ア），（イ），（ウ），（エ）及び（オ）に当てはまる組合せとして，正しいものを次の(1)～(5)のうちから一つ選べ。

	（ア）	（イ）	（ウ）	（エ）	（オ）
(1)	静電誘導	1	3	人体に危害	電磁誘導
(2)	電磁誘導	2	3	通信に障害	静電誘導
(3)	電磁誘導	2	2	通信に障害	静電誘導
(4)	電磁誘導	1	3	人体に危害	静電誘導
(5)	静電誘導	1	2	人体に危害	電磁誘導

静電誘導と電磁誘導のメカニズムは電力科目の範囲である。それぞれのメカニズムをきちんと理解していれば（ア）と（オ）を間違えることはなくなる。

解答 (1)

10 次の文章は「電気設備技術基準」における電気機械器具等からの誘導作用による人の健康影響の防止に関する記述である。

変圧器，開閉器その他これらに類するもの又は電線路を発電所，変電所，開閉所及び需要場所以外の場所に施設するに当たっては，通常の使用状態において，当該電気機械器具等からの［（ア）］作用により人の健康に影響を及ぼすおそれがないよう，当該電気機械器具等のそれぞれの付近において，人によって占められる空間に相当する空間の磁束密度の平均値が，［（イ）］において［（ウ）］μT以下になるように施設しなければならない。ただし，田畑，山林その他の人の往来が少ない場所において，人体に危害を及ぼすおそれがないように施設する場合は，この限りでない。

POINT 9 電気機械器具等からの電磁誘導作用による人の健康影響の防止

電技第27条の2からの出題である。

上記の記述中の空白箇所（ア），（イ）及び（ウ）に当てはまる組合せとして，正しいものを次の(1)～(5)のうちから一つ選べ。

	（ア）	（イ）	（ウ）
(1)	電磁誘導	標準電圧	100
(2)	静電誘導	商用周波数	100
(3)	電磁誘導	商用周波数	200
(4)	静電誘導	商用周波数	200
(5)	静電誘導	標準電圧	100

解答 (3)

11 次の文章は「電気設備技術基準」及び「電気設備技術基準の解釈」における電線の混触防止及び低高圧架空電線と架空弱電流電線等との共架に関する記述である。

a　電線路の電線，電力保安通信線又は電車線等は，他の電線又は弱電流電線等と接近し，若しくは交さする場合又は同一支持物に施設する場合には，他の電線又は弱電流電線等を損傷するおそれがなく，かつ，接触，断線等によって生じる［(ア)］による感電又は火災のおそれがないように施設しなければならない。

b　低圧架空電線又は高圧架空電線と架空弱電流電線等とを同一支持物に施設する場合は，次の各号により施設すること。ただし，架空弱電流電線等が［(イ)］である場合は，この限りでない。

一　電線路の支持物として使用する木柱の風圧荷重に対する安全率は，［(ウ)］以上であること。

二　架空電線を架空弱電流電線等の［(エ)］とし，別個の腕金類に施設すること。

ただし，架空弱電流電線路等の管理者の承諾を得た場合において，低圧架空電線に高圧絶縁電線，特別高圧絶縁電線又はケーブルを使用するときは，この限りでない。

上記の記述中の空白箇所(ア)，(イ)，(ウ)及び(エ)に当てはまる組合せとして，正しいものを次の(1)～(5)のうちから一つ選べ。

	(ア)	(イ)	(ウ)	(エ)
(1)	誘導作用	光ファイバケーブル	1.2	下
(2)	混触	光ファイバケーブル	2.0	下
(3)	混触	光ファイバケーブル	2.0	上
(4)	誘導作用	電力保安通信線	1.2	上
(5)	混触	電力保安通信線	2.0	上

解答 (5)

POINT 10 電線の混触の防止

電技第28条及び電技解釈第81条からの出題である。

施設するのは上から高圧架空電線⇒低圧架空電線⇒架空弱電流電線等と覚えておくこと。

12 次の文章は「電気設備技術基準の解釈」における高圧保安工事に関する記述である。

高圧架空電線路の電線の断線，支持物の倒壊等による危険を防止するため必要な場合に行う，高圧保安工事は，次の各号によること。

一　電線はケーブルである場合を除き，引張強さ8.01 kN以上のもの又は直径5 mm以上の［（ア）］であること。

二　木柱の風圧荷重に対する安全率は，［（イ）］以上であること。

三　径間は，下表によること。ただし，電線に引張強さ14.51 kN以上のもの又は断面積［（ウ）］mm^2以上の硬銅より線を使用する場合であって，支持物にB種鉄筋コンクリート柱，B種鉄柱又は鉄塔を使用するときは，この限りでない。

支持物の種類	径間
木柱，A種鉄筋コンクリート柱又はA種鉄柱	100 m以下
B種鉄筋コンクリート柱又はB種鉄柱	150 m以下
鉄塔	［（エ）］m以下

上記の記述中の空白箇所（ア），（イ），（ウ）及び（エ）に当てはまる組合せとして，正しいものを次の(1)～(5)のうちから一つ選べ。

	（ア）	（イ）	（ウ）	（エ）
(1)	硬銅線	1.1	38	200
(2)	軟銅線	2.0	14	200
(3)	硬銅線	1.1	14	400
(4)	軟銅線	1.1	14	200
(5)	硬銅線	2.0	38	400

POINT 10 電線の混触の防止

電技解釈第70条第2項からの出題である。

解答 (5)

高圧保安工事に関する内容は電技解釈第71条～第78条に規定されているが，電線や風圧荷重，径間等共通する内容については第70条に規定されている。

13 次の文章は「電気設備技術基準」における電線等による他の電線及び工作物への危険の防止に関する記述である。

a　電線路の電線又は電車線等は，他の工作物又は［（ア）］と接近し，又は交さする場合には，他の工作物又は［（ア）］を損傷するおそれがなく，かつ，接触，断線等によって生じる［（イ）］のおそれがないように施設しなければならない。

b　地中電線，屋側電線及びトンネル内電線その他の工作物に固定して施設する電線は，他の電線，弱電流電線等又は［（ウ）］と接近し，又は交さする場合には，故障時の［（エ）］により他の電線等を損傷するおそれがないように施設しなければならない。ただし，［（イ）］のおそれがない場合であって，他の電線等の管理者の承諾を得た場合は，この限りでない。

上記の記述中の空白箇所（ア），（イ），（ウ）及び（エ）に当てはまる組合せとして，正しいものを次の(1)～(5)のうちから一つ選べ。

	（ア）	（イ）	（ウ）	（エ）
(1)	植物	感電又は火災	管	アーク放電
(2)	電線	感電又は混触	管	誘導作用
(3)	電線	感電又は火災	トラフ	誘導作用
(4)	植物	感電又は混触	管	アーク放電
(5)	植物	感電又は火災	トラフ	アーク放電

POINT 11 電線による他の工作物等への危険の防止

POINT 12 地中電線等による他の電線及び工作物への危険の防止

電技第29条及び第30条からの出題である。

「感電又は火災」という用語は電技に非常によく出てくる用語である。したがって熟語として覚えておくとよい。

解答 (1)

14 次の文章は「電気設備技術基準の解釈」における地中電線と他の地中電線等との接近又は交差に関する記述である。

低圧地中電線と高圧地中電線とが接近又は交差する場合，又は低圧若しくは高圧の地中電線と特別高圧地中電線とが接近又は交差する場合は，次の各号のいずれかによること。ただし，地中箱内についてはこの限りでない。

a　低圧地中電線と高圧地中電線との離隔距離が，［（ア）］m以上であること。

b　低圧又は高圧の地中電線と特別高圧地中電線との離隔距離が，［（イ）］m以上であること。

c　暗きょ内に施設し，地中電線相互の離隔距離が，

POINT 12 地中電線等による他の電線及び工作物への危険の防止

電技解釈第125条第1項からの出題である。

　(ウ)　m以上であること

d　地中電線相互の間に堅ろうな　(エ)　の隔壁を設けること。

e　(オ)　の地中電線が，次のいずれかに該当するものである場合は，地中電線相互の離隔距離が，0m以上であること。

　イ　不燃性の被覆を有すること。

　ロ　堅ろうな不燃性の管に収められていること。

f　(カ)　の地中電線が，次のいずれかに該当するものである場合は，地中電線相互の離隔距離が，0m以上であること。

　イ　自消性のある難燃性の被覆の被覆を有すること。

　ロ　堅ろうな自消性のある難燃性の被覆の管に収められていること。

上記の記述中の空白箇所（ア），（イ），（ウ），（エ），（オ）及び（カ）に当てはまる組合せとして，正しいものを次の(1)～(5)のうちから一つ選べ。

	（ア）	（イ）	（ウ）	（エ）	（オ）	（カ）
(1)	0.25	0.5	0.1	難燃性	それぞれ	いずれか
(2)	0.15	0.3	0.1	耐火性	いずれか	それぞれ
(3)	0.25	0.5	0.15	難燃性	いずれか	それぞれ
(4)	0.15	0.3	0.1	耐火性	それぞれ	いずれか
(5)	0.25	0.5	0.15	耐火性	それぞれ	いずれか

用語の定義を理解していれば(オ)と(カ)は自ずと正答が導き出せる。
難燃性…炎を当てても燃え広がらない性質
自消性のある難燃性…難燃性であって，炎を除くと自然に消える性質
不燃性…難燃性のうち，炎を当てても燃えない性質

解答　(2)

地中電線路の場合は架空電線路と違い支持物の倒壊や電線の断線等を考慮する必要がないので，地中電線の故障時におけるアーク放電により他の地中電線，地中弱電流電線等，ガス管及び水道管等に損傷を与えるおそれを考慮して，相互の離隔距離を決定している。したがって，0mという離隔距離があり，離隔距離が架空電線路より小さいことを理解できると良い。

15 次の文章は「電気設備技術基準」における異常電圧による架空電線等への障害の防止に関する記述である。

a　特別高圧の架空電線と低圧又は高圧の架空電線又は電車線を［（ア）］する場合は，異常時の［（イ）］の侵入により低圧側又は高圧側の電気設備に障害を与えないよう，［（ウ）］その他の適切な措置を講じなければならない。

b　特別高圧架空電線路の電線の［（エ）］において，その支持物に低圧の電気機械器具を施設する場合は，異常時の［（イ）］の侵入により低圧側の電気設備へ障害を与えないよう，［（ウ）］その他の適切な措置を講じなければならない。

上記の記述中の空白箇所（ア），（イ），（ウ）及び（エ）に当てはまる組合せとして，正しいものを次の(1)～(5)のうちから一つ選べ。

	（ア）	（イ）	（ウ）	（エ）
(1)	同一支持物に施設	高電圧	接地	下方
(2)	同一支持物に施設	高電圧	放電装置	上方
(3)	接近又は交さ	過電圧	放電装置	下方
(4)	同一支持物に施設	高電圧	接地	上方
(5)	接近又は交さ	過電圧	接地	上方

POINT 13 異常電圧による架空電線等への障害の防止

電技第31条からの出題である。

解答　(4)

16 次の文章は「電気設備技術基準」における支持物の倒壊の防止に関する記述である。

a　架空電線路又は架空電車線路の支持物の材料及び構造（支線を施設する場合は，当該支線に係るものを含む。）は，その支持物が支持する電線等による引張荷重，［（ア）］分間平均で風速［（イ）］m/sの風圧荷重及び当該設置場所において通常想定される地理的条件，気象の変化，振動，衝撃その他の外部環境の影響を考慮し，倒壊のおそれがないよう，安全なものでなければならない。ただし，［（ウ）］場所に施設する架空電線路にあっては，その施設場所を考慮して施設する場合は，［（ア）］分間平均で風速［（イ）］m/sの風圧荷重の［（エ）］の風圧荷重を考慮して施設することができる。

POINT 14 支持物の倒壊の防止

電技第32条からの出題である。

b　架空電線路の支持物は，構造上安全なものとすること等により［（オ）］倒壊のおそれがないように施設しなければならない。

上記の記述中の空白箇所（ア），（イ），（ウ），（エ）及び（オ）に当てはまる組合せとして，正しいものを次の(1)〜(5)のうちから一つ選べ。

	（ア）	（イ）	（ウ）	（エ）	（オ）
(1)	10	40	人家が多く連なってる	2分の1	連鎖的に
(2)	1	40	人の往来が少ない	4分の3	経年的に
(3)	1	60	人の往来が少ない	2分の1	経年的に
(4)	10	60	人家が多く連なってる	2分の1	連鎖的に
(5)	1	40	人の往来が少ない	4分の3	連鎖的に

解答　(1)

17　次の文章は「電気設備技術基準」におけるガス絶縁機器等の危険の防止に関する記述である。

発電所又は変電所，開閉所若しくはこれらに準ずる場所に施設するガス絶縁機器及び開閉器又は遮断器に使用する圧縮空気装置は，次の各号により施設しなければならない。

a　圧力を受ける部分の材料及び構造は，［（ア）］に対して十分に耐え，かつ，安全なものであること。

b　圧縮空気装置の空気タンクは，［（イ）］を有すること。

c　圧力が上昇する場合において，当該圧力が［（ア）］に到達する以前に当該圧力を低下させる機能を有すること。

d　圧縮空気装置は，主空気タンクの圧力が低下した場合に圧力を［（ウ）］させる機能を有すること。

e　ガス絶縁機器に使用する絶縁ガスは，［（エ）］，腐食性及び有毒性のないものであること。

上記の記述中の空白箇所（ア），（イ），（ウ）及び（エ）に当てはまる組合せとして，正しいものを次の(1)〜(5)のうちから一つ選べ。

POINT 15　ガス絶縁機器等の危険の防止

電技第33条からの出題である。

	（ア）	（イ）	（ウ）	（エ）
(1)	最高使用圧力	耐火性	自動的に回復	可燃性
(2)	最高使用圧力	耐火性	早期に検知	可燃性
(3)	異常時に生じる圧力	耐食性	早期に検知	爆発性
(4)	最高使用圧力	耐食性	自動的に回復	可燃性
(5)	異常時に生じる圧力	耐火性	早期に検知	爆発性

解答 (4)

高圧ガス保安法並びにボイラー及び圧力容器安全規則に関する規定で電気工作物が適用除外とされているため，これに関する事項を電技で規定している。

18 次の文章は「電気設備技術基準」における水素冷却式発電機等の施設に関する記述である。

水素冷却式の発電機若しくは調相設備又はこれに附属する水素冷却装置は，次の各号により施設しなければならない。

a 構造は，水素の漏洩又は［（ア）］の混入のおそれがないものであること。

b 発電機，調相設備，水素を通ずる管，弁等は，水素が大気圧で爆発する場合に生じる［（イ）］に耐える強度を有するものであること。

c 発電機の［（ウ）］から水素が漏洩したときに，漏洩を停止させ，又は漏洩した水素を安全に外部に放出できるものであること。

d 発電機内又は調相設備内への水素の導入及び発電機内又は調相設備内からの水素の外部への放出が安全にできるものであること。

e 異常を早期に検知し，［（エ）］する機能を有すること。

上記の記述中の空白箇所（ア），（イ），（ウ）及び（エ）に当てはまる組合せとして，正しいものを次の(1)～(5)のうちから一つ選べ。

POINT 17 水素冷却式発電機等の施設

電技第35条からの出題である。

	(ア)	(イ)	(ウ)	(エ)
(1)	水分	圧力	軸封部	警報
(2)	空気	圧力	軸封部	警報
(3)	空気	圧力	摺動部	自動停止
(4)	空気	衝撃	軸封部	自動停止
(5)	水分	衝撃	摺動部	自動停止

解答 (2)

水素冷却式の大容量のタービン発電機や同期調相機は，水素が空気と混合した場合に爆発の危険があり，これを防止するための施設方法について規定している。

19 次の文章は「電気設備技術基準」における機器及び電線路の施設制限に関する記述である。

a [(ア)] を使用する開閉器，断路器及び遮断器は，架空電線路の支持物に施設してはならない。

b 電線路は，[(イ)] に施設してはならない。ただし，その電線が [(ウ)] の上に施設する場合，道路，鉄道，軌道，索道，架空弱電流電線等，架空電線又は電車線と [(エ)] して施設する場合及び水平距離でこれらのもの（道路を除く。）と [(オ)] して施設する場合以外の場合であって，特別の事情がある場合は，この限りでない。

上記の記述中の空白箇所（ア），（イ），（ウ），（エ）及び（オ）に当てはまる組合せとして，正しいものを次の(1)～(5)のうちから一つ選べ。

	(ア)	(イ)	(ウ)	(エ)	(オ)
(1)	高圧ガス	地上付近	電気機械器具	並行	交さ
(2)	絶縁油	地上付近	建造物	並行	接近
(3)	絶縁油	がけ	建造物	並行	交さ
(4)	高圧ガス	がけ	電気機械器具	交さ	接近
(5)	絶縁油	がけ	建造物	交さ	接近

POINT 18 油入開閉器等の施設制限

POINT 21 電線路のがけへの施設の禁止

電技第36条及び第39条からの出題である。

解答 (5)

架空電線路の支持物に絶縁油を使用した開閉器等を使用すると，内部短絡事故等の際に油が噴出し，危険であるため禁止されている。また，がけに施設する電線路は，崩落の危険性等も高く原則として禁止されている。

20 次の文章は「電気設備技術基準」における屋内電線路等の施設の禁止や引込線に関する記述である。

a　屋内を貫通して施設する電線路，屋側に施設する電線路，［（ア）］に施設する電線路又は地上に施設する電線路は，当該電線路より電気の供給を受ける者以外の者の構内に施設してはならない。ただし，特別の事情があり，かつ，当該電線路を施設する［（イ）］（地上に施設する電線路にあっては，その土地。）の所有者又は占有者の承諾を得た場合は，この限りでない。

b　高圧又は特別高圧の［（ウ）］は，施設してはならない。ただし，特別の事情があり，かつ，当該電線路を施設する［（イ）］の所有者又は占有者の承諾を得た場合は，この限りでない。

上記の記述中の空白箇所（ア），（イ）及び（ウ）に当てはまる組合せとして，正しいものを次の(1)～(5)のうちから一つ選べ。

	（ア）	（イ）	（ウ）
(1)	地中	造営物	連接引込線
(2)	地中	建造物	連接引込線
(3)	地中	造営物	架空引込線
(4)	屋上	造営物	連接引込線
(5)	屋上	建造物	架空引込線

POINT 19 屋内電線路等の施設の禁止

POINT 20 連接引込線の禁止

電技第37条及び第38条からの出題である。

注目 建造物は造営物のうち，人が多く出入りするものであり，電技解釈第1条に定義されている。感覚的に一般的にいう建物が造営物と考えるとよい。

解答 (4)

どちらの条文も共に本来好ましくない施工方法であるため原則として禁止されているが，物理的な制約等を加味し，特別の事情がある場合には例外規定を設けている。

21 次の文章は「電気設備技術基準」における架空電線路の市街地等における施設の禁止，市街地に施設する電力保安通信線の接続の禁止及び通信障害の防止に関する記述である。

a （ア） の架空電線路は，その電線がケーブルである場合を除き，市街地その他人家の密集する地域に施設してはならない。ただし，断線又は倒壊による当該地域への危険のおそれがないように施設するとともに，その他の絶縁性，電線の強度等に係る保安上十分な措置を講ずる場合は，この限りでない。

b 市街地に施設する電力保安通信線は， （ア） の電線路の支持物に添架された電力保安通信線と接続してはならない。ただし， （イ） による感電のおそれがないよう， （ウ） その他の適切な措置を講ずる場合は，この限りでない。

c 電線路又は電車線路は，弱電流電線路に対し，誘導作用により通信上の障害を及ぼさないように施設しなければならない。ただし，弱電流電線路の （エ） の承諾を得た場合は，この限りでない。

上記の記述中の空白箇所（ア），（イ），（ウ）及び（エ）に当てはまる組合せとして，正しいものを次の(1)～(5)のうちから一つ選べ。

	（ア）	（イ）	（ウ）	（エ）
(1)	特別高圧	誘導電圧	保安装置の施設	管理者
(2)	高圧又は特別高圧	誘導電流	保安装置の施設	取扱者
(3)	高圧又は特別高圧	誘導電圧	接地	取扱者
(4)	特別高圧	誘導電圧	接地	取扱者
(5)	特別高圧	誘導電流	保安装置の施設	管理者

解答 (1)

POINT 22 特別高圧架空電線路の市街地等における施設の禁止

POINT 23 市街地に施設する電力保安通信線の特別高圧電線に添架する電力保安通信線との接続の禁止

POINT 24 通信障害の防止

- 電技第40条，第41条及び第42条からの出題である。
- いずれも原則的な内容が記載されている条文であり，すべて但し書きがあるのが特徴である。

注目 街中に高圧の架空電線路があること及び誘導電圧が接地しても変化しないというメカニズムを理解していれば，条文を覚えてなくても解ける問題となる。

22 次の文章は「電気設備技術基準」における発変電設備等の損傷による供給支障の防止に関する記述である。

a 発電機， （ア） 又は常用電源として用いる蓄電池には，当該電気機械器具を著しく損壊するおそれがあり，又は一般送配電事業に係る電気の供給に著しい （イ） を及ぼすおそれがある異常が当該電気機械器具に生じた場合に自動的にこれを電路から （ウ） する装置を施設

POINT 25 発変電設備等の損傷による供給支障の防止

- 電技第44条からの出題である。

しなければならない。

b　特別高圧の変圧器又は［（エ）］には，当該電気機械器具を著しく損壊するおそれがあり，又は一般送配電事業に係る電気の供給に著しい［（イ）］を及ぼすおそれがある異常が当該電気機械器具に生じた場合に自動的にこれを電路から［（ウ）］する装置の施設その他の適切な措置を講じなければならない。

上記の記述中の空白箇所（ア），（イ），（ウ）及び（エ）に当てはまる組合せとして，正しいものを次の(1)～(5)のうちから一つ選べ。

	（ア）	（イ）	（ウ）	（エ）
(1)	電力貯蔵装置	支障	遮断	調相設備
(2)	電力貯蔵装置	障害	放電	需要設備
(3)	燃料電池	支障	遮断	調相設備
(4)	燃料電池	障害	遮断	需要設備
(5)	電力貯蔵装置	支障	放電	需要設備

解答　(3)

23 次の文章は「電気設備技術基準の解釈」における発電機の保護装置に関する記述である。

発電機には，次の各号に掲げる場合に，発電機を自動的に電路から遮断する装置を施設すること。

a　発電機に［（ア）］を生じた場合

b　容量が500 kVA以上の発電機を駆動する水車の圧油装置の油圧又は電動式ガイドベーン制御装置，電動式ニードル制御装置若しくは電動式デフレクタ制御装置の［（イ）］が著しく低下した場合

c　容量が100 kVA以上の発電機を駆動する風車の圧油装置の油圧，圧縮空気装置の空気圧又は電動式ブレード制御装置の［（イ）］が著しく低下した場合

d　容量が2,000 kVA以上の水車発電機の［（ウ）］の温度が著しく上昇した場合

e　容量が［（エ）］kVA以上の発電機の内部に故障を生じた場合

f　定格出力が10,000 kWを超える蒸気タービンにあっては，その［（ウ）］が著しく摩耗し，又はその温度が著し

POINT 25 発変電設備等の損傷による供給支障の防止

電技解釈第42条からの出題である。

く上昇した場合

上記の記述中の空白箇所（ア），（イ），（ウ）及び（エ）に当てはまる組合せとして，正しいものを次の(1)～(5)のうちから一つ選べ。

	（ア）	（イ）	（ウ）	（エ）
(1)	過電流	電源電圧	スラスト軸受	10,000
(2)	内部短絡	電源電圧	ジャーナル軸受	1,000
(3)	過電流	電流	ジャーナル軸受	1,000
(4)	過電流	電源電圧	スラスト軸受	1,000
(5)	内部短絡	電流	スラスト軸受	10,000

解答 (1)

いずれの内容も発電機の焼損防止や事故電流の供給防止の目的があり，異常が発生した際には自動的に電路から遮断する必要があると規定している。

24 次の文章は「電気設備技術基準の解釈」における蓄電池の保護装置に関する記述である。

発電所又は変電所若しくはこれに準ずる場所に施設する蓄電池（常用電源の停電時又は電圧低下発生時の非常用予備電源として用いるものを除く。）には，次の各号に掲げる場合に，自動的にこれを［（ア）］する装置を施設すること。

a　蓄電池に［（イ）］が生じた場合

b　蓄電池に過電流が生じた場合

c　［（ウ）］装置に異常が生じた場合

d　内部温度が高温のものにあっては，断熱容器の内部温度が著しく［（エ）］した場合

POINT 25 発変電設備等の損傷による供給支障の防止

電技解釈第44条からの出題である。

上記の記述中の空白箇所（ア），（イ），（ウ）及び（エ）に当てはまる組合せとして，正しいものを次の(1)～(5)のうちから一つ選べ。

	（ア）	（イ）	（ウ）	（エ）
(1)	検知して警報	過電圧	交直変換	低下
(2)	電路から遮断	過電圧	制御	上昇
(3)	検知して警報	逆充電	交直変換	上昇
(4)	電路から遮断	過電圧	制御	低下
(5)	電路から遮断	逆充電	制御	上昇

解答 (2)

電力系統における蓄電池とは，負荷平準化を目的として，軽負荷時に電力を充電して，重負荷時に電力を供給するための設備である。

したがって，異常発生時には系統へ与える影響が大きいため，異常時には電路から遮断することになっている。

25 次の文章は「電気設備技術基準」における常時監視をしない発電所等の施設に関する記述である。

a 異常が生じた場合に人体に危害を及ぼし，若しくは［（ア）］に損傷を与えるおそれがないよう，異常の状態に応じた制御が必要となる発電所，又は一般送配電事業に係る電気の供給に著しい支障を及ぼすおそれがないよう，異常を早期に発見する必要のある発電所であって，発電所の運転に必要な知識及び技能を有する者が当該発電所又はこれと同一の［（イ）］において常時監視をしないものは，施設してはならない。

b 前項に掲げる発電所以外の発電所又は変電所であって，発電所又は変電所の運転に必要な［（ウ）］を有する者が当該発電所若しくはこれと同一の［（イ）］又は変電所において常時監視をしない発電所又は変電所は，［（エ）］を除き，異常が生じた場合に安全かつ確実に停止することができるような措置を講じなければならない。

上記の記述中の空白箇所（ア），（イ），（ウ）及び（エ）に当てはまる組合せとして，正しいものを次の(1)～(5)のうちから一つ選べ。

	（ア）	（イ）	（ウ）	（エ）
(1)	機器	制御所	能力及び実務経験	非常用予備電源
(2)	物件	構内	知識及び技能	非常用予備電源
(3)	物件	構内	能力及び実務経験	小出力発電設備
(4)	機器	制御所	知識及び技能	小出力発電設備
(5)	機器	構内	知識及び技能	小出力発電設備

POINT 27 常時監視をしない発電所等の施設

電技第46条からの出題である。

電技ではどのような発電設備が第1項もしくは第2項に該当するか具体的な線引きはなされていないが，電技解釈において，明確に規定されている。

解答 (2)

電技第46条第1項において機器の異常による影響が大きい発電所では常時監視しなければならないこと，第2項において常時監視をしないものには安全かつ確実に停止することができるような措置について説明している。

26 次の文章は，「電気設備技術基準」及び「電気設備技術基準の解釈」における地中電線路に関する記述である。

a　地中電線路は，車両その他の重量物による［(ア)］に耐え，かつ，当該地中電線路を埋設している旨の表示等により掘削工事からの影響を受けないように施設しなければならない。

b　地中電線路のうちその内部で作業が可能なものには，［(イ)］を講じなければならない。

c　地中電線路を管路式により施設する場合は，高圧又は特別高圧の地中電線路には次により表示を施すこと。ただし，需要場所に施設する高圧地中電線路であって，その長さが［(ウ)］m以下のものにあってはこの限りでない。

1　物件の名称，管理者名及び［(エ)］(需要場所に施設する場合にあっては，物件の名称及び管理者名を除く。)を表示すること。

2　おおむね［(オ)］mの間隔で表示すること。ただし，他人が立ち入らない場所又は当該電線路の位置が十分に認知できる場合は，この限りでない。

上記の記述中の空白箇所(ア)，(イ)，(ウ)，(エ)及び(オ)に当てはまる組合せとして，正しいものを次の(1)～(5)のうちから一つ選べ。

	(ア)	(イ)	(ウ)	(エ)	(オ)
(1)	圧力	防火措置	15	電圧	2
(2)	衝撃	換気設備	15	耐圧値	3
(3)	圧力	換気設備	10	耐圧値	2
(4)	衝撃	防火措置	10	電圧	3
(5)	衝撃	防火措置	15	電圧	2

解答 (1)

POINT 28 地中電線路の保護

電技第47条及び電技解釈第120条からの出題である。

地中電線路の施設方法については電力科目を参照のこと。

本問においては管路式が出題されているが，暗きょ式や直接埋設式についても同様に理解しておくこと。

27 次の文章は「電気設備技術基準の解釈」における避雷器等の施設に関する記述である。

a 高圧及び特別高圧の電路中，次の各号に掲げる箇所又はこれに近接する箇所には，避雷器を施設すること。

イ （ア） 若しくはこれに準ずる場所の架空電線の引込口（需要場所の引込口を除く。）及び引出口

ロ 架空電線路に接続する，第26条に規定する （イ） の高圧側及び特別高圧側

ハ 高圧架空電線路から電気の供給を受ける受電電力が （ウ） kW以上の需要場所の引込口及び特別高圧架空電線路から電気の供給を受ける需要場所の引込口

b 高圧及び特別高圧の電路に施設する避雷器には， （エ） 接地工事を施すこと。

上記の記述中の空白箇所（ア），（イ），（ウ）及び（エ）に当てはまる組合せとして，正しいものを次の(1)～(5)のうちから一つ選べ。

	（ア）	（イ）	（ウ）	（エ）
(1)	発電所又は変電所	配電用変圧器	500	B種
(2)	変電所又は開閉所	調相設備	1000	B種
(3)	変電所又は開閉所	配電用変圧器	1000	A種
(4)	発電所又は変電所	配電用変圧器	500	A種
(5)	発電所又は変電所	調相設備	1000	A種

POINT 30 高圧及び特別高圧の電路の避雷器等の施設

電技解釈第37条からの出題である。

注目 電技第49条にも同様の内容があるが，電技解釈第37条を理解していれば難なく解けるようになる。

解答 (4)

機器の近くで落雷により雷過電圧が発生した際などに機器を保護するための設備として避雷器を設置することを規定している。

避雷器を施設する場所は，できるだけ需要場所や機器に近い場所が望ましいため，その内容についても各号にて記載されている。

避雷器のメカニズムについては電力科目を参照のこと。

応用問題

1 次の各文は「電気設備技術基準の解釈」に基づく，低高圧架空電線及び引込線等の施設に関する記述である。

a　車両の往来の多い道路を横断する架空電線の高さは，低圧及び高圧に関係なく路面上6m以上を保持する必要がある。

b　鉄道又は軌道を横断する高圧架空電線の高さはレール面上5m以上を保持する必要がある。

c　横断歩道橋の上に高圧架空電線を施設する場合，横断歩道橋の路面上3mの高さに施設した。

d　低圧架空電線を電線の水面上の高さを船舶の航行等に危険を及ぼさないように保持した。

e　車両の往来の多い道路を横断する低圧架空引込線の高さを路面上5m以上とした。

f　高圧架空引込線を歩行の用にのみ供される道路を横断する場合に高さを地表上4mとした。

上記の記述の適切なものと不適切なものの組合せとして，正しいものを次の(1)～(5)のうちから一つ選べ。

	a	b	c	d	e	f
(1)	適切	不適切	適切	不適切	適切	不適切
(2)	不適切	適切	不適切	適切	適切	不適切
(3)	不適切	適切	適切	適切	不適切	適切
(4)	適切	不適切	不適切	適切	適切	適切
(5)	適切	不適切	不適切	適切	不適切	不適切

POINT 6 架空電線等の高さ

電技解釈第68条，第116条及び第117条からの出題である。

注目 それぞれの内容をきちんと理解していないと正答が導き出せない問題である。その中でも，消去法によりできるだけ選択肢を絞り，最低でも2択まで絞れるようにはしたい。

解答 (4)

a　適切。電技解釈第68条の通り，車両の往来の多い道路を横断する架空電線の高さは，低圧及び高圧に関係なく路面上6m以上を保持する必要がある。

b　不適切。電技解釈第68条の通り，鉄道又は軌道を横断する高圧架空電線の高さはレール面上5.5m以上を保持する必要がある。

c　不適切。電技解釈第68条の通り，横断歩道橋の上に高圧架空電線を施設する場合，横断歩道橋の路面上3.5 m以上の高さに施設する必要がある。

d　適切。電技解釈第68条の通り，低圧架空電線を電線の水面上の高さを船舶の航行等に危険を及ぼさないように保持する必要がある。

e　適切。電技解釈第116条の通り，車両の往来の多い道路を横断する低圧架空引込線の高さを路面上5 m以上（技術上やむを得ない場合において交通に支障のないときは3.5 m以上）とする必要がある。

f　適切。電技解釈第68条及び第117条の通り，高圧架空引込線を歩行の用にのみ供される道路を横断する場合には，ただし書き条件に該当するので3.5 m以上とすれば良い。

dのように一つだけ選択肢が「不適切」である場合にはほぼ「適切」である可能性が高い。選択肢の内容にも注意すること。

2 次の「電気設備技術基準の解釈」に基づく架空電線等の施設に関する記述として，誤っているものを次の(1)～(5)のうちから一つ選べ。

(1) 高圧架空電線を水面上に施設する場合に，電線の水面上の高さを船舶の航行等に危険を及ぼさないように保持した。

(2) 高圧架空電線を氷雪の多い地方に施設する場合に，電線の積雪上の高さを人又は車両の通行等に危険を及ぼさないように保持した。

(3) 高圧架空引込線を地表上3.5 mの高さに施設し，特別高圧絶縁電線で施設したので，その電線の下方に危険である旨の表示をしなかった。

(4) 高圧架空引込線を横断歩道橋の路面上3.5 mの高さに施設した。

(5) 屋外照明用であって，絶縁電線を使用した対地電圧150 V以下の高圧架空引込線を交通に支障のないように高さ4 mに施設したので，その電線の下方に危険である旨の表示をしなかった。

POINT 6 架空電線等の高さ

電技解釈第68条，第117条からの出題である。

解答 (3)

(1) 正しい。電技解釈第68条の通り，高圧架空電線を水面上に施設する場合は，電線の水面上の高さを船舶の航行等に危険を及ぼさないように保持する必要がある。

(2) 正しい。電技解釈第68条の通り，高圧架空電線を氷雪の多い地方に施設する場合は，電線の積雪上の高さを人又は車両の通行等に危険を及ぼさないように保持する必要がある。

(3) 誤り。電技解釈第117条第1項の通り，高圧架空引込線を地表上3.5 mの高さに施設する際には，電線がケーブル以外のものであるときは，その電線の下方に危険である旨の表示をする必要がある。

(4) 正しい。電技解釈第68条及び第117条の通り，高圧架空引込線を横断歩道橋の上に施設する場合には，横断歩道橋の路面上3.5 m以上とする必要がある。

(5) 正しい。電技解釈第68条及び第117条の通り，屋外照明用であって，絶縁電線又はケーブルを使用した対地電圧150 V以下の高圧架空引込線を交通に支障のないように施設する場合には，地表上4 m以上とする必要があり，4 m以上とする場合にはその電線の下方に危険である旨の表示は必要としない。

低圧架空電線は氷雪に関する規定がされていないことに注意すること。

3 次の文章は「電気設備技術基準の解釈」に基づく，架空引込線の施設に関する記述である。

a　低圧架空引込線は，次の各号により施設すること。

1　電線は，絶縁電線又はケーブルであること。

2　電線は，ケーブルである場合を除き，引張強さ2.30 kN以上のもの又は直径 (ア) mm以上の硬銅線であること。ただし，径間が15 m以下の場合に限り，引張強さ1.38 kN以上のもの又は直径2 mm以上の硬銅線を使用することができる。

POINT 6 架空電線等の高さ

電技解釈第116条及び第117条からの出題である。

(イ)の誤答8.71 kNは特別高圧引込線の値である。

b　高圧架空引込線は，次の各号により施設すること。

1　電線は，次のいずれかのものであること。

イ　引張強さ［（イ）］kN以上のもの又は直径5mm以上の硬銅線を使用する，高圧絶縁電線又は特別高圧絶縁電線

ロ　引下げ用高圧絶縁電線

ハ　ケーブル

2　電線が絶縁電線である場合は，［（ウ）］工事により施設すること。

3　電線がケーブルである場合は，第67条の規定に準じて施設すること。

4　電線の高さは，第68条第1項の規定に準じること。ただし，道路を横断する場合，鉄道又は軌道を横断する場合，横断歩道橋の上に施設する場合以外で，電線がケーブル以外のものであるときにその電線の下方に危険である旨の表示する場合は，地表上［（エ）］m以上とすることができる。

上記の記述中の空白箇所（ア），（イ），（ウ）及び（エ）に当てはまる組合せとして，正しいものを次の(1)～(5)のうちから一つ選べ。

	（ア）	（イ）	（ウ）	（エ）
(1)	2.6	8.01	金属線ぴ	2.5
(2)	4	8.01	がいし引き	2.5
(3)	4	8.71	金属線ぴ	3.5
(4)	2.6	8.01	がいし引き	3.5
(5)	4	8.71	がいし引き	2.5

解答　(4)

電技解釈第70条第2項の高圧保安工事に関する規定と第117条の高圧架空引込線等の施設に関する規定は，ケーブルでない場合の使用電線に関して引張強さや太さ，硬銅線であること等が同じである。また，第70条第1項低圧保安工事に関する規定は，ケーブルでない場合の使用電線に関して同じく原則として引張強さ8.01kN以上のもの又は直径5mm以上の硬銅線であり，本問の第116条の低圧架空引

注目 ❸の内容は条文の内容を書き換えた内容である。

込線の値と異なることを，知識として習得しておくと良い。

4 次の「電気設備技術基準の解釈」に基づく架空電線等の離隔に関する記述として，誤っているものを次の(1)～(5)のうちから一つ選べ。

(1) 低圧架空電線と高圧架空電線とを同一支持物に施設し，離隔距離を0.6 mとした。

(2) 低圧架空電線とケーブルを使用した高圧架空電線とを同一支持物に施設し，離隔距離を0.4 mとした。

(3) ケーブルを使用した高圧架空電線を，異なる管理者が敷設した通信用ケーブルを使用した架空弱電流電線（絶縁電線と同等以上の絶縁効力のあるものでも通信用ケーブルでもないものを使用）を同一支持物に施設し，離隔距離を1.6 mとした。

(4) 同一支持物に施設していない高圧絶縁電線を使用した低圧架空電線とケーブル以外の電線を使用した高圧架空電線の離隔距離を0.6 mとした。

(5) 同一支持物に施設していない低圧架空電線とケーブルを使用した高圧架空電線の離隔距離を0.4 mとした。

解答 (4)

(1) 正しい。電技解釈第80条第1項の通り，低圧架空電線と高圧架空電線とを同一支持物に施設する場合，離隔距離を0.5 m以上とする必要があるので，0.6 mは適切である。

(2) 正しい。電技解釈第80条第1項の通り，高圧架空電線にケーブルを使用する場合，高圧架空電線と低圧架空電線との離隔距離は0.3 m以上とする必要があるため，0.4 mは適切である。

(3) 正しい。電技解釈第81条81－1表の通り，高圧架空電線と架空弱電流電線を同一支持物に施設する場合，離隔距離は1.5 m以上とする必要があるため，1.6 mは適切である。

(4) 誤り。電技解釈第74条第1項74－1表の通り，同一支持物に施設していない高圧絶縁電線を使用した低圧架空電線と高圧架空電線の離隔距離は

POINT 10 電線の混触の防止

電技解釈第74条，第80条及び第81条からの出題である。

注目 このような問題は一度に表のすべてを覚えることは困難なので，問題慣れをして少しずつ覚えていくとよい。

0.8 m以上とする必要があるため，0.6 mは不適切である。

(5) 正しい。電技解釈第74条第1項74－1表の通り，同一支持物に施設していない低圧架空電線とケーブルを使用した高圧架空電線の離隔距離は0.4 m以上とする必要があるため，0.4 mは適切である。

電技解釈第80条第1項に併架の場合，電技解釈第81条に共架の場合，電技解釈第74条第1項に同一支持物に施設されていない場合の架空電線等の離隔距離について規定されている。81－1表及び74－1表は覚えておく必要がある。

5 「電気設備技術基準の解釈」における電線の混触の防止に関する記述として，正しいものを次の(1)～(5)のうちから一つ選べ。ただし，本問における架空弱電流電線は電力保安通信線でないとする。

(1) 低圧絶縁電線を使用した低圧架空電線を，異なる管理者が敷設した通信用ケーブルを使用した架空弱電流電線と同一支持物に承諾を得ずに施設する際，低圧架空電線を架空弱電流電線の上とし，離隔距離を0.6 mとした。

(2) 高圧架空電線を異なる管理者が敷設した架空弱電流電線（絶縁電線と同等以上の絶縁効力のあるものでも通信用ケーブルでもないものを使用）とを同一支持物に承諾を得ずに施設する際，離隔距離が1 m しか取れなかったので，高圧架空電線をケーブルとした。

(3) 高圧架空電線と低圧架空電線とを同一支持物に施設する際，低圧架空電線を高圧架空電線の下とし，どちらも電線にも高圧絶縁電線を使用し，離隔距離を0.4 mとした。

(4) 高圧絶縁電線を使用した低圧架空電線とケーブルを使用した高圧架空電線路を接近又は交差する際，離隔距離を0.4 m 確保した。

(5) ケーブル以外の電線を使用した高圧架空電線と架空弱電流電線とを接近又は交さする際，架空弱電流電線路等の管理者の承諾を得た上で離隔距離を0.6 mとした。

POINT 10 電線の混触の防止

電技解釈第74条，第76条，第80条及び第81条からの出題である。

注目 離隔距離に関するかなり難易度の高い問題である。
本問を初見で解けた場合にはかなり習熟が進んでいると考えて良い。

解答 (4)

(1) 誤り。電技解釈第81条81－1表の通り，低圧架空電線と架空弱電流電線とを同一支持物に施設する際，低圧架空電線を架空弱電流電線の上とし，離隔距離を0.75 m以上とする必要がある。

(2) 誤り。電技解釈第81条81-1表の通り，高圧架空電線と架空弱電流電線とを同一支持物に施設する際，高圧架空電線をケーブルとする場合でも，架空弱電流電線路等の管理者の承諾を得られない場合は，離隔距離を1.5 m以上とする必要がある。

(3) 誤り。電技解釈第80条第1項の通り，高圧架空電線と低圧架空電線とを同一支持物に施設する際には，低圧架空電線を高圧架空電線の下とし，高圧架空電線にケーブルを使用しない限り，離隔距離を0.5 m以上とする必要がある。

(4) 正しい。電技解釈第74条74-1表の通り，高圧絶縁電線を使用した低圧架空電線とケーブルを使用した高圧架空電線路が接近又は交差する際，離隔距離を0.4 m以上確保すればよい。

(5) 誤り。電技解釈第76条76-1表の通り，高圧架空電線と架空弱電流電線とが接近又は交さする際，架空弱電流電線路等の管理者の承諾に関係なく離隔距離を0.8 m以上とする必要がある。

6 次の文章は「電気設備技術基準の解釈」における地中電線と他の地中弱電流電線との接近又は交差に関する記述である。

地中電線が，地中弱電流電線等と接近又は交差して施設される場合は，次の各号のいずれかによること。

a 地中電線と地中弱電流電線等との離隔距離が，下表に規定する値以上であること。

地中電線の使用電圧の区分	離隔距離
低圧又は高圧	(ア) m
特別高圧	(イ) m

b 地中電線と地中弱電流電線等との間に堅ろうな (ウ) の隔壁を設けること。

c 地中電線を堅ろうな (エ) の管又は (オ) の管に収め，当該管が地中弱電流電線等と直接接触しないように施設すること。

POINT 12 地中電線等による他の電線及び工作物への危険の防止

電技解釈第125条からの出題である。

堅ろうな隔壁は耐火性もしくは絶縁性の場合が多い。

上記の記述中の空白箇所（ア），（イ），（ウ），（エ）及び（オ）に当てはまる組合せとして，正しいものを次の(1)～(5)のうちから一つ選べ。

	（ア）	（イ）	（ウ）	（エ）	（オ）
(1)	0.4	0.8	耐火性	自消性のある難燃性	難燃性
(2)	0.3	0.6	耐火性	不燃性	自消性のある難燃性
(3)	0.4	0.8	不燃性	耐火性	難燃性
(4)	0.3	0.6	耐火性	耐火性	不燃性
(5)	0.4	0.6	不燃性	不燃性	自消性のある難燃性

解答 (2)

地中電線と地中弱電流電線の離隔距離は，架空電線に比べ幾分小さくすることができる。したがって，その内容を知っているだけでも選択肢を絞ることが可能となる。

7 次の文章は「電気設備技術基準の解釈」に基づく風圧荷重に関する記述である。

a 「甲種風圧荷重」とは，下表に規定する構成材の垂直投影面に加わる圧力を基礎として計算したもの，又は風速［（ア）］m/s以上を想定した風洞実験に基づく値より計算したものである。

b 「乙種風圧荷重」とは，架渉線の周囲に厚さ［（イ）］mm，比重0.9の氷雪が付着した状態に対し，甲種風圧荷重の［（ウ）］倍を基礎として計算したものである。

c 「丙種風圧荷重」とは，甲種風圧荷重の［（ウ）］倍を基礎として計算したものである。

風圧を受けるものの区分		構成材の垂直投影面に加わる圧力
架渉線	多導体（構成する電線が2条ごとに水平に配列され，かつ，当該電線相互間の距離が電線の外径の20倍以下のものに限る。以下この条において同じ。）を構成する電線	880 Pa
	その他	［（エ）］Pa

POINT 14 支持物の倒壊の防止

- 電技解釈第58条からの出題である。
- 風圧荷重に関する問題は計算問題も出題される。詳細はCH04電気設備技術基準（計算）で取り扱う。

上記の記述中の空白箇所（ア），（イ），（ウ）及び（エ）に当てはまる組合せとして，正しいものを次の(1)～(5)のうちから一つ選べ。

	（ア）	（イ）	（ウ）	（エ）
(1)	60	12	0.5	960
(2)	40	6	0.5	980
(3)	40	6	0.75	980
(4)	60	6	0.75	980
(5)	60	12	0.75	960

解答 (2)

甲種風圧荷重は主に夏から秋の季節，乙種風圧荷重や丙種風圧荷重は冬から春にかけての一般的に強風ではない季節に適用する風圧荷重である。電技解釈第58条には架渉線以外の風圧荷重に関する規定もなされているが，電験で出題されるのはほぼ架渉線に関する内容である。

注目 電験は満点を取るべき資格ではないので，完璧主義になってはならない。架渉線以外の支持物等の風圧荷重が出題された場合は致し方ないと割り切ることも重要。

8 次の文章は「電気設備技術基準の解釈」におけるガス絶縁機器等の圧力容器の施設に関する記述である。

ガス絶縁機器等に使用する圧力容器は，次の各号によること。

a　100 kPaを超える絶縁ガスの圧力を受ける部分であって外気に接する部分は，最高使用圧力の［（ア）］倍の水圧（水圧を連続して10分間加えて試験を行うことが困難である場合は，最高使用圧力の［（イ）］倍の気圧）を連続して10分間加えて試験を行ったとき，これに耐え，かつ，漏えいがないものであること。

b　ガス圧縮機を有するものにあっては，ガス圧縮機の最終段又は圧縮絶縁ガスを通じる管のこれに近接する箇所及びガス絶縁機器又は圧縮絶縁ガスを通じる管のこれに近接する箇所には，最高使用圧力以下の圧力で作動するとともに，日本産業規格に適合する［（ウ）］を設けること。

c　絶縁ガスの圧力の低下により［（エ）］を生じるおそれがあるものは，絶縁ガスの圧力の低下を警報する装置又は絶縁ガスの圧力を計測する装置を設けること。

POINT 15 ガス絶縁機器等の危険の防止

電技解釈第40条からの出題である。

注目 本条文はテキストに記載の少ない内容であるが，電技の内容や設備等を知っていれば（ウ）と（エ）は正答を導き出せるようになる。電力科目をはじめ他の科目の勉強も並行して進めること。

上記の記述中の空白箇所（ア），（イ），（ウ）及び（エ）に当てはまる組合せとして，正しいものを次の(1)～(5)のうちから一つ選べ。

	（ア）	（イ）	（ウ）	（エ）
(1)	1.5	1.25	安全弁	絶縁破壊
(2)	2	1	安全弁	機器の損傷
(3)	2	1.5	放圧装置	機器の損傷
(4)	1.5	1	放圧装置	絶縁破壊
(5)	2	1.5	安全弁	絶縁破壊

解答 (1)

電気工作物に関する圧力容器は高圧ガス保安法ではなく電気事業法の適用を受けることになる。

電技第33条における「最高使用圧力に到達する以前に圧力を低下させる機能」を果たすのが（ウ）の安全弁である。

9 次の文章は「電気設備技術基準の解釈」における，常時監視をしない変電所の施設に関する記述である。

技術員が当該変電所において常時監視をしない変電所は，次の各号によること。

a　変電所に施設する変圧器の使用電圧に応じ，下表に規定する監視制御方式のいずれかにより施設すること。

変電所に施設する変圧器の使用電圧の区分	監視制御方式			
	（ア）監視制御方式	断続監視制御方式	（イ）監視制御方式	（ウ）監視制御方式
100,000 V以下	○	○	○	○
100,000 Vを超え170,000 V以下		○	○	○
170,000 V超過				○

（備考）○は，使用できることを示す。

b　上表に規定する監視制御方式は，次に適合するものであること。

イ　「（ア）監視制御方式」は，技術員が必要に応じ

POINT 27 常時監視をしない発電所等の施設

電技解釈第48条からの出題である。

注目 発電所の規定とは少し異なる監視制御方式となっている。一読しておくだけでも試験に出題された場合に解ける可能性があるので，できるだけ関連した条文も見ておくと良い。

て変電所へ出向いて，変電所の監視及び機器の操作を行うものであること。

ロ 「断続監視制御方式」は，技術員が当該変電所又はこれから［（エ）］m以内にある技術員駐在所に常時駐在し，断続的に変電所へ出向いて変電所の監視及び機器の操作を行うものであること。

ハ 「［（イ）］監視制御方式」は，技術員が変電制御所又はこれから［（エ）］m以内にある技術員駐在所に常時駐在し，断続的に変電制御所へ出向いて変電所の監視及び機器の操作を行うものであること。

ニ 「［（ウ）］監視制御方式」は，技術員が変電制御所に常時駐在し，変電所の監視及び機器の操作を行うものであること。

上記の記述中の空白箇所（ア），（イ），（ウ）及び（エ）に当てはまる組合せとして，正しいものを次の(1)～(5)のうちから一つ選べ。

	（ア）	（イ）	（ウ）	（エ）
(1)	随時	遠隔断続	遠隔常時	800
(2)	随時	遠隔断続	遠隔常時	300
(3)	簡易	遠隔常時	常時	800
(4)	随時	遠隔常時	常時	300
(5)	簡易	遠隔断続	遠隔常時	300

解答 (5)

10 「電気設備技術基準の解釈」における地中電線路の施設に関する記述として，誤っているものを次の(1)～(5)のうちから一つ選べ。

(1) 地中電線路を直接埋設式により施設する際，車両その他の重量物の圧力を受けるおそれがないので，埋設深さを0.6 mとした。

(2) 高圧の地中電線路を管路式により施設する際，おおむね2 mの間隔で物件の名称，管理者名及び電圧を表示した。

(3) 特別高圧の地中電線路を管路式により施設する際，地中電線路の長さが15 m以下であったため，地中電線路に表示を施さなかった。

POINT 28 地中電線路の保護

電技解釈第120条からの出題である。

(4) 地中電線路を暗きょ式により施設する際，暗きょ内に自動消火設備を施設したため，地中電線に耐燃措置を施さなかった。

(5) 地中電線路を暗きょ式により施設する際，暗きょを車両その他の重量物の圧力を想定して耐えるものとした。

解答 (3)

(1) 正しい。電技解釈第120条の通り，地中電線の埋設深さは，車両その他の重量物の圧力を受けるおそれがある場所においては1.2 m以上，その他の場所においては0.6 m以上である必要があるので，埋設深さ0.6 mは適切である。

(2) 正しい。電技解釈第120条の通り，高圧の地中電線路を管路式により施設する際，おおむね2 mの間隔で物件の名称，管理者名及び電圧を表示することは適切である。

(3) 誤り。電技解釈第120条の通り，高圧又は特別高圧の地中電線路を管路式により施設する場合には表示を施す必要があるが，需要場所に施設する高圧地中電線路であって，その長さが15m以下のものにあってはこの限りでない。よって，特別高圧の地中電線路を管路式により施設する際には，地中電線路に表示を施す必要があるため，誤りとなる。

(4) 正しい。電技解釈第120条第3項2号の通り，

二　次のいずれかにより，防火措置を施すこと。

イ　次のいずれかにより，地中電線に耐燃措置を施すこと。

ロ　暗きょ内に自動消火設備を施設すること。

となっているので，地中電線路を暗きょ式により施設する際，暗きょ内に自動消火設備を施設すれば，地中電線に耐燃措置を施す必要はない。

(5) 正しい。電気設備の技術基準の解釈第120条の通り，地中電線路を暗きょ式により施設する際，暗きょを車両その他の重量物の圧力を想定して耐えるものとすることは適切である。

11 「電気設備技術基準の解釈」における高圧及び特別高圧の電路の避雷器の設置に関する記述として，正しいものを次の(1)〜(5)のうちから一つ選べ。

(1) 発電所の架空電線の引出口に避雷器を施設し，引込口には施設しなかった。

(2) 高圧架空電線路から電気の供給を受ける受電電力が500 kWの需要場所の引込口に避雷器を施設しなかった。

(3) 特別高圧架空電線路から電気の供給を受ける400 kWの需要場所の引込口に避雷器を施設しなかった。

(4) 変電所の架空電線の引込口に直接接続する電線が短いため，避雷器を施設しなかった。

(5) 高圧の電路に施設する避雷器にD種接地工事を施した。

POINT 30 高圧及び特別高圧の電路の避雷器等の施設

電技解釈第37条からの出題である。

注目 避雷器に関するメカニズムは電力科目参照のこと。

解答 (4)

(1) 誤り。電技解釈第37条の通り，発電所の架空電線の引込口にも避雷器を施設する必要がある。

(2) 誤り。電技解釈第37条の通り，高圧架空電線路から電気の供給を受ける受電電力が500 kW以上の需要場所の引込口には避雷器を施設する必要がある。

(3) 誤り。電技解釈第37条の通り，特別高圧架空電線路から電気の供給を受ける需要場所の引込口には，受電電力に関係なく避雷器を施設する必要がある。

(4) 正しい。電技解釈第37条2項の通り，変電所の架空電線の引込口に直接接続する電線が短い場合は，避雷器を施設する必要はない。

(5) 誤り。電技解釈第37条の通り，高圧の電路に施設する避雷器にはA種接地工事を施す必要がある。

機器を雷過電圧に耐える絶縁強度に設計することはコストが膨大となるため，必要な箇所に避雷器を設置して，雷電圧を低減し，機器の絶縁破壊などを防止するようになっている。

確認問題

1 次の文章は「電気設備技術基準」における配線の感電又は火災の防止に関する記述である。(ア) ～ (エ) にあてはまる語句を解答群から選択して答えよ。

a　配線は，施設場所の状況及び (ア) に応じ，感電又は火災のおそれがないように施設しなければならない。

b　移動電線を電気機械器具と接続する場合は，(イ) による感電又は火災のおそれがないように施設しなければならない。

c　(ウ) の移動電線は，上記 a 及び b の規定にかかわらず，施設してはならない。ただし，(エ) に人が触れた場合に人体に危害を及ぼすおそれがなく，移動電線と接続することが必要不可欠な電気機械器具に接続するものは，この限りでない。

【解答群】

(1) 特別高圧	(2) 施工不良	(3) 周囲環境
(4) 充電部分	(5) 絶縁性能	(6) 接続部
(7) 接続不良	(8) 高圧又は特別高圧	(9) ケーブル以外
(10) 電圧	(11) 機器	(12) 接触不良

POINT 1 配線の感電又は火災の防止

電技第56条からの出題である。

解答 (ア)(10)　(イ)(7)　(ウ)(1)　(エ)(4)

電気事業法第39条では「事業用電気工作物は，人体に危害を及ぼし，又は物件に損傷を与えないようにすること。」となっており，それを配線について記述したものである。

2 次の文章は「電気設備技術基準の解釈」における電路の対地電圧の制限に関する記述の一部である。(ア) ～ (カ) にあてはまる語句を解答群から選択して答えよ。ただし，同じ解答を選択してよい。

住宅の屋内電路の対地電圧は，(ア) V以下であること。ただし，次に該当する場合は，この限りでない。

POINT 1 配線の感電又は火災の防止

電技解釈第143条からの出題である。

a　定格消費電力が［（イ）］kW以上の電気機械器具及びこれに電気を供給する屋内配線を次により施設する場合

1　屋内配線は，当該電気機械器具のみに電気を供給するものであること。

2　電気機械器具の使用電圧及びこれに電気を供給する屋内配線の対地電圧は，［（ウ）］V以下であること。

3　屋内配線には，［（エ）］を施すこと。

4　電気機械器具には，［（オ）］を施すこと。

5　電気機械器具に電気を供給する電路には，専用の開閉器及び［（カ）］遮断器を施設すること。

【解答群】

(1)　450	(2)　2	(3)　簡易接触防護措置
(4)　7000	(5)　地絡	(6)　150
(7)　接地	(8)　過電流	(9)　防火
(10)　漏電	(11)　5	(12)　接触防護措置
(13)　300	(14)　10	(15)　600
(16)　地絡過電圧		

解答　（ア）(6)　（イ）(2)　（ウ）(13)　（エ）(3)
（オ）(3)　（カ）(8)

住宅の屋内電路は人が触れるおそれが高いため，感電又は火災を防止するため規定されている。3及び4の簡易接触防護措置は屋内では1.8 m以上の高さにすることを意味している。

注目　イメージとしてはエアコンを想像するとよい。

3　次の文章は「電気設備技術基準」における配線の使用電線に関する記述である。（ア）～（エ）にあてはまる語句を解答群から選択して答えよ。

a　配線の使用電線（［（ア）］及び特別高圧で使用する［（イ）］を除く。）には，感電又は火災のおそれがないよう，施設場所の状況及び［（ウ）］に応じ，使用上十分な強度及び絶縁性能を有するものでなければならない。

b　配線には，［（ア）］を使用してはならない。ただし，施設場所の状況及び［（ウ）］に応じ，使用上十分な［（エ）］を有し，かつ，絶縁性がないことを考慮して，配線が感電又は火災のおそれがないように施設する場合は，この限りでない。

c　特別高圧の配線には，［（イ）］を使用してはならない。

POINT 2　配線の使用電線

- 電技第57条からの出題である。
- 裸電線は特別高圧の送電線や電気さく，接地線路等一部に使用されているが，他の電線に比べ危険性が高いため，使用が制限されている。

【解答群】

(1) 電圧	(2) 裸電線	(3) 接触防護措置
(4) 地中電線	(5) 接触電線	(6) 周波数
(7) 絶縁電線	(8) 絶縁性能	(9) 強度
(10) 移動電線	(11) 安全性	(12) ケーブル

解答 (ア)(2) (イ)(5) (ウ)(1) (エ)(9)

裸電線は充電部がむき出しになっている電線，接触電線は移動して使用する電気機械器具に電気の供給を行うための電線である。特別高圧の接触電線は危険性が高いため禁止されている。

4 次の文章は「電気設備技術基準」における低圧の電路の絶縁性能に関する記述である。(ア) ～ (オ) にあてはまる語句を解答群から選択して答えよ。

電気使用場所における使用電圧が低圧の電路の電線相互間及び電路と大地との間の絶縁抵抗は，開閉器又は過電流遮断器で区切ることのできる電路ごとに，次の表の上欄に掲げる電路の使用電圧の区分に応じ，それぞれ同表の下欄に掲げる値以上でなければならない。

<table>
<tr><th colspan="2">電路の使用電圧の区分</th><th>絶縁抵抗値</th></tr>
<tr><td rowspan="2">(ア) V以下</td><td>対地電圧（接地式電路においては電線と大地との間の電圧，非接地式電路においては電線間の電圧をいう。以下同じ。）が (イ) V以下の場合</td><td>(ウ) MΩ</td></tr>
<tr><td>その他の場合</td><td>(エ) MΩ</td></tr>
<tr><td colspan="2">(ア) Vを超えるもの</td><td>(オ) MΩ</td></tr>
</table>

【解答群】

(1) 0.05	(2) 0.1	(3) 0.2	(4) 0.3
(5) 0.4	(6) 0.5	(7) 1	(8) 10
(9) 100	(10) 150	(11) 300	(12) 450

POINT 3 低圧の電路の絶縁性能

電技第58条からの出題である。

絶縁抵抗値，電圧とも2倍ずつ増加していると考えると暗記しやすい。
150 V以下→0.1 MΩ
300 V以下→0.2 MΩ
600 V以下→0.4 MΩ

解答　（ア）(11)　（イ）(10)　（ウ）(2)　（エ）(3)　（オ）(5)

低圧電路に1mAを超える程度の漏れ電流が流れても感電や火災は発生しないという前提のもとに絶縁抵抗値が定められている。例えば，150Vで0.1MΩの場合，

$$150\ \text{V} \div 0.1\ \text{M}\Omega = 1.5\ \text{mA}$$

となる。

数学が得意な方は，漏れ電流が1.5mA上限と覚えてもよい。

5 次の文章は「電気設備技術基準」における電気使用場所に施設する電気機械器具の感電，火災等の防止に関する記述である。（ア）～（ウ）にあてはまる語句を解答群から選択して答えよ。

a　電気使用場所に施設する電気機械器具は，充電部の露出がなく，かつ，（ア）に危害を及ぼし，又は（イ）が発生するおそれがある発熱がないように施設しなければならない。ただし，電気機械器具を使用するために充電部の露出又は発熱体の施設が必要不可欠である場合であって，感電その他（ア）に危害を及ぼし，又は（イ）が発生するおそれがないように施設する場合は，この限りでない。

b　燃料電池発電設備が一般用電気工作物である場合には，（ウ）を表示する装置を施設しなければならない。

【解答群】

(1) 電気の供給　(2) 運転状態　(3) 物件
(4) 火災　(5) 電圧　(6) 自然発火
(7) 異常　(8) 人体

POINT 4 電気使用場所に施設する電気機械器具の感電，火災等の防止

電技第59条からの出題である。

解答　（ア）(8)　（イ）(4)　（ウ）(2)

電気機械器具による発熱体は家庭でも多く使用されているが，充電部の露出がされていないことを確認すると良い。

また，bの燃料電池発電設備の表示は一般用電気工作物のみに規定されていることに注意する。

危害→人体と覚えて問題ない。

6 次の文章は「電気設備技術基準」における配線による他の配線等又は工作物への危険の防止に関する記述である。(ア)～(エ)にあてはまる語句を解答群から選択して答えよ。

a　配線は，他の配線，弱電流電線等と接近し，又は交さする場合は，[(ア)]による[(イ)]又は火災のおそれがないように施設しなければならない。

b　配線は，水道管，ガス管又はこれらに類するものと接近し，又は交さする場合は，[(ウ)]によりこれらの工作物を損傷するおそれがなく，かつ，[(エ)]又は[(ウ)]によりこれらの工作物を介して[(イ)]又は火災のおそれがないように施設しなければならない。

【解答群】

(1)	混触	(2)	放電	(3)	地絡	(4)	感電
(5)	危険	(6)	アーク	(7)	短絡	(8)	損害
(9)	漏電	(10)	誘導作用	(11)	危害	(12)	接触

解答 (ア)(1)　(イ)(4)　(ウ)(2)　(エ)(9)

「感電又は火災」に関する規定は，変圧器や地絡等，電技にも多く登場する。時間がある際に「感電又は火災」の用語が出てくる条文を整理しておくと良い。

POINT 7 配線による他の配線等又は工作物への危険の防止

電技第62条からの出題である

「感電又は火災」はセットで覚えておくこと。

7 次の文章は「電気設備技術基準の解釈」における低圧幹線の施設に関する記述の一部である。(ア)～(オ)にあてはまる語句を解答群から選択して答えよ。

a　電線の許容電流は，低圧幹線の各部分ごとに，その部分を通じて供給される電気使用機械器具の定格電流の合計値以上であること。ただし，当該低圧幹線に接続する負荷のうち，電動機又はこれに類する起動電流が大きい電気機械器具の定格電流の合計が，他の電気使用機械器具の定格電流の合計より大きい場合は，他の電気使用機械器具の定格電流の合計に次の値を加えた値以上であること。

イ　電動機等の定格電流の合計が50 A以下の場合は，その定格電流の合計の[(ア)]倍

ロ　電動機等の定格電流の合計が50 Aを超える場合は，その定格電流の合計の[(イ)]倍

b　低圧幹線の電源側電路には，当該低圧幹線を保護する過電流遮断器を施設すること。ただし，次のいずれかに該当する場合は，この限りでない。

POINT 8 過電流からの低圧幹線等の保護措置

電技解釈第148条からの出題である。

注目 この条文に関しては本書のPOINTでも示しているような表として覚えておいた方がよい。

イ　低圧幹線の許容電流が，当該低圧幹線の電源側に接続する他の低圧幹線を保護する過電流遮断器の定格電流の［（ウ）］%以上である場合

ロ　過電流遮断器に直接接続する低圧幹線又はイに掲げる低圧幹線に接続する長さ8m以下の低圧幹線であって，当該低圧幹線の許容電流が，当該低圧幹線の電源側に接続する他の低圧幹線を保護する過電流遮断器の定格電流の［（エ）］%以上である場合

ハ　過電流遮断器に直接接続する低圧幹線又はイ若しくはロに掲げる低圧幹線に接続する長さ［（オ）］m以下の低圧幹線であって，当該低圧幹線の負荷側に他の低圧幹線を接続しない場合

【解答群】

(1) 1	(2) 1.1	(3) 1.25	(4) 1.5
(5) 2	(6) 3	(7) 4	(8) 5
(9) 25	(10) 35	(11) 55	(12) 75

解答　（ア）(3)　（イ）(2)　（ウ）(11)　（エ）(10)　（オ）(6)

低圧幹線及び過電流遮断器の容量について規定されている条文で，計算問題や正誤問題も多く出題される。しっかりと内容を理解しておく必要がある。

8　次の文章は「電気設備技術基準」における異常時の保護対策に関する記述である。（ア）～（エ）にあてはまる語句を解答群から選択して答えよ。ただし，同じ解答を選択してよい。

a　ロードヒーティング等の電熱装置，プール用水中照明灯その他の一般公衆の立ち入るおそれがある場所又は［（ア）］に損傷を与えるおそれがある場所に施設するものに電気を供給する電路には，［（イ）］が生じた場合に，感電又は火災のおそれがないよう，［（イ）］遮断器の施設その他の適切な措置を講じなければならない。

b　高圧の移動電線又は接触電線に電気を供給する電路には，［（ウ）］が生じた場合に，当該高圧の移動電線又は接触電線を保護できるよう，［（ウ）］遮断器を施設しなければならない。

c　高圧の移動電線又は接触電線に電気を供給する電路には，［（エ）］が生じた場合に，感電又は火災のおそれがないよう，［（エ）］遮断器の施設その他の適切な措置を

POINT 9　異常時の保護対策

電技第64条及び第66条からの出題である。

講じなければならない。

【解答群】

(1) 過負荷	(2) 地絡	(3) 漏電	(4) 建造物
(5) 絶縁体	(6) 短絡	(7) 物件	(8) 過電流

解答 (ア)(5) (イ)(2) (ウ)(8) (エ)(2)

一般公衆の立ち入るおそれがある場所は地絡による感電の可能性が高くなりやすいので第64条に規定され，移動電線や接触電線は固定されていないものが多く短絡や地絡が発生しやすいので，第66条に規定されている。

9 次の文章は「電気設備技術基準」における可燃性のガス等もしくは腐食性のガス等における施設の禁止に関する記述である。(ア)～(オ)にあてはまる語句を解答群から選択して答えよ。

a 次の各号に掲げる場所に施設する電気設備は，通常の使用状態において，当該電気設備が点火源となる［(ア)］のおそれがないように施設しなければならない。

一 可燃性のガス又は引火性物質の［(イ)］が存在し，点火源の存在により爆発するおそれがある場所

二 ［(ウ)］が存在し，点火源の存在により爆発するおそれがある場所

b 腐食性のガス又は［(エ)］の発散する場所に施設する電気設備には，腐食性のガス又は［(エ)］による当該電気設備の［(オ)］性能又は導電性能が劣化することに伴う感電又は火災のおそれがないよう，予防措置を講じなければならない。

【解答群】

(1) 危険物	(2) 感電又は火災	(3) 溶液
(4) 蒸気	(5) 危害又は火災	(6) 固体
(7) 粉じん	(8) 遮断	(9) 液体
(10) 耐アーク	(11) 絶縁	(12) 爆発又は火災

解答 (ア)(12) (イ)(4) (ウ)(7) (エ)(3) (オ)(11)

可燃性ガス又は引火性のガスは一般に空気より重いため低部に滞留しやすく，そこに点火源があると

POINT 11 特殊場所における施設制限

電技第69条及び第70条からの出題である。

爆発する危険性がある。また，粉じんに関しても粉じん爆発が存在するため，同様に注意する必要がある。

腐食性のガスはそれ自体に危険性があるわけではないが，長時間浸されると絶縁性能もしくは導電性能が劣化する可能性があるため，その予防措置を行う必要がある。

10 次の文章は「電気設備技術基準」における特殊機器の施設に関する記述である。(ア)～(ウ)にあてはまる語句を解答群から選択して答えよ。

a　電気さく（ (ア) において (イ) を固定して施設したさくであって，その (イ) に充電して使用するものをいう。）は，施設してはならない。ただし，田畑，牧場，その他これに類する場所において野獣の侵入又は家畜の脱出を防止するために施設する場合であって，絶縁性がないことを考慮し，感電又は火災のおそれがないように施設するときは，この限りでない。

b　(ウ) 施設は，他の工作物に電食作用による障害を及ぼすおそれがないように施設しなければならない。

【解答群】

(1) 屋内	(2) 電気防食	(3) 裸電線	(4) 屋外
(5) 熱線	(6) 電力貯蔵	(7) 構外	(8) 鋼線

解答　(ア)(4)　(イ)(3)　(ウ)(2)

電気さくは基本的に施設禁止であるが，農業等の現場では猪対策として設けられている場合も多い。また，電気防食施設は，電気防食を行う電流が目的外の金属体に流れることにより，電食を起こしてしまう可能性があるため，制限されている。

POINT 12 特殊機器の施設

電技第74条及び第78条からの出題である。

電食は機械科目の化学分野で扱う電気分解のようなものをイメージすればよい。

基本問題

1 次の文章は「電気設備技術基準」における配線に関する記述である。

a （ア） を電気機械器具と接続する場合は，接続不良による感電又は火災のおそれがないように施設しなければならない。

b 特別高圧の （ア） は，施設してはならない。ただし，充電部分に人が触れた場合に人体に危害を及ぼすおそれがなく，（ア） と接続することが必要不可欠な電気機械器具に接続するものは，この限りでない。

c 配線の使用電線には，感電又は火災のおそれがないよう，施設場所の （イ） 及び電圧に応じ，使用上十分な （ウ） 及び絶縁性能を有するものでなければならない。

d 配線には，（エ） を使用してはならない。ただし，施設場所の （イ） 及び電圧に応じ，使用上十分な （ウ） を有し，かつ，絶縁性がないことを考慮して，配線が感電又は火災のおそれがないように施設する場合は，この限りでない。

上記の記述中の空白箇所（ア），（イ），（ウ）及び（エ）に当てはまる組合せとして，正しいものを次の(1)～(5)のうちから一つ選べ。

	（ア）	（イ）	（ウ）	（エ）
(1)	接触電線	状況	強度	裸電線
(2)	接触電線	状況	発熱量	多心型電線
(3)	接触電線	湿度	発熱量	多心型電線
(4)	移動電線	湿度	強度	裸電線
(5)	移動電線	状況	強度	裸電線

解答 (5)

移動電線は，造営物に固定しないで使用する電線であり，電気機械器具との接続点に外力が加わり接続不良が生ずるおそれがあるため，接続不良や特別高圧についての規定がなされている。

POINT 1 配線の感電又は火災の防止

POINT 2 配線の使用電線

電技第56条及び第57条からの出題である。

注目 aの文章で移動電線と特定することは難しいので，bの文章から確実に正答を導き出すとよい。

2 次の文章は「電気設備技術基準の解釈」における電路の対地電圧の制限に関する記述である。

住宅の屋内電路の対地電圧は，［（ア）］V以下であること。ただし，次のいずれかに該当する場合は，この限りでない。

a 定格消費電力が2kW以上の電気機械器具及びこれに電気を供給する屋内配線を次により施設する場合

1 電気機械器具の使用電圧及びこれに電気を供給する屋内配線の対地電圧は，［（イ）］V以下であること。

2 電気機械器具に電気を供給する電路には，専用の開閉器及び［（ウ）］遮断器を施設すること。

3 電気機械器具に電気を供給する電路には，電路に［（エ）］が生じたときに自動的に電路を遮断する装置を施設すること。

b 当該住宅以外の場所に電気を供給するための屋内配線を次により施設する場合

1 屋内配線の対地電圧は，［（オ）］V以下であること。

2 人が触れるおそれがない隠ぺい場所に合成樹脂管工事，金属管工事又はケーブル工事により施設すること。

上記の記述中の空白箇所（ア），（イ），（ウ），（エ）及び（オ）に当てはまる組合せとして，正しいものを次の(1)～(5)のうちから一つ選べ。

	（ア）	（イ）	（ウ）	（エ）	（オ）
(1)	150	300	過電流	地絡	450
(2)	150	300	過電流	地絡	300
(3)	300	300	過電流	短絡	600
(4)	150	450	配線用	短絡	600
(5)	300	450	配線用	地絡	300

解答 (2)

屋内電路に関する規定であり，屋内電路では150 Vや300 Vで区切られている条文が多い。取扱者以外の者も多く接近するため，厳密に規定されていることがわかる。

POINT 1 配線の感電又は火災の防止

電技解釈第143条からの出題である。

bは本書のPOINTでは触れていない第1項2号の内容である。

3 次の文章は「電気設備技術基準」における低圧の電路の絶縁性能に関する記述である。

電気使用場所における使用電圧が低圧の電路の電線相互間及び電路と大地との間の絶縁抵抗は，［(ア)］で区切ることのできる電路ごとに，次の表の上欄に掲げる電路の使用電圧の区分に応じ，それぞれ同表の下欄に掲げる値以上でなければならない。

電路の使用電圧の区分		絶縁抵抗値
300 V以下	対地電圧（接地式電路においては電線と大地との間の電圧，非接地式電路においては電線間の電圧をいう。以下同じ。）が［(イ)］V以下の場合	［(ウ)］MΩ
	その他の場合	［(エ)］MΩ
300 Vを超えるもの		0.4 MΩ

上記の記述中の空白箇所（ア），（イ），（ウ）及び（エ）に当てはまる組合せとして，正しいものを次の(1)～(5)のうちから一つ選べ。

	(ア)	(イ)	(ウ)	(エ)
(1)	開閉器又は過電流遮断器	150	0.1	0.2
(2)	開閉器又は接続点	150	0.1	0.2
(3)	開閉器又は接続点	150	0.2	0.3
(4)	開閉器又は過電流遮断器	200	0.2	0.3
(5)	開閉器又は過電流遮断器	200	0.1	0.2

POINT 3 低圧の電路の絶縁性能

電技第58条からの出題である。

解答 (1)

絶縁抵抗値は開閉器又は遮断器で区切られた箇所毎に絶縁抵抗測定を行う。本条の絶縁抵抗値は技術基準で定める最低限度の絶縁抵抗値であり，絶縁劣化等も考慮して，一般に絶縁抵抗値はもっと大きな値を持つように設計することが多い。

4 次の文章は「電気設備技術基準」における電気使用場所に施設する電気機械器具及び電気集じん応用装置等の施設に関する記述である。

a　電気使用場所に施設する電気機械器具は，充電部の［(ア)］がなく，かつ，人体に危害を及ぼし，又は火災が発生するおそれがある発熱がないように施設しなければならない。ただし，電気機械器具を使用するために充電部の［(ア)］又は発熱体の施設が必要不可欠である場合であって，［(イ)］その他人体に危害を及ぼし，又は火災が発生するおそれがないように施設する場合は，この限りでない。

b　使用電圧が［(ウ)］の電気集じん装置，静電塗装装置，電気脱水装置，電気選別装置その他の電気集じん応用装置及びこれに［(ウ)］の電気を供給するための電気設備は，aの規定にかかわらず，屋側又は屋外には，施設してはならない。ただし，当該電気設備の充電部の危険性を考慮して，［(イ)］又は火災のおそれがないように施設する場合は，この限りでない。

上記の記述中の空白箇所(ア)，(イ)及び(ウ)に当てはまる組合せとして，正しいものを次の(1)～(5)のうちから一つ選べ。

	(ア)	(イ)	(ウ)
(1)	露出	感電	特別高圧
(2)	露出	感電	高圧又は特別高圧
(3)	漏電	爆発	高圧又は特別高圧
(4)	漏電	爆発	特別高圧
(5)	漏電	感電	高圧又は特別高圧

POINT 4 電気使用場所に施設する電気機械器具の感電，火災等の防止

POINT 5 特別高圧の電気集じん応用装置等の施設の禁止

電技第59条及び第60条からの出題である。

解答 (1)

電技第60条において，特別高圧の電気集じん応用装置等を屋側又は屋外に施設することを原則禁止しているが，実際には火力発電所で屋外に電気集じん装置を設置しているものもある。したがって，感電又は火災のおそれがないように施設する場合のただし書きが設けられている。

5 次の文章は「電気設備技術基準」における配線による他の配線等又は工作物への危険の防止に関する記述である。

a　常用電源の停電時に使用する非常用予備電源（ (ア) に施設するものに限る。）は， (ア) 以外の場所に施設する電路であって，常用電源側のものと (イ) に接続しないように施設しなければならない。

b　配線は，水道管，ガス管又はこれらに類するものと接近し，又は交さする場合は，放電によりこれらの工作物を損傷するおそれがなく，かつ， (ウ) によりこれらの工作物を介して (エ) のおそれがないように施設しなければならない。

上記の記述中の空白箇所（ア），（イ），（ウ）及び（エ）に当てはまる組合せとして，正しいものを次の(1)～(5)のうちから一つ選べ。

	(ア)	(イ)	(ウ)	(エ)
(1)	発電所	機械的	接触又は漏電	感電又は火災
(2)	発電所	機械的	漏電又は放電	感電又は火傷
(3)	需要場所	電気的	漏電又は放電	感電又は火災
(4)	需要場所	電気的	接触又は漏電	感電又は火災
(5)	需要場所	電気的	漏電又は放電	感電又は火傷

解答 (3)

電技第61条においては非常用予備電源から電力が供給されることにより，電線路の作業者が感電する可能性があるため，常用電源停止時には非常用予備電源を電気的に接続しないようにして防止するものである。

第62条においても何らかの形で放電により工作物を損傷するもしくは水道管やガス管の作業者が感電しないように規定しているものである。

POINT 6 非常用予備電源の施設

POINT 7 配線による他の配線等又は工作物への危険の防止

電技第61条及び第62条からの出題である。

電気使用場所や需要場所の定義をきちんと理解しておくこと。

- 電気使用場所…電気を使用するための電気設備を施設した，1の建物又は1の単位をなす場所
- 需要場所…電気使用場所を含む1の構内又はこれに準ずる区域であって，発電所，変電所及び開閉所以外のもの

6 低圧幹線は「電気設備技術基準の解釈」に基づき，電動機又はこれに類する起動電流が大きい電気機械器具の定格電流の合計I_M，他の電気使用機械器具の定格電流の合計I_Lで許容電流を決定する。次のa～cの記述のうち，低圧幹線の許容電流を最も大きくする必要があるものとその電流値の組合せとして，最も近いものを次の(1)～(5)のうちから一つ選べ。

a　I_M=60 A，I_L=20 A
b　I_M=50 A，I_L=30 A
c　I_M=40 A，I_L=40 A

	最も大きくする必要がある幹線	電流値
(1)	a	86
(2)	a	95
(3)	b	85
(4)	b	93
(5)	c	90

POINT 8 過電流からの低圧幹線等の保護措置
電技解釈第148条からの出題である。

解答 (4)

低圧幹線の許容電流は下表のように規定されているため，これに沿って計算すればよい。

条件		低圧幹線の許容電流I_A
$I_M \leqq I_L$		$I_A \geqq I_M + I_L$
$I_M > I_L$	$I_M \leqq 50$ A	$I_A \geqq 1.25\ I_M + I_L$
	$I_M > 50$ A	$I_A \geqq 1.1\ I_M + I_L$

a　I_M=60 A，I_L=20 Aであるため，

$$I_A \geqq 1.1\ I_M + I_L = 1.1 \times 60 + 20$$
$$= 86 \text{ A}$$

b　I_M=50 A，I_L=30 Aであるため，

$$I_A \geqq 1.25\ I_M + I_L = 1.25 \times 50 + 30$$
$$= 92.5 \text{ A}$$

c　I_M=40 A，I_L=40 Aであるため，

$$I_A \geqq I_M + I_L = 40 + 40$$
$$= 80 \text{ A}$$

したがって，最も近いのは(4)となる。

7 次の文章は「電気設備技術基準の解釈」における低圧幹線を保護する過電流遮断器の施設に関する記述である。

低圧幹線の電源側電路には，当該低圧幹線を保護する過電流遮断器を施設すること。ただし，次のいずれかに該当する場合は，この限りでない。

a　低圧幹線の許容電流が，当該低圧幹線の電源側に接続する他の低圧幹線を保護する過電流遮断器の定格電流の［（ア）］%以上である場合

b　過電流遮断器に直接接続する低圧幹線又はaに掲げる低圧幹線に接続する長さ［（イ）］m以下の低圧幹線であって，当該低圧幹線の許容電流が，当該低圧幹線の電源側に接続する他の低圧幹線を保護する過電流遮断器の定格電流の［（ウ）］%以上である場合

c　過電流遮断器に直接接続する低圧幹線又はa若しくはbに掲げる低圧幹線に接続する長さ［（エ）］m以下の低圧幹線であって，当該低圧幹線の負荷側に他の低圧幹線を接続しない場合

上記の記述中の空白箇所（ア），（イ），（ウ）及び（エ）に当てはまる組合せとして，正しいものを次の(1)〜(5)のうちから一つ選べ。

	（ア）	（イ）	（ウ）	（エ）
(1)	60	8	35	5
(2)	55	8	35	3
(3)	55	7	25	3
(4)	55	7	25	5
(5)	60	8	35	3

POINT 8 過電流からの低圧幹線等の保護措置

電技解釈第148条からの出題である。

注目　本問の内容は正誤問題や計算問題でも出題されやすい内容である。

規定をよく理解するようにすること。

解答 (2)

条文の内容としては，過電流遮断器を施設しなければならないという内容であるが，電験で出題されやすいのは，本問のような例外規定である過電流遮断器を省略できる場合の内容となる。

8 次の文章は「電気設備技術基準」における電動機の過負荷保護及び電気的，磁気的障害の防止に関する記述である。

a　屋内に施設する電動機（出力が （ア） kW以下のものを除く。この条において同じ。）には，（イ） による当該電動機の焼損により火災が発生するおそれがないよう，（イ） 遮断器の施設その他の適切な措置を講じなければならない。

b　（ウ） に施設する電気機械器具又は接触電線は，電波，高周波電流等が発生することにより，（エ） の機能に継続的かつ重大な障害を及ぼすおそれがないように施設しなければならない。

上記の記述中の空白箇所（ア），（イ），（ウ）及び（エ）に当てはまる組合せとして，正しいものを次の(1)～(5)のうちから一つ選べ。

	（ア）	（イ）	（ウ）	（エ）
(1)	0.2	過電流	電気使用場所	弱電流電線等
(2)	1	地絡	需要場所	無線設備
(3)	0.2	地絡	電気使用場所	弱電流電線等
(4)	1	過電流	需要場所	弱電流電線等
(5)	0.2	過電流	電気使用場所	無線設備

POINT 9 異常時の保護対策

POINT 10 電気的，磁気的障害の防止

電技第65条及び第67条からの出題である。

解答 (5)

電技第65条の屋内に施設する電動機の過電流遮断器の内容は，長時間の過電流による電動機の焼損や火災を予防する観点から規定されている。

第67条の電波及び高周波電流に関するものは継続的かつ重大なもののみが対象であり，一時的なものや影響が小さいものに関しては対象外となっていることに注意する。

9 次の文章は「電気設備技術基準」における特殊場所における施設制限に関する記述である。

a [(ア)] の多い場所に施設する電気設備は，[(ア)] による当該電気設備の絶縁性能又は導電性能が劣化することに伴う感電又は火災のおそれがないように施設しなければならない。

b 次の各号に掲げる場所に施設する電気設備は，[(イ)] 状態において，当該電気設備が点火源となる爆発又は火災のおそれがないように施設しなければならない。

1 [(ウ)] のガス又は引火性物質の蒸気が存在し，点火源の存在により爆発するおそれがある場所

2 セルロイド，マッチ，石油類その他の燃えやすい危険な物質を製造し，又は [(エ)] する場所

c 照明のための電気設備（開閉器及び過電流遮断器を除く。）以外の電気設備は，bの規定にかかわらず，[(オ)] 庫内には，施設してはならない。ただし，容易に着火しないような措置が講じられている [(オ)] 類を保管する場所にあって，特別の事情がある場合は，この限りでない。

上記の記述中の空白箇所（ア），（イ），（ウ），（エ）及び（オ）に当てはまる組合せとして，正しいものを次の(1)～(5)のうちから一つ選べ。

	(ア)	(イ)	(ウ)	(エ)	(オ)
(1)	粉じん	緊急時の	可燃性	貯蔵	危険物
(2)	粉じん	通常の使用	可燃性	販売	火薬
(3)	腐食性のガス	通常の使用	爆発性	販売	火薬
(4)	腐食性のガス	緊急時の	爆発性	販売	危険物
(5)	粉じん	通常の使用	可燃性	貯蔵	火薬

解答 (5)

電技第68条～第71条はいずれも危険性のある場所で，事故時の被害も大きくなりやすいことが想定されるため，それぞれ規定されている。特に粉じんや腐食性のガス等は一見危険性を感じないので，技術者として知識を持っておくことは重要である。

POINT 11 特殊場所における施設制限

電技第68条，第69条及び第71条からの出題である。

(a)
第70条の腐食性のガスの条文もほぼ同じ文章となっている。違いは予防措置を講ずるか施設するかである。

10 粉じんの多い場所，可燃性のガス又は引火性物質の蒸気が存在する場所もしくは腐食性のガス又は溶液の発散する場所に施設してはいけない機器として，誤っているものを次の(1)～(5)のうちから一つ選べ。

(1) 接触電線　(2) 特別高圧の電気設備
(3) 電気浴器　(4) 電撃殺虫器
(5) 電熱装置

解答 (3)

(1) 正しい。電技第73条第1項～第3項に，接触電線は，電技第68条（粉じん），第69条（可燃性物質），第70条（腐食性物質）の各項目に規定する場所には施設してはならないという規定がある。
(2) 正しい。電技第72条に，特別高圧の電気設備は，第68条（粉じん）及び第69条（可燃性物質）の規定にかかわらず，第68条及び第69条各号に規定する場所には，施設してはならないという規定がある。
(3) 誤り。電技第77条には電気浴器の記載があるが，その中に粉じんや可燃性物質に関する記述はない。
(4) 正しい。電技第75条に，電撃殺虫器は，第68条（粉じん）から第70条（腐食性物質）までに規定する場所には，施設してはならないという記述がある。
(5) 正しい。電技第76条に，電熱装置は，第68条（粉じん）から第70条（腐食性物質）までに規定する場所には，施設してはならないという記述がある。

POINT 11 特殊場所における施設制限
POINT 12 特殊機器の施設
注目 法律の知識がなくてもどの機器が着火源になるかが分かれば正答が導き出せる。

応用問題

1 次の文章は「電気設備技術基準の解釈」における電気使用場所の施設及び小出力発電設備に係る用語の定義に関する記述である。

a 「低圧幹線」とは，電気設備の技術基準の解釈第147条の規定により施設した開閉器又は変電所に準ずる場所に施設した低圧開閉器を起点とする，（ア）に施設する低圧の電路であって，当該電路に，電気機械器具に至る低圧電路であって過電流遮断器を施設するものを接続するものをいう。

b 「（イ）」とは，（ア）に施設する電線のうち，造営物に固定しないものをいい，電球線及び電気機械器具内の電線を除くものをいう。

c 「（ウ）」とは，電線に接触してしゅう動する集電装置を介して，移動起重機，オートクリーナその他の移動して使用する電気機械器具に電気の供給を行うための電線をいう。

上記の記述中の空白箇所（ア），（イ）及び（ウ）に当てはまる組合せとして，正しいものを次の(1)～(5)のうちから一つ選べ。

	（ア）	（イ）	（ウ）
(1)	電気使用場所	可搬電線	移動電線
(2)	電気使用場所	移動電線	接触電線
(3)	需要場所	可搬電線	移動電線
(4)	電気使用場所	可搬電線	接触電線
(5)	需要場所	移動電線	接触電線

電技解釈第142条からの出題である。

可搬性の電気機械器具に付属している電線のことを移動電線という。可搬電線という電線はない。

解答 (2)

接触電線は天井クレーン，電車線やモノレールの電路等に使用されている電線である。

2 次の文章は「電気設備技術基準の解釈」における移動電線の施設に関する記述の一部である。

a　低圧の移動電線の断面積は，（ア）mm^2以上であること。

b　低圧の移動電線と電気機械器具との接続には，（イ）その他これに類する器具を用いること。

c　高圧の移動電線と電気機械器具とは，（ウ）その他の方法により堅ろうに接続すること

d　特別高圧の移動電線は，規定により（エ）施設する場合を除き，施設しないこと。

上記の記述中の空白箇所（ア），（イ），（ウ）及び（エ）に当てはまる組合せとして，正しいものを次の(1)～(5)のうちから一つ選べ。

	（ア）	（イ）	（ウ）	（エ）
(1)	0.75	差込み接続器	ボルト締め	屋内に
(2)	1.5	ねじ込み接続器	ろう付け	屋内に
(3)	0.75	ねじ込み接続器	ボルト締め	圧縮接続で
(4)	1.5	差込み接続器	ろう付け	圧縮接続で
(5)	0.75	ねじ込み接続器	ボルト締め	屋内に

解答 (1)

移動電線は固定しない電線であり，低圧の場合は差込み接続器でよい（すなわち外れても良い）が，高圧では危険性が高くなるため，ボルト締めによって，外れないように接続する必要がある。さらに危険性が高くなる特別高圧の移動電線は，電気集じん応用装置に付属するものに限ると第191条に規定されている。

電技解釈第171条からの出題である。

注目 （イ）～（エ）の内容は電験でも何度か出題されたことがある内容であるので確実に暗記しておくこと。

3 次の各文は，「電気設備技術基準の解釈」に基づく，低圧幹線の電線の許容電流及び低圧幹線を保護する過電流遮断器の工事例に関する記述である。

a　電動機等の定格電流の合計が0 A，他の電気使用機械器具の定格電流の合計が40 Aであるとき，許容電流40 Aの電線と定格電流35 Aの過電流遮断器を組み合わせて使用した。

b　電動機等の定格電流の合計が60 A，他の電気使用機械器具の定格電流の合計が20 Aであるとき，許容電流86 Aの電線と定格電流215 Aの過電流遮断器を組み合わせて使用した。

c　低圧幹線に接続する長さ5 mの低圧幹線であって，当該低圧幹線の許容電流が，当該低圧幹線の電源側に接続する他の低圧幹線を保護する過電流遮断器の定格電流の40%であったため，過電流遮断器を省略した。

上記の記述の適切なものと不適切なものの組合せとして，正しいものを次の(1)～(5)のうちから一つ選べ。

	a	b	c
(1)	適切	不適切	適切
(2)	不適切	適切	不適切
(3)	不適切	不適切	適切
(4)	適切	適切	不適切
(5)	適切	不適切	不適切

POINT 8 過電流からの低圧幹線等の保護措置

電技解釈第148条からの出題である。

解答 (1)

(a)　適切

電技解釈第148条2号より，電動機等の定格電流の合計I_M=0 A，他の電気使用機械器具の定格電流の合計I_L=40 Aであるため，低圧幹線の許容電流I_A[A]は，

$$I_A \geqq I_M + I_L = 0 + 40 = 40\ \mathrm{A}$$

となりI_A=40 Aは適切である。また，電気設備技術基準の解釈第148条5号より，過電流遮断器の定格電流I_B[A]の条件は，

$$I_B \leqq I_A = 40\ \text{A}$$

となるので，I_B=35 Aは適切である。

(b)　不適切

電技解釈第148条2号より，電動機等の定格電流の合計I_M=60 A，他の電気使用機械器具の定格電流の合計I_L=20 Aであるため，低圧幹線の許容電流I_A［A］は，

$$I_A \geqq 1.1\,I_M + I_L = 1.1 \times 60 + 20$$
$$= 86\ \text{A}$$

となりI_A=86 Aは適切である。また，電技解釈第148条5号より，過電流遮断器の定格電流I_B［A］の条件は，

$$I_B \leqq 3\,I_M + I_L = 3 \times 60 + 20$$
$$= 200\ \text{A}$$
$$I_B \leqq 2.5\,I_A = 2.5 \times 86$$
$$= 215\ \text{A}$$

の小さい方の値となるので，I_B=215 Aは不適切である。

(c)　適切

電技解釈第148条4号より，過電流遮断器に直接接続する低圧幹線又はイに掲げる低圧幹線に接続する長さ8 m以下の低圧幹線であって，当該低圧幹線の許容電流が，当該低圧幹線の電源側に接続する他の低圧幹線を保護する過電流遮断器の定格電流の35%以上である場合，過電流遮断器を省略可能なので，適切である。

4 分散型電源の系統連系設備

確認問題

1 次の文章は「電気設備技術基準の解釈」における分散型電源の系統連系設備に係る用語の定義に関する記述である。(ア)～(オ)にあてはまる語句を解答群から選択して答えよ。

a 「逆潮流」とは，分散型電源設置者の構内から，一般送配電事業者が運用する電力系統側へ向かう［（ア）］の流れのことをいう。

b 「［（イ）］」とは，分散型電源を連系している電力系統が事故等によって系統電源と切り離された状態において，当該分散型電源が発電を継続し，線路負荷に［（ア）］を供給している状態をいう。

c 「［（ウ）］」とは，分散型電源を連系している電力系統が事故等によって系統電源と切り離された状態において，分散型電源のみが，連系している電力系統を加圧し，かつ，当該電力系統へ［（ア）］を供給していない状態をいう。

d 「［（エ）］」とは，分散型電源が，連系している電力系統から解列された状態において，当該分散型電源設置者の構内負荷にのみ電力を供給している状態をいう。

e 「［（オ）］」とは，遮断器の遮断信号を通信回線で伝送し，別の構内に設置された遮断器を動作させる装置をいう。

【解答群】

(1) 単独運転	(2) 有効電力	(3) 逆潮流
(4) 並列運転	(5) 遠隔遮断装置	(6) 逆充電
(7) 無効電力	(8) 解列運転	(9) 皮相電力
(10) 単独運転検出	(11) 自立運転	
(12) 転送遮断装置		

POINT 1 用語の定義

電技解釈第220条からの出題である。

解答 (ア)(2) (イ)(1) (ウ)(6) (エ)(11) (オ)(12)

電技解釈第220条は分散型電源に係る用語の定義に関する内容である。単独運転時，分散型電源は無効電力調整機能を持たないため解列する必要があり，「用語の定義」にて定義されている。

2 次の文章は「電気設備技術基準の解釈」における一般送配電事業者との間の電話設備の施設に関する記述である。(ア)～(エ)にあてはまる語句を解答群から選択して答えよ。

高圧又は特別高圧の電力系統に分散型電源を連系する場合(スポットネットワーク受電方式で連系する場合を含む。)は，分散型電源設置者の技術員駐在箇所等と電力系統を運用する一般送配電事業者の営業所等との間に，次の各号のいずれかの[(ア)]設備を施設すること。

一 電力保安通信用[(ア)]設備

二 電気通信事業者の専用回線電話

三 次に適合する場合は，一般加入電話又は携帯電話等

イ 高圧又は[(イ)]V以下の特別高圧で連系する場合(スポットネットワーク受電方式で連系する場合を含む。)であること。

ロ 一般加入電話又は携帯電話等は，次に適合するものであること。

(イ) 分散型電源設置者側の交換機を介さずに直接技術員との通話が可能な方式(交換機を介する代表番号方式ではなく，直接技術員駐在箇所へつながる単番方式)であること。

(ロ) 話中の場合に割り込みが可能な方式であること。

(ハ) [(ウ)]時においても通話可能なものであること。

ハ [(エ)]時等において通信機能の障害により当該一般送配電事業者と連絡が取れない場合には，当該一般送配電事業者との連絡が取れるまでの間，分散型電源設置者において発電設備等の解列又は運転を停止すること。

【解答群】

(1) 15,000	(2) 停電	(3) 保安
(4) 電話	(5) 専用	(6) 非常
(7) インターネット	(8) 光通信	(9) 60,000
(10) 警報	(11) 災害	(12) 35,000

解答 (ア)(4) (イ)(12) (ウ)(2) (エ)(11)

系統が連系されている場合，系統側もしくは分散型電源側で起きた事故が波及する可能性があり，迅速に連絡することが求められるため，このような規定がなされている。

POINT 2 一般送配電事業者との間の電話設備の施設

電技解釈第225条からの出題である。

3 次の文章は「電気設備技術基準の解釈」における系統連系時の施設要件に関する記述である。(ア)～(エ)にあてはまる語句を解答群から選択して答えよ。

a [(ア)] の低圧の電力系統に分散型電源を連系する場合において，負荷の不平衡により中性線に最大電流が生じるおそれがあるときは，分散型電源を施設した構内の電路であって，負荷及び分散型電源の並列点よりも [(イ)] 側に，3極に過電流引き外し素子を有する遮断器を施設すること。

b [(ウ)] の電力系統に分散型電源を連系する場合は，分散型電源を連系する配電用変電所の配電用変圧器において，逆向きの潮流を生じさせないこと。ただし，当該配電用変電所に [(エ)] を施設する等の方法により分散型電源と電力系統との協調をとることができる場合は，この限りではない。

【解答群】

(1)	単相3線式	(2)	高圧	(3)	電源
(4)	無効電力補償装置	(5)	特別高圧	(6)	保護装置
(7)	三相3線式	(8)	系統	(9)	三相4線式
(10)	負荷	(11)	発電機	(12)	低圧

POINT 3 系統連系時の施設要件

電技解釈第226条及び第228条からの出題である。

解答 (ア)(1)　(イ)(8)　(ウ)(2)　(エ)(6)

いずれも電力系統に分散型電源を連系する場合の要件について定めているが，低圧の方がより細かく遮断器について規定されている。

4 次の文章は「電気設備技術基準の解釈」における低圧連系時の系統連系用保護装置に関する記述である。(ア)～(エ)にあてはまる語句を解答群から選択して答えよ。

低圧の電力系統に分散型電源を連系する場合は，次の各号により，異常時に分散型電源を自動的に [(ア)] するための装置を施設すること。

一　次に掲げる異常を保護リレー等により検出し，分散型電源を自動的に [(ア)] すること。

イ　分散型電源の異常又は故障

ロ　連系している電力系統の短絡事故，地絡事故又は [(イ)] 事故

ハ　分散型電源の [(ウ)] 又は逆充電

POINT 4 系統連系用保護装置

電技解釈第227条からの出題である。

二　一般送配電事業者が運用する電力系統において［（エ）］が行われる場合は，当該［（エ）］時に，分散型電源が当該電力系統から［（ア）］されていること。

【解答群】

(1) 自立運転	(2) 高低圧混触	(3) 再閉路
(4) 停止	(5) 断線	(6) 単独運転
(7) 解列	(8) 系統切換	(9) 遮断
(10) 並解列	(11) 過負荷運転	(12) 過電圧

解答　(ア)(7)　(イ)(2)　(ウ)(6)　(エ)(3)

分散型電源は原則として異常時には系統から解列することが定められている。

基本問題

1 次の文章は「電気設備技術基準の解釈」における分散型電源の系統連系設備に係る用語の定義に関する記述である。

a 「分散型電源」とは，電気事業法第38条第３項第一号または第四号に掲げる事業を営む者以外の者が設置する発電設備等であって，（ア）が運用する電力系統に連系するもののことをいう。

b 「（イ）」とは，分散型電源設置者の構内から，（ア）が運用する電力系統側へ向かう有効電力の流れをいう。

c 「（ウ）運転」とは，分散型電源が，連系している電力系統から解列された状態において，当該分散型電源設置者の構内負荷にのみ電力を供給している状態をいう。

d 「（エ）的方式の単独運転検出装置」とは，単独運転移行時に生じる電圧位相又は周波数等の変化により，単独運転状態を検出する装置をいう。

e 「（オ）的方式の単独運転検出装置」とは，分散型電源の有効電力出力又は無効電力出力等に平時から変動を与えておき，単独運転移行時に当該変動に起因して生じる周波数等の変化により，単独運転状態を検出する装置をいう。

上記の記述中の空白箇所（ア），（イ），（ウ），（エ）及び（オ）に当てはまる組合せとして，正しいものを次の(1)～(5)のうちから一つ選べ。

	（ア）	（イ）	（ウ）	（エ）	（オ）
(1)	小売電気事業者	逆充電	自立	受動	能動
(2)	一般送配電事業者	逆潮流	自立	受動	能動
(3)	一般送配電事業者	逆潮流	単独	能動	受動
(4)	一般送配電事業者	逆充電	単独	能動	受動
(5)	小売電気事業者	逆潮流	単独	受動	能動

POINT 1 用語の定義

電技解釈第220条からの出題である。

注目 小売電気事業者という用語は電気設備技術基準の解釈には使用されないため，その知識を持っていると選択肢を絞れるようになる。

解答 (2)

近年，毎年のように出題される分散型電源の内容の中でも最も出題されやすい条文である。他の条文の前提となる内容でもあるので，確実に理解しておくと良い。

2 次の文章は「電気設備技術基準の解釈」における一般送配電事業者との間の電話設備の施設に関する記述である。

（ア）の電力系統に分散型電源を連系する場合（スポットネットワーク受電方式で連系する場合を含む。）は，分散型電源設置者の技術員駐在箇所等と電力系統を運用する一般送配電事業者の営業所等との間に，一般加入電話又は携帯電話等を施設する場合は，次に適合するものであること。

a　分散型電源設置者側の（イ）を介さずに直接技術員との通話が可能な方式であること。

b　話中の場合に（ウ）が可能な方式であること。

c　（エ）においても通話可能なものであること。

上記の記述中の空白箇所（ア），（イ），（ウ）及び（エ）に当てはまる組合せとして，正しいものを次の(1)～(5)のうちから一つ選べ。

	（ア）	（イ）	（ウ）	（エ）
(1)	高圧又は特別高圧	コールセンター	転送	停電時
(2)	特別高圧	交換機	転送	停電時
(3)	高圧又は特別高圧	交換機	割り込み	停電時
(4)	特別高圧	コールセンター	転送	深夜帯
(5)	高圧又は特別高圧	交換機	割り込み	深夜帯

解答 (3)

本条でも保安通信設備についての規定があるが，電気設備技術基準の解釈第135条においても，特別高圧の保安通信設備に関する内容の規定があるため，合わせて確認しておくと良い。

POINT 2 一般送配電事業者との間の電話設備の施設

電技解釈第225条からの出題である

注目 本問では触れられていないが，一般加入電話又は携帯電話等を利用する前提として35,000 V以下で連系している必要がある。

3 次の文章は「電気設備技術基準の解釈」における系統連系時の施設要件に関する記述である。

a　単相３線式の［（ア）］の電力系統に分散型電源を連系する場合において，負荷の不平衡により中性線に最大電流が生じるおそれがあるときは，分散型電源を施設した構内の電路であって，負荷及び分散型電源の［（イ）］よりも系統側に，３極に過電流引き外し素子を有する［（ウ）］を施設すること。

b　［（ア）］の電力系統に［（エ）］を用いずに分散型電源を連系する場合は，逆潮流を生じさせないこと。

上記の記述中の空白箇所（ア），（イ），（ウ）及び（エ）に当てはまる組合せとして，正しいものを次の(1)～(5)のうちから一つ選べ。

	（ア）	（イ）	（ウ）	（エ）
(1)	低圧	並列点	遮断器	逆変換装置
(2)	高圧	並列点	遮断器	逆変換装置
(3)	高圧	連系点	開閉器	順変換装置
(4)	低圧	連系点	遮断器	順変換装置
(5)	高圧	並列点	開閉器	逆変換装置

POINT 3 系統連系時の施設要件

電技解釈第226条からの出題である。

単相3線式が低圧で使用される方式であること（電力科目の知識）を理解していると良い。

解答 (1)

単相３線式の場合，負荷の不平衡や分散型電源の発電電力の逆潮流によって中性線に過電流が生じる可能性があるため，本条で遮断器を施設することを規定している。

4 次の文章は「電気設備技術基準の解釈」における系統連系用保護装置に関する記述である。

［（ア）］の電力系統に分散型電源を連系する場合は，次により，異常時に分散型電源を自動的に解列するための装置を施設すること。

a　次に掲げる異常を保護リレー等により検出し，分散型電源を自動的に解列すること。

1　分散型電源の異常又は故障

2　連系している電力系統の短絡事故又は地絡事故

POINT 4 系統連系用保護装置

電技解釈第229条からの出題である。

3　分散型電源の［　（イ）　］

b　一般送配電事業者が運用する電力系統において［　（ウ）　］が行われる場合は，当該［　（ウ）　］時に，分散型電源が当該電力系統から解列されていること。

c　分散型電源の解列は，次のいずれかで解列すること。

1　受電用遮断器

2　分散型電源の出力端に設置する遮断器又はこれと同等の機能を有する装置

3　分散型電源の［　（エ）　］用遮断器

4　母線［　（エ）　］用遮断器

上記の記述中の空白箇所（ア），（イ），（ウ）及び（エ）に当てはまる組合せとして，正しいものを次の(1)～(5)のうちから一つ選べ。

	（ア）	（イ）	（ウ）	（エ）
(1)	低圧	自立運転	負荷遮断	保護
(2)	低圧	単独運転	再閉路	連絡
(3)	低圧	単独運転	負荷遮断	保護
(4)	高圧	自立運転	再閉路	連絡
(5)	高圧	単独運転	再閉路	連絡

解答　(5)

低高圧に関係なく分散型電源の単独運転は安全面や設備の面から一切禁止されており，電験においても出題されやすい内容となっている。

低圧でも高圧でもとても似ている内容の条文なので，違う箇所を見ておくと良い。

応用問題

1 次の「電気設備技術基準の解釈」における分散型電源に関する記述として，正しいものを次の(1)～(5)のうちから一つ選べ。

(1) 「単独運転」とは，分散型電源を連系している電力系統が事故等によって系統電源と切り離された状態において，当該分散型電源が発電を継続し，線路負荷に無効電力を供給している状態をいう。

(2) 「スポットネットワーク受電方式」とは，２以上の特別高圧配電線で受電し，各回線に設置した受電変圧器を介して２次側電路を格子状に連系した受電方式をいう。

(3) 「転送遮断装置」とは，遮断器の遮断信号を通信回線で伝送し，別の構内に設置された遮断器を動作させる装置をいう。

(4) 「逆潮流」とは，分散型電源設置者の構内から，一般送配電事業者が運用する電力系統側へ向かう皮相電力の流れをいう。

(5) 「受動的方式の単独運転検出装置」とは，分散型電源の有効電力出力又は無効電力出力等に平時から変動を与えておき，単独運転移行時に当該変動に起因して生じる周波数等の変化により，単独運転状態を検出する装置をいう。

POINT 1 用語の定義

電技解釈第220条からの出題である。

解答 (3)

(1) 誤り。「単独運転」とは，分散型電源を連系している電力系統が事故等によって系統電源と切り離された状態において，当該分散型電源が発電を継続し，線路負荷に有効電力を供給している状態をいう。

(2) 誤り。「スポットネットワーク受電方式」とは，２以上の特別高圧配電線で受電し，各回線に設置した受電変圧器を介して２次側電路をネットワーク母線で並列接続した受電方式をいう。

(3) 正しい。「転送遮断装置」とは，遮断器の遮断信号を通信回線で伝送し，別の構内に設置された

注目 (1)及び(4)の有効電力，(5)の単独運転検出装置に関する内容は電験でも何度か出題されているパターンの内容である。

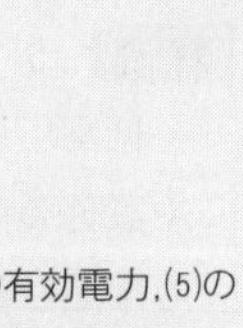

遮断器を動作させる装置をいう。

(4) 誤り。「逆潮流」とは，分散型電源設置者の構内から，一般送配電事業者が運用する電力系統側へ向かう有効電力の流れをいう。

(5) 誤り。「受動的方式の単独運転検出装置」とは，単独運転移行時に生じる電圧位相又は周波数等の変化により，単独運転状態を検出する装置をいう。問題文は能動的方式の単独運転検出装置に関する記述である。

2 次の文章は「電気設備技術基準の解釈」における直流流出防止変圧器の施設に関する記述である。

a 逆変換装置を用いて分散型電源を電力系統に連系する場合は，逆変換装置から直流が電力系統へ流出することを防止するために，受電点と逆変換装置との間に (ア) を施設すること。ただし，次の各号に適合する場合は，この限りでない。

一 逆変換装置の交流出力側で直流を検出し，かつ，直流検出時に交流出力を (イ) する機能を有すること。

二 次のいずれかに適合すること。

イ 逆変換装置の直流側電路が (ウ) であること。

ロ 逆変換装置に高周波 (ア) を用いていること。

b aの規定により設置する (ア) は，直流流出防止専用であることを要しない。

上記の記述中の空白箇所（ア），（イ）及び（ウ）に当てはまる組合せとして，正しいものを次の(1)～(5)のうちから一つ選べ。

	（ア）	（イ）	（ウ）
(1)	直流フィルタ	停止	低圧
(2)	変圧器	停止	低圧
(3)	直流フィルタ	遮断	非接地
(4)	変圧器	停止	非接地
(5)	変圧器	遮断	低圧

電技解釈第221条からの出題である。

電力系統に直流が流出した場合，柱上変圧器等に直流偏磁を起こし，磁気飽和により出力電圧の歪が生じる等の懸念がある。

解答 (4)

逆変換装置の内部故障等により，直流成分が系統へ流出することを防ぐために，変圧器を施設するように規定されている。

第221条〜第224条の内容も出題される可能性があり，条文もそれほど長くないため，一読しておくと良い。

3 次の文章は「電気設備技術基準の解釈」における低圧連系時の系統連系用保護装置に関する記述である。

低圧の電力系統に分散型電源を連系する場合は，次により，異常時に分散型電源を自動的に （ア） するための装置を施設すること。

a 次に掲げる異常を保護リレー等により検出し，分散型電源を自動的に （ア） すること。

イ 分散型電源の異常又は故障

ロ 連系している電力系統の短絡事故，地絡事故又は高低圧混触事故

ハ 分散型電源の （イ） 又は逆充電

b 保護リレー等は，逆変換装置を用いて連系し逆潮流無しの場合，表に規定する保護リレー等を受電点その他異常の検出が可能な場所に設置すること。

表

<table>
<tr><th>検出する異常</th><th>種類</th><th>逆潮流無しの場合</th></tr>
<tr><td>発電電圧異常上昇</td><td>過電圧リレー</td><td>○※1</td></tr>
<tr><td>発電電圧異常低下</td><td>不足電圧リレー</td><td>○※1</td></tr>
<tr><td>系統側短絡事故</td><td>不足電圧リレー</td><td>○※2</td></tr>
<tr><td>系統側地絡事故・高低圧混触事故（間接）</td><td>（イ） 検出装置</td><td rowspan="3">○※4</td></tr>
<tr><td rowspan="4">（イ） 又は逆充電</td><td>（イ） 検出装置</td></tr>
<tr><td>逆充電検出機能を有する装置</td></tr>
<tr><td>（ウ） リレー</td><td>○</td></tr>
<tr><td>（エ） リレー</td><td>○</td></tr>
</table>

※1：分散型電源自体の保護用に設置するリレーにより検出し，保護できる場合は省略できる。

※2：発電電圧異常低下検出用の不足電圧リレーにより検出し，保護できる場合は省略できる。

POINT 4 系統連系用保護装置

電技解釈第227条からの出題である。

※4：逆潮流有りの分散型電源と逆潮流無しの分散型電源が混在する場合は，（イ）検出装置を設置すること。逆充電検出機能を有する装置は，不足電圧検出機能及び，不足電力検出機能の組み合わせ等により構成されるもの，（イ）検出装置は，受動的方式及び能動的方式のそれぞれ1方式以上を含むものであること。系統側地絡事故・高低圧混触事故（間接）については，（イ）検出用の受動的方式等により保護すること。
（備考）
1.○は該当することを示す。

上記の記述中の空白箇所（ア），（イ），（ウ）及び（エ）に当てはまる組合せとして，正しいものを次の(1)～(5)のうちから一つ選べ。

	（ア）	（イ）	（ウ）	（エ）
(1)	解列	単独運転	周波数低下	逆電圧
(2)	解列	自立運転	周波数低下	逆電圧
(3)	遮断	単独運転	周波数上昇	逆電圧
(4)	遮断	自立運転	周波数上昇	逆電力
(5)	解列	単独運転	周波数低下	逆電力

解答 (5)

分散型電源を低圧の電力系統に連系する場合の保護協調の考え方について規定されている。実際には設定値等の詳細を一般送配電事業者（電力会社）と協議して決めることになる。

設置するリレーの種類は逆変換装置を用いるか用いないか，逆潮流の有無によって変化する。変化するものを中心に覚えると忘れにくくなる。

解答

CHAPTER
04 電気設備技術基準（計算）

1 法令の計算

確認問題

1 冬季に氷雪の多い地方において，径間200 mの電柱間に同じ高さに電線を施設する際の電線に加わる荷重及びたるみに関して，次の(1)～(3)の問に答えよ。ただし，電線の自重は16 N/m，風圧荷重は10 N/m，氷雪荷重は8 N/m，電線の張力は50 kN，電線の安全率は2.2とする。

(1) 電線に加わる合成荷重[N/m]を求めよ。
(2) 安全率を加味した電線の引張強さ[kN]を求めよ。
(3) 電線のたるみの大きさ[m]を求めよ。

解答 (1) 26 N/m (2) 110 kN (3) 2.6 m

(1) 電線の自重 $W_o = 16$ N/m，氷雪荷重 $W_i = 8$ N/m，風圧荷重 $W_w = 10$ N/mであるから，電線の合成荷重 W[N/m]は，

$$W = \sqrt{(W_o + W_i)^2 + W_w^2}$$
$$= \sqrt{(16+8)^2 + 10^2}$$
$$= 26 \text{ N/m}$$

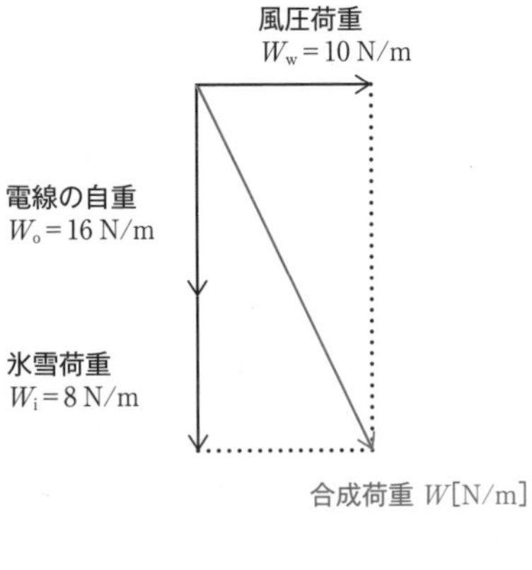

POINT 1 電線のたるみ

5:12:13の直角三角形の関係から，26 N/mと求めても良い。

(2)　電線の引張強さ T'[kN] は電線の張力 T[kN] に安全率 k を乗じたものであるから,

$$T' = kT$$
$$= 2.2 \times 50$$
$$= 110\ \text{kN}$$

(3)　電線の中央部のたるみ（弛度）D[m] は，電線 1 m あたりの合成荷重 $W = 26$ N/m，径間 $S = 200$ m，電線の張力 $T = 50$ kN であるから,

$$D = \frac{WS^2}{8T}$$
$$= \frac{26 \times 200^2}{8 \times 50 \times 10^3}$$
$$= 2.6\ \text{m}$$

安全率なので，引張強さ＞張力でなければならない。公式の丸暗記ではなく，単語の意味から理解すること。

2　図のようなA種鉄筋コンクリート柱に高圧架空電線を施設した線路の支線の張力について考える。高圧架空電線の高さは 8 m で水平張力は 15 kN，支線は高さ 5 m に電柱に対し 45° の角度で取り付けるものとする。このとき，次の(1)及び(2)の問に答えよ。

POINT 2 支線の張力

(1)　支線に生じる張力 T[kN] を求めよ。

(2)「電気設備技術基準の解釈」に基づく，支線の引張強さの下限値[kN] を求めよ。

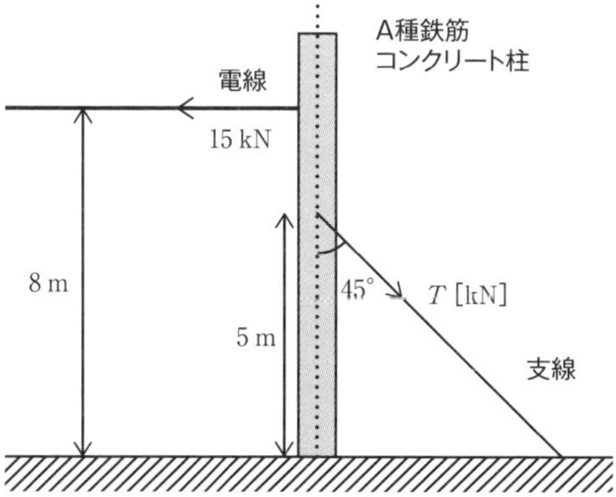

解答 (1) $T = 33.9$ kN (2) 50.9 kN

(1) 支線の張力の水平成分は

$$T\sin 45° = \frac{\sqrt{2}}{2}T$$

地面を基準としたときの，A種鉄筋コンクリートの中にはたらく力のモーメントのつり合いの式より，張力 T[kN] は，

$$\frac{\sqrt{2}}{2}T \times 5 = 15 \times 8$$

$$T \fallingdotseq 33.941 \rightarrow 33.9\ \text{kN}$$

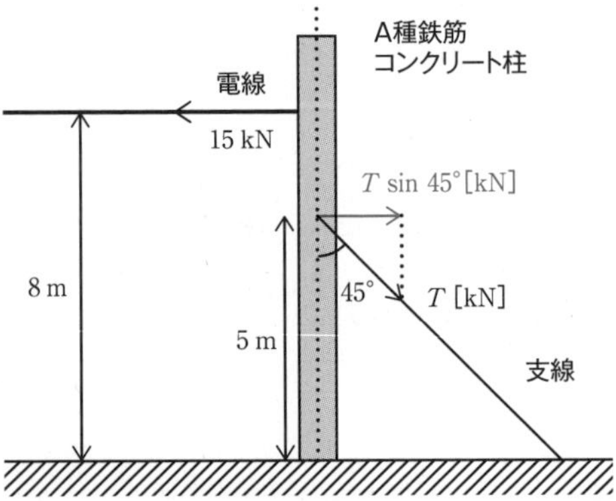

(2) 電気設備の技術基準の解釈第61条より，A種鉄筋コンクリート柱に問題文で指定された方法で取り付けられる支線の安全率は1.5であり，支線の引張強さの下限値 T'[kN] は支線の張力 T[kN] に安全率 k を乗じたものであるから，

$$T' = kT$$
$$= 1.5 \times 33.941$$
$$\fallingdotseq 50.9\ \text{kN}$$

安全率は覚えておく必要がある。
電力科目では出題されないが，法規科目では出題される内容である。

3 「電気設備の技術基準の解釈」に基づく，氷雪の多い地方のうち，海岸地その他の低温季に最大風圧を生じる地方に施設する電線に適用する長さ1mあたりの風圧荷重について，次の(1)及び(2)の問に答えよ。ただし，電線の直径は10 mm，甲種風圧荷重は980 Pa，乙種風圧荷重の計算に使用する氷雪の厚さは6 mmとする。

POINT 3 風圧荷重

(1) 高温季に適用する風圧荷重[N]を求めよ。

(2) 低温季に適用する風圧荷重[N]を求めよ。

解答 (1) 9.8 N (2) 10.8 N

(1) 高温季に適用する風圧荷重は甲種風圧荷重であり，甲種風圧荷重における垂直投影面積S[m^2]は，

$$S = 10 \times 10^{-3} \times 1$$
$$= 0.01\ \mathrm{m}^2$$

よって，甲種風圧荷重W_1[N]は，

$$W_1 = 980 \times S$$
$$= 980 \times 0.01$$
$$= 9.8\ \mathrm{N}$$

(2) 海岸地その他の低温季に最大風圧を生じる地方に施設する電線の低温季に適用する風圧荷重は，甲種風圧荷重又は乙種風圧荷重のいずれか大きいものである。(1)より，甲種風圧荷重は$W_1 = 9.8$ N である。乙種風圧荷重における垂直投影面積S'[m^2]は，周囲に厚さ6 mmの氷雪が付着した状態の面積であるから，

$$S' = (10 \times 10^{-3} + 6 \times 10^{-3} \times 2) \times 1$$
$$= 0.022\ \mathrm{m}^2$$

乙種風圧荷重W_2[N]は，甲種風圧荷重の0.5倍を基礎とするので，

$$W_2 = 980 \times 0.5 \times S'$$
$$= 980 \times 0.5 \times 0.022$$
$$= 10.78 \rightarrow 10.8\ \mathrm{N}$$

したがって，$W_2 > W_1$のため，求める風圧荷重は10.8 Nとなる。

980 Paは問題で与えられることが多いが，覚えておくこと。

電線の直径が12 mmより小さい場合は乙種風圧荷重の方が大きくなる。

4 高圧電路と低圧電路とを結合する変圧器に「電気設備の技術基準の解釈」に基づき，低圧側の中性点にB種接地工事を施す場合について，変圧器の高圧側電路の地絡電流の大きさが6 Aであるとき，次の(1)～(3)の値を求めよ。

POINT 4 B種接地工事，D種接地工事

(1) 高圧側の電路と低圧側の電路との混触により，低圧電路の対地電圧が150 Vを超えた場合に，0.8秒で自動的に高圧の電路を遮断する装置を設ける場合の接地抵抗値の上限値［Ω］

(2) 高圧側の電路と低圧側の電路との混触により，低圧電路の対地電圧が150 Vを超えた場合に，1.5秒で自動的に高圧の電路を遮断する装置を設ける場合の接地抵抗値の上限値［Ω］

(3) 高圧側の電路と低圧側の電路との混触により，低圧電路の対地電圧が150 Vを超えた場合に，2.2秒で自動的に高圧の電路を遮断する装置を設ける場合の接地抵抗値の上限値［Ω］

注目 B種接地工事の接地抵抗値に関する問題は毎年のように出題されるため，本書でも多く取り扱っている。

解答 (1) 100 Ω　(2) 50 Ω　(3) 25 Ω

(1) 高圧の電路と低圧電路を結合するものにおいて，当該変圧器の高圧側の電路と低圧側の電路との混触により，低圧電路の対地電圧が150 Vを超えた場合に，1秒以下で自動的に高圧の電路を遮断する装置を設ける場合の接地抵抗値の上限は600／I_gであるから，接地抵抗値の上限値R_{B1}［Ω］は，

$$R_{B1}=\frac{600}{I_g}$$

$$=\frac{600}{6}=100\ \Omega$$

(2) 高圧の電路と低圧電路を結合するものにおいて，当該変圧器の高圧側の電路と低圧側の電路との混触により，低圧電路の対地電圧が150 Vを超えた場合に，1秒を超え2秒以下で自動的に高圧の電路を遮断する装置を設ける場合の接地抵抗値の上限は300／I_gであるから，接地抵抗値の上限値R_{B2}［Ω］は，

$$R_{B2}=\frac{300}{I_g}$$

$$=\frac{300}{6}=50\ \Omega$$

(3)　高圧の電路と低圧電路を結合するものにおいて，自動的に高圧の電路を遮断する装置が２秒を超えて動作する場合の接地抵抗値の上限は150／I_gであるから，接地抵抗値の上限値R_{B3}［Ω］は，

$$R_{B3}=\frac{150}{I_g}$$

$$=\frac{150}{6}$$

$$=25\ \Omega$$

5 6.6 kVの変電所に三相３線式の高圧架空配電線路と地中配電線路を施設する場合において，次の(1)及び(2)の値を求めよ。ただし，高圧電路の１線地絡電流I_g［A］は，公称電圧を1.1で除したものをV'［kV］，同一母線に接続される高圧電路の電線延長（ケーブルを除く）をL［km］，同一母線に接続される高圧電路の線路延長（ケーブルに限る）をL'［km］とすると，

$$I_g=1+\frac{\frac{V'}{3}L-100}{150}+\frac{\frac{V'}{3}L'-1}{2}\text{[A]（小数点以下切り上げ）}$$

で求められる。

(1)　高圧架空配電線路のこう長が15 kmで３回線，地中配電線路を施設しない場合における高圧電路の１線地絡電流［A］

(2)　高圧架空配電線路のこう長が10 kmで３回線，地中配電線路のこう長が4 kmで２回線である場合における高圧電路の１線地絡電流［A］

POINT 4 B種接地工事，D種接地工事

解答 (1) 3 A　(2) 10 A

(1)　１線地絡電流I_gの計算式のうちV'［kV］は，公称電圧を1.1で除したものであるから，

$$V'=\frac{6.6}{1.1}$$

$$=6\ \text{kV}$$

また，同一母線に接続される高圧電路の電線延長（ケーブルを除く）L［km］は，３線であることに注意すると，

$L = 15 \times 3 \times 3$

$= 135$ km

よって，与えられている式に各値を代入すると，1線地絡電流 I_g[A] は，

$$I_g = 1 + \frac{\frac{V'}{3}L - 100}{150}$$

$$= 1 + \frac{\frac{6}{3} \times 135 - 100}{150}$$

$$\fallingdotseq 1 + 1.1333$$

$$\fallingdotseq 2.13 \to 3 \text{ A}$$

注目 四捨五入ではなく，繰上げすることに注意。

(2) 同一母線に接続される高圧電路の電線延長（ケーブルを除く）L[km] は，

$L = 10 \times 3 \times 3$

$= 90$ km

同一母線に接続される高圧電路の線路延長（ケーブルに限る）L'[km] は，

$L' = 4 \times 2$

$= 8$ km

よって，与えられている式に各値を代入すると，1線地絡電流 I_g[A] は，

$$I_g = 1 + \frac{\frac{V'}{3}L - 100}{150} + \frac{\frac{V'}{3}L' - 1}{2}$$

$$= 1 + \frac{\frac{6}{3} \times 90 - 100}{150} + \frac{\frac{6}{3} \times 8 - 1}{2}$$

$$\fallingdotseq 1 + 0.5333 + 7.5$$

$$\fallingdotseq 9.03 \to 10 \text{ A}$$

6 変圧器によって高圧電路に結合されている低圧電路に施設された使用電圧100 Vの電動機がある。変圧器の高圧側の1線地絡電流が10 Aであり，変圧器の高圧側の電路と低圧側の電路との混触により，低圧電路の対地電圧が150 Vを超えた場合に，1秒以内で自動的に高圧の電路を遮断する装置を設けるものとする。このとき，次の(1)及び(2)の問に答えよ。

POINT 4 B種接地工事，D種接地工事

(1) 変圧器の低圧側に施すB種接地工事の接地抵抗値の上限値[Ω]を求めよ。

(2) B種接地工事の接地抵抗値を(1)で求めた値とし，電動機が完全地絡した際に，電動機の金属製外箱の対地電圧が40 V以内となるようにD種接地工事を施す際の接地抵抗値の上限値[Ω]を求めよ。

解答 (1) 60 Ω (2) 40 Ω

(1) 高圧の電路と低圧電路を結合するものにおいて，当該変圧器の高圧側の電路と低圧側の電路との混触により，低圧電路の対地電圧が150 Vを超えた場合に，1秒以下で自動的に高圧の電路を遮断する装置を設ける場合の接地抵抗値は$600/I_g$であるから，接地抵抗値の上限値R_B[Ω]は，

$$R_B = \frac{600}{I_g} = \frac{600}{10} = 60\ \Omega$$

(2) 電動機が完全地絡した時の等価回路は下図のようになる。ここで，D種接地抵抗値の上限値をR_D[Ω]とすると，金属製外箱の対地電圧V_D[V]が40 V以内となるためには，分圧の法則を適用すると，

$$V_D = \frac{R_D}{R_B + R_D} \times 100$$

$$40 = \frac{R_D}{60 + R_D} \times 100$$

$$40(60 + R_D) = 100R_D$$

$$2400 + 40R_D = 100R_D$$

$$R_D = 40\ \Omega$$

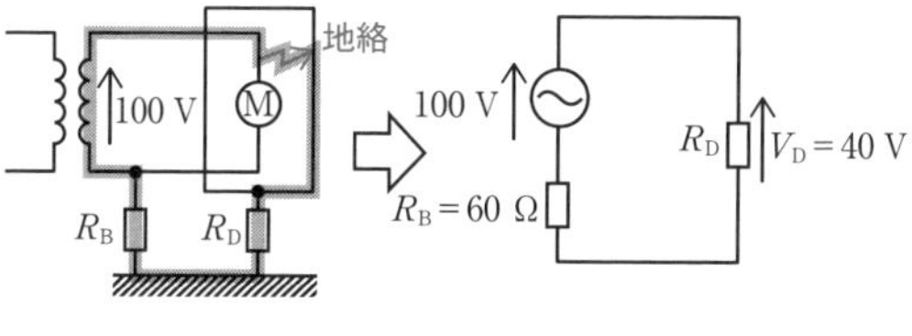

注目 外箱の地絡に関する問題はパターン化されているので，等価回路をよく覚えておくこと。

7 定格容量40 kV・A，一次電圧6.6 kV，二次電圧100 Vの三相変圧器に接続された低圧電路における「電気設備技術基準」に基づく絶縁性能について，次の(1)及び(2)の問に答えよ。

(1) この電路における「電気設備技術基準」に規定されている絶縁抵抗値の下限値［MΩ］を答えよ。

(2) 「電気設備技術基準」に基づく，使用電圧に対する漏えい電流の許容電流値［A］を求めよ。

解答 (1) 0.1 MΩ (2) 0.115 A

(1) 電気設備に関する技術基準を定める省令第58条より，電路の使用電圧が対地電圧において150 V以下の場合，絶縁抵抗値の下限値は0.1 MΩとなる。

(2) 電気設備に関する技術基準を定める省令第22条の通り，「低圧電線路中絶縁部分の電線と大地との間及び電線の線心相互間の絶縁抵抗は，使用電圧に対する漏えい電流が最大供給電流の2000分の1を超えないようにしなければならない」ので，二次側の最大供給電流である定格電流I_n［A］を求めると，

$$P_n = \sqrt{3}\,V_n I_n$$

$$I_n = \frac{P_n}{\sqrt{3}\,V_n}$$

$$= \frac{40 \times 10^3}{\sqrt{3} \times 100}$$

$$\fallingdotseq 230.94 \text{ A}$$

よって，使用電圧に対する漏えい電流の許容電流値I_t［A］は，

$$I_t = \frac{I_n}{2000}$$

$$= \frac{230.94}{2000}$$

$$\fallingdotseq 0.115 \text{ A}$$

POINT 5 低圧電路の絶縁性能

注目 似たような内容の条文であり，いずれも計算問題よりも空欄穴埋問題で出題されることが多い内容である。

8 公称電圧6.6 kVの電路に接続する高圧ケーブルの「電気設備技術基準の解釈」に基づく絶縁耐力試験に関して，次の(1)〜(3)の問に答えよ。

(1) 高圧ケーブルの最大使用電圧[V]を求めよ。
(2) 高圧ケーブルの試験電圧[V]を求めよ。
(3) 高圧ケーブルの試験を直流で行う場合の試験電圧[V]を求めよ。

POINT 6 絶縁耐力試験

解答 (1) 6900 V (2) 10350 V (3) 20700 V

(1) 電気設備の技術基準の解釈第1条より，最大使用電圧 V_m [V]は，使用電圧に $\frac{1.15}{1.1}$ を乗じた電圧であるから，

$$V_m = \frac{1.15}{1.1} \times 6600$$
$$= 6900 \text{ V}$$

(2) 電気設備の技術基準の解釈第15条より，最大使用電圧7,000 V以下の電線の試験電圧 V_t [V]は，最大使用電圧の1.5倍であるから，

$$V_t = 1.5 \times 6900$$
$$= 10350 \text{ V}$$

(3) 電気設備の技術基準の解釈第15条より，高圧ケーブルの試験を直流で行う場合，交流電圧の2倍の電圧で行う必要があるので，直流試験電圧 V_{td} [V]は，

$$V_{td} = 2V_t = 2 \times 10350$$
$$= 20700 \text{ V}$$

6900 Vや10350 Vは最大使用電圧や試験電圧を求める際，非常によく出てくる数字である。

9 定格電圧が210 V，定格容量が10 kW，力率0.9の三相3線式の電動機に電力の供給を行う低圧屋内配線について，次の(1)及び(2)の問に答えよ。ただし，周囲温度は30℃，低圧屋内配線が供給を行うのは当該電動機のみであるものとする。

(1) この電動機の定格電流[A]を求めよ。
(2) 低圧屋内配線の許容電流[A]を求めよ。ただし，許容

POINT 7 絶縁電線の許容電流

電流補正係数の計算式は$\sqrt{\frac{60-\theta}{30}}$（$\theta$は，周囲温度）とし，電流減少係数は表に示される値とする。

同一管内の電線数	電流減少係数
3以下	0.70
4	0.63
5又は6	0.56

解答 (1) 30.6 A　(2) 43.6 A

(1)　定格電圧V_n[V]が210 V，定格容量P_n[kW]が10 kW，力率$\cos\theta$が0.9であるから，定格電流I_n[A]は，

$$P_n=\sqrt{3}V_nI_n\cos\theta$$

$$I_n=\frac{P_n}{\sqrt{3}V_n\cos\theta}$$

$$=\frac{10\times10^3}{\sqrt{3}\times210\times0.9}$$

$$\fallingdotseq30.548\to30.6\text{ A}$$

(2)　題意より，周囲温度30℃における許容電流補正係数k_1は，

$$k_1=\sqrt{\frac{60-\theta}{30}}$$

$$=\sqrt{\frac{60-30}{30}}$$

$$=1$$

また，同一管内の電線数は3線であるため，問題文に与えられた表より，電流減少係数$k_2=0.70$となる。

したがって，低圧屋内配線の許容電流I_t[A]は，

$$I_t=\frac{I_n}{k_1k_2}$$

$$=\frac{30.548}{1\times0.70}$$

$$\fallingdotseq43.6\text{ A}$$

基本問題

1 径間250 mの電柱間に同じ高さに電線を施設する際，電線の弛度を3 m以内とするための電線の引張強さの最低値［kN］として，最も近いものを次の(1)〜(5)のうちから一つ選べ。ただし，電線1 mあたりの電線と風圧の合成荷重は20 N/m，安全率は2.5とする。

(1) 52　(2) 65　(3) 96　(4) 130　(5) 160

POINT 1 電線のたるみ

解答 (4)

電線の中央部のたるみ（弛度）D［m］は，電線1 mあたりの合成荷重W［N/m］，径間S［m］，電線の張力T［N］とすると，

$$D=\frac{WS^2}{8T}$$

よって，各値を代入して電線の張力［kN］を求めると，

$$T=\frac{WS^2}{8D}$$

$$=\frac{20\times250^2}{8\times3}$$

$$\fallingdotseq 52083\ \mathrm{N}\rightarrow 52.083\ \mathrm{kN}$$

また，安全率は2.5であるので，電線の引張強さT'［kN］は，

$$T'=2.5T$$

$$=2.5\times52.083$$

$$\fallingdotseq 130\ \mathrm{kN}$$

2 図のように，B種鉄筋コンクリート柱に高圧架空電線1と低圧架空電線2が併架されており，支線を低圧架空電線と同じ高さに施設している。支線には直径2.9 mm，引張強さ1.23 kN/mm^{2}の素線を用いるものとする。このとき，次の(a)及び(b)の問に答えよ。

POINT 2 支線の張力

(a) 支線に加わる張力F[kN]として，最も近いものを次の(1)〜(5)のうちから一つ選べ。

(1) 33　(2) 38　(3) 42　(4) 48　(5) 54

(b) 支線の素線の必要最低条数として，最も近いものを次の(1)〜(5)のうちから一つ選べ。

(1) 10　(2) 13　(3) 17　(4) 21　(5) 24

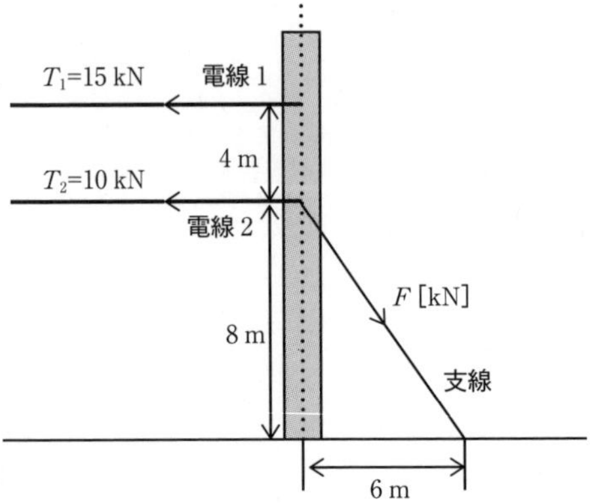

解答 (a)(5)　(b)(3)

(a) 支線の張力の水平成分は，

$$F\sin\theta = F\times\frac{6}{\sqrt{8^2+6^2}}$$
$$=0.6\,F$$

地面を基準としたときの，B種鉄筋コンクリート中にはたらく力のモーメントのつり合いの式より，支線の張力F[kN]は，

$$0.6\,F\times 8 = T_1\times 12 + T_2\times 8$$
$$4.8\,F = 15\times 12 + 10\times 8$$
$$F = 54.167 \rightarrow 54\ \text{kN}$$

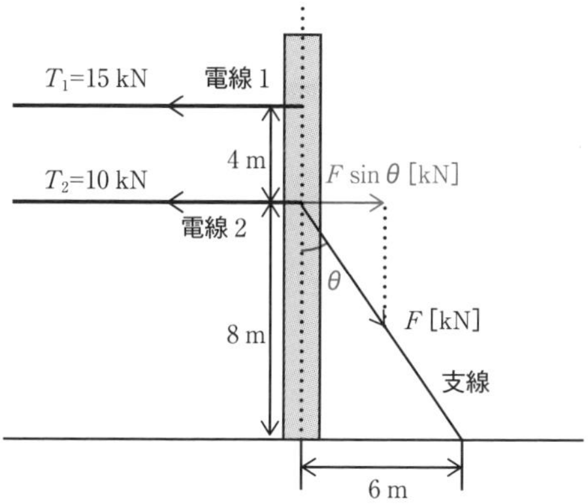

(b)　B種鉄筋コンクリート柱であるので，電気設備の技術基準の解釈第61条より，支線の安全率は2.5である。

また，素線1本あたりの引張強さは，

$$F_t = \pi \times \left(\frac{2.9}{2}\right)^2 \times 1.23$$

$$\fallingdotseq 8.1244\ \text{kN}$$

よって，素線の必要本数は，

$$\frac{2.5F}{F_t} = \frac{2.5 \times 54.167}{8.1244}$$

$$\fallingdotseq 16.67 \rightarrow 17本$$

注目　支線の必要本数は四捨五入ではなく繰上げすることに注意。

3　氷雪の多い地方のうち，海岸地その他の低温季に最大風圧を生じる地方に施設する図のような電線（素線径3.5 mm）に適用する長さ1 mあたりの風圧荷重について，次の(a)及び(b)の問に答えよ。

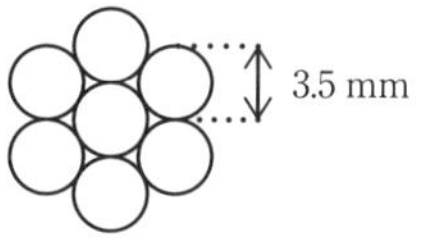

ただし，甲種風圧荷重は980 Pa，乙種風圧荷重の計算には，周囲に厚さ6 mm，比重0.9の氷雪が付着した状態に対し行うものとする。

(a)　高温季に適用する風圧荷重[N]として，最も近いものを次の(1)～(5)のうちから一つ選べ。

(1)　5.1　　(2)　10.3　　(3)　12.9
(4)　16.2　　(5)　32.3

POINT 3　風圧荷重

(b) 低温季に適用する風圧荷重[N]として，最も近いものを次の(1)~(5)のうちから一つ選べ。

(1) 9.1　(2) 10.3　(3) 11.0
(4) 17.3　(5) 22.1

解答 (a)(2) (b)(3)

(a) 高温季に適用する風圧荷重は甲種風圧荷重であり，甲種風圧荷重における垂直投影面積 S [m²] は，

$$S = 3.5 \times 10^{-3} \times 3 \times 1$$
$$= 0.0105 \text{ m}^2$$

よって，甲種風圧荷重 W_1 [N] は，

$$W_1 = 980 \times S$$
$$= 980 \times 0.0105$$
$$= 10.29 \rightarrow \mathbf{10.3\ N}$$

(b) 海岸地その他の低温季に最大風圧を生じる地方に施設する電線の低温季に適用する風圧荷重は，甲種風圧荷重又は乙種風圧荷重のいずれか大きいものである。(a)より，甲種風圧荷重は $W_1 = 10.29$ N である。また，乙種風圧荷重における垂直投影面積 S' [m²] は，周囲に厚さ 6 mm の氷雪が付着した状態の面積であるから，

$$S' = (3.5 \times 10^{-3} \times 3 + 6 \times 10^{-3} \times 2) \times 1$$
$$= 0.0225 \text{ m}^2$$

乙種風圧荷重 W_2 [N] は，甲種風圧荷重の0.5倍を基礎とするので，

$$W_2 = 980 \times 0.5 \times S'$$
$$= 980 \times 0.5 \times 0.0225$$
$$= 11.025 \rightarrow \mathbf{11.0\ N}$$

したがって，$W_2 > W_1$ のため **11.0 N** となる。

注目 本問(b)の選択肢(2)及び(5)のように，甲種風圧荷重の計算で導出されるもの，風圧荷重を980 Paで計算したときに導出されるものが誤答となる可能性がある。
しっかりと理解しておくこと。

4 6.6 kVの変電所に三相3線式のこう長が8 kmで4回線の高圧架空配電線路とこう長が3 kmで3回線の地中配電線路を施設し，高圧架空配電線路の1回線から，変圧器を介して210 Vに降圧して受電する場合における変圧器の低圧側に施す接地工事について，次の(a)及び(b)の問に答えよ。

ただし，高圧電路の1線地絡電流I_g[A]は，公称電圧を1.1で除したものをV'[kV]，同一母線に接続される高圧電路の電線延長（ケーブルを除く）をL[km]，同一母線に接続される高圧電路の線路延長（ケーブルに限る）をL'[km]とすると，

$$I_g = 1 + \frac{\frac{V'}{3}L - 100}{150} + \frac{\frac{V'}{3}L' - 1}{2} \text{[A]}$$

で求められる。

(a) 高圧電路の1線地絡電流[A]として，最も近いものを次の(1)〜(5)のうちから一つ選べ。

(1) 10　(2) 11　(3) 19　(4) 28　(5) 29

(b) 低圧電路のB種接地抵抗の上限値[Ω]として，最も近いものを次の(1)〜(5)のうちから一つ選べ。ただし，変圧器の高圧側の電路と低圧側の電路との混触により，低圧電路の対地電圧が150 Vを超えた場合に，1.6秒で自動的に高圧の電路を遮断する装置を設けるものとする。

(1) 10　(2) 21　(3) 27　(4) 30　(5) 55

POINT 4 B種接地工事，D種接地工事

解答 (a)(2)　(b)(3)

(a) 1線地絡電流I_gの計算式のうちV'[kV]は，公称電圧を1.1で除したものであるから，

$$V' = \frac{6.6}{1.1} = 6 \text{ kV}$$

同一母線に接続される高圧電路の電線延長（ケーブルを除く）L[km]は，3線であることに注意すると，

$$L = 8 \times 3 \times 4 = 96 \text{ km}$$

注目 本公式は覚える必要はないが，公式を使いこなせるようにはしておく必要がある。架空電線の場合は線の本数を入れる，地中電線の場合は入れない，最終的に繰り上げる等引っかかる要素は多い。

同一母線に接続される高圧電路の線路延長（ケーブルに限る）L'[km]は，

$$L'=3\times 3$$
$$=9\text{ km}$$

よって，与えられている式に各値を代入すると，1線地絡電流I_g[A]は，

$$I_g=1+\frac{\frac{V'}{3}L-100}{150}+\frac{\frac{V'}{3}L'-1}{2}$$
$$=1+\frac{\frac{6}{3}\times 96-100}{150}+\frac{\frac{6}{3}\times 9-1}{2}$$
$$\fallingdotseq 1+0.61333+8.5$$
$$\fallingdotseq 10.113\rightarrow 11\text{ A}$$

(b) 高圧の電路と低圧電路を結合するものにおいて，当該変圧器の高圧側の電路と低圧側の電路との混触により，低圧電路の対地電圧が150 Vを超えた場合に，1秒を超え2秒以下で自動的に高圧の電路を遮断する装置を設ける場合の接地抵抗値の上限は300／I_gであるから，接地抵抗値の上限値R_B[Ω]は，

$$R_B=\frac{300}{I_g}$$
$$=\frac{300}{11}$$
$$\fallingdotseq 27.3\rightarrow 27\ \Omega$$

5 高圧電路に結合された100 V低圧電路に，負荷電力が15 kWで力率が0.8の単相電動機が接続されている。次の(a)及び(b)の問に答えよ。

ただし，高圧電路の1線地絡電流は6 Aとし，低圧側電路の一端子にはB種接地工事が施されている。また，変圧器の高圧側の電路と低圧側の電路との混触により，低圧電路の対地電圧が150 Vを超えた場合に，1秒以内に自動的に高圧の電路を遮断する装置を設けているものとする。

POINT 4 B種接地工事，D種接地工事

(a)　変圧器に施すB種接地工事の接地抵抗値の上限値［Ω］として，最も近いものを次の(1)～(5)のうちから一つ選べ。

(1)　10　　(2)　25　　(3)　50　　(4)　75　　(5)　100

(b)　(a)の条件にてB種接地工事を施設し，電動機に地絡事故が発生した際に，電動機の金属製外箱に触れた人体に流れる電流を10 mA以下としたい。このとき，金属製外箱に施すD種接地工事の接地抵抗値の上限値［Ω］として，最も近いものを次の(1)～(5)のうちから一つ選べ。ただし，人体の抵抗値は4000 Ωとする。

(1)　17　　(2)　34　　(3)　52　　(4)　68　　(5)　85

解答　(a)(5)　(b)(4)

(a)　高圧の電路と低圧電路を結合するものにおいて，当該変圧器の高圧側の電路と低圧側の電路との混触により，低圧電路の対地電圧が150 Vを超えた場合に，１秒以内に自動的に高圧の電路を遮断する装置を設ける場合の接地抵抗値の上限は600／I_gであるから，接地抵抗値の上限値R_B［Ω］は，

$$R_B = \frac{600}{I_g} = \frac{600}{6} = 100\ \Omega$$

(b)　題意に沿って回路図を描くと図のようになる。

人体の抵抗値$R_M = 4000\ \Omega$とすると，人体に流れる電流$I_M = 10$ mA以下とする必要があるので，R_Mに加わる電圧V_M［V］は，

$$V_M = R_M I_M = 4000 \times 10 \times 10^{-3} = 40\ \text{V}$$

このとき，R_Bに加わる電圧V_B［V］は，

$$V_B = 100 - V_M = 100 - 40 = 60\ \text{V}$$

よって，R_Bに流れる電流I_B[A]は，

$$I_B = \frac{60}{100}$$
$$= 0.6\ \mathrm{A}$$

R_Dに流れる電流I_D[A]は，

$$I_D = I_B - I_M$$
$$= 0.6 - 10 \times 10^{-3}$$
$$= 0.59\ \mathrm{A}$$

したがって，R_Dにかかる電圧はR_Mにかかる電圧V_Mと等しいので，R_D[Ω]は，

$$R_D = \frac{V_M}{I_D}$$
$$= \frac{40}{0.59}$$
$$\fallingdotseq 67.8 \rightarrow 68\ \Omega$$

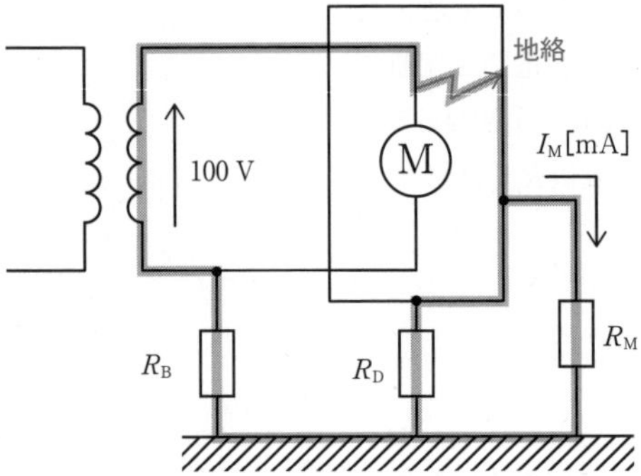

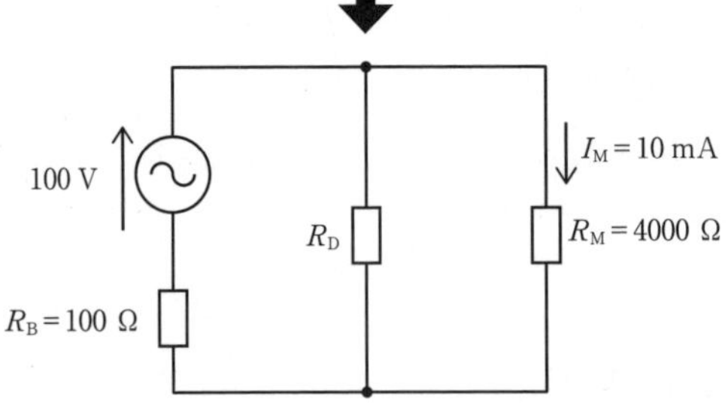

$0.6 \gg 10 \times 10^{-3}$なので，0.6のまま計算し，

$$R_D = \frac{V_M}{I_B}$$
$$= \frac{40}{0.6}$$
$$\fallingdotseq 66.7\ \Omega$$

と求めても大きな誤差は出ず，同じ選択肢を選択できる。

注目 試験本番では左下の回路図をすぐに描けるようにしておくこと。

6 公称電圧22 kVの電路に使用する遮断器の交流試験電圧[V]と試験時間[分]の組合せとして，正しいものを次の(1)～(5)のうちから一つ選べ。

POINT 6 絶縁耐力試験

	試験電圧	試験時間
(1)	28750	10
(2)	34500	1
(3)	27500	10
(4)	28750	1
(5)	34500	10

解答 (1)

電気設備の技術基準の解釈第1条より，最大使用電圧V_{m}[V]は，使用電圧に$\frac{1.15}{1.1}$を乗じた電圧であるから，

$$V_{\mathrm{m}}=\frac{1.15}{1.1}\times 22000$$
$$=23000\ \mathrm{V}$$

電気設備の技術基準の解釈第15条より，最大使用電圧が7,000 Vを超え60,000 V以下の電線の試験電圧V_{t}[V]は，最大使用電圧の1.25倍であるから，

$$V_{\mathrm{t}}=1.25\times 23000$$
$$=28750\ \mathrm{V}$$

また，電気設備の技術基準の解釈第15条より，試験時間は10分間である。

7 公称電圧6.6 kV，周波数50 Hzの三相3線式配電線路から長さ100 mの高圧CVケーブル（単心）3本で受電する400 kWの自家用電気工作物の需要設備がある。ケーブルの対地静電容量が1 kmあたり0.4 μFであるとき，次の(a)及び(b)の問に答えよ。

POINT 6 絶縁耐力試験

(a) ケーブルを3線一括して絶縁耐力試験を行う際に流れる対地充電電流[mA]として，最も近いものを次の(1)～(5)のうちから一つ選べ。

(1) 108 (2) 130 (3) 252 (4) 325 (5) 390

(b) この試験に必要な試験用変圧器の容量[kV・A]として，最も近いものを次の(1)～(5)のうちから一つ選べ。

(1) 2　(2) 4　(3) 7　(4) 9　(5) 12

解答 (a)(5)　(b)(2)

(a) 3線一括して絶縁耐力試験を行うので，等価回路は下図のようになる。

ケーブル1線あたりの対地静電容量C[μF]は，1 kmあたり0.4 μFであり長さが100 mであるから，

$$C = 0.4 \times 0.1$$
$$= 0.04\ \mu F$$

最大使用電圧が7,000 V以下の電路の試験電圧V_t[V]は，最大使用電圧の1.5倍であるから，

$$V_t = \frac{1.15}{1.1} \times 1.5 \times 6600$$
$$= 10350\ V$$

したがって，回路の合成静電容量が$3C$[μF]であることに注意して，対地充電電流I_C[A]を求めると，

$$I_C = 2\pi f \cdot 3CV_t$$
$$= 2\pi \times 50 \times 3 \times 0.04 \times 10^{-6} \times 10350$$
$$\fallingdotseq 0.39019\ A \rightarrow 390\ mA$$

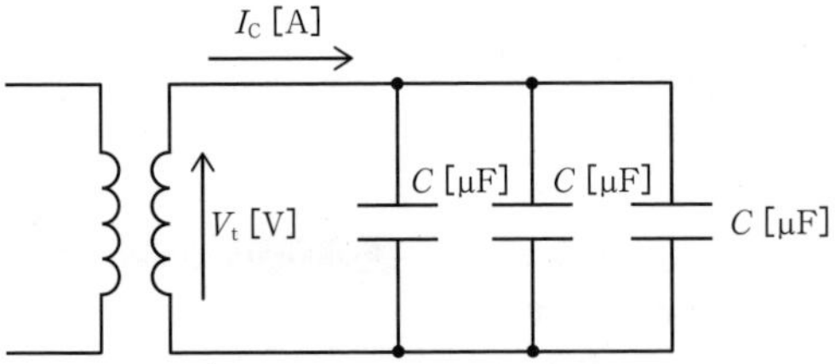

(b) この試験に必要な試験用変圧器の容量P[kV・A]は，試験電圧V_t = 10350 V，対地充電電流I_C = 0.39019 Aであるから，

$$P = V_t I_C$$
$$= 10350 \times 0.39019$$
$$\fallingdotseq 4038\ V \cdot A \rightarrow 4\ kV \cdot A$$

応用問題

1 図のように電柱1，2及び3（すべてA種鉄筋コンクリート柱）の100 m等間隔で建っていた電柱2を破線の位置から25 m移設することを計画する。次の(a)及び(b)の問に答えよ。ただし，電線の合成荷重は25 N/m，移設前の電線の張力は35 kNとし，電線の実長は移設前後で変わらないものとする。また，移設後の電線1－2間の張力と電線2－3間の張力は等しいものとする。

(a) 電柱2移設後，電線に必要な許容引張荷重[kN]の大きさとして，最も近いものを次の(1)～(5)のうちから一つ選べ。

(1) 29　(2) 32　(3) 35　(4) 38　(5) 41

(b) 電柱2移設後の電柱1－2間のたるみ[m]の大きさとして，最も近いものを次の(1)～(5)のうちから一つ選べ。

(1) 0.5　(2) 0.7　(3) 0.9　(4) 1.1　(5) 1.3

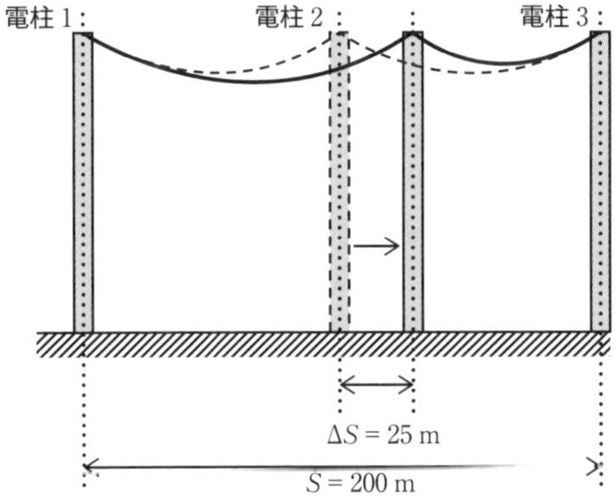

解答 (a)(4)　(b)(5)

(a) 電柱2移設前の電柱1－2間のたるみD_{12}[m]及び電柱2－3間のたるみD_{23}[m]は，電線の合成荷重$W = 25$ N/m，径間$\dfrac{S}{2} = 100$ m，電線の張

POINT 1 電線のたるみ

力 $T = 35$ kN であるから,

$$D_{12} = D_{23} = \frac{W\left(\frac{S}{2}\right)^2}{8T}$$

$$= \frac{25 \times 100^2}{8 \times 35 \times 10^3}$$

$$\fallingdotseq 0.89286 \text{ m}$$

よって，電線の実長 L [m] は,

$$L = \left\{\frac{S}{2} + \frac{8D_{12}{}^2}{3\left(\frac{S}{2}\right)}\right\} + \left\{\frac{S}{2} + \frac{8D_{23}{}^2}{3\left(\frac{S}{2}\right)}\right\}$$

$$= 2\left\{\frac{S}{2} + \frac{8D_{12}{}^2}{3\left(\frac{S}{2}\right)}\right\}$$

$$= 2\left\{100 + \frac{8 \times 0.89286^2}{3 \times 100}\right\}$$

$$\fallingdotseq 200.042517 \text{ m}$$

移設後の張力を T'[N] とすると，移設後の電柱1－2間のたるみ D'_{12} [m] 及び電柱2－3間のたるみ D'_{23} [m] は,

$$D'_{12} = \frac{W\left(\frac{S}{2} + 25\right)^2}{8T'}$$

$$= \frac{25 \times (100 + 25)^2}{8T'}$$

$$\fallingdotseq \frac{48828}{T'}$$

$$D'_{23} = \frac{W\left(\frac{S}{2} - 25\right)^2}{8T'}$$

$$= \frac{25 \times (100 - 25)^2}{8T'}$$

$$\fallingdotseq \frac{17578}{T'}$$

よって，移設後の電線の実長 L' [m] は,

注目 計算量が非常に多い問題であるが，一つ一つ丁寧に計算していけば解けない問題ではないので諦めないこと。

$$L'=\left\{\left(\frac{S}{2}+25\right)+\frac{8{D'_{12}}^2}{3\left(\frac{S}{2}+25\right)}\right\}$$

$$+\left\{\left(\frac{S}{2}-25\right)+\frac{8{D'_{23}}^2}{3\left(\frac{S}{2}-25\right)}\right\}$$

$$=\left\{125+\frac{8\left(\frac{48828}{T'}\right)^2}{3\times125}\right\}+\left\{75+\frac{8\left(\frac{17578}{T'}\right)^2}{3\times75}\right\}$$

$$\fallingdotseq 200+\frac{50862000}{T'^2}+\frac{10986000}{T'^2}$$

$$=200+\frac{61848000}{T'^2}$$

電線の実長は移設前後で変わらないので，

$$200.042517=200+\frac{61848000}{T'^2}$$

$$0.042517T'^2=61848000$$

$$T'^2\fallingdotseq 1454700000$$

$$T'\fallingdotseq 38141\ \text{N}\rightarrow 38\ \text{kN}$$

(b) 移設後の電柱1－2間のたるみD'_{12}[m]は(a)より，

$$D'_{12}=\frac{48828}{T'}$$

$$=\frac{48828}{38141}$$

$$\fallingdotseq 1.3\ \text{m}$$

2 図のように，高さ8mの電線の向きを90度変化させるためのA種鉄筋コンクリート電柱及び6mの支線を施設している。支線は各電線から45°の向きと正対するように施設し，電線と支線の力が平衡するようにした。このとき，次の(a)及び(b)の問に答えよ。

POINT 2 支線の張力

(a) 支線に加わる張力T[kN]として，最も近いものを次の(1)～(5)のうちから一つ選べ。

(1) 19　(2) 22　(3) 26　(4) 34　(5) 45

(b) 支線の素線の必要最低条数として，最も近いものを次の(1)〜(5)のうちから一つ選べ。ただし，支線には直径2.6 mm，引張強さ1.23 kN/mm^{2}の素線を用いるものとする。

(1) 4　　(2) 7　　(3) 11　　(4) 14　　(5) 18

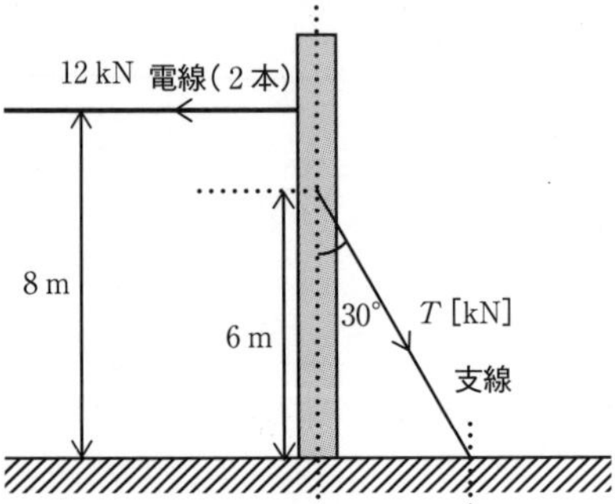

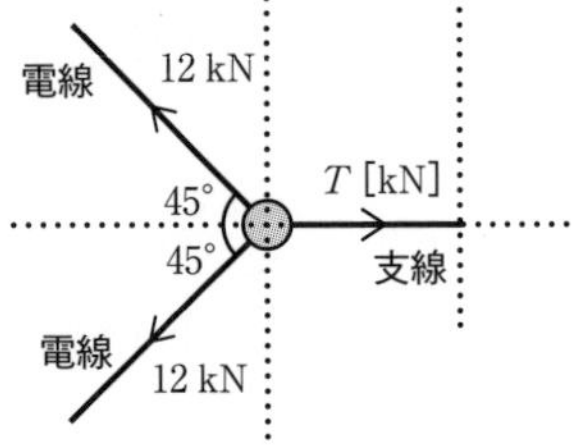

解答 (a) (5)　(b) (3)

(a) 支線の張力の水平成分は，

$$T\sin 30° = 0.5T$$

図より電線の合成張力F[kN]は，

$$F = 12 \times \sqrt{2}$$

$$\fallingdotseq 16.971 \text{ kN}$$

地面を基準としたときの，B種鉄筋コンクリート中にはたらく力のモーメントのつり合いの式より，支線の張力T[kN]は，

$$F \times 8 = 0.5T \times 6$$

$$16.971 \times 8 = 0.5T \times 6$$

$$T = 45.256 \rightarrow \mathbf{45\ kN}$$

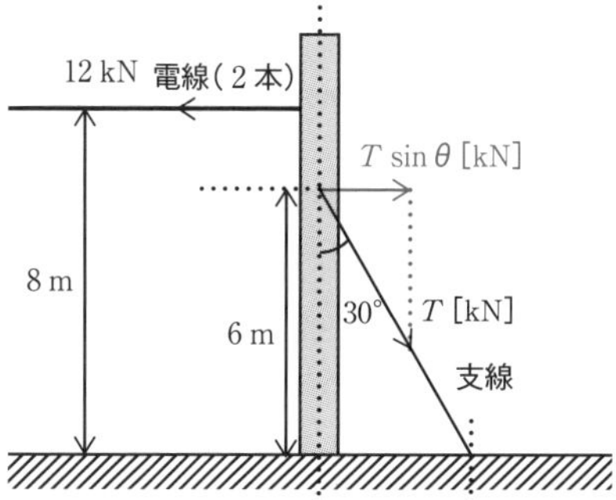

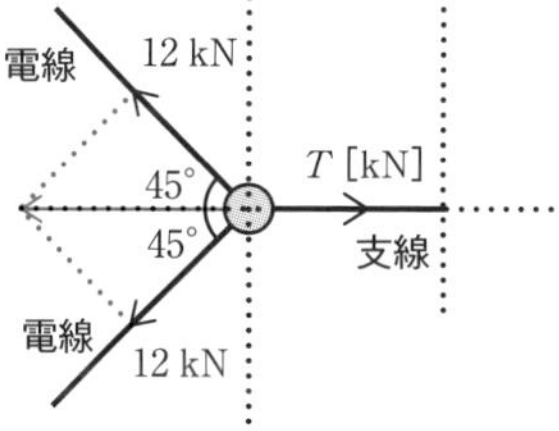

(b)　A種鉄筋コンクリート柱であるので，電気設備の技術基準の解釈第61条より，支線の安全率は1.5であり，素線1本あたりの引張強さは，

$$F_t = \pi \times \left(\frac{2.6}{2}\right)^2 \times 1.23$$

$$\fallingdotseq 6.5304\ \text{kN}$$

素線の必要本数は，

$$\frac{1.5F}{F_t} = \frac{1.5 \times 45.256}{6.5304}$$

$$\fallingdotseq 10.39 \rightarrow 11\text{本}$$

3 氷雪の多い地方のうち，海岸地その他の低温季に最大風圧を生じる地方以外の場所に施設する図のような電線（素線径2.6 mm）に適用する長さ1 mあたりの風圧荷重について，次の(a)及び(b)の問に答えよ。

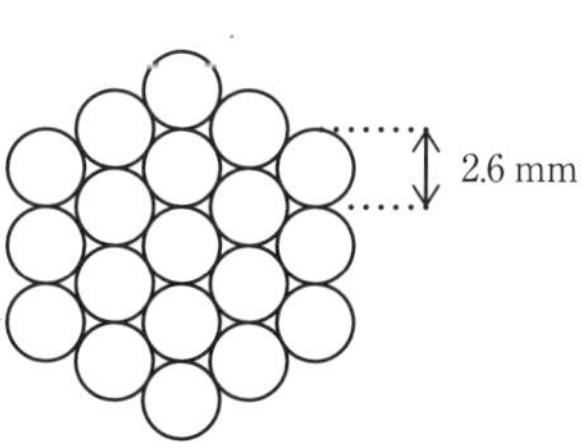

POINT 3 風圧荷重

注目 低温季に最大風圧を生じる地方以外の場所については乙種風圧荷重である。違いをよく理解しておくこと。

ただし，電線の自重は12.1 N/m，甲種風圧荷重は980 Pa，乙種風圧荷重の計算には，周囲に厚さ6 mm，比重0.9の氷雪が付着した状態に対し行うものし，重力加速度は9.8 m/s^{2}とする。

(a) 低温季に適用する風圧荷重［N/m］として，最も近いものを次の(1)～(5)のうちから一つ選べ。

(1) 6　(2) 12　(3) 13　(4) 17　(5) 25

(b) (a)の風圧荷重に加え，氷雪が付着した状態における合成荷重［N/m］として，最も近いものを次の(1)～(5)のうちから一つ選べ。

(1) 14　(2) 16　(3) 18　(4) 20　(5) 22

解答 (a)(2)　(b)(4)

(a) 氷雪の多い地方のうち，海岸地その他の低温季に最大風圧を生じる地方以外の場所に施設する電線において，低温季に適用する風圧荷重は乙種風圧荷重である。垂直投影面積S［m^2］は，周囲に厚さ6 mmの氷雪が付着した状態の面積であるから，

$$S = (2.6\times10^{-3}\times5+6\times10^{-3}\times2)\times1$$
$$=0.025\ \mathrm{m^2}$$

乙種風圧荷重W_{w}［N/m］は，甲種風圧荷重の0.5倍を基礎とするので，

$$W_{\mathrm{w}}=980\times0.5\times S$$
$$=980\times0.5\times0.025$$
$$=12.25\to \mathbf{12\ N/m}$$

(b) 氷雪荷重W_{I}［N/m］は，電線の周囲に厚さ6 mmの氷雪がついたものであるから，図より断面積S'［m^2］は，

$$S'=\pi\left(\frac{2.6\times10^{-3}\times5+6\times10^{-3}\times2}{2}\right)^2-\pi\left(\frac{2.6\times10^{-3}\times5}{2}\right)^2$$
$$=\pi\{(12.5\times10^{-3})^2-(6.5\times10^{-3})^2\}$$
$$\fallingdotseq3.5814\times10^{-4}\ \mathrm{m^2}$$

氷雪の断面積はドーナツ形であるため，全体の円の断面積から電線の円の面積を引くことで求められる。

電線1mあたりの重量m[kg/m]は，比重が0.9であるから，

$$m = S' \times 1 \times 1000 \times 0.9$$
$$= 3.5814 \times 10^{-4} \times 1 \times 1000 \times 0.9$$
$$\fallingdotseq 0.32233 \text{ kg/m}$$

したがって氷雪荷重W_I[N/m]は，

$$W_I = mg$$
$$= 0.32233 \times 9.8$$
$$\fallingdotseq 3.1588 \text{ N/m}$$

電線の自重は$W_O = 12.1$ N/mであるから，合成荷重は，

$$W = \sqrt{(W_O + W_I)^2 + W_w{}^2}$$
$$= \sqrt{(12.1 + 3.1588)^2 + 12.25^2}$$
$$\fallingdotseq 20 \text{ N/m}$$

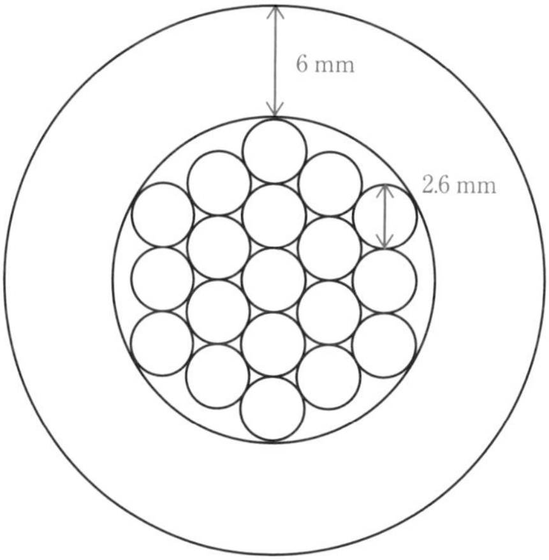

水1 m^{3}の重さは1 t=1000 kgであることは覚えておく。

4 図のような線間電圧$V = 200$ V，周波数$f = 60$ Hzの低圧側電路の一端子にB種接地工事R_B[Ω]を施している。この電路の一相当たりの対地静電容量を$C = 0.3$ μFとするとき，次の(a)及び(b)の問に答えよ。ただし，変圧器の高圧電路の1線地絡電流は4 A，高圧側電路と低圧側電路との混触時に低圧電路の対地電圧が150 Vを超えた場合に，1.6秒で自動的に高圧電路を遮断する装置が設けられているものとする。

POINT 4 B種接地工事，D種接地工事

(a) R_B[Ω]を「電気設備技術基準の解釈」に規定されている接地抵抗値の上限値の60%とする時，R_B[Ω]の値として，最も近いものを次の(1)〜(5)のうちから一つ選べ。

(1) 23　(2) 38　(3) 45　(4) 75　(5) 90

(b) R_B[Ω]に常時流れる電流[A]の大きさとして，最も近いものを次の(1)〜(5)のうちから一つ選べ。

(1) 0　(2) 0.04　(3) 0.07　(4) 0.1　(5) 0.2

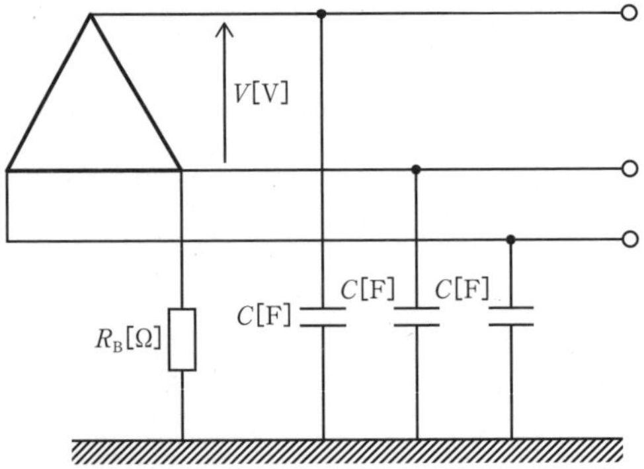

解答 (a)(3)　(b)(2)

(a) 高圧の電路と低圧電路を結合するものにおいて，当該変圧器の高圧側の電路と低圧側の電路との混触により，低圧電路の対地電圧が150 Vを超えた場合に，1秒を超え2秒以下で自動的に高圧の電路を遮断する装置を設ける場合の接地抵抗値の上限は300／I_gであるから，接地抵抗値R_B[Ω]は，

$$R_B = \frac{300}{I_g} \times 0.6$$

$$= \frac{300}{4} \times 0.6$$

$$= 45\ \Omega$$

(b) R_Bの両端に端子a－bを置いたとき，その開放電圧V_{ab}[V]は，

注目 テブナンの定理を使用する難問であるが，過去何度も同じパターンで類題が出題されている。解けるようになると大きな得点源となるので，必ずマスターしておくこと。

$$V_{ab} = \frac{V}{\sqrt{3}}$$

$$= \frac{200}{\sqrt{3}}$$

$$\fallingdotseq 115.47\ \mathrm{V}$$

端子a－bから電源側を見た合成インピーダンス$\dot{Z}$[Ω]は，

$$\dot{Z} = \frac{1}{\mathrm{j}2\pi f \cdot 3C}$$

$$= \frac{1}{\mathrm{j}2\pi \times 60 \times 3 \times 0.3 \times 10^{-6}}$$

$$- -\mathrm{j}2947.3\ \Omega$$

したがって，テブナンの定理より，R_B[Ω]に常時流れる電流I_B[A]は，

$$I_B = \frac{V_{ab}}{\sqrt{{R_B}^2 + Z^2}}$$

$$= \frac{115.47}{\sqrt{45^2 + 2947.3^2}}$$

$$\fallingdotseq 0.04\ \mathrm{A}$$

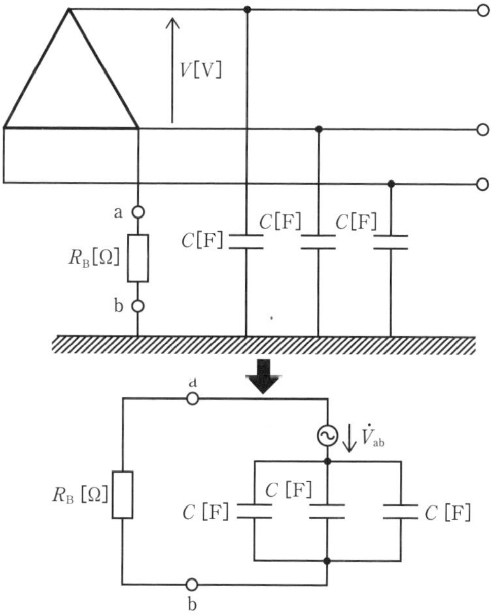

5 次の機械器具等の「電気設備技術基準の解釈」に基づく電路の試験電圧として，誤っているものを次の(1)〜(5)のうちから一つ選べ。

(1) 公称電圧6600 Vで使用する開閉器の交流試験電圧を10350 Vとした。

(2) 公称電圧22000 Vの電線路に接続する遮断器の交流試験電圧を28750 Vとし，電圧を連続して10分間加えた。

(3) 公称電圧6600 Vの電線路に接続する太陽電池モジュールの交流試験電圧を10350 Vとし，電圧を連続して10分間加えた。

(4) 公称電圧6600 Vの電線路に使用する電動機の直流試験電圧を16560 Vとした。

(5) 公称電圧6600 Vの電線路に使用する計器用変成器の直流試験電圧を20700 Vとした。

POINT 6 絶縁耐力試験

電技解釈第16条からの出題である。

解答 (3)

(1) 正しい。電気設備の技術基準の解釈第16条より，最大使用電圧7000 V以下の開閉器の試験電圧は最大使用電圧の1.5倍であるから，

$$6600\times\frac{1.15}{1.1}\times1.5=10350\text{ V}$$

(2) 正しい。電気設備の技術基準の解釈第16条より，最大使用電圧7,000 Vを超え60,000 V以下の遮断器の試験電圧は最大使用電圧の1.25倍であるから，

$$22000\times\frac{1.15}{1.1}\times1.25=28750\text{ V}$$

(3) 誤り。電気設備の技術基準の解釈第16条より，太陽電池モジュールの試験電圧は最大使用電圧の1倍であるから，

$$6600\times\frac{1.15}{1.1}\times1=6900\text{ V}$$

(4) 正しい。電気設備の技術基準の解釈第16条より，最大使用電圧7000 V以下の電動機の試験電圧は最大使用電圧の1.5倍であるから，

$$6600\times\frac{1.15}{1.1}\times1.5=10350\text{ V}$$

直流電圧で試験を行う場合はその1.6倍であるから，

$10350 \times 1.6 = 16560$ V

(5)　正しい。電気設備の技術基準の解釈第16条より，最大使用電圧7000 V以下の計器用変成器の試験電圧は最大使用電圧の1.5倍であるから，

$$6600 \times \frac{1.15}{1.1} \times 1.5 = 10350 \text{ V}$$

直流電圧で試験を行う場合はその2倍であるから，

$10350 \times 2 = 20700$ V

基本的に試験電圧は電路と同じ場合が多いが，回転機や整流器，燃料電池，太陽電池モジュール等は異なるため注意を要する。

特に近年は太陽光発電の普及に伴い，太陽電池に関する出題は増加傾向にある。

POINT 6 絶縁耐力試験

6 図は公称電圧6600 V，周波数50 Hzの三相3線式配電線路から受電する高圧需要家の高圧引込ケーブルの交流絶縁耐力試験の試験回路である。試験は3線一括で行い，各ケーブルのこう長は200 mで1線の対地静電容量は1 kmあたり1.2 μFであり，試験用変圧器の容量は10 kV・Aとする。次の(a)及び(b)の問に答えよ。

(a)　試験電圧を印加したときの充電電流[A]の大きさとして，最も近いものを次の(1)～(5)のうちから一つ選べ。

(1)　0.8　　(2)　1.2　　(3)　1.7　　(4)　2.3　　(5)　4.4

(b)　補償リアクトル1台あたりの容量が4 kV・Aであるとき，試験に必要な補償リアクトルの台数として，正しいものを次の(1)～(5)のうちから一つ選べ。

(1)　3　　(2)　4　　(3)　5　　(4)　6　　(5)　7

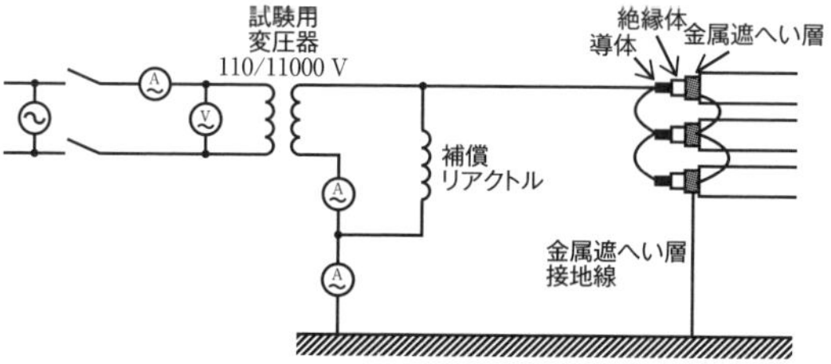

解答 (a)(4)　(b)(2)

(a)　高圧ケーブルの試験電圧 V_t [V] は最大使用電圧の1.5倍であるから,

$$V_t = 6600 \times \frac{1.15}{1.1} \times 1.5$$

$$= 10350\ \text{V}$$

ここで, こう長200mあたりの1線の対地静電容量を C [F] とすると,

$$C = \frac{200}{1 \times 10^3} \times 1.2 \times 10^{-6}$$

$$= 0.24 \times 10^{-6}\text{F}$$

よって, 充電電流 I_C [A] は,

$$I_C = 2\pi f \cdot 3CV_t$$

$$= 2\pi \times 50 \times 3 \times 0.24 \times 10^{-6} \times 10350$$

$$\fallingdotseq 2.3411 \rightarrow \mathbf{2.3\ A}$$

(b)　試験回路の等価回路は図のようになる。試験用変圧器の容量 P_t [kV・A] は,

$$P_t = V_t I_t$$

$$= V_t (I_C - I_L)$$

各値を代入してリアクトル電流 I_L [A] を求めると,

$$P_t = V_t\ (I_C - I_L)$$

$$10 \times 10^3 = 10350 \times (2.3411 - I_L)$$

$$I_L = 2.3411 - \frac{10 \times 10^3}{10350}$$

$$\fallingdotseq 1.3749\ \text{A}$$

必要なリアクトルの容量 P_L [kV・A] は,

$$P_L = V_t I_L$$

$$= 10350 \times 1.3749$$

$$\fallingdotseq 14230\ \text{V}\cdot\text{A} \rightarrow 14.2\ \text{kV}\cdot\text{A}$$

充電電流 I_C は進み無効電流, リアクトル電流 I_L は遅れ無効電流なので, 合成する場合は引き算となる。

したがって，４kV・Aの補償リアクトルの必要代数は，

$$14.2 \div 4 = 3.55 \rightarrow 4台$$

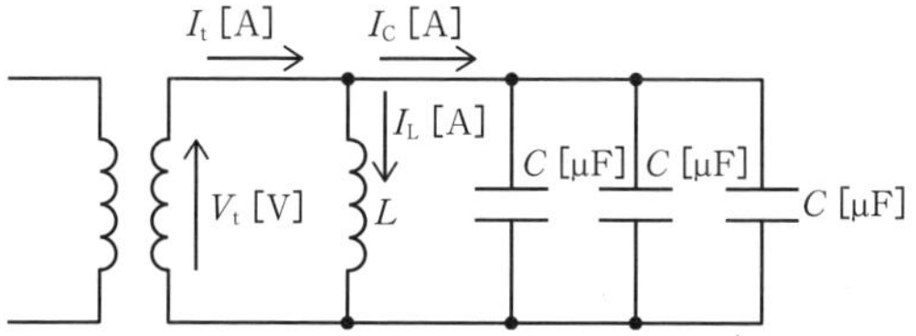

解答

CHAPTER 05

発電用風力設備の技術基準

1 発電用風力設備の技術基準

確認問題

1 次の文章は「発電用風力設備に関する技術基準を定める省令」における風車に関する記述である。（ア）～（ウ）にあてはまる語句を解答群から選択して答えよ。

風車は，次の各号により施設しなければならない。

一　負荷を遮断したときの最大速度に対し，［（ア）］であること。

二　風圧に対して［（ア）］であること。

三　運転中に風車に損傷を与えるような［（イ）］ように施設すること。

四　通常想定される最大風速においても取扱者の意図に反して風車が起動することのないように施設すること。

五　運転中に他の工作物，植物等に［（ウ）］ように施設すること。

【解答群】

(1)　接触しない	(2)　電撃が発生しない
(3)　構造上安全	(4)　負荷遮断するもの
(5)　十分に耐えるもの	(6)　危害を及ぼさない
(7)　振動がない	(8)　機械的衝撃がない

解答　（ア）(3)　（イ）(7)　（ウ）(1)

POINT 1 風車に関する条文

発電用風力設備に関する技術基準を定める省令（風技）第4条からの出題である。

風力設備は電源の喪失や台風等の暴風時を想定して施設される。常時摺動している状況から経年劣化しているため，その疲労荷重に関しても考慮して設置する必要がある。

2 次の文章は「発電用風力設備に関する技術基準を定める省令」における風車の安全な状態の確保に関する記述の一部である。（ア）～（ウ）にあてはまる語句を解答群から選択して答えよ。

POINT 1 風車に関する条文

風技第5条からの出題である。

a　風車は，次の各号の場合に安全かつ自動的に停止するような措置を講じなければならない。

一　[(ア)]が著しく上昇した場合

二　風車の[(イ)]が著しく低下した場合

b　最高部の地表からの高さが20 mを超える発電用風力設備には，[(ウ)]から風車を保護するような措置を講じなければならない。ただし，周囲の状況によって[(ウ)]が風車を損傷するおそれがない場合においては，この限りでない。

【解答群】

(1) 回転速度	(2) 強風	(3) 制御装置の機能
(4) 軸受温度	(5) 雷撃	(6) 風速
(7) 油圧	(8) 電圧	

解答　(ア)(1)　(イ)(3)　(ウ)(5)

aの条文の「安全かつ自動的に停止する」とは，非常用電源を確保しておく必要があることを意味している。またbの条文における「雷撃から風車を保護するような措置」とは，避雷設備を設置する等の対策を意味している。

3　次の文章は「発電用風力設備に関する技術基準を定める省令」における風車を支持する工作物に関する記述である。(ア)～(ウ)にあてはまる語句を解答群から選択して答えよ。

a　風車を支持する工作物は，自重，積載荷重，[(ア)]及び風圧並びに地震その他の振動及び[(イ)]に対して構造上安全でなければならない。

b　発電用風力設備が一般用電気工作物である場合には，風車を支持する工作物に取扱者以外の者が容易に[(ウ)]ことができないように適切な措置を講じること。

【解答群】

(1) 機械的応力	(2) 衝撃	(3) 触れる
(4) 積雪	(5) 過電圧	(6) 登る
(7) 雷撃	(8) 立ち入る	

解答　(ア)(4)　(イ)(2)　(ウ)(6)

POINT 1　風車に関する条文

風技第7条からの出題である。

風力発電設備は風車自体が非常に大型であるため，風車を支持するタワーや基礎には非常に大きな外力がかかる。さらには風車の回転による共振等を考慮し設計する必要がある。

基本問題

1 次の文章は「発電用風力設備に関する技術基準を定める省令」における風車に関する記述である。

風車は，次の各号により施設しなければならない。

一　負荷を遮断したときの（ア）に対し，構造上安全であること。

二　（イ）に対して構造上安全であること。

三　運転中に風車に損傷を与えるような振動がないように施設すること。

四　通常想定される最大風速においても取扱者の意図に反して風車が（ウ）することのないように施設すること。

五　運転中に他の工作物，植物等に接触しないように施設すること。

上記の記述中の空白箇所（ア），（イ）及び（ウ）に当てはまる組合せとして，正しいものを次の(1)～(5)のうちから一つ選べ。

	（ア）	（イ）	（ウ）
(1)	最大速度	風圧	起動
(2)	電気的衝撃	風圧	倒壊
(3)	最大速度	風向変動	起動
(4)	最大速度	風向変動	倒壊
(5)	電気的衝撃	風圧	起動

POINT 1 風車に関する条文

風技第4条からの出題である。

解答 (1)

負荷を遮断したときの速度は水車でも同様な内容が電気設備技術基準第45条に規定されている。電源が喪失して風車が回転しない状況においても風圧や振動等に耐えうる構造である必要があるため，かなり頑丈にしなければならないことがわかる。

2 次の文章は「発電用風力設備に関する技術基準を定める省令」における風車の安全な状態の確保及び風車を支持する工作物に関する記述の一部である。

a　風車は，次の各号の場合に安全かつ自動的に停止するような措置を講じなければならない。

一　［（ア）］が著しく上昇した場合

二　風車の制御装置の機能が著しく低下した場合

b　最高部の地表からの高さが［（イ）］mを超える発電用風力設備には，雷撃から風車を保護するような措置を講じなければならない。ただし，周囲の状況によって雷撃が風車を損傷するおそれがない場合においては，この限りでない。

c　風車を支持する工作物は，自重，［（ウ）］，積雪及び風圧並びに地震その他の振動及び衝撃に対して構造上安全でなければならない。

d　発電用風力設備が［（エ）］電気工作物である場合には，風車を支持する工作物に取扱者以外の者が容易に登ることができないように適切な措置を講じること。

上記の記述中の空白箇所（ア），（イ），（ウ）及び（エ）に当てはまる組合せとして，正しいものを次の(1)～(5)のうちから一つ選べ。

	（ア）	（イ）	（ウ）	（エ）
(1)	風車の振動	20	固有振動	事業用
(2)	回転速度	10	積載荷重	事業用
(3)	風車の振動	10	固有振動	一般用
(4)	回転速度	20	積載荷重	一般用
(5)	回転速度	10	積載荷重	一般用

解答 (4)

aの条文より，風車には非常調速装置を設置することが義務付けられており，非常調速装置が機能しない場合には停止しなければならない。その他制御装置には，風車の制御用圧油装置等がある。

POINT 1 風車に関する条文

風技第5条及び第7条からの出題である。

注目 本問のように，過去問から空欄場所を変えて出題される可能性は今後も高い。特にcの条文は空欄を変えて出題しやすい条文である。

3 次の文章は「発電用風力設備に関する技術基準を定める省令」における圧油装置及び圧縮空気装置の危険の防止に関する記述の一部である。

発電用風力設備として使用する圧油装置及び圧縮空気装置は，次の各号により施設しなければならない。

一　圧油タンク及び空気タンクの材料及び構造は，［（ア）］に対して十分に耐え，かつ，安全なものであること。

二　圧油タンク及び空気タンクは，［（イ）］を有するものであること。

三　圧力が上昇する場合において，当該圧力が最高使用圧力に到達する以前に当該［（ウ）］させる機能を有すること。

四　圧油タンクの油圧又は空気タンクの空気圧が低下した場合に圧力を［（エ）］機能を有すること。

上記の記述中の空白箇所（ア），（イ），（ウ）及び（エ）に当てはまる組合せとして，正しいものを次の(1)～(5)のうちから一つ選べ。

	（ア）	（イ）	（ウ）	（エ）
(1)	風車の振動	耐食性	機器を停止	早期に検知する
(2)	最高使用圧力	耐食性	圧力を低下	自動的に回復させる
(3)	最高使用圧力	耐圧性	機器を停止	自動的に回復させる
(4)	風車の振動	耐圧性	圧力を低下	自動的に回復させる
(5)	風車の振動	耐食性	圧力を低下	早期に検知する

解答　(2)

電気設備技術基準第33条のガス絶縁機器に関する条文とほぼ同じ内容である。風力発電設備に圧油装置があること，ガス絶縁機器には絶縁ガスに関する規定があること等の違いがあるが，併せて覚えておくと良い。

POINT 2 その他の条文

風技第6条からの出題である。

応用問題

1 「発電用風力設備に関する技術基準を定める省令」に規定される安全対策について，誤っているものを次の(1)～(5)のうちから一つ選べ。

(1) 取扱者以外の者に見やすい箇所に風車が危険である旨を表示し，取扱者以外のものが容易に接近するおそれがないように適切な措置を講じた。

(2) 通常想定される最大風速においても取扱者の意図に反して風車が起動することのないように施設した。

(3) 回転速度が著しく上昇した場合に安全かつ自動的に回転速度を低下させるような措置を講じた。

(4) 最高部の地表からの高さが20 mを超える発電用風力設備に，雷撃から風車を保護するような措置を講じた。

(5) 発電用風力設備が一般用電気工作物であったので，風車を支持する工作物に取扱者以外の者が容易に登ることができないように適切な措置を講じた。

解答 (3)

(1) 正しい。風技第３条の通り適切である。

(2) 正しい。風技第４条の通り適切である。

(3) 誤り。風技第５条の通り，回転速度が著しく上昇した場合に安全かつ自動的に停止するような措置を講じなければならない。

(4) 正しい。風技第５条の通り，最高部の地表からの高さが20 mを超える発電用風力設備には，雷撃から風車を保護するような措置を講じる（ただし，周囲の状況によって雷撃が風車を損傷するおそれがない場合を除く）ことは適切である。

(5) 正しい。風技第７条の通り，発電用風力設備が一般用電気工作物である場合には，風車を支持する工作物に取扱者以外の者が容易に登ることができないように適切な措置を講じることは適切である。

POINT 1 風車に関する条文

POINT 2 その他の条文

風技第3条，第4条，第5条及び第7条からの出題である。

注目 総合的な内容であり，本問程度の内容が発電用風力発電設備の技術基準に関しては最高難度となると言える。

解答

CHAPTER

06 電気施設管理

1 電気施設管理

確認問題

1 図は，ある工場における日負荷曲線を示したものである。このとき，(1)～(3)の値を求めよ。

(1) 最大需要電力［kW］

(2) 平均需要電力［kW］

(3) 負荷率［%］

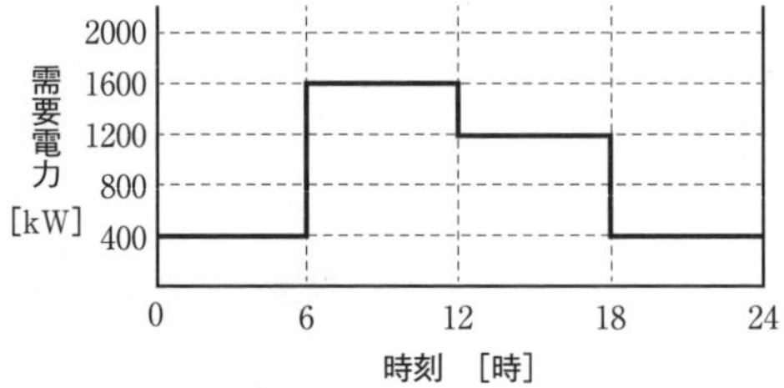

解答 (1) 1600 kW (2) 900 kW (3) 56.3%

(1) 図より，最大需要電力は6時から12時までの1600 kWである。

(2) 各時刻の電力需要［kW］は，

0 － 6時：400 kW

6 － 12時：1600 kW

12 － 18時：1200 kW

18 － 24時：400 kW

よって，平均需要電力［kW］は，

$$\frac{400\times6+1600\times6+1200\times6+400\times6}{24}=900\ \mathrm{kW}$$

POINT 1 日負荷曲線

すべて同じ時間幅なので，

$$\frac{400+1600+1200+400}{4}$$

$=900\ \mathrm{kW}$

と計算してもよい。

(3) 負荷率の定義より，

$$負荷率=\frac{平均需要電力}{最大需要電力}\times 100$$

$$=\frac{900}{1600}\times 100$$

$$=56.25\rightarrow 56.3\%$$

2 あるエリアにおけるA工場及びB工場の負荷曲線が図のようであったとき，(1)〜(4)の値を求めよ。ただし，設備容量はA工場が900 kW，B工場は600 kWとする。

(1) 各工場の需要率［%］
(2) 各工場の負荷率［%］
(3) A工場とB工場の不等率
(4) A工場とB工場の総合負荷率［%］

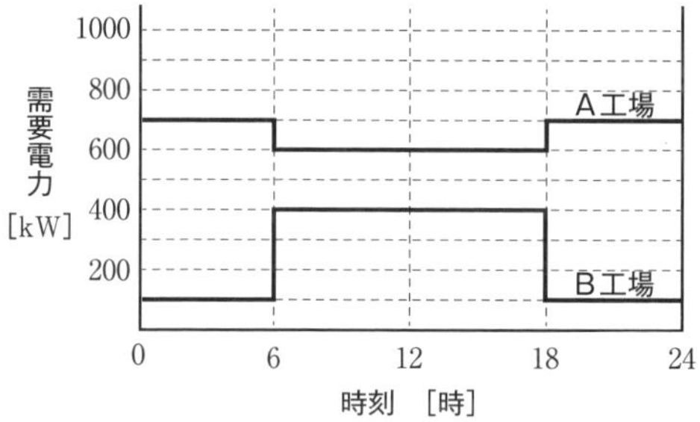

POINT 1 日負荷曲線

解答 (1) A 77.8%，B 66.7%
(2) A 92.9%，B 62.5%
(3) 1.1　(4) 90%

(1) 図よりA工場の最大需要電力は700 kW，B工場の最大需要電力は400 kWであるから，需要率の定義より，

$$需要率_A=\frac{最大需要電力}{総設備容量}\times 100$$

$$=\frac{700}{900}\times 100$$

$$\fallingdotseq 77.8\%$$

正確には設備容量は皮相電力［kV·A］を使用することが多いが，本問では簡略化のためにkWとしている。

$$\text{需要率}_B = \frac{\text{最大需要電力}}{\text{総設備容量}} \times 100$$

$$= \frac{400}{600} \times 100$$

$$\fallingdotseq 66.7\%$$

(2) A工場の需要電力は700 kWが12時間，600 kWが12時間であるから，平均需要電力［kW］は，

$$\frac{700 \times 12 + 600 \times 12}{24} = 650 \text{ kW}$$

同様に，B工場の需要電力は100 kWが12時間，400 kWが12時間であるから，平均需要電力［kW］は，

$$\frac{100 \times 12 + 400 \times 12}{24} = 250 \text{ kW}$$

よって，負荷率の定義より，

$$\text{負荷率}_A = \frac{\text{平均需要電力}}{\text{最大需要電力}} \times 100$$

$$= \frac{650}{700} \times 100$$

$$\fallingdotseq 92.9\%$$

$$\text{負荷率}_B = \frac{\text{平均需要電力}}{\text{最大需要電力}} \times 100$$

$$= \frac{250}{400} \times 100$$

$$= 62.5\%$$

(3) A工場とB工場の合成需要電力は図のようになるので，不等率の定義より，

$$\text{不等率} = \frac{\text{各需要家の最大需要電力の合計値}}{\text{合成最大需要電力}}$$

$$= \frac{700 + 400}{1000}$$

$$= 1.1$$

昼と夜の需要差が大きい(グラフの凹凸が大きい)Bの方が負荷率は小さくなる。

不等率が1より小さくなった場合は必ず間違いなので計算し直す。

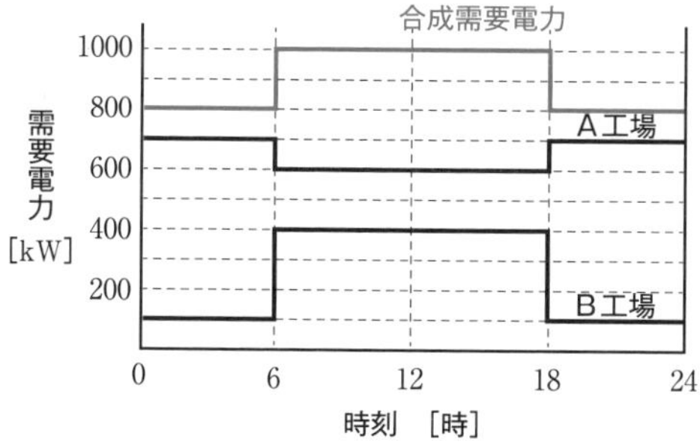

(4) 総合負荷率の定義より，

$$総合負荷率=\frac{合成平均需要電力}{合成最大需要電力}\times 100$$

$$=\frac{650+250}{1000}\times 100$$

$$=90\%$$

3 定格容量200 kV・Aの変圧器があり，最大負荷電力130 kW，力率1の負荷に電力を供給している。鉄損が480 W，最大負荷時の銅損が1000 Wであるとき，次の(1)及び(2)の値を求めよ。ただし，鉄損と銅損以外の損失は無視できるものとする。

POINT 2 変圧器の損失と効率

(1) 変圧器の効率が最大となるときの負荷電力[kW]を求めよ。

(2) この変圧器の最大効率[%]を求めよ。

解答 (1) 90.1 kW (2) 98.9%

(1) 変圧器の効率が最大となるのは鉄損p_i[W]と銅損p_c[W]が等しいときである。鉄損p_i[W]は負荷によらず一定であり，銅損p_c[W]は負荷率の2乗に比例するため，負荷率をαとすると，

$$p_i=\alpha^2 p_c$$

$$480=\alpha^2\times 1000$$

$$\alpha=\sqrt{\frac{480}{1000}}$$

$$\fallingdotseq 0.69282$$

よって，変圧器の効率が最大となるときの負荷電力p_m[kW]は，

抵抗損は，負荷電流の2乗に比例し，負荷率は負荷電流に比例するため，銅損は負荷率の2乗に比例する。

$p_m = \alpha \times 130$

$= 0.69282 \times 130$

$\fallingdotseq 90.067 \rightarrow$ **90.1 kW**

(2) 定格容量P_n[kV・A]，負荷率α，力率$\cos\theta$で運転している変圧器の効率η[%]は，

$$\eta = \frac{\alpha P_n \cos\theta}{\alpha P_n \cos\theta + p_i + \alpha^2 p_c} \times 100 [\%]$$

よって，最大効率η_m[%]は，各値を代入すると，

$$\eta_m = \frac{90.067 \times 10^3}{90.067 \times 10^3 + 480 + 480} \times 100$$

$\fallingdotseq$ **98.9%**

効率の基本は

$$\frac{出力}{入力} = \frac{出力}{出力+損失}$$

である。公式を丸暗記するのではなく，効率の基本から導き出せるようにしておくと良い。

POINT 3 需要電力と発電電力

4 電力系統と連系している出力が400 kWで一定の水力発電所を保有している工場がある。この工場の一日の負荷が図のように変化したとき，次の(1)及び(2)の値を求めよ。ただし，この工場は発電電力が受電電力を上回った場合に電力系統に送電し，下回った場合に受電するものとする。

(1) 一日の受電電力量[kW・h]
(2) 一日の送電電力量[kW・h]

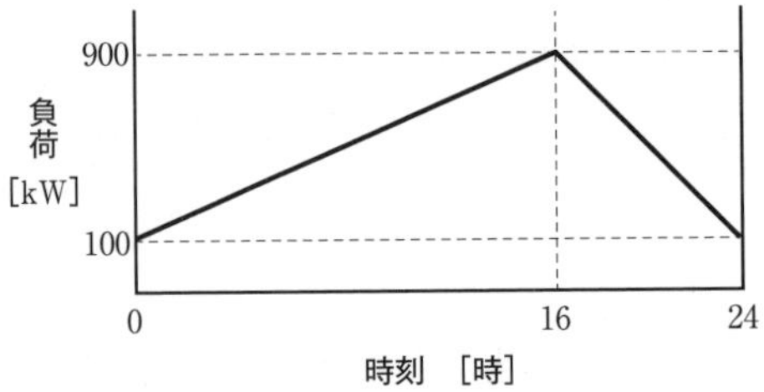

解答 (1) **3750 kW・h** (2) **1350 kW・h**

(1) 0時から16時までの1時間あたりの負荷変化率[kW/h]は，

$$\frac{900-100}{16-0} = 50 \text{ kW/h}$$

負荷が400 kWとなるのは，

$$\frac{400-100}{50} = 6 \text{ h}$$

よって，時刻で表すと6時となる。同様に，16

時から24時までの１時間あたりの負荷変化率[kW/h]は，

$$\frac{100-900}{24-16}=-100\ \mathrm{kW/h}$$

負荷が400 kWとなるのは，

$$\frac{400-900}{-100}=5\ \mathrm{h}$$

よって，時刻で表すと21時となる。

したがって，送電と受電の関係は下図のようになるので，一日の受電電力量[kW・h]は灰色の三角形の面積に等しく，

$$(21-6)\times(900-400)\div2=3750\ \mathrm{kW\cdot h}$$

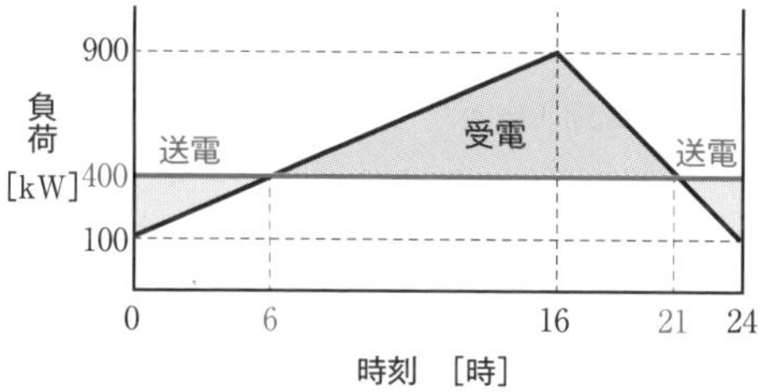

(2)　(1)と同様に一日の送電電力量[kW・h]は，紫色の三角形の面積の合計に等しく，

$$(6-0)\times(400-100)\div2+(24-21)\times(400-100)\div2$$
$$=1350\ \mathrm{kW\cdot h}$$

三角形の面積の単位は，
$\mathrm{kW}\times\mathrm{h}\div2=\mathrm{kW\cdot h}$
である。

21時から6時までは連続しているので，
$9\times300\div2=1350\ \mathrm{kW\cdot h}$
と求めても良い。

5　最大使用水量が40 m^3/s，有効落差が20 mの調整池式水力発電所がある。河川の流量が15 m^3/s一定であり，午前９時より自流分に加え貯水分を全量消費して最大使用水量で発電するものとする。このとき，(1)及び(2)の問に答えよ。

POINT 3　需要電力と発電電力

(1)　水力発電所が停止する時刻[時]を求めよ。

(2)　この発電所の一日の発電電力量[MW・h]を求めよ。ただし，水車の効率は89%，発電機の効率は97%とする。

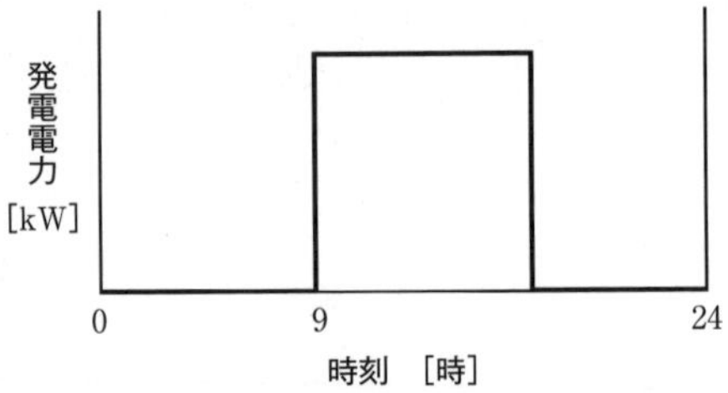

解答 (1) 18時 (2) 60.9 MW・h

(1) 水力発電所が運転している時間をT[h]とすると,使用水量と河川の流量が等しいので,

$$40T=15\times 24$$

$$T=9\ \text{h}$$

よって,水力発電所が停止する時刻は18時と求められる。

(2) 水力発電所の発電電力P[kW]は,使用水量Q[m^3/s],有効落差H[m],水車効率η_w,発電機効率η_gとすると,

$$P=9.8QH\eta_w\eta_g$$

$$=9.8\times 40\times 20\times 0.89\times 0.97$$

$$\fallingdotseq 6768.3\ \text{kW}$$

この発電所の一日の発電電力量W[MW・h]は,水力発電所が運転している時間が$T=9$ hであるから,

$$W=PT$$

$$=6768.3\times 9$$

$$\fallingdotseq 60915\ \text{kW・h} \rightarrow 60.9\ \text{MW・h}$$

基本問題

1 次の各式は変電所から需要設備に向かう配電系統に関する関係式である。

$$\boxed{\quad（ア）\quad} = \frac{平均需要電力}{最大需要電力} \times 100[\%]$$

$$\boxed{\quad（イ）\quad} = \frac{各需要家の最大需要電力の合計値}{合成最大需要電力}$$

$$\boxed{\quad（ウ）\quad} = \frac{最大需要電力}{総設備容量} \times 100[\%]$$

上記の記述中の空白箇所（ア），（イ）及び（ウ）に当てはまる組合せとして，正しいものを次の(1)〜(5)のうちから一つ選べ。

	（ア）	（イ）	（ウ）
(1)	需要率	負荷率	不等率
(2)	不等率	負荷率	需要率
(3)	負荷率	需要率	不等率
(4)	需要率	不等率	負荷率
(5)	負荷率	不等率	需要率

POINT 1 日負荷曲線

解答 (5)

定義式の通りである。

負荷率と需要率の単位は[%]となり，不等率は[%]ではなく，かつ1以上となる。

2 図はある需要家の一日の需要電力を示したものである。このとき，次の(a)及び(b)の問に答えよ。ただし，需要率は62.5%，負荷設備の総合力率は遅れ力率で0.8とする。

POINT 1 日負荷曲線

(a) この需要家の負荷率[%]として，最も近いものを次の(1)〜(5)のうちから一つ選べ。

(1) 38　(2) 49　(3) 61　(4) 69　(5) 97

(b)　この需要家の設備容量［kV・A］として，最も近いものを次の(1)〜(5)のうちから一つ選べ。

(1)　1000　　(2)　1150　　(3)　1280

(4)　1440　　(5)　1600

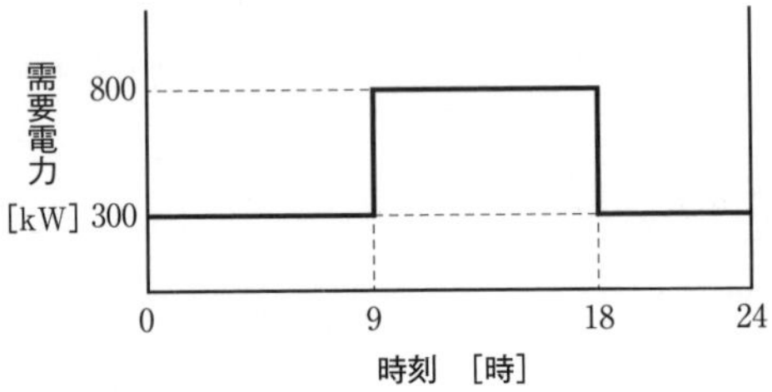

解答　(a)(3)　(b)(3)

(a)　この需要家の需要電力は300 kWが15時間，800 kWが9時間継続するから，平均需要電力［kW］は，

$$\frac{300\times15+800\times9}{24}$$

$$=487.5\ \text{kW}$$

よって，負荷率の定義より，

$$\text{負荷率}=\frac{\text{平均需要電力}}{\text{最大需要電力}}\times100$$

$$=\frac{487.5}{800}\times100$$

$$\fallingdotseq 61\%$$

(b)　需要率の定義より，

$$\text{需要率}=\frac{\text{最大需要電力}}{\text{総設備容量}}\times100$$

$$\text{総設備容量}=\frac{\text{最大需要電力}}{\text{需要率}}\times100$$

$$=\frac{800}{62.5}\times100$$

$$=1280\ \text{kV・A}$$

需要率を求める際には単位をそろえる必要がある。[kV·A]でも[kW]でもどちらでも導出可能であるが，そろえることが重要。

3 ある変電所から需要設備A，B及びCに下表のように電力が供給されているとき，次の(a)及び(b)の問に答えよ。

需要設備	平均需要電力［kW］	最大需要電力［kW］
A	2200	2800
B	2600	3700
C	4100	5800
全体	−	10200

(a) 変電所からみた総合負荷率［%］として，最も近いものを次の(1)～(5)のうちから一つ選べ。

(1) 72　(2) 75　(3) 78　(4) 83　(5) 87

(b) 変電所からみた不等率として，最も近いものを次の(1)～(5)のうちから一つ選べ。

(1) 0.8　(2) 1.0　(3) 1.2　(4) 1.4　(5) 1.6

解答 (a)(5)　(b)(3)

(a) 合成平均需要電力は各需要設備の平均需要電力の和であるから，

$$\text{合成平均需要電力} = 2200 + 2600 + 4100 = 8900\ \text{kW}$$

よって，総合負荷率の定義より，

$$\text{総合負荷率} = \frac{\text{合成平均需要電力}}{\text{合成最大需要電力}} \times 100 = \frac{8900}{10200} \times 100 \fallingdotseq 87\%$$

(b) 不等率の定義より，

$$\text{不等率} = \frac{\text{各需要家の最大需要電力の合計値}}{\text{合成最大需要電力}} = \frac{2800 + 3700 + 5800}{10200} \fallingdotseq 1.2$$

POINT 1 日負荷曲線

4 負荷の設備容量が600 kW，遅れ力率0.8，負荷の設備容量に対する需要率が60%の需要家に電力を供給するため，受電用変圧器を設置する。次の(a)及び(b)の問に答えよ。

(a) 受電用変圧器の容量として最大需要電力に対して50 kV・Aの余裕を持つとき，受電用変圧器の容量［kV・A］として，最も近いものを次の(1)〜(5)のうちから一つ選べ。

(1) 410　(2) 450　(3) 500
(4) 1250　(5) 1300

(b) 年負荷率が60%であるとき，負荷の年間使用電力量［MW・h］として，最も近いものを次の(1)〜(5)のうちから一つ選べ。

(1) 1890　(2) 2370　(3) 3150
(4) 3940　(5) 6570

解答 (a)(3)　(b)(1)

(a) 負荷の設備容量が600 kW，需要率が60%であるから，最大需要電力［kW］は，需要率の定義より，

$$需要率=\frac{最大需要電力}{総設備容量}\times 100$$

$$最大需要電力=総設備容量\times\frac{需要率}{100}$$

$$=600\times\frac{60}{100}$$

$$=360\ \text{kW}$$

最大需要電力［kV・A］は遅れ力率0.8であるから，

$$最大需要電力=\frac{360}{0.8}$$

$$=450\ \text{kV·A}$$

よって，受電用変圧器の容量は最大需要電力に対して50 kV・Aの余裕を持つので，

$450+50=$**500 kV・A**

POINT 1 日負荷曲線

注目 定義式をしっかりと理解していないとわからなくなる問題である。
試験本番前にも必ず復習しておくこと。

(b) 最大需要電力が450 kV・Aで，年負荷率が60%であるから，平均需要電力[kV・A]は，負荷率の定義より，

$$負荷率=\frac{平均需要電力}{最大需要電力}\times 100$$

$$平均需要電力=最大需要電力\times\frac{負荷率}{100}$$

$$=450\times\frac{60}{100}$$

$$=270\ \mathrm{kV\cdot A}$$

遅れ力率0.8であるから，平均需要電力[kW]は，

$$270\times 0.8=216\ \mathrm{kW}$$

よって，年間使用電力量 W[MW・h]は，

$$W=平均需要電力\times 24[\mathrm{h}]\times 365[日]$$

$$=216\times 24\times 365$$

$$=1892160\ \mathrm{kV\cdot A}\rightarrow 1890\ \mathrm{MW\cdot h}$$

5 定格容量100 kV・Aの単相変圧器があり，最大負荷電力60 kW，遅れ力率0.7（一定）で負荷に電力を供給している。鉄損が800 W，力率0.7で定格運転時の銅損が1250 Wであるとき，次の(a)及び(b)の問に答えよ。ただし，鉄損と銅損以外の損失は無視できるものとする。

POINT 2 変圧器の損失と効率

(a) 変圧器の効率が最大となる負荷電力[kW]として，最も近いものを次の(1)～(5)のうちから一つ選べ。

(1) 45　(2) 56　(3) 64　(4) 72　(5) 80

(b) この変圧器を無負荷で12時間，最大負荷で12時間運転したときの全日効率[%]として，最も近いものを次の(1)～(5)のうちから一つ選べ。

(1) 90　(2) 92　(3) 94　(4) 96　(5) 98

解答 (a)(2)　(b)(4)

(a) 変圧器の効率が最大となるのは鉄損 P_i[W]と銅損 P_c[W]が等しいときであり，鉄損 P_i[W]は

負荷によらず一定であり，銅損P_c［W］は負荷率の2乗に比例するため，負荷率をαとすると，

$$P_i = \alpha^2 P_c$$

$$800 = \alpha^2 \times 1250$$

$$\alpha = \sqrt{\frac{800}{1250}}$$

$$= 0.8$$

変圧器の効率が最大となる皮相電力S_m［kV・A］は，

$$S_m = \alpha \times 100$$

$$= 0.8 \times 100$$

$$= 80\ \text{kV・A}$$

よって，変圧器の効率が最大となる負荷電力P_m［kW］は，

$$P_m = S_m \cos\theta$$

$$= 80 \times 0.7$$

$$= 56\ \text{kW}$$

(b) 最大負荷時P_a=60 kWの皮相電力S_a［kV・A］は，

$$S_a = \frac{P_a}{\cos\theta}$$

$$= \frac{60}{0.7}$$

$$\fallingdotseq 85.714\ \text{kV・A}$$

最大負荷時の銅損P_{ca}［W］は，

$$P_{ca} = \left(\frac{85.714}{100}\right)^2 \times 1250$$

$$\fallingdotseq 918.37\ \text{W}$$

よって，変圧器を無負荷で12時間，最大負荷で12時間運転したときの出力電力量W_o［kW・h］，鉄損電力量W_i［kW・h］，銅損電力量W_c［kW・h］は，

$$W_o = 0 \times 12 + 60 \times 12$$

$$= 720\ \text{kW・h}$$

$$W_i = 800 \times 24$$

$$= 19200\ \text{W・h} \rightarrow 19.2\ \text{kW・h}$$

［kV·A］と［kW］の変換は忘れやすい操作なので，普段の計算から単位をつけて計算するとよい。

与えられている鉄損と銅損が出力に比べて十分に小さいことが読み取れるので，効率は高い値になると予想できるようにしておくとミス防止につながる。

$$W_c = 0 \times 12 + 918.37 \times 12$$

$$\fallingdotseq 11020\ \mathrm{W \cdot h} \rightarrow 11.0\ \mathrm{kW \cdot h}$$

よって，全日効率η_d[%]は，

$$\eta_d = \frac{W_o}{W_o + W_i + W_c} \times 100$$

$$= \frac{720}{720 + 19.2 + 11.0} \times 100$$

$$\fallingdotseq 96\%$$

6 最大使用水量5 m^3/sの水力発電所があり，20時から翌朝10時までは河川流量を貯水し，10時から16時まで需要ピークに合わせ最大使用水量で発電し，8時から10時及び16時から20時まで部分負荷P[kW]で運転し20時の時点で貯水分を使い切る。このとき，次の(a)及び(b)の問に答えよ。ただし，河川流量は2 m^3/s，有効落差は一定とし，発電出力は使用水量に比例するものとする。

POINT 3 需要電力と発電電力

(a) 部分負荷時の出力P[kW]として，最も近いものを次の(1)〜(5)のうちから一つ選べ。

(1) 28　(2) 32　(3) 40　(4) 48　(5) 60

(b) この水力発電所の設備利用率[%]として，最も近いものを次の(1)〜(5)のうちから一つ選べ。

(1) 30　(2) 40　(3) 50　(4) 60　(5) 70

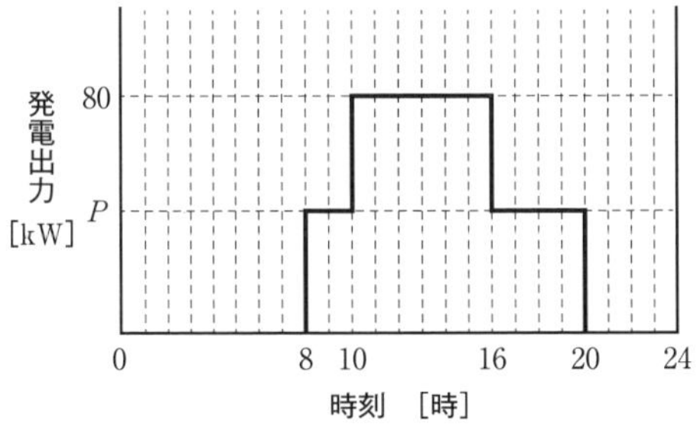

解答 (a)(4)　(b)(2)

(a)　河川流量が$2m^3/s$であるから，水力発電所が使用可能な水量$V[m^3]$は，

$$V=2\times3600\times24$$
$$=172800\ m^3$$

10時から16時までで使用する水量$V_p[m^3]$は，

$$V_p=5\times3600\times6$$
$$=108000\ m^3$$

8時から10時及び16時から20時までの部分負荷で使用可能な水量$V_s[m^3]$は，

$$V_s=V-V_p$$
$$=172800-108000$$
$$=64800\ m^3$$

したがって，部分負荷時の使用水量$Q[m^3/s]$は，

$$Q=\frac{V_s}{6\times3600}$$
$$=\frac{64800}{6\times3600}$$
$$=3m^3/s$$

よって，発電出力は使用水量に比例するので，出力$P[kW]$は，

$$\frac{P}{80}=\frac{3}{5}$$
$$P=\frac{3}{5}\times80$$
$$=48\ kW$$

(b)　設備利用率は，最大出力で24時間運転した場合の発電量に対する実際の発電量で求められるから，

設備利用率

$$=\frac{実際の発電量}{最大出力で運転した場合の発電量}\times100$$
$$=\frac{48\times6+80\times6}{80\times24}\times100$$
$$=40\%$$

発電出力の公式
$P=9.8QH\eta$
より，PとQは比例する。

問題図から半分程度かそれ以下しか運転していないことがわかるので，ヒントとなっている。

7 出力が6 MWで一定の水力発電所を持ち，系統連系している工場があり，この工場の一日の負荷の推移が下図のようであった。この工場は発電電力が消費電力を上回った場合に送電し，下回った場合に受電するものとする。このとき，次の(a)及び(b)の問に答えよ。

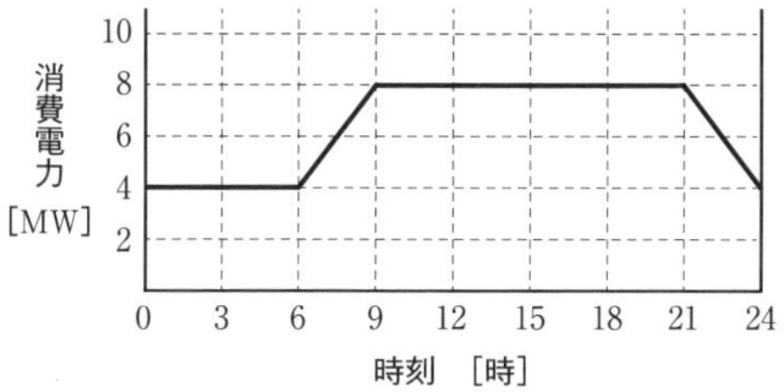

(a) この日の受電電力量[MW·h]として，最も近いものを次の(1)～(5)のうちから一つ選べ。

(1) 12　(2) 15　(3) 27　(4) 60　(5) 156

(b) この日の受電電力量[MW·h]に対する送電電力量[MW·h]の割合として，最も近いものを次の(1)～(5)のうちから一つ選べ。

(1) 0.56　(2) 0.62　(3) 0.80　(4) 1.6　(5) 1.8

解答 (a)(3) (b)(1)

(a) 送電電力と受電電力の関係は次の図のようになる。送電と受電が入れ替わるのは6時と9時の中間と21時と24時の中間であるから，7時30分（7.5時）と22時30分（22.5時）となる。

受電電力量 V_R[MW·h]は灰色の台形の面積を求めれば良いので，

$$V_R = \{(21-9)+(22.5-7.5)\} \times 2 \div 2$$
$$= 27 \text{ MW·h}$$

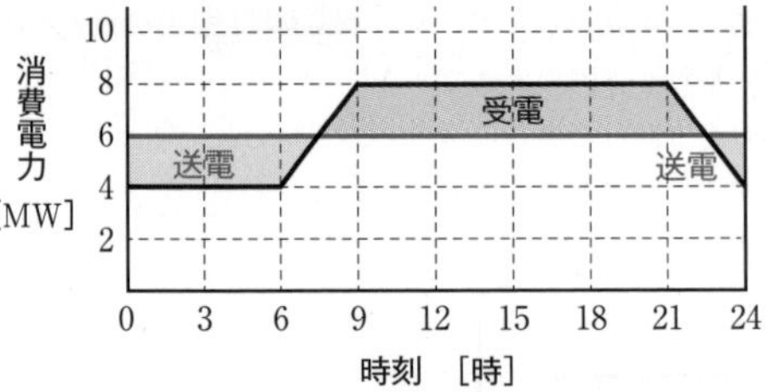

(b) 送電電力量 V_S[MW・h] は図の紫色の台形と三角形の面積の合計であるから，

$$V_S = (7.5 + 6) \times 2 \div 2 + 1.5 \times 2 \div 2$$
$$= 15\ \mathrm{MW \cdot h}$$

よって，受電電力量 V_R[MW・h] に対する送電電力量 V_S[MW・h] の割合は，

$$\frac{V_S}{V_R} = \frac{15}{27}$$
$$\fallingdotseq 0.56$$

送電側も22時30分から7時30分まで連続していると考えてもよいので，台形の面積でも求められる。

応用問題

1 変電所から電力を供給しているＡ工場及びＢ工場がある。各工場の負荷が下表のようになっているとき，次の(a)及び(b)の問に答えよ。

(a) Ａ工場とＢ工場間の不等率として，最も近いものを次の(1)～(5)のうちから一つ選べ。

(1) 0.88　(2) 1.00　(3) 1.14
(4) 1.26　(5) 1.56

(b) 変電所からＡ工場及びＢ工場をみた総合負荷率[%]として，最も近いものを次の(1)～(5)のうちから一つ選べ。

(1) 56　(2) 64　(3) 72　(4) 79　(5) 88

Ａ工場

時刻	負荷[kW]
0時－8時	200
8時－12時	800
12時－18時	400
18時－24時	200

Ｂ工場

時刻	負荷[kW]
0時－6時	400
6時－16時	600
16時－20時	800
20時－24時	400

解答 (a)(3)　(b)(2)

(a) Ａ工場，Ｂ工場単独及びＡ工場とＢ工場を合成した需要電力は次の図の通りとなる。不等率の定義より，

$$不等率=\frac{各需要家の最大需要電力の合計値}{合成最大需要電力}$$

$$=\frac{800+800}{1400}$$

$$\fallingdotseq 1.14$$

POINT 1 日負荷曲線

試験本番においても図を描くか，合成需要電力を表にまとめると良い。

時刻	負荷[kW]
0時－ 6時	600
6時－ 8時	800
8時－12時	1400
12時－16時	1000
16時－18時	1200
18時－20時	1000
20時－24時	600

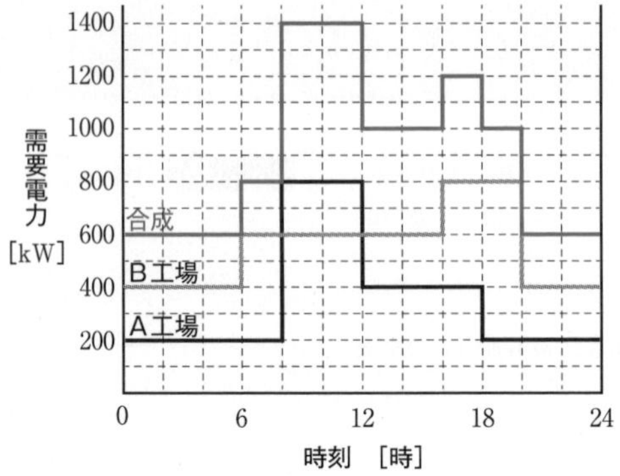

(b)　需要電力のグラフより，合成平均需要電力［kW］は，

$$\frac{600\times6+800\times2+1400\times4+1000\times4+1200\times2+1000\times2+600\times4}{24}$$

=900 kW

よって，総合負荷率の定義より，

$$総合負荷率=\frac{合成平均需要電力}{合成最大需要電力}\times100$$

$$=\frac{900}{1400}\times100$$

$$\fallingdotseq 64\%$$

2　定格容量7000 kV･Aの変圧器１台から需要家Ａ及び需要家Ｂに電力を供給している。各需要設備の定格容量，最大電力，負荷率，需要設備間の不等率は表の通りとする。このとき，(a)及び(b)の問に答えよ。

(a)　変電所からみた平均電力［kW］として，最も近いものを次の(1)～(5)のうちから一つ選べ。

(1)　4000　　(2)　4600　　(3)　5200
(4)　5800　　(5)　6400

(b)　変圧器の需要率［%］として，最も近いものを次の(1)～(5)のうちから一つ選べ。

(1)　71　　(2)　76　　(3)　83　　(4)　89　　(5)　94

POINT 1 日負荷曲線

需要家	設備容量［kV･A］	最大電力［kW］	負荷率［%］	需要家間の不等率	負荷力率
A	5000	3800	80	1.28	0.8
B	3500	2600	60		0.8

解答 (a)(2) (b)(4)

(a) 需要家Aの平均電力P_A［kW］及び需要家Bの平均電力P_B［kW］は，負荷率の定義より，

$$P_A = 最大電力 \times \frac{負荷率}{100}$$

$$= 3800 \times \frac{80}{100}$$

$$= 3040\ \mathrm{kW}$$

$$P_B = 最大電力 \times \frac{負荷率}{100}$$

$$= 2600 \times \frac{60}{100}$$

$$= 1560\ \mathrm{kW}$$

よって，変電所からみた平均電力P［kW］は，

$$P = P_A + P_B$$

$$= 3040 + 1560$$

$$= 4600\ \mathrm{kW}$$

(b) 需要家間の不等率が1.28であるから，変電所からみた合成最大需要電力は，不等率の定義より，

合成最大需要電力

$$= \frac{各需要家の最大需要電力の合計値}{不等率}$$

$$= \frac{3800 + 2600}{1.28}$$

$$= 5000\ \mathrm{kW}$$

力率が0.8であるから，変電所からみた最大皮相電力S［kV･A］は，

$$S = \frac{P}{\cos\theta}$$

$$= \frac{5000}{0.8}$$

$$= 6250\ \mathrm{kV \cdot A}$$

したがって，変圧器の需要率［%］は，

$$需要率=\frac{最大需要電力}{総設備容量}\times 100$$

$$=\frac{6250}{7000}\times 100$$

$$\fallingdotseq 89\%$$

3 単相変圧器があり，最大負荷電力70 kW，力率0.8（遅れ）の負荷に電力を供給している。無負荷損が900 W，力率0.8で最大負荷時の銅損が1570 Wであるとき，次の(a)及び(b)の問に答えよ。ただし，鉄損と銅損以外の損失は無視できるものとする。

(a) この変圧器の最大効率［%］として，最も近いものを次の(1)～(5)のうちから一つ選べ。

(1) 90　(2) 93　(3) 95　(4) 97　(5) 99

(b) この変圧器を無負荷で2時間，最大負荷電力に対して20%の負荷で10時間，80%の負荷で2時間，100%の負荷で10時間運転したときの全日効率［%］として，最も近いものを次の(1)～(5)のうちから一つ選べ。

(1) 88　(2) 90　(3) 92　(4) 94　(5) 96

解答 (a)(4)　(b)(5)

(a) 変圧器の効率が最大となるのは鉄損P_i［W］と銅損P_c［W］が等しいときである。鉄損P_i［W］は負荷によらず一定であり，銅損P_c［W］は負荷率の2乗に比例するため，最大負荷を1としたときの負荷率をαとすると，

$$P_i=\alpha^2 P_c$$

$$900=\alpha^2\times 1570$$

$$\alpha=\sqrt{\frac{900}{1570}}$$

$$\fallingdotseq 0.75713$$

変圧器の効率が最大となる電力P_m［kW］は，

POINT 2 変圧器の損失と効率

注目 変圧器の問題はかなりパターン化されている。
機械科目の得点にも繋がる内容なので，確実に理解しておくこと。

$$P_m = \alpha \times 70$$
$$= 0.75713 \times 70$$
$$\fallingdotseq 52.999 \text{ kW}$$

したがって，変圧器の最大効率η_m[%]は

$$\eta_m = \frac{P_m}{P_m + P_i + \alpha^2 P_c} \times 100$$
$$= \frac{P_m}{P_m + 2P_i} \times 100$$
$$= \frac{52.999 \times 10^3}{52.999 \times 10^3 + 2 \times 900} \times 100$$
$$\fallingdotseq 97\%$$

(b) 最大負荷電力に対して20%負荷時の銅損P_{c20}[W]及び80%負荷時の銅損P_{c80}[W]は，

$$P_{c20} = 0.2^2 \times 1570$$
$$= 62.8 \text{ W}$$
$$P_{c80} = 0.8^2 \times 1570$$
$$= 1004.8 \text{ W}$$

よって，変圧器を20%負荷で10時間，80%負荷で2時間，100%負荷で10時間運転したときの出力電力量W_o[kW·h]，鉄損電力量W_i[kW·h]，銅損電力量W_c[kW·h]は，

$$W_o = 70 \times 0.2 \times 10 + 70 \times 0.8 \times 2 + 70 \times 10$$
$$= 952 \text{ kW·h}$$
$$W_i = 900 \times 24$$
$$= 21600 \text{ W·h} \rightarrow 21.6 \text{ kW·h}$$
$$W_c = 62.8 \times 10 + 1004.8 \times 2 + 1570 \times 10$$
$$\fallingdotseq 18338 \text{ W·h} \rightarrow 18.338 \text{ kW·h}$$

よって，全日効率η_d[%]は，

$$\eta_d = \frac{W_o}{W_o + W_i + W_c} \times 100$$
$$= \frac{952}{952 + 21.6 + 18.338} \times 100$$
$$\fallingdotseq 96\%$$

4 図に示すような最大出力5200 kW，最低出力1000 kW，河川流量が12 m^3/sの調整池式水力発電所において，１日のうち昼間のピーク時に合わせ６時間最大出力，18時間最低出力で運転し，16時から翌朝10時までは河川流量の一部を貯水し，10時から16時まで河川流量に加え貯水分を全て使用する。このとき，次の(a)及び(b)の問に答えよ。ただし，出力に関わらず，水車及び発電機の総合効率は87%とし，有効落差は一定とする。

(a) この水力発電所の有効落差[m]として，最も近いものを次の(1)~(5)のうちから一つ選べ。

(1) 20　(2) 25　(3) 30　(4) 40　(5) 50

(b) 時刻10時の貯水量[m^3]として，最も近いものを次の(1)~(5)のうちから一つ選べ。

(1) 3.7×10^5　(2) 4.0×10^5　(3) 5.0×10^5
(4) 5.7×10^5　(5) 6.8×10^5

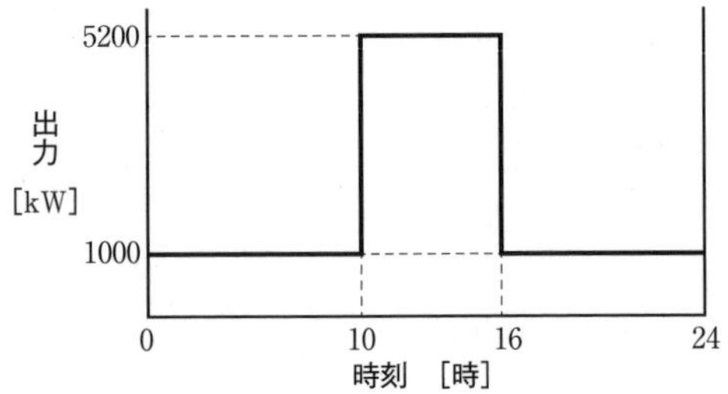

POINT 3 需要電力と発電電力

解答 (a) (1)　(b) (2)

(a) 水力発電所の出力をP[kW]とすると，

$$P=\frac{5200\times6+1000\times18}{24}$$

$$=2050\ \mathrm{kW}$$

このときの使用水量が河川流量Q=12 m^3/sと等しいので，水力の発電電力の公式より，有効落差H[m]は，水車及び発電機の総合効率がη=87%なので，

$$P=9.8QH\eta$$

$$H=\frac{P}{9.8Q\eta}$$

一日の発電量と河川から供給される水の量による発電量が等しいので，河川流量で発電するのが一日の平均出力となる。

$$=\frac{2050}{9.8\times12\times0.87}$$

$$≒20.0\ \mathrm{m}$$

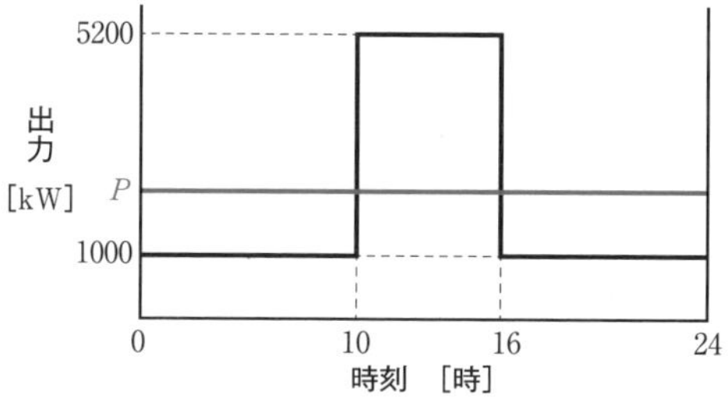

(b) 出力に関わらず，水車及び発電機の総合効率及び有効落差は変わらないので，使用水量と発電出力は比例関係にある。

よって，発電電力1000 kWのときの使用水量Q'[m³/s]は，

$$Q'=\frac{1000}{2050}\times12$$

$$≒5.8537\ \mathrm{m^3/s}$$

したがって，16時から翌朝10時までの18時間の貯水量W[m³]は，

$$W=(12-5.8537)\times3600\times18$$

$$≒398280\rightarrow4.0\times10^5\ \mathrm{m^3}$$

16時から10時までは，河川流量のうち発電で使用しない量12−5.8537=6.1463 m³/sで貯水していることになる。毎秒6トンなのでかなりの量であることがわかる。

5 図に示すような年間流況曲線の河川に，最大使用水量80 m³/s，有効落差90 mの自流式水力発電所がある。水車及び発電機の総合効率が87%であるとき，次の(a)及び(b)の問に答えよ。ただし，総合効率は流量によらず一定であるとする。

POINT 3 需要電力と発電電力

(a) この発電所における年間発生電力量[GW·h]として，最も近いものを次の(1)〜(5)のうちから一つ選べ。

(1) 0.3　(2) 19　(3) 38　(4) 458　(5) 526

(b) この発電所の設備利用率[%]として，最も近いものを次の(1)〜(5)のうちから一つ選べ。

(1) 75　(2) 80　(3) 85　(4) 90　(5) 95

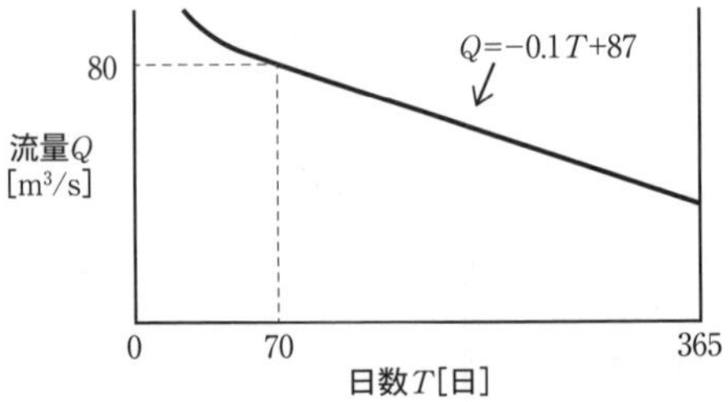

解答 (a)(4) (b)(3)

(a) 水量が最も少ないT=365[日]の流量Q_{365}[m³/s]は,

$$Q_{365}=-0.1T+87$$
$$=-0.1\times 365+87$$
$$=50.5\ \mathrm{m^3/s}$$

T=70[日]からT=365[日]までの平均流量Q_a[m³/s]は,

$$Q_a=\frac{Q_{70}+Q_{365}}{2}$$
$$=\frac{80+50.5}{2}$$
$$=65.25\ \mathrm{m^3/s}$$

よって,年間発生電力量W[GW・h]は,

$$W=9.8Q_{70}H\eta\times 24\times 70+9.8Q_aH\eta\times 24\times(365-70)$$
$$=9.8\times 80\times 90\times 0.87\times 24\times 70+9.8\times 65.25\times 90\times 0.87\times 24\times(365-70)$$
$$\fallingdotseq 103130000+354490000$$
$$\fallingdotseq 457620000\ \mathrm{kW\cdot h}\rightarrow 458\ \mathrm{GW\cdot h}$$

(b) 設備利用率は,最大出力で365日運転した場合の発電量に対する実際の発電量で求められるから,

設備利用率

$$=\frac{\text{実際の発電量}}{\text{最大出力で運転した場合の発電量}}\times 100$$
$$=\frac{457620000}{9.8Q_{70}H\eta\times 365}\times 100$$

設備利用率は流況曲線の面積比からでも求めることができる。

$$\frac{80\times 70+(50.5+80)\times 295\div 2}{80\times 365}\times 100$$
$$\fallingdotseq 85.1\%$$

$$=\frac{457620000}{9.8\times80\times90\times0.87\times24\times365}\times100$$

$\fallingdotseq 85\%$

6 定格出力200 kWの太陽電池発電所を保有するオフィスビルがあり，ある日の発電電力と消費電力が図のようであった。このオフィスビルは，発電電力が消費電力を上回った場合に余剰電力を電力系統に送電している。次の(a)及び(b)の問に答えよ。

(a) この日，太陽電池発電所から送電した電力量[kW･h]として，最も近いものを次の(1)～(5)のうちから一つ選べ。

(1) 340 (2) 550 (3) 820
(4) 1060 (5) 1400

(b) この日の電力の自己消費率（太陽電池発電所が発電した電力のうち，オフィスビル内で消費した電力の割合）[%]として，最も近いものを次の(1)～(5)のうちから一つ選べ。

(1) 24 (2) 41 (3) 58 (4) 76 (5) 95

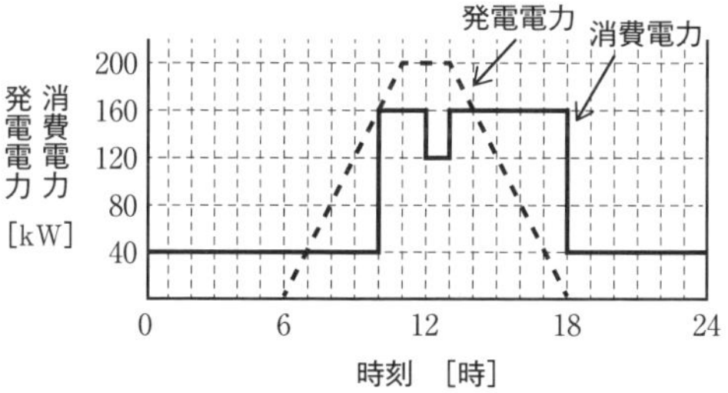

解答 (a)(1) (b)(4)

(a) 送電電力量は次の図の紫色の部分の電力量であるから，

7－10時：3×(160－40)÷2=180 kW･h
10－11時：1×(200－160)÷2=20 kW･h
11－12時：1×(200－160)=40 kW･h
12－13時：1×(200－120)=80 kW･h

POINT 3 需要電力と発電電力

注目 現在は自然エネルギーが普及してきているので，水力のみでなく本問のような太陽電池発電を絡めた問題も出題される傾向にある。

13－14時：$1\times(200-160)\div2=20$ kW·h

よって，送電電力量 W_s［kW·h］の合計は，

$$W_s=180+20+40+80+20$$
$$=340\ \text{kW·h}$$

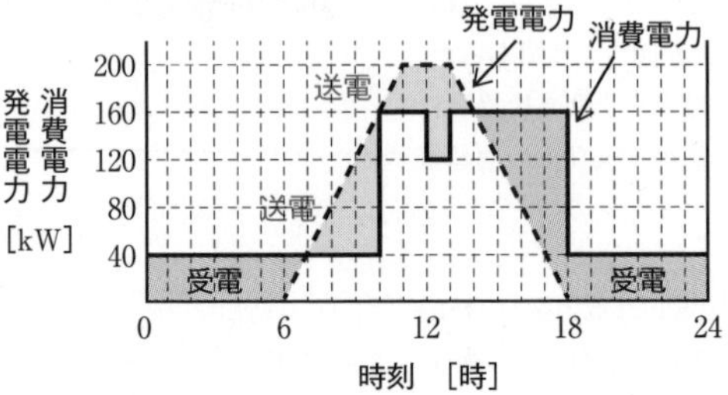

(b) 太陽電池発電所が発電した電力量 W_g［kW·h］は点線で囲まれた部分の面積であるから，

$$W_g=\{2+(18-6)\}\times200\div2$$
$$=1400\ \text{kW·h}$$

オフィスビル内で消費した電力量［kW·h］は，太陽電池発電所が発電した電力量 W_g［kW·h］から，送電電力量 W_s［kW·h］を差し引いたものであるから，その割合［%］は，

$$\frac{W_g-W_s}{W_g}\times100=\frac{1400-340}{1400}\times100$$
$$\fallingdotseq 76\%$$

2 高圧受電設備の管理

確認問題

1 次の各機器の名称とその機器の説明について，正しいものには○，誤っているものには×をつけなさい。

(1) 直列リアクトル　夜間軽負荷時に進み力率を改善する。
(2) CT　一次側に発生している大電流を小電流に変成する。二次側を絶対に短絡してはならない。
(3) 避雷器　雷過電圧発生時に，機器の絶縁を保護するために電流を大地に逃がす。
(4) 進相コンデンサ　進み無効電力を供給して力率を改善する。
(5) CH　機器とケーブルを接続する場所に配置し，ケーブルの接続部を保護する
(6) 高圧カットアウト　ヒューズを内蔵する開閉器。事故電流はヒューズを溶断して電路を開放する。
(7) PAS　電路を開閉する機器であり，事故発生時等に事故電流を遮断する機能も持つ。
(8) 地絡方向継電器（DGR）　地絡事故発生時の電流を検出する。
(9) LBS　無負荷時に電路の開閉を行うことができ，電流が流れている場合には開放することができない。

POINT 1 高圧受電設備

解答　(1) ×　(2) ×　(3) ○　(4) ×　(5) ○
(6) ○　(7) ×　(8) ○　(9) ×

(1) ×。直列リアクトルは進相コンデンサに直列に挿入し，高調波を抑制するための機器で，力率を改善するものではない。

(2) ×。CTは一次側に発生している大電流を小電流に変成し，二次側に計器を接続するための計器用変流器である。CTの二次側を開放すると，過電圧がかかるため，二次側を絶対に開放してはならない。

進み力率を改善するのは分路リアクトルである。

計器用変圧器VTは二次側を短絡すると過電流が流れるため，二次側を短絡してはならない。

(3)　○。避雷器は雷過電圧発生時に，機器の絶縁を保護するために電流を大地に逃がす役割がある。

(4)　×。進相コンデンサは進み無効電力を吸収（遅れ無効電力を供給）して力率を改善する。

(5)　○。CH（ケーブルヘッド）は機器とケーブルを接続する場所に配置し，ケーブルの接続部を保護するための機器である。

(6)　○。高圧カットアウトはヒューズを内蔵する開閉器で，負荷電流は開閉することにより遮断するが，事故電流はヒューズを溶断して電路を開放する。

(7)　×。PAS（柱上気中開閉器）は電路を開閉する機器であるが，事故発生時等に事故電流を遮断する機能は持たない。

(8)　○。地絡方向継電器（DGR）は，地絡事故発生時の電流を検出し，遮断器に遮断信号を送る機器である。

(9)　×。LBS（高圧交流負荷開閉器）は，負荷電流や励磁電流等を開閉することが可能である。

進相コンデンサには系統から進み電流が流れるので「吸収」となる。

問題文は遮断器に関する説明である。

2 次の高圧受電設備の点検，保守に関する記述の名称を解答群から選択して答えよ。

POINT 1 高圧受電設備

(a)　運転中の電気設備を目視等により点検し，異常の有無を確認する。

(b)　比較的長期間（1年程度）の周期で，電気設備を停止して，目視，測定器具等により点検，測定及び試験を行う。

(c)　長期間の周期（3～5年程度）で，必要に応じて分解する等して，目視，測定器具等により点検，測定及び試験を行う。

(d)　電気事故その他の異常が発生したときに，点検・試験によってその原因を探求し，再発防止のためにとるべき措置を講じる。

【解答群】

(1) 分解点検	(2) 日常点検	(3) 普通点検
(4) 臨時点検	(5) 定期点検	(6) 簡易点検
(7) 開放点検	(8) 精密点検	

解答 (a)(2) (b)(5) (c)(8) (d)(4)

(a) 運転中の電気設備を目視等により点検し，異常の有無を確認するのは日常点検である。

(b) 比較的長期間（1年程度）の周期で，電気設備を停止して，目視，測定器具等により点検，測定及び試験を行うのは定期点検である。

(c) 長期間の周期（3～5年程度）で，必要に応じて分解する等して，目視，測定器具等により点検，測定及び試験を行うのは精密点検である。

(d) 電気事故その他の異常が発生したときに，点検・試験によってその原因を探求し，再発防止のためにとるべき措置を講じるのは臨時点検である。

3 次の文章は，絶縁油の保守，点検に行う試験に関する記述である。（ア）～（エ）にあてはまる語句を解答群から選択して答えよ。

POINT 1 高圧受電設備

変圧器等の機器の絶縁を保つために絶縁油を使用するが，絶縁が保てなくなり大電流が流れることを［（ア）］という。絶縁油の［（ア）］を起こさない限界の電圧や電界強度を確かめるための試験を［（イ）］試験という。

絶縁油は機器使用中に自然劣化すると絶縁油の［（ウ）］が上がり，抵抗率や耐圧が下がるなど性能が低下する。さらに，劣化した絶縁油と金属等から作られる［（エ）］が発生すると，絶縁油の冷却効果が低下し，絶縁油の劣化が加速される。この劣化を確かめるために［（ウ）］度試験が実施される。

【解答群】

(1) 絶縁降伏	(2) スラッジ	(3) 部分放電
(4) 絶縁耐力	(5) 誘電正接	(6) 絶縁破壊
(7) 直流漏れ測定	(8) 絶縁劣化	(9) 酸価
(10) 絶縁抵抗	(11) スケール	(12) フラッシオーバ

解答 (ア)(6)　(イ)(4)　(ウ)(9)　(エ)(2)

絶縁油の保守と点検に関する出題である。絶縁耐力試験はJISにて規定されており，絶縁破壊電圧が20 kV以上であれば良好（一般に新油は30 kV以上）であると判断する。酸価度試験は，油を中和するのに必要なアルカリ溶液の量で判定する。新油は透明度が高い黄色であるが，酸化するにつれて，色が褐色になっていきスラッジが発生してくる。

4 使用電力200 kW，定格電圧200 V，遅れ力率0.8の平衡三相負荷がある。このとき，次の(1)〜(3)の問に答えよ。

(1)　無効電力[kvar]の大きさを求めよ。

(2)　力率を1に改善するために必要な電力用コンデンサの容量を求めよ。

(3)　100 kvarの電力用コンデンサを並列に接続したときの，力率を求めよ。

解答 (1) 150 kvar　(2) 150 kvar　(3) 0.97

(1)　ベクトル図より，有効電力P[kW]と無効電力Q[kvar]の関係は，

$$Q = P\tan\theta = P\cdot\frac{\sin\theta}{\cos\theta} = P\cdot\frac{\sqrt{1-\cos^2\theta}}{\cos\theta}$$

よって，各値を代入すると，

$$Q = 200\times\frac{\sqrt{1-0.8^2}}{0.8} = 200\times\frac{0.6}{0.8} = 150\ \text{kvar}$$

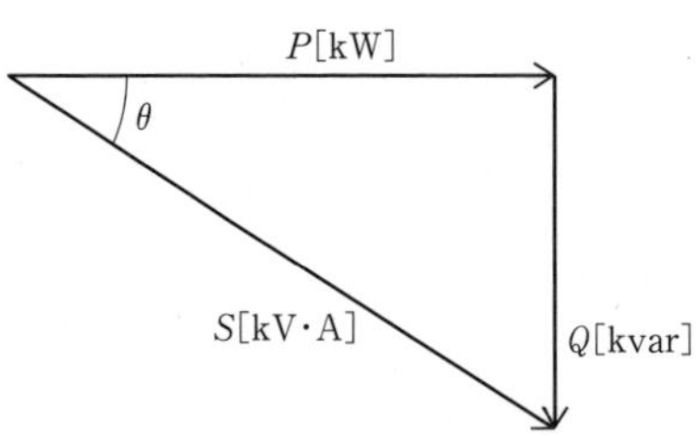

POINT 2 電力用コンデンサ

注目 電力用コンデンサの内容は電気施設管理の中でも出題されやすい内容である。
電力科目や機械科目でも出題される可能性がある必修の内容である。

力率0.8や0.6のパターンは非常に出題されやすいので覚えておく。

(2) 力率を1に改善するためには無効電力を零とする必要があるため，電力用コンデンサの容量は150 kvarとなる。

(3) 100 kvarの電力用コンデンサを接続すると，無効電力Q'[kvar]は，

$$Q' = 150 - 100$$
$$= 50\ \text{kvar}$$

よって，そのときの力率$\cos\theta$は，

$$\cos\theta = \frac{P}{S}$$
$$= \frac{P}{\sqrt{P^2 + Q'^2}}$$
$$= \frac{200}{\sqrt{200^2 + 50^2}}$$
$$\fallingdotseq \frac{200}{206.16}$$
$$\fallingdotseq 0.97$$

5 受電端電圧6600 Vの配電線に使用電力150 kWで遅れ力率0.6の平衡三相負荷が接続されている。このとき，次の問に答えよ。

POINT 2 電力用コンデンサ

POINT 3 変流器

(1) 配電線1線当たりの抵抗が1 Ω，リアクタンスが2 Ωであるとき，送電端電圧[V]の大きさを求めよ。ただし，送電端電圧と受電端電圧の位相差は十分に小さいものとする。

(2) 負荷側に設置されている変流器の二次側で計測される電流[A]の大きさを求めよ。ただし，変流器の変流比は75 A/5Aとする。

解答 (1) 6680 V (2) 1.46 A

(1) 有効電力P[kW]と無効電力Q[kvar]の関係は，

$$Q = P\tan\theta$$
$$= P\cdot\frac{\sin\theta}{\cos\theta}$$
$$= P\cdot\frac{\sqrt{1-\cos^2\theta}}{\cos\theta}$$

よって，各値を代入すると，

$$Q=150\times\frac{\sqrt{1-0.6^2}}{0.6}$$

$$=150\times\frac{0.8}{0.6}$$

$$=200\ \text{kvar}$$

三相3線式電線路の電圧降下v[V]は，送電端電圧（線間）をV_s[V]，受電端電圧（線間）をV_r[V]，電線1線当たりの抵抗をR[Ω]，電線1線当たりの誘導性リアクタンスをX[Ω]とすると，

$$v=V_s-V_r=\frac{PR+QX}{V_r}$$

よって，

$$V_s-V_r=\frac{PR+QX}{V_r}$$

$$V_s=V_r+\frac{PR+QX}{V_r}$$

$$=6600+\frac{150\times10^3\times1+200\times10^3\times2}{6600}$$

$$\fallingdotseq 6680\ \text{V}$$

(2) 負荷側に流れる電流I[A]は，$P=\sqrt{3}V_r I\cos\theta$の関係から，

$$I=\frac{P}{\sqrt{3}\,V_r\cos\theta}$$

$$=\frac{150\times10^3}{\sqrt{3}\times6600\times0.6}$$

$$\fallingdotseq 21.869\ \text{A}$$

変流器の変流比が75 A/5Aであるから，変流器の二次側で計測される電流I_2[A]は，

$$I_2=\frac{5}{75}I$$

$$\fallingdotseq 1.46\ \text{A}$$

$v=\sqrt{3}\,I(R\cos\theta+X\sin\theta)$の公式を使用しても導出は可能であるが，本問の場合，$v=\dfrac{PR+QX}{V_r}$を使用した方が計算が楽になる。

基本問題

1 図は高圧受電設備の単線結線図の一部である。

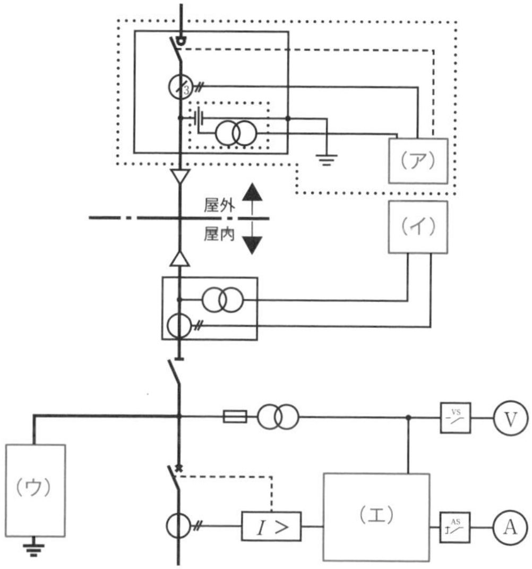

図の（ア），（イ），（ウ）及び（エ）に当てはまる機器の組合せとして，正しいものを次の(1)〜(5)のうちから一つ選べ。

	（ア）	（イ）	（ウ）	（エ）
(1)	地絡過電圧継電器	電力量計	電力用コンデンサ	電力計
(2)	地絡方向継電器	電力計	避雷器	電力量計
(3)	地絡過電圧継電器	電力計	電力用コンデンサ	電力量計
(4)	地絡方向継電器	電力量計	避雷器	電力計
(5)	地絡過電圧継電器	電力量計	避雷器	電力計

解答 (4)

高圧受電設備の単線結線図は次の図の通りとなる。したがって，（ア）地絡方向継電器，（イ）電力量計，（ウ）避雷器，（エ）電力計となる。

POINT 1 高圧受電設備

注目 電験での出題頻度は少ないが，実務では非常に重要な内容となる。

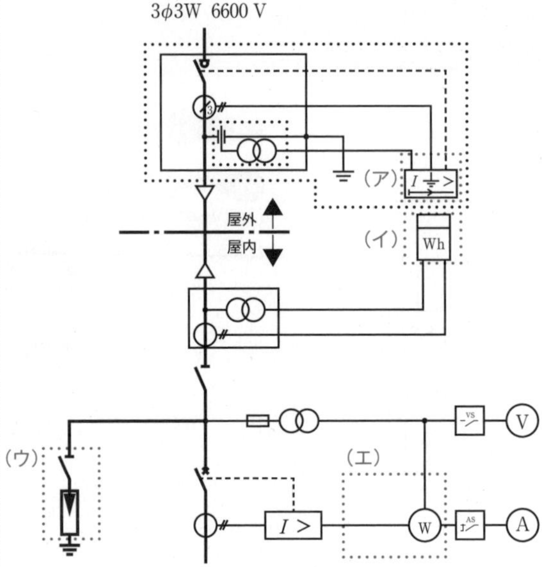

2 次の機器及び関連する用語の組合せとして，誤っているものを(1)〜(5)のうちから一つ選べ。

	機器	関連用語
(1)	高圧カットアウト	ヒューズ
(2)	避雷器	酸化亜鉛
(3)	進相コンデンサ	無効電力
(4)	直列リアクトル	高調波
(5)	LBS	力率改善

解答 (5)

(1) 正しい。高圧カットアウトは柱上変圧器の一次側に設置される**ヒューズ**入りの開閉器である。

(2) 正しい。避雷器は雷過電圧等の異常電圧を大地に逃がすことによって，電気機器を保護するためのもので，特性要素として**酸化亜鉛**（ZnO）素子が使用される。

(3) 正しい。進相コンデンサは進み**無効電力**を吸収して力率を改善する機器である。

POINT 1 高圧受電設備

注目 法規の電気施設管理は，電力や機械で扱った内容が総合的に出題されることがある。

(4) 正しい。直列リアクトルは進相コンデンサに直列に接続し，進相コンデンサ開閉時の突入電流や高調波を抑制する役割がある。

(5) 誤り。LBSは高圧交流負荷開閉器の略称であり，開閉器の役割を持つが，力率を改善する機能は持たない。

3 配電用変電所から三相３線式専用配電線路で受電している需要設備がある。

需要設備の負荷が1200 kWで力率が0.8（遅れ）であるとき，電圧降下を100 V以下とするために必要な電力用コンデンサの容量[kvar]として，最も近いものを次の(1)～(5)のうちから一つ選べ。ただし，送電端電圧は6.6 kV，配電線路の１線当たりの抵抗は0.3 Ω，１線当たりのリアクタンスは0.8 Ωとし，送電端電圧と受電端電圧の位相差は十分に小さいものとする。

(1) 360　(2) 380　(3) 490　(4) 520　(5) 540

POINT 2 電力用コンデンサ

解答 (5)

有効電力P[kW]と無効電力Q[kvar]の関係は，

$$Q=P\tan\theta$$
$$=P\cdot\frac{\sin\theta}{\cos\theta}$$
$$=P\cdot\frac{\sqrt{1-\cos^2\theta}}{\cos\theta}$$

よって，各値を代入すると，

$$Q=1200\times\frac{\sqrt{1-0.8^2}}{0.8}$$
$$=1200\times\frac{0.6}{0.8}$$
$$=900\text{ kvar}$$

三相３線式電線路の電圧降下v[V]の近似式は，電線１線当たりの抵抗をR[Ω]，電線１線当たりの誘導性リアクタンスをX[Ω]，送電端電圧をV_s[V]，受電端電圧をV_r[V]とすると，

与えられているのが送電端電圧であることに注意する。

$$v=\frac{PR+QX}{V_r}=\frac{PR+QX}{V_s-v}$$

電圧降下を100 V以下とするためには，

$$v=\frac{PR+QX}{V_s-v}$$

$$100=\frac{1200\times10^3\times0.3+Q\times0.8}{6600-100}$$

$$Q=362500\ \text{var}\rightarrow362.5\ \text{kvar}$$

とする必要があるため，必要な電力用コンデンサの容量Q_C[kvar]は，

$$Q_C=900-362.5$$
$$=537.5\ \text{kvar}$$

よって，最も近い(5)が正解。

4 図のような電圧6.6 kV，周波数50 Hzの三相3線式配電線路のF点において地絡事故が発生したとき，次の(a)及び(b)の問に答えよ。ただし，図中のコンデンサは1線あたりの対地静電容量であり，その他の線路定数等は無視するものとする。

POINT 4 零相変流器

POINT 5 保護継電器

POINT 6 地絡電流·短絡電流

(a) F点における地絡電流I_g[A]の大きさとして，最も近いものを次の(1)～(5)のうちから一つ選べ。

(1) 110　(2) 190　(3) 270
(4) 320　(5) 440

(b) 零相変流器の二次側の電流I_2[mA]の大きさとして，最も近いものを次の(1)～(5)のうちから一つ選べ。
ただし，変流比は200 A/1.5 Aとする。

(1) 80　(2) 110　(3) 140　(4) 730　(5) 970

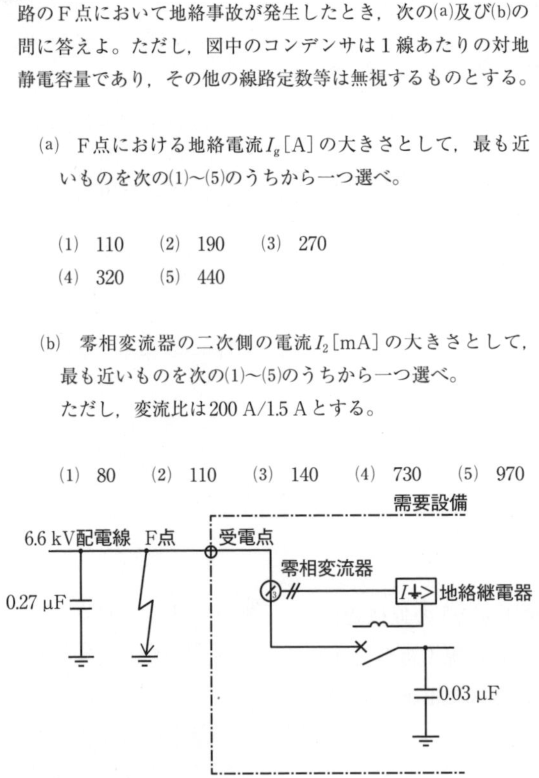

解答 (a)(1) (b)(1)

(a) 地絡事故点にテブナンの定理を適用して等価回路を描くと下図のようになる。ただし，V=6600 V，C_1=27 μF，C_2=3 μFである。$3C_1$と$3C_2$は並列であるから，合成静電容量は$3(C_1+C_2)$となるので，F点における地絡電流I_g［A］は，

$$I_g=2\pi f\cdot 3(C_1+C_2)\cdot\frac{V}{\sqrt{3}}$$
$$=2\pi\times 50\times 3\times(27\times 10^{-6}+3\times 10^{-6})\times\frac{6600}{\sqrt{3}}$$
$$\fallingdotseq 107.74\ \text{A}$$

よって，最も近い(1)が正解。

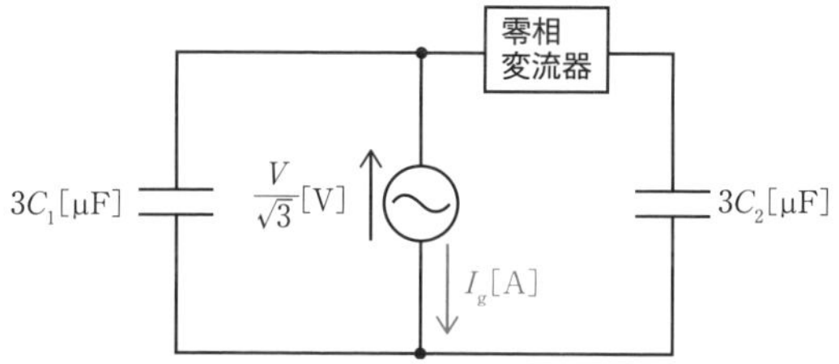

(b) 分流の法則より零相変流器の一次側を流れる電流I_0［A］の大きさは，

$$I_0=\frac{\dfrac{1}{2\pi f\cdot 3C_1}}{\dfrac{1}{2\pi f\cdot 3C_1}+\dfrac{1}{2\pi f\cdot 3C_2}}I_g$$
$$=\frac{\dfrac{1}{C_1}}{\dfrac{1}{C_1}+\dfrac{1}{C_2}}I_g$$
$$=\frac{C_2}{C_1+C_2}I_g$$
$$=\frac{3}{27+3}\times 107.74$$
$$=10.774\ \text{A}$$

零相変流器の二次側の電流I_2［mA］の大きさは，変流比が200 A：1.5 Aであるから，

$$I_2=\frac{1.5}{200}I_0$$
$$=\frac{1.5}{200}\times 10.774$$
$$\fallingdotseq 0.0808\ \text{A}\rightarrow 80\ \text{mA}$$

注目 テブナンの定理を適用と記載があるが，容易に覚えられるので基本的には等価回路を覚えておく。
時間がある際に，理論科目のテブナンの定理を復習して確認しても良い。

解答では丁寧に導出しているが，コンデンサの分流の式は公式として取り扱う場合もある。

$$I_0=\frac{C_2}{C_1+C_2}I_g$$

5 図のような自家用電気設備において，変圧器の二次側F点にて三相短絡事故が発生した。このとき，次の(a)及び(b)の問に答えよ。ただし，高圧配電線路の百分率リアクタンスは12% (1MV・A基準)，変圧器の百分率リアクタンスは2.0% (自己容量基準) とする。

(a) F点における三相短絡電流[kA]の大きさとして，最も近いものを次の(1)〜(5)のうちから一つ選べ。

(1) 0.9　(2) 2.0　(3) 5.0　(4) 8.6　(5) 14.9

(b) 過電流継電器で検出される電流[A]の大きさとして，最も近いものを次の(1)〜(5)のうちから一つ選べ。ただし，CTの変流比は100 A/5Aとする。

(1) 7.9　(2) 13.7　(3) 21.0
(4) 27.3　(5) 36.4

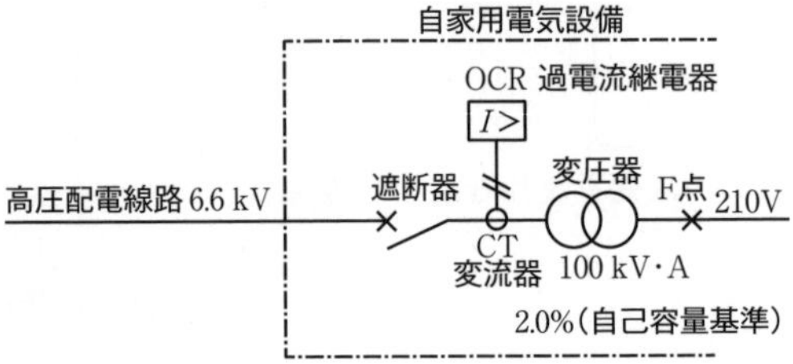

POINT 3 変流器
POINT 5 保護継電器
POINT 6 地絡電流·短絡電流

解答 (a) (4)　(b) (2)

(a) 配電線路の百分率リアクタンス$\%X_L=12\%$を100 kV・A基準にしたものを$\%X'_L$[%]すると，

$$\%X'_L=\frac{100\times10^3}{1\times10^6}\times12$$
$$=1.2\%$$

変圧器の百分率リアクタンス$\%X_T=2.0\%$よりF点から電源側を見た合成百分率リアクタンス$\%X$[%]は，

$$\%X=\%X'_L+\%X_T$$
$$=1.2+2.0$$
$$=3.2\%$$

百分率インピーダンスの定義は電力科目を復習のこと。

$$\%Z=\frac{ZI_n}{V_n}\times100$$

変圧器二次側の定格電流I_n[A]は，定格容量P_n=100 kV·A，二次側定格電圧がV_n=210 Vであるから，

$$P_n=\sqrt{3}V_nI_n$$

$$I_n=\frac{P_n}{\sqrt{3}V_n}$$

$$=\frac{100\times10^3}{\sqrt{3}\times210}$$

$$\fallingdotseq 274.93\ \mathrm{A}$$

よって，三相短絡電流I_s[kA]は，

$$I_s=\frac{100}{\%X}\times I_n$$

$$=\frac{100}{3.2}\times274.93$$

$$=8591.6\ \mathrm{A}\rightarrow 8.6\ \mathrm{kA}$$

(b) 三相短絡電流が流れた際に変圧器一次側に流れる電流の大きさI_{s1}[A]は，一次側電圧が6600 Vであるから，

$$I_{s1}=\frac{210}{6600}\times I_s$$

$$=\frac{210}{6600}\times8591.6$$

$$\fallingdotseq 273.37\ \mathrm{A}$$

CTの変流比は100 A/5Aなので，変流器の二次側に現れる電流I_{s2}[A]は，

$$I_{s2}=\frac{5}{100}\times I_{s1}$$

$$=\frac{5}{100}\times273.37$$

$$\fallingdotseq 13.7\ \mathrm{A}$$

よって，過電流継電器にも同じ大きさの電流が検出される。

$I_s=\frac{100}{\%X}\times I_n$は三相短絡電流導出の公式である。
わからない場合は電力科目を復習すること。

応用問題

1 電気設備の点検や保守または運用管理について，誤っているものを次の(1)～(5)のうちから一つ選べ。

(1) 電力損失低減のため電気機器と並列に電力用コンデンサを設置し，遅れ力率を改善した。

(2) 電気設備を停止し，目視，測定器具等のより点検，測定及び試験の実施を定期点検にて行った。

(3) 変圧器の絶縁油の劣化状況を確認するため，絶縁耐力試験を行った。

(4) 変圧器の損失を低減するため，需要率を適正に見直した。

(5) 電圧フリッカの対策のため，短絡容量の小さい電源系統から受電するように変更した。

解答 (5)

(1) 正しい。電力用コンデンサは遅れ力率を改善し，無効電力が減少するため電力損失低減になる。

(2) 正しい。定期点検は，1年程度毎に必要に応じ電気設備を停止し，目視，測定器具等のより点検，測定及び試験の実施を行う。

(3) 正しい。絶縁耐力試験を行い，変圧器の絶縁油の絶縁破壊電圧を測定することで劣化状況を確認することができる。

(4) 正しい。変圧器の需要率を適正に見直すと，変圧器の効率が高くなり損失が低減する。

(5) 誤り。電圧フリッカの対策のためには，短絡容量の大きい電源系統から受電することが効果的である。

POINT 1 高圧受電設備

電圧フリッカの要因となる電圧変動ΔVは，

$$\Delta V=\frac{XQ}{V}$$

で与えられ，Xが小さい（短絡容量の大きい）方が電圧変動が起こりにくい。

2 ある系統に接続された図のような負荷分布をしている需要家A，B，Cがある。需要家Aが力率1，需要家Bが遅れ力率0.8，需要家Cが遅れ力率0.6であるとき，次の(a)及び(b)の問に答えよ。

POINT 2 電力用コンデンサ

(a)　この系統の最大使用電力時の総合力率として，最も近いものを次の(1)〜(5)のうちから一つ選べ。

(1)　0.77　　(2)　0.81　　(3)　0.85
(4)　0.88　　(5)　0.92

(b)　最大使用電力時の力率を0.9とするために必要な電力用コンデンサの容量［kvar］として，最も近いものを次の(1)〜(5)のうちから一つ選べ。

(1)　1.5　　(2)　5.7　　(3)　11.1
(4)　14.4　　(5)　22.3

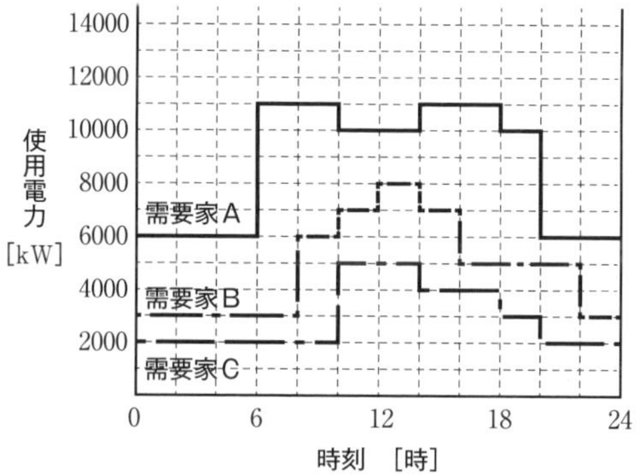

解答　(a) (4)　(b) (1)

(a)　需要家A，B，Cを合わせた合成使用電力のグラフは次の図の通りとなる。したがって，合成最大使用電力は12〜14時の23000 kWとなる。需要家A，B，Cの無効電力Q_A［var］，Q_B［var］，Q_C［var］は，それぞれの力率が$\cos\theta_A=1$，$\cos\theta_B=0.8$，$\cos\theta_C=0.6$であるから，

$$Q_A=0$$

$$Q_B=P_B\cdot\frac{\sqrt{1-\cos^2\theta_B}}{\cos\theta_B}$$

$$=8000\times\frac{\sqrt{1-0.8^2}}{0.8}$$

$$=8000\times\frac{0.6}{0.8}$$

注目　日負荷曲線と電力用コンデンサを組み合わせたような内容である。

注目　内容を理解することも重要であるが，スピーディーに解くことも求められる。

$=6000\ \mathrm{kvar}$

$$Q_C = P_C \cdot \frac{\sqrt{1-\cos^2\theta_C}}{\cos\theta_C}$$

$$=5000 \times \frac{\sqrt{1-0.6^2}}{0.6}$$

$$=5000 \times \frac{0.8}{0.6}$$

$$\fallingdotseq 6666.7\ \mathrm{kvar}$$

したがって，総合力率$\cos\theta$は，

$$\cos\theta = \frac{P}{S}$$

$$= \frac{P_A + P_B + P_C}{\sqrt{(P_A + P_B + P_C)^2 + (Q_A + Q_B + Q_C)^2}}$$

$$= \frac{10000 + 8000 + 5000}{\sqrt{(10000+8000+5000)^2 + (0+6000+6666.7)^2}}$$

$$\fallingdotseq \frac{23000}{\sqrt{23000^2 + 12667^2}}$$

$$\fallingdotseq \frac{23000}{26257}$$

$$\fallingdotseq 0.87596 \rightarrow \mathbf{0.88}$$

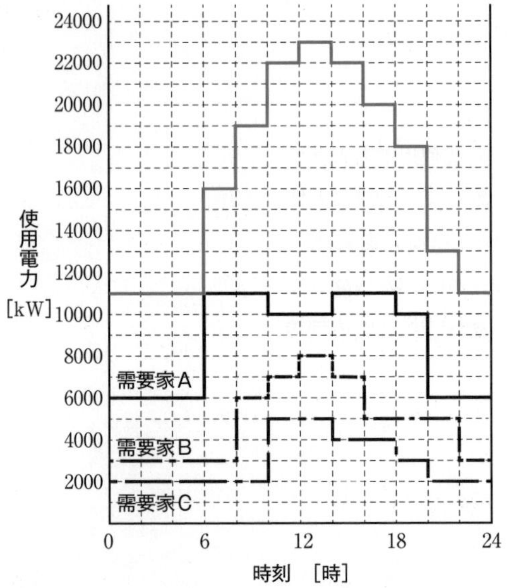

(b)　総合力率$\cos\theta'=0.9$であるとき，無効電力Q'[var]は，

$$Q'=P\cdot\frac{\sqrt{1-\cos^2\theta'}}{\cos\theta'}$$

$$=23000\times\frac{\sqrt{1-0.9^2}}{0.9}$$

$$=23000\times\frac{0.43589}{0.9}$$

$$\fallingdotseq 11139\ \text{var}$$

力率を0.9とするために必要な電力用コンデンサの容量 Q_X [kvar] は,

$$Q_X=Q_A+Q_B+Q_C-Q'$$

$$=0+6000+6666.7-11139$$

$$\fallingdotseq 1530\ \text{var}\rightarrow 1.5\ \text{kvar}$$

3 図のような電圧降下法を用いて，大地に埋め込んだ接地極Eの接地抵抗測定を行うとき，次の(a)及び(b)の問に答えよ。

(a) 各接地極間の距離 l [m] として，適正なものを次の(1)～(5)のうちから一つ選べ。

(1) 0.5　(2) 1　(3) 2　(4) 4　(5) 10

(b) 図で測定される接地極Eの接地抵抗 [Ω] の大きさとして，正しいものを次の(1)～(5)のうちから一つ選べ。

(1) $\frac{V_M}{I}$　(2) $\frac{\sqrt{2}\,V_M}{I}$　(3) $\frac{2V_M}{I}$

(4) $\frac{V}{I}$　(5) $\frac{V-V_M}{I}$

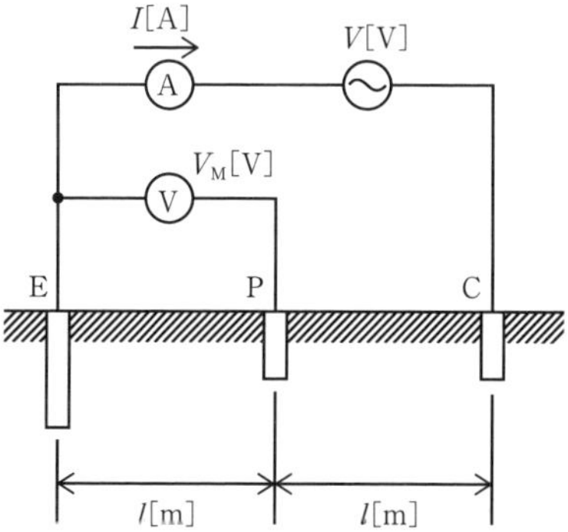

注目 電気施設管理の問題は，電力や機械等様々な分野から総合的に出題される。日頃から幅広い知識を得られるように勉強に励むとよい。

解答 (a)(5) (b)(1)

(a) 各接地極間の距離l[m]は5 m～10 m以上が適正となっている。

(b) 問題図の測定法により，接地極Eと接地極Cの間に電流I[A]が流れる。接地極Eと接地極Cの間の電圧はV[V]であるが，これにより求められる抵抗$\dfrac{V}{I}$は接地極Eと接地極Cを合わせた抵抗値となるので適切ではない。

したがって，その中間点の電圧であるV_M[V]を使用して，抵抗$\dfrac{V_M}{I}$を求めれば，接地極Eの接地抵抗を求められる。

4 図のような自家用電気設備において，変圧器の二次側に第5高調波を発生する負荷と力率改善用の直列リアクトル付進相コンデンサ設備が接続されている。基本周波の周波数における変圧器のリアクタンスがX_T[Ω]，直列リアクトルのリアクタンスがX_L[Ω]，電力用コンデンサのリアクタンスがX_C[Ω]であるとき，次の(a)及び(b)の問に答えよ。ただし，図に記載のないインピーダンスは無視できるものとする。

(a) 第5高調波を発生する負荷が電流源I[A]であるとして，第5高調波が進相コンデンサに流入する電流の大きさI_C[A]として，正しいものを次の(1)～(5)のうちから一つ選べ。

(1) $\dfrac{X_T}{X_T+X_L-X_C}I$　(2) $\dfrac{25X_T}{25X_T+25X_L-X_C}I$

(3) $\dfrac{25X_T}{25X_T+25X_L+X_C}I$　(4) $\dfrac{X_T}{5X_T+5X_L-\dfrac{X_C}{5}}I$

(5) $\dfrac{X_T}{5X_T+5X_L+\dfrac{X_C}{5}}I$

(b) 進相コンデンサに流入する第5高調波I_C[A]がI[A]よりも小さくなる条件として，正しいものを次の(1)～(5)のうちから一つ選べ。

(1) $X_L > X_C$　(2) $X_L > 0.2X_C$　(3) $X_L > 0.04X_C$
(4) $X_T > 0.2X_C$　(5) $X_T > 0.04X_C$

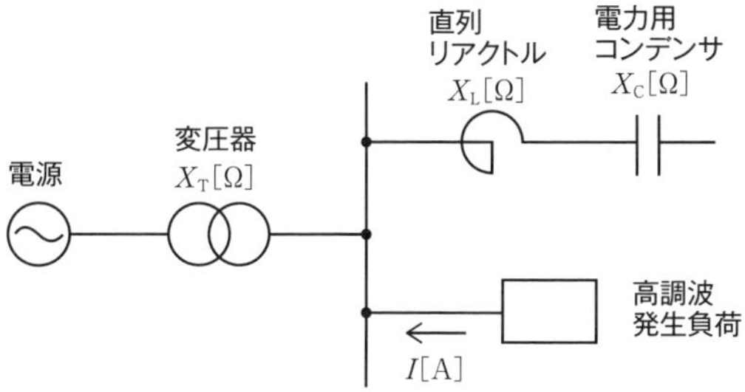

解答 (a)(2)　(b)(3)

(a)　各コイルやコンデンサのリアクタンスは周波数が5倍になるので，第5高調波に対する変圧器のリアクタンスは$5X_T$[Ω]，直列リアクトルのリアクタンスは$5X_L$[Ω]，進相コンデンサのリアクタンスは$\dfrac{X_C}{5}$[Ω]となる。

したがって，第5高調波に対する等価回路を描くと下図のようになる。等価回路より，進相コンデンサに流入する電流I_C[A]の大きさは，分流の法則より，

$$I_C = \frac{5X_T}{5X_T + \left(5X_L - \dfrac{X_C}{5}\right)} I$$

$$= \frac{25X_T}{25X_T + 25X_L - X_C} I$$

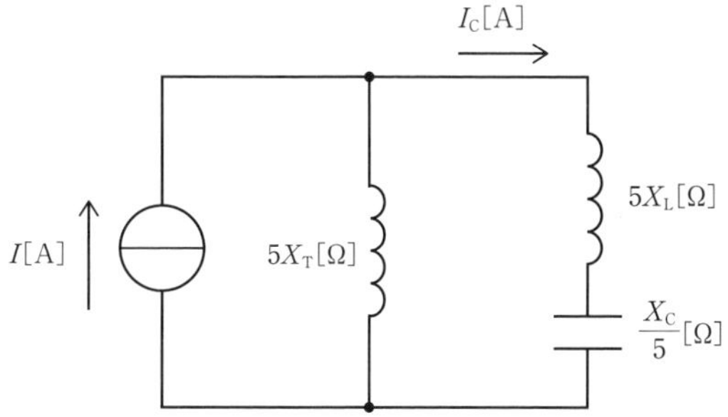

$X_L = j2\pi fL$

$X_C = \dfrac{1}{j2\pi fC}$

なので，周波数fが5倍になるとX_Lは5倍，X_Cは5分の1となる。

電源は基本波しか含まないので，第5高調波に関しては短絡して考える。

(b) (a)の解答より，I_C[A]がI[A]よりも小さくなるためには，

$$\frac{25X_T}{25X_T+25X_L-X_C}<1$$

とならなければならない。これを整理すると，

$$25X_T<25X_T+25X_L-X_C$$
$$0<25X_L-X_C$$
$$25X_L>X_C$$
$$X_L>0.04X_C$$

直列リアクトルの役割を理解するのに非常に良い問題である。
JISでは6%以上と規定している。

5 図のような自家用電気設備において，分散型電源接続前後におけるF点での三相短絡事故を想定したOCR設定値について検討することをした。このとき，次の(a)及び(b)の問に答えよ。ただし，変流器の変流比は200 A/1.5 A，各機器及び電線路の百分率リアクタンスは図の通りとし，図に記載のないインピーダンスは無視できるものとする。

POINT 4 零相変流器
POINT 5 保護継電器
POINT 6 地絡電流·短絡電流

(a) 分散型電源接続前，F点にて三相短絡事故が発生したときの過電流継電器に現れる電流値[A]の大きさとして，最も近いものを次の(1)～(5)のうちから一つ選べ。

(1) 4.9　(2) 6.4　(3) 8.4　(4) 12.4　(5) 14.6

(b) 分散型電源接続後，F点にて三相短絡事故が発生したときの過電流継電器に現れる電流値[A]の大きさとして，最も近いものを次の(1)～(5)のうちから一つ選べ。

(1) 9.4　(2) 10.4　(3) 15.2
(4) 18.1　(5) 31.2

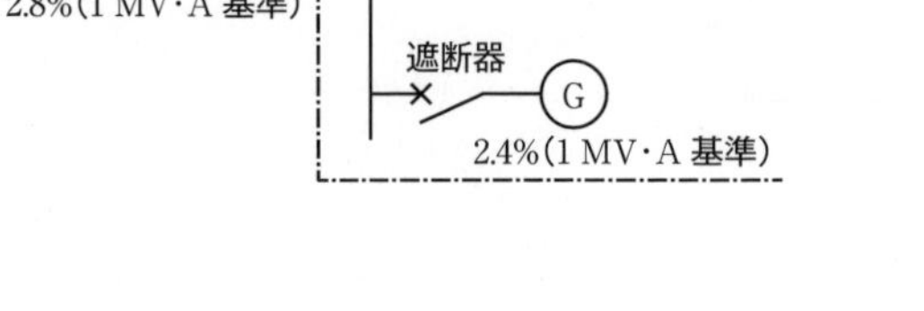

解答 (a)(3) (b)(2)

(a) 配電線路の百分率リアクタンス$\%X_L$=2.8%を500 kV·A基準にすると,

$$\%X'_L=\frac{500\times10^3}{1\times10^6}\times2.8$$

$$=1.4\%$$

変圧器の百分率リアクタンス$\%X_T$=2.5%より，F点から電源側を見た合成百分率リアクタンス$\%X$[%]は,

$$\%X=\%X'_L+\%X_T$$

$$=1.4+2.5$$

$$=3.9\%$$

変圧器二次側の定格電流I_n[A]は，定格容量P_n=500 kV·A，二次側定格電圧がV_n=210 Vであるから,

$$P_n=\sqrt{3}V_nI_n$$

$$I_n=\frac{P_n}{\sqrt{3}V_n}$$

$$=\frac{500\times10^3}{\sqrt{3}\times210}$$

$$\fallingdotseq1374.6\text{ A}$$

よって，三相短絡電流I_s[A]は,

$$I_s=\frac{100}{\%X}\times I_n$$

$$=\frac{100}{3.9}\times1374.6$$

$$\fallingdotseq35246\text{ A}$$

三相短絡電流I_s[A]が流れた際に変圧器一次側に流れる電流の大きさI_{s1}[A]は，一次側電圧が6600 Vであるから,

$$I_{s1}=\frac{210}{6600}\times I_s$$

$$=\frac{210}{6600}\times35246$$

$$\fallingdotseq1121.5\text{ A}$$

よって，CTの変流比は200 A/1.5 Aなので，変流器の二次側に現れる電流I_{s2}［A］は，

$$I_{s2}=\frac{1.5}{200}\times I_{s1}$$

$$=\frac{1.5}{200}\times 1121.5$$

$$\fallingdotseq 8.4\ \mathrm{A}$$

(b) 分散型電源の百分率リアクタンス$\%X_G=2.4\%$を500 kV・A基準にしたものを$\%X'_G$とすると，

$$\%X'_G=\frac{500\times 10^3}{1\times 10^6}\times 2.4$$

$$=1.2\%$$

F点から電源側を見た合成百分率リアクタンス$\%X$［%］は，

$$\%X=\frac{\%X'_L\ \%X'_G}{\%X'_L+\%X'_G}+\%X_T$$

$$=\frac{1.4\times 1.2}{1.4+1.2}+2.5$$

$$\fallingdotseq 3.1462\%$$

変圧器二次側の定格電流$I_n=1374.6$ Aなので，三相短絡電流I_s［A］は，

$$I_s=\frac{100}{\%X}\times I_n$$

$$=\frac{100}{3.1462}\times 1374.6$$

$$\fallingdotseq 43691\ \mathrm{A}$$

三相短絡電流I_s［A］が流れた際に変圧器一次側に流れる電流の大きさI_{s1}［A］は，一次側電圧が6600 Vであるから，

$$I_{s1}=\frac{210}{6600}\times I_s$$

$$=\frac{210}{6600}\times 43691$$

$$\fallingdotseq 1390.2\ \mathrm{A}$$

CTの変流比は200 A/1.5 Aなので，変流器の二次側に現れる電流I_{s2}［A］は，

分散型電源を接続することで短絡電流が増加することを知っておく。

$$I_{s2}=\frac{1.5}{200}\times I_{s1}$$

$$=\frac{1.5}{200}\times 1390.2$$

$$\fallingdotseq 10.4\ \mathrm{A}$$

TAC
出版
TAC PG